电子信息科学与工程类专业系列教材

Altium Designer 教程

——原理图、PCB 设计

（第 3 版）

王秀艳　姜　航　谷树忠　　编著

電子工業出版社
Publishing House of Electronics Industry
北京 · BEIJING

内 容 简 介

本书以典型的应用实例为主线，详细介绍利用 Altium Designer 软件完成原理图设计和印制电路板设计的方法及流程，并简要介绍了 Altium Designer 软件各版本的功能及新特性。其中，原理图设计部分包括：原理图设计、原理图层次设计、原理图元件符号设计与修改等；印制电路板设计部分包括：双面 PCB 设计、单面 PCB 设计、多层 PCB 设计、元件封装设计及 PCB 图纸打印输出设置等。

本书结构合理、入门简单、层次清楚、内容翔实，并附有习题，可作为大中专院校电子类、电气类、计算机类、自动化类及机电一体化类专业的 EDA 教材，也可作为广大电子产品设计工程技术人员和电子制作爱好者的参考书。

图书在版编目（CIP）数据

Altium Designer 教程：原理图、PCB 设计/王秀艳，姜航，谷树忠编著. —3 版. —北京：电子工业出版社，2019.1
电子信息科学与工程类专业规划教材
ISBN 978-7-121-35878-4

Ⅰ. ①A… Ⅱ. ①王… ②姜… ③谷… Ⅲ. ①印刷电路－计算机辅助设计－应用软件－高等学校－教材 Ⅳ. ①TN410.2

中国版本图书馆 CIP 数据核字(2018)第 297834 号

策划编辑：凌　毅
责任编辑：凌　毅
印　　刷：三河市鑫金马印装有限公司
装　　订：三河市鑫金马印装有限公司
出版发行：电子工业出版社
　　　　　北京市海淀区万寿路 173 信箱　邮编　100036
开　　本：787×1092　1/16　印张：17.75　字数：480 千字
版　　次：2010 年 1 月第 1 版
　　　　　2019 年 1 月第 3 版
印　　次：2024 年 12 月第 12 次印刷
定　　价：45.00 元

凡所购买电子工业出版社图书有缺损问题，请向购买书店调换。若书店售缺，请与本社发行部联系，联系及邮购电话：(010)88254888，88258888。

质量投诉请发邮件至 zlts@phei.com.cn，盗版侵权举报请发邮件至 dbqq@phei.com.cn。

本书咨询联系方式：(010)88254528，lingyi@phei.com.cn。

第 3 版前言

本书的第 1 版由长春工程学院的谷树忠教授主编，是国内在电子设计自动化（EDA）领域中，最早面市的 Altium Designer 实用教材之一，市场反映非常好。根据教学的需要，2014 年 1 月修订出版了第 2 版。出书多年以来，国内许多院校的相关专业在 EDA 教学中采用该书作为教材，该书凭借“以实例为主线，编排新颖，结构合理，入门简单，层次清晰，内容翔实”的特点，受到了广大师生的好评，同时也给教与学带来了诸多方便。

随着电子工业的发展，教学改革的深入，实用性人才培养的需要，以及众多业界同行的要求和我们多年来电子电路设计教学的实践，越来越感觉到有对第 2 版进行修订的必要。此次修订，在保持原书风格不变的基础上，删除了仿真部分的内容并增加了一些实用性内容。理由如下：

一是虽然 Altium Designer 软件具备“电子电路仿真”功能，但近年来其更加着重发展更新“电路原理图”和“印制电路板”设计部分的功能；二是在实践教学和应用中，绝大部分院校只进行“电路原理图”和“印制电路板”的计算机辅助设计教学。故此次修订时，删除了仿真部分的内容。

此次修订，编著者将第 2 版中的教学实例进行了逐一验证，并重新截取编辑了大部分图片。为增强实用性，更好地与电子产品设计及装配相衔接，增加了元件封装的解锁与修改、批量修改图件、利用向导制作集成芯片封装、热转印法制作印制电路板和 PCB 图纸的打印输出设置等内容。此外，编著者多年来持续跟踪使用该软件，密切掌握其发展进程信息，在第 14 章中简要介绍了 Altium Designer 软件各个版本的功能和新特性，便于读者进一步了解该软件。

此次修订，倪虹霞和张磊老师因时间关系未能参加，对此我们深表遗憾。在此，对两位老师在先前所做的工作表示由衷的感谢。

参加本次修订工作的有长春工程学院的王秀艳、姜航、谷树忠。其中，第 1 章、第 2 章、第 9 章、第 10 章、第 11 章、第 12 章由王秀艳执笔，第 3 章、第 4 章、第 5 章、第 6 章、第 7 章和第 8 章由姜航执笔，第 13 章、第 14 章、附录 A 和附录 B 由谷树忠执笔。全书由王秀艳负责统稿。本书由谷树忠教授主审，在审稿中提出了许多宝贵的修改意见，在此表示感谢。

本书提供配套的免费电子课件，可登录华信教育资源网 www.hxedu.com.cn，注册后下载。

由于编著者水平所限，书中难免有疏漏之处，恳请广大读者批评指正。

编著者

2018 年 12 月

目　　录

第 1 章　Altium Designer 系统

1.1　Altium Designer 简介

Altium Designer 系统是 Altium 公司于 2006 年年初推出的一种电子设计自动化 EDA（Electronic Design Automation）软件。该软件几乎将电子电路所有的设计工具集成在单一应用程序中。它通过把电路原理图设计、PCB 绘制编辑、拓扑逻辑自动布线、信号完整性分析、电路的仿真、FPGA 应用程序的设计和报表输出等技术的完美融合，为用户提供了全线的设计解决方案，使用户可以轻松地进行各种复杂的电子电路设计工作。

2008 年夏，Altium 公司又推出了 Altium Designer 08。它是 Altium Designer 6 的升级版本，继承了 Altium Designer 6 的风格、特点，也涵盖了其全部功能和优点，并增加了许多高端功能，使电子工程师的设计工作更加便捷、有效和轻松，同时推动了 Altium Designer 软件向更高端 EDA 工具的迈进。2008 年之后，Altium 公司又陆续推出了 Altium Designer 09 等几款更高版本软件，功能不断完善和更新，目前最新版本 Altium Designer 18.1.4 版更新于 2018 年 4 月 15 日。这些高版本软件分别针对某些功能进行了优化，可以实现更好的设计工作流可视化，提供了更加立体的 3D 显示效果、更便捷的交互自动布线方式、更快的布线速度等。各种版本比对的详细信息及更多高版本软件的新功能、新特性将在第 14 章及附录中进行介绍，以便于读者更深入地了解和有针对性地进行选择。

Altium Designer 软件版本在不断的更新和完善中，与此同时软件的容量也在迅速增加，已达几 GB，对计算机内存等硬件配置和操作系统的要求也在不断提高。譬如，Altium Designer 18 版是 64 位体系结构的，使用 64 位 Windows 10 操作系统效果更佳。虽然高版本软件提供了一些新特性、新功能，但有些功能并不常用。Altium Designer 高版本软件具备向下兼容性，为最大满足各高校实验室配置综合条件，并鉴于软件绘图基本功能的同质化和市场实际使用量及需求情况，本书将以 Altium Designer 08 为例，向读者介绍 Altium Designer 软件的组成、功能及操作方法等。本教材主要应用于高校电子类、自动化类、电气类等专业的实习、实验、课程设计、电子设计竞赛、创新创业等的实践教学环节中，也可作为电子工程师和爱好者设计制作电路板的学习参考资料。

本教材所用系统软件统称为 Altium Designer，以下不再说明。

1.2　Altium Designer 的功能

Altium Designer 从功能上由 5 部分组成，分别是：电路原理图（SCH）设计、印制电路板（PCB）设计、可编程逻辑电路设计、电路的仿真和信号完整性分析。

1．电路原理图设计

电路原理图设计系统由原理图（SCH）编辑器、原理图元件库（SCHLib）编辑器和各种文本编辑器等组成。该系统的主要功能是：①绘制和编辑电路原理图等；②制作和修改原理图元件符号或元件库等；③生成原理图与元件库的各种报表。

2．印制电路板设计

印制电路板设计系统由印制电路板（PCB）编辑器、元件封装（PCBLib）编辑器和板层管理器等组成。该系统的主要功能是：①印制电路板设计与编辑；②元件的封装制作与管理；③板型的设置与管理。

3．可编程逻辑电路设计

可编程逻辑电路设计系统由一个具有语法功能的文本编辑器和一个波形发生器等组成。该系统的主要功能是：对可编程逻辑电路进行分析和设计，观测波形；可以最大限度地精简逻辑电路，使数字电路设计达到最简。

4．电路的仿真

Altium Designer 系统含有一个功能强大的模拟/数字仿真器。该仿真器的功能是：可以对模拟电子电路、数字电子电路和混合电子电路进行仿真实验，以便于验证电路设计的正确性和可行性。

5．信号完整性分析

Altium Designer 系统提供了一个精确的信号完整性模拟器。该模拟器可用来检查印制电路板设计规则和电路设计参数，测量超调量和阻抗，分析谐波等，帮助用户避免设计中出现盲目性，提高设计的可靠性，缩短研发周期并降低设计成本。

本教材作为 Altium Designer 的使用教程，着重结合具体实例讲述原理图设计、印制电路板设计的规则、步骤和方法，并介绍热转印法制作电路板的流程和设计图纸的打印输出设置方法以及注意事项，使设计理念转化为电子电路成品。

1.3 Altium Designer 的特点

Altium Designer 的原理图编辑器，不仅仅用于电子电路的原理图设计，还可以输出设计PCB 所必需的网络表文件，设定 PCB 设计的电气法则，根据用户的要求，输出令用户满意的原理图设计图纸；支持层次化原理图设计，当用户的设计项目较大、很难用一张原理图完成时，可以把设计项目分为若干子项目，子项目可以再划分成若干功能模块，功能模块还可再往下划分直至底层的基本模块，然后分层逐级设计。

Altium Designer 的 PCB 编辑器，提供了元件的自动和交互布局，可以大量减少布局工作的负担；还提供多种走线模式，适合不同情况的需要；在线规则冲突时会立刻高亮显示，避免交互布局或布线时出现错误；最大限度地满足用户的设计要求，不仅可以放置半通孔、深埋导孔，而且还提供了各式各样的焊盘；大量的设计法则，通过详尽全面的设计规则定义，可以为 PCB 设计符合实际要求提供保证；具有很高的手动设计和自动设计的融合程度；对于电路元件多、连接复杂、有特殊要求的电路，可以选择自动布线与手工调整相结合的方法；元件的连接采用智能化的连线工具，在 PCB 设计完成后，可以通过设计法则检查（DRC）来保证 PCB完全符合设计要求。

Altium Designer 提供了功能强大的模拟/数字仿真器，可以对各种不同的电子电路进行数据和波形分析。设计者在设计过程中就可以对所设计电路的局部或整体的工作过程仿真分析，用以完善设计。

Altium Designer 以强大的设计输入功能为特点，在 FPGA 和板级设计中同时支持原理图输入和 VHDL 硬件描述语言输入模式；同时支持基于 VHDL 的设计仿真、混合信号电路仿真和信号完整性分析。

Altium Designer 拓宽了板级设计的传统界限，全面集成了 FPGA 设计功能和 SOPC 设计实现功能，从而允许电子工程师能将系统设计中的 FPGA 与 PCB 设计及嵌入式设计集成在一起。

Altium Designer 提供了丰富的元件库，几乎覆盖了所有电子元器件厂家的元件种类；提供强大的库元件查询功能，并且支持以前低版本的元件库，向下兼容。

Altium Designer 是真正的多通道设计，可以简化多个完全相同的子模块的重复输入设计，PCB 编辑时也提供这些模块的复制操作，不必一一布局布线；采用了一种查询驱动的规则定义方式，通过语句来约束规则的适用范围，并且可以定义同类别规则间的优先级别；还带有智能的标注功能，通过这些标注功能可以直接反映对象的属性。用户可以按照需要，选择不同的标注单位、精度、字体方向、指示箭头的样式。

Altium Designer 支持多国语言，完全兼容 Protel 98/Protel 99/Protel 99 SE/Protel DXP/Protel 2004/Altium Designer 6，并提供了对 Protel 99 SE 下创建的 DDB 文件的导入功能。

Altium Designer 具有丰富的输出特性，支持第三方软件格式的数据交换；输出格式为标准的 Windows 输出格式，支持所有的打印机和绘图仪的 Windows 驱动程序，支持页面设置、打印预览等功能，输出质量显著提高。

1.4 Altium Designer 的界面

Altium Designer 系统是在英文环境下开发的，所以在默认状态下启动，即可进入 Altium Designer 的英文界面；Altium Designer 系统也支持包括中文在内的其他多国语言（如德文、法文和日文等），适当的设置可进入 Altium Designer 的中文界面。

1.4.1 Altium Designer 的英文界面

Altium Designer 系统安装后，安装程序自动在计算机的【开始】菜单中放置一个启动 Altium Designer 的快捷方式，如图 1-1 所示。

单击按钮，选取“Altium Designer Summer 08”选项，即可进入 Altium Designer 的启动画面，如图 1-2 所示。

图 1-1 启动 Altium Designer 的快捷方式

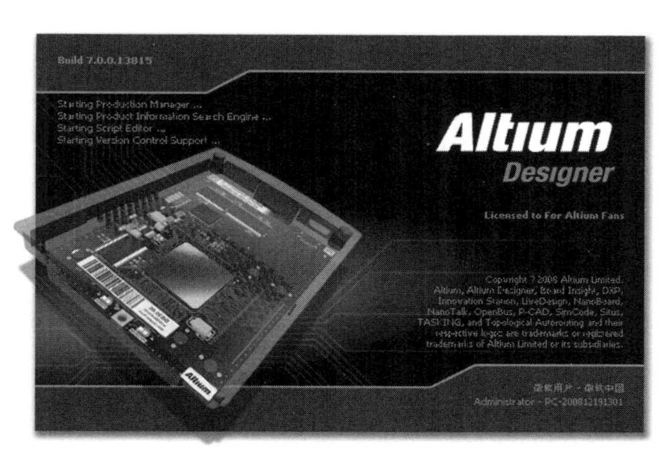

图 1-2 Altium Designer 系统的启动画面

随即打开 Altium Designer 的英文界面，如图 1-3 所示。

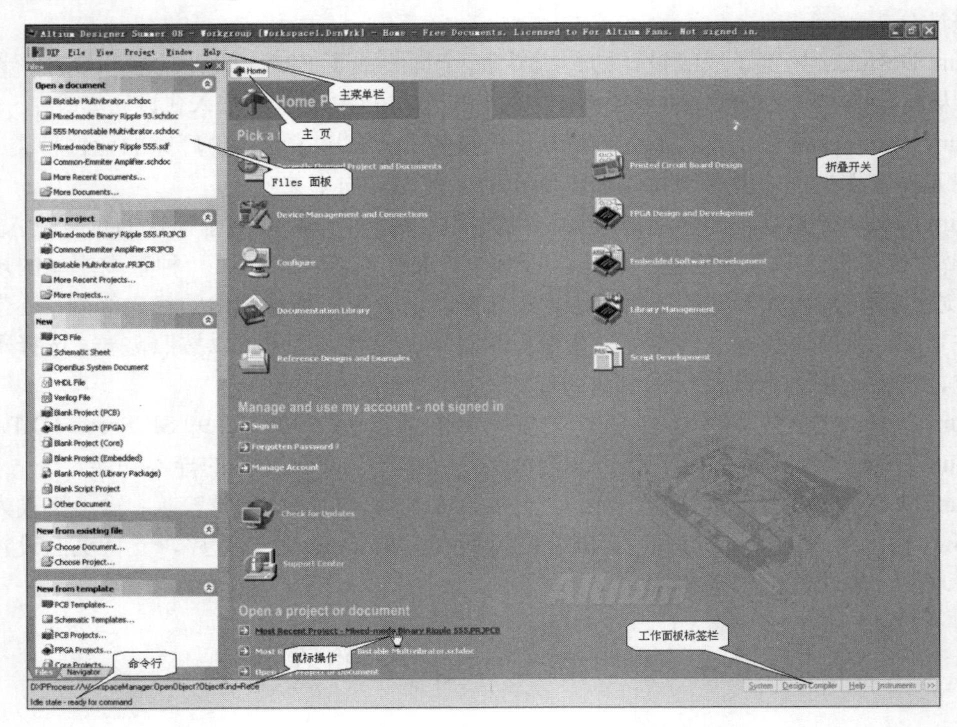

图 1-3　Altium Designer 的英文界面

所有的 Altium Designer 功能都可以从这个界面启动。当然，使用不同的操作系统安装的 Altium Designer 应用程序，首次看到的界面可能会有所不同。

下面简单介绍 Altium Designer 界面各部分的功能。

1. Altium Designer 的菜单栏

Altium Designer 的菜单栏是用户启动设计工作的入口，具有命令操作、参数设置等功能。用户进入 Altium Designer，首先看到菜单栏中有 6 个下拉菜单，如图 1-4 所示。

1）系统菜单 DXP

主要用于设置系统参数，使其他菜单及工具栏自动改变以适应编辑工作。各选项功能如图 1-5 所示。

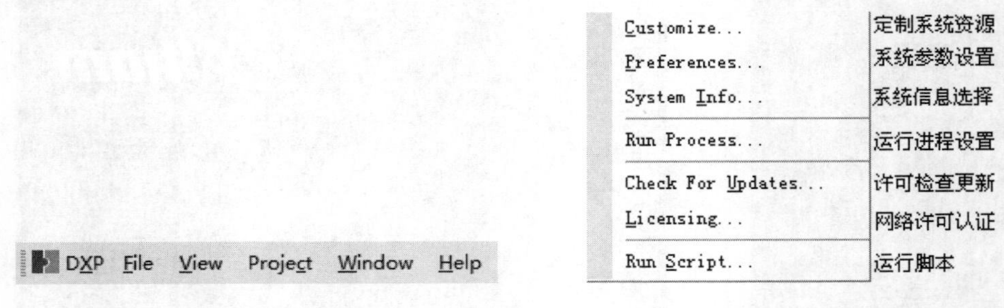

图 1-4　菜单栏　　　　图 1-5　系统菜单

【编者说明】 细心的读者可能看出，这里的中文注释并不是英文的直译。是的，我们采用功能式译法，既在标注的同时尽可能地诠释英文的意思，又能表达该操作命令的功能。这样做一个目的是，减少篇幅，更重要的目的是，看到命令就知道该命令的功能。本教材均采用这种做法，望读者谅解。

2）文件（File）菜单

主要用于文件的新建、打开和保存等，各选项功能如图 1-6 所示。

菜单中除了有菜单命令选项，还有对应菜单命令的主工具栏按钮图标和快捷键标识等。如菜单命令【Open】的左边为工具栏按钮图标，右边的“Ctrl+O”为键盘快捷键的标识，带下画线的字母 O 为热键。激活同一菜单命令的功能，执行任一种操作都可以达到目的。以后章节遇到这种情况，不再做说明，望读者谅解。

新建（New）菜单选项有一子菜单，各选项功能如图 1-7 所示。

图 1-6　文件（File）菜单

图 1-7　新建（New）菜单选项的子菜单

3）显示（View）菜单

主要用于工具栏、状态栏和命令行等的管理，并控制各种工作窗口面板的打开和关闭，各选项功能如图 1-8 所示。

4）项目（Project）菜单

主要用于整个设计项目的编译、分析和版本控制，各选项功能如图 1-9 所示。

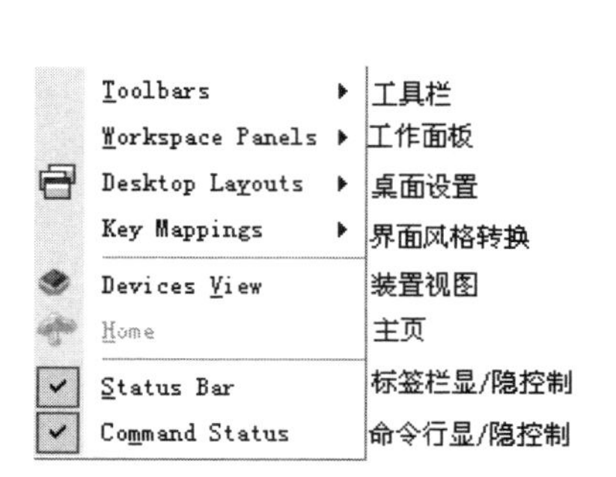

图 1-8　显示（View）菜单

图 1-9　项目（Project）菜单

5）窗口（Window）菜单

主要用于窗口的管理，各选项功能如图 1-10 所示。

6）帮助（Help）菜单

主要用于打开帮助文件，各选项功能如图 1-11 所示。

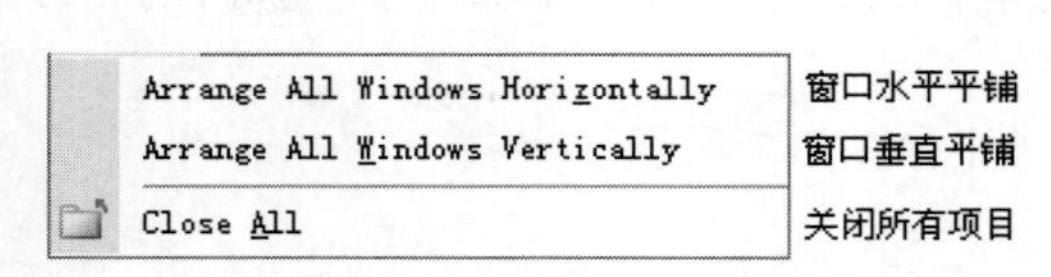

图 1-10　窗口（Window）菜单

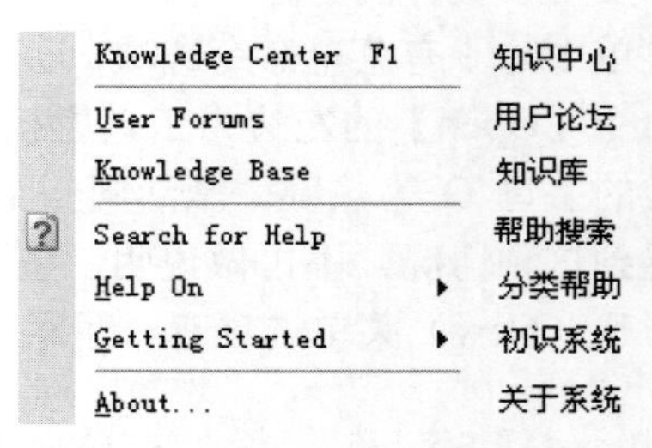

图 1-11　帮助（Help）菜单

2. Altium Designer 的主页

在打开 Altium Designer 进行电子电路设计工作时，一般要打开 Altium Designer 的主页，因为系统中的任一项工作都可以在该页上启动，所以熟悉该页区域内的图标或命令是非常必要的。图标或命令的具体功能如图 1-12 所示。

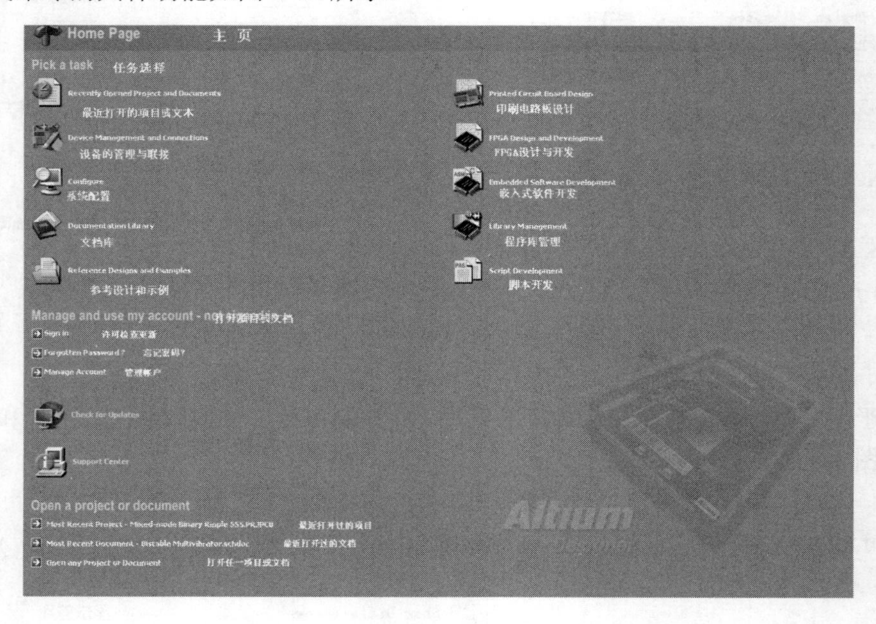

图 1-12　Altium Designer 主页中图标命令功能

1.4.2　Altium Designer 的中文界面

1. 中文界面的进入

Altium Designer 系统进入中文界面的步骤如下：

（1）单击图 1-4 菜单栏中的 DXP 按钮，弹出系统菜单。

（2）在系统菜单中单击【Preferences...】命令，弹出系统参数设置对话框，如图 1-13 所示。

（3）勾选图 1-13 左下部的“使用本地化资源”选项 Use localized resources，随即弹出一个新设置应用警告对话框，如图 1-14 所示。

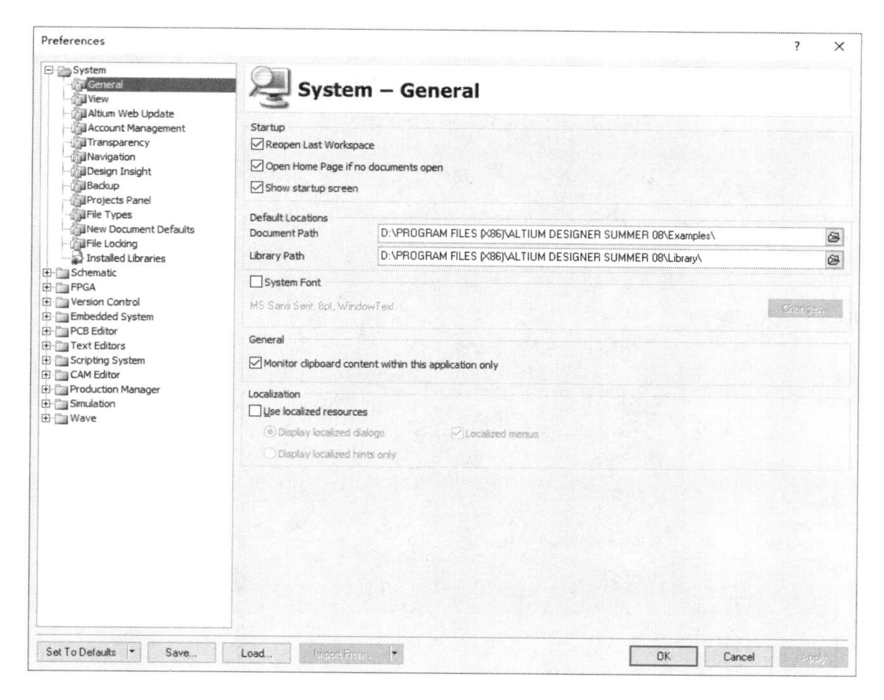

图 1-13　系统参数设置对话框

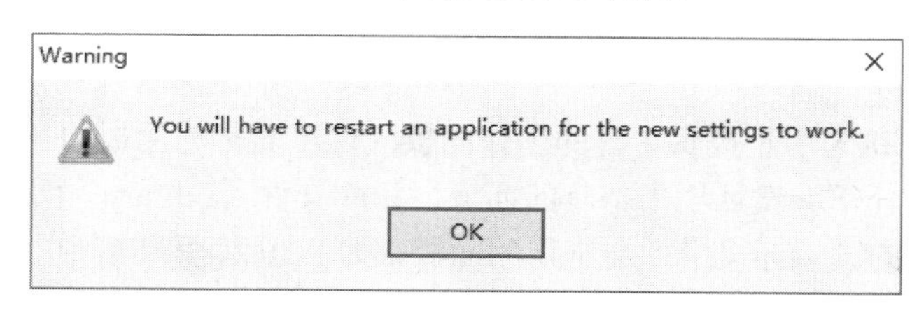

图 1-14　新设置应用警告对话框

（4）单击图 1-14 中的 OK 按钮，再单击图 1-13 中的 OK 按钮确认。

（5）退出并重新启动 Altium Designer 系统，即切换为中文界面，如图 1-15 所示。

2. 中文界面的退出

中文界面的退出和进入的步骤与前述类似，区别在于去掉图 1-13 左下部“使用本地化资源”选项 ☑Use localized resources 的选中状态，重新启动系统，即可恢复英文界面。

从图 1-15 中可以看出界面并不完全是中文，并且各个应用窗口中的命令汉化得也不准确。因此，本教材后面的学习将以英文界面为基础进行。

【编者说明】笔者建议目前中国用户，除非你不懂英语，那就使用 Altium Designer 系统的中文界面；否则的话，就使用英文界面。因为现在的中文界面还处于初级水平，不仅仅是不完全、有错误的，更重要的是该系统的“帮助”还没有汉化。使用中文界面将阻碍用户进一步提高该软件的操作水平。

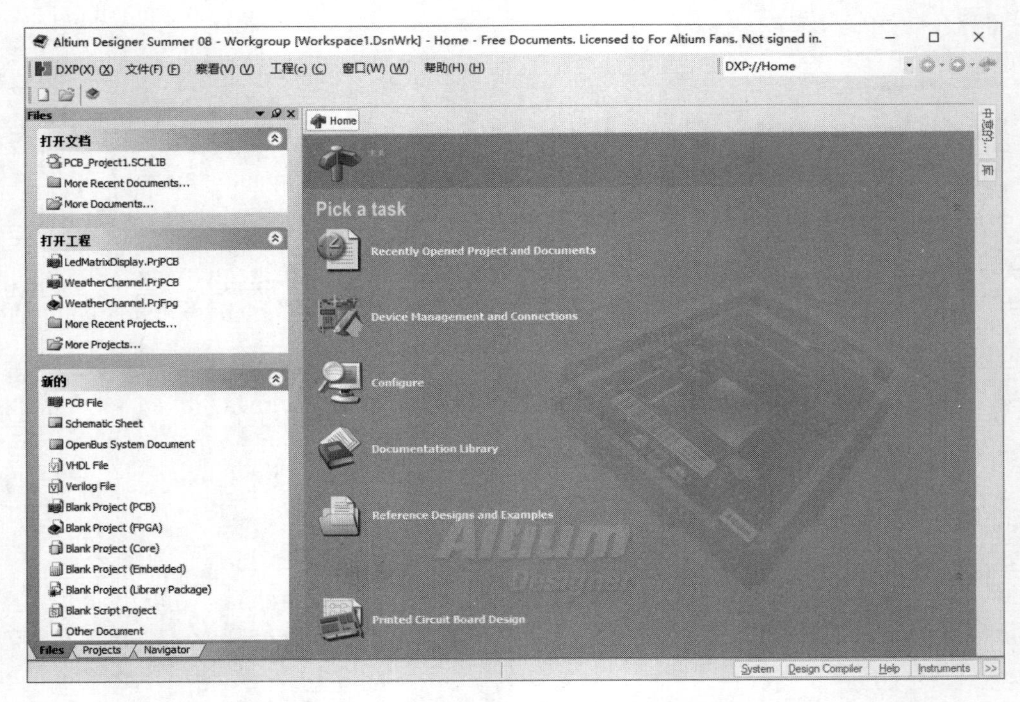

图 1-15 Altium Designer 系统的中文界面

1.5 Altium Designer 的面板

Altium Designer 系统为用户提供丰富的工作面板（以下简称为面板）。在系统标签中的面板可分为两类，一类是在任何编辑环境中都有的面板，如库文件（Library）面板和项目（Project）面板；另一类是在特定的编辑环境中才会出现的面板，如 PCB 编辑环境中的导航器（Navigator）面板。无论何种环境，其相应的面板一般都呈现在系统编辑窗口左下角的工作面板标签栏，如图 1-3 所示。

在 Altium Designer 系统中面板被大量地使用，用户可以通过面板方便地实现打开、访问、浏览和编辑文件等各种功能。下面就简单介绍面板的基本使用方法。

1.5.1 面板的激活

单击图 1-3 右下角的工作面板标签栏中的面板标签，相应的面板当即显示在窗口，该面板即被激活。

为了方便起见，Altium Designer 可以将多个面板激活，激活后的多个面板既可以分开摆放，也可以叠放，还可以用标签的形式隐藏在当前窗口上。面板显示方式设置如图 1-16 所示。将鼠标指针放在面板的标签栏上右击，弹出一下拉菜单。在子菜单（Allow dock）中，有两个选项 Horizontally 和 Vertically。只选中前者，该面板的自动隐藏和锁定显示方式将按水平方式显现在窗口中；只选中后者，该面板的自动隐藏和锁定显示方式将按垂直方式显现在窗口中；两者都选中，该面板既可以按水平方式也可以按垂直方式在窗口显现。

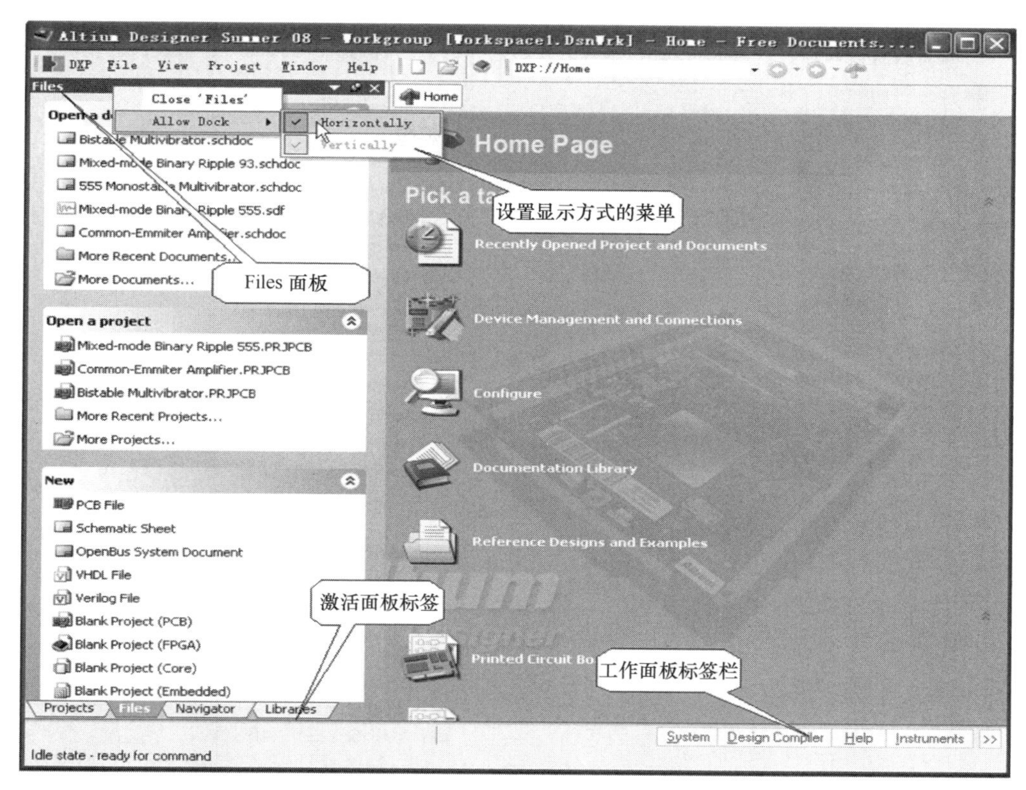

图 1-16 面板标签

1.5.2 面板的工作状态

每个面板都有 3 种工作状态：弹出/隐藏、锁定和浮动。

1. 弹出/隐藏状态

如图 1-17 所示，图中的文件（Files）面板处于弹出/隐藏状态。在面板的标题栏上有一个滑轮按钮，这就意味着该面板可以滑出/滑进，即弹出/隐藏。单击滑轮按钮，可以改变面板的工作状态。

2. 锁定状态

如图 1-18 所示，图中的文件（Files）面板处于锁定状态。在面板的标题栏上有一个图钉按钮，这就意味着该面板被图钉固定，即锁定状态。单击图钉按钮，可以改变面板的工作状态。

3. 浮动状态

如图 1-19 所示，其中的文件（Files）面板处于浮动状态。

1.5.3 面板的选择及状态的转换

1. 面板的选择

当多个工作面板处于弹出/隐藏状态时，若选择某一面板，可以单击该标签，该面板会自动弹出；或在工作面板的上边框图标上右击，将弹出如图 1-20 所示的激活面板菜单，选中相应的面板，该面板即刻出现在工作窗口；当鼠标指针移开该面板一定时间或者在工作区单击后，该面板会自动隐藏。

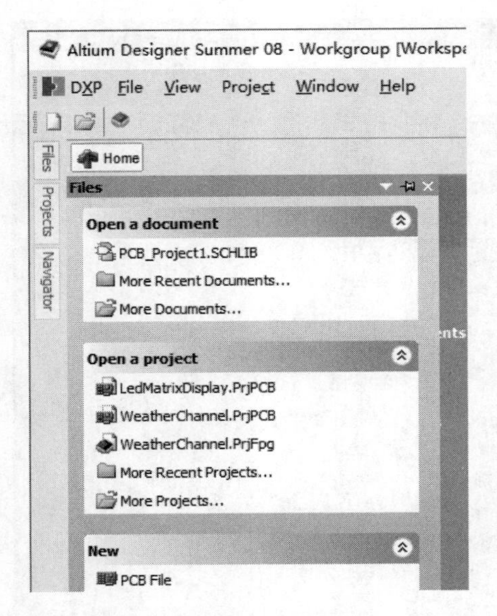

图 1-17　面板的弹出/隐藏状态

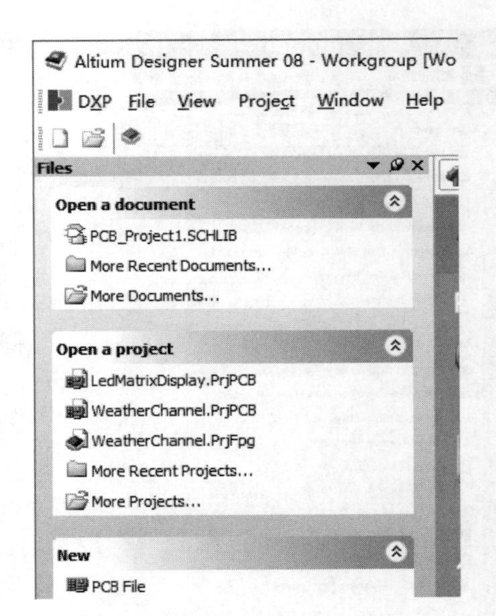

图 1-18　面板的锁定状态

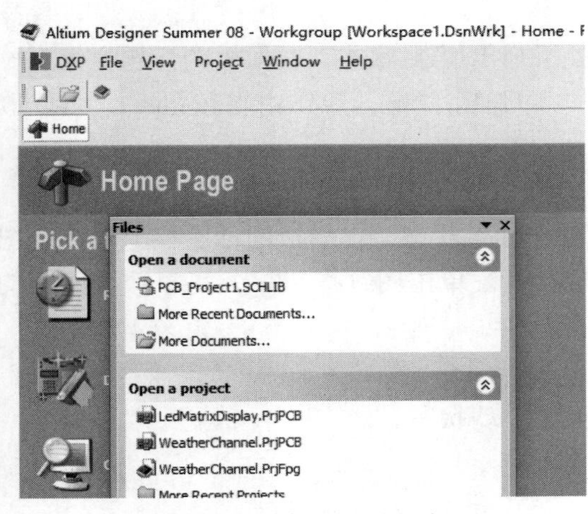

图 1-19　面板的浮动状态

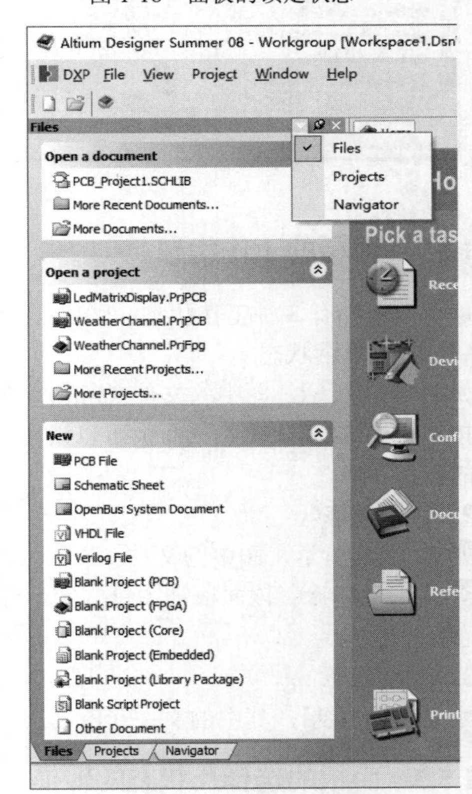

图 1-20　面板的选择

2．状态的转换

如果面板的状态为弹出/隐藏，则面板标题栏上有图标出现；如果面板的状态为锁定，则面板标题栏上有图标出现；如果面板的状态为浮动，则面板的标题栏上有图标出现。当面板在锁定状态下，单击图钉按钮，可以使该图标变成滑轮按钮，从而使该面板由锁定状态变成弹出/隐藏状态；当面板在弹出/隐藏状态下，单击滑轮按钮，也可以使该图标变成图钉按钮，从而使该面板由弹出/隐藏状态变成锁定状态。

要使面板由弹出/隐藏或锁定状态转变到浮动状态，只需用鼠标指针将面板拖到工作窗口中所希望放置的位置即可；而要使面板由浮动显示方式转变到自动隐藏或锁定显示方式，则要用鼠标指针将面板推入工作窗口的左侧或右侧，使其变为隐藏标签，再进行相应的操作即可。

1.6 Altium Designer 的项目

Altium Designer 系统引入设计项目或文档的概念。在电子电路的设计过程中，一般先建立一个项目，该项目定义了项目中的各个文件之间的关系。如在印制电路板设计工作过程中，将建立的原理图、PCB 等的文件都以分立文件的形式保存在计算机中。即通过项目这个纽带，将同一项目中的不同文件保存在同一文件夹中。当查看文件时，可以通过打开项目的方式看见与项目相关的所有文件；也可以将项目中的单个文件以自由文件的形式单独打开。

当然，也可以不建立项目，而直接建立一个原理图文件或者其他单独的、不属于任何项目的自由文件。

1.6.1 项目的打开和编辑

要打开一个项目，可以执行菜单命令【File】/【Open】，在弹出的打开项目组文件（Choose Document to Open）对话框内，将文件类型指定为“Projects Group file（*.PrjGrp）”，在查找范围一栏中指定要打开的项目组文件所在的文件夹，然后在如图 1-21 所示的对话框中单击“4 Port Serial Interface.PRJPCB”项目文件，最后单击打开(O)按钮确认。

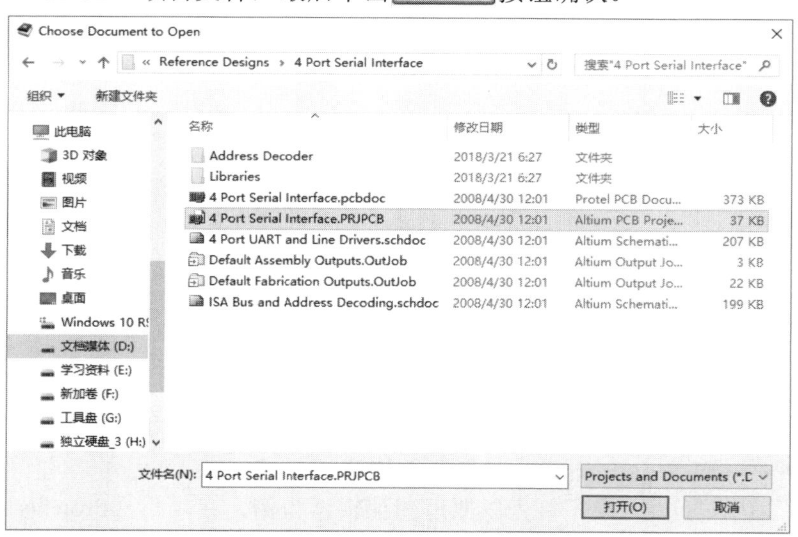

图 1-21 打开项目组文件对话框

打开“4 Port Serial Interface.PRJPCB”项目后，在项目（Projects）面板的工作区中其相关文件以程序树的形式出现，如图 1-22 所示。

为了在项目（Projects）面板上的工作区中对多个项目进行管理，一般对已打开的项目与项目（Projects）面板在工作区中链接。操作的方法是在工作区外右击，弹出如图 1-23 所示菜单。

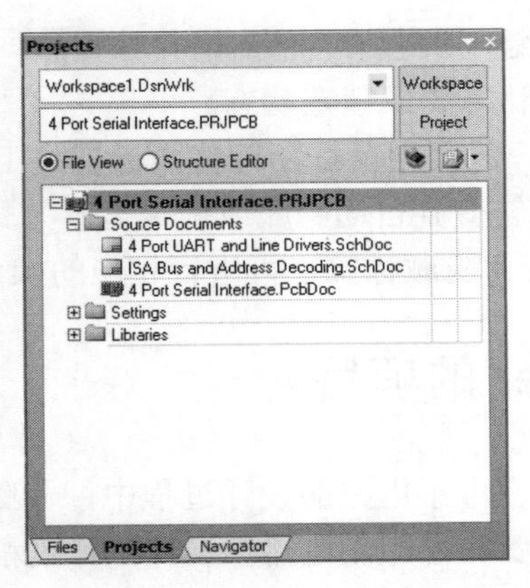

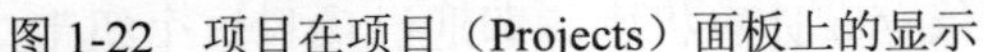

图 1-22　项目在项目（Projects）面板上的显示

图 1-23　工作区项目命名操作

选择【Save Design Workspace】或【Save Design Workspace As…】命令均可，一般选择后者。操作后在弹出的“Save [Workspace1.DsnWrk] As…”对话框中，将文件名“Workspace1”改为“设计 1-4Port Serial Interface”，如图 1-24 所示。

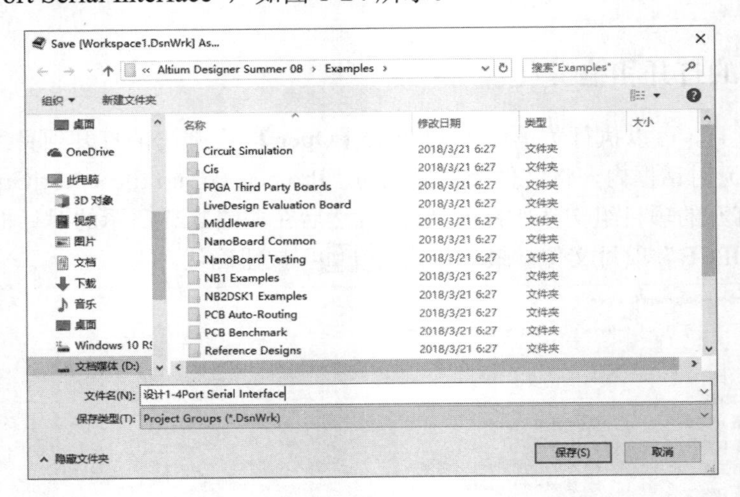

图 1-24　“Save [Workspace1.DsnWrk] As…”对话框

单击 保存(S) 按钮后，其工作区名称由“Workspace1.DsnWrk”变为“设计 1-4Port Serial Interface.DsnWrk”，如图 1-25 所示。

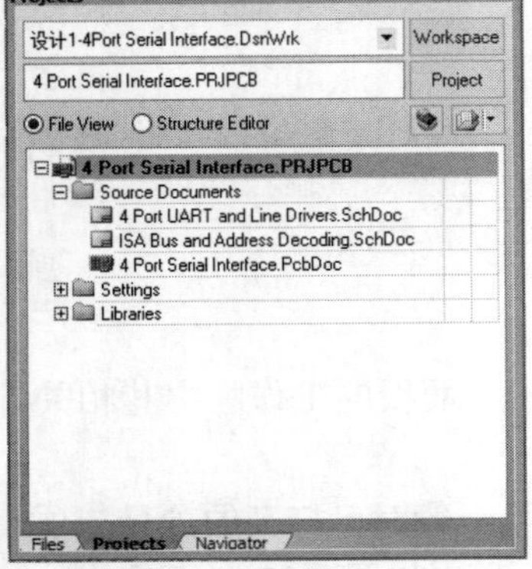

图 1-25　项目（Projects）面板

这样，就将该项目链接到项目（Projects）面板上。

在项目（Projects）面板上的工作区双击相应的文件，即可打开该文件及其编辑器。

首先以原理图编辑器为例，在项目（Projects）面板上的工作区双击文件名称“4Port UART and Line Drivers.SchDoc”，打开该原理图文件，并自动启动原理图编辑器。打开后的界面如图 1-26 所示。

原理图编辑器启动以后，菜单栏扩展了一些菜单项，并显示出各种常用工具栏，此时可在编辑窗口对该原理图进行编辑。

再以 PCB 编辑器为例，在项目（Projects）面板上的工作区双击文件“4Port Serial Interface.PcbDoc”，同样可打开该 PCB 文件，并自动启动 PCB 编辑器。打开后的界面如图 1-27 所示。

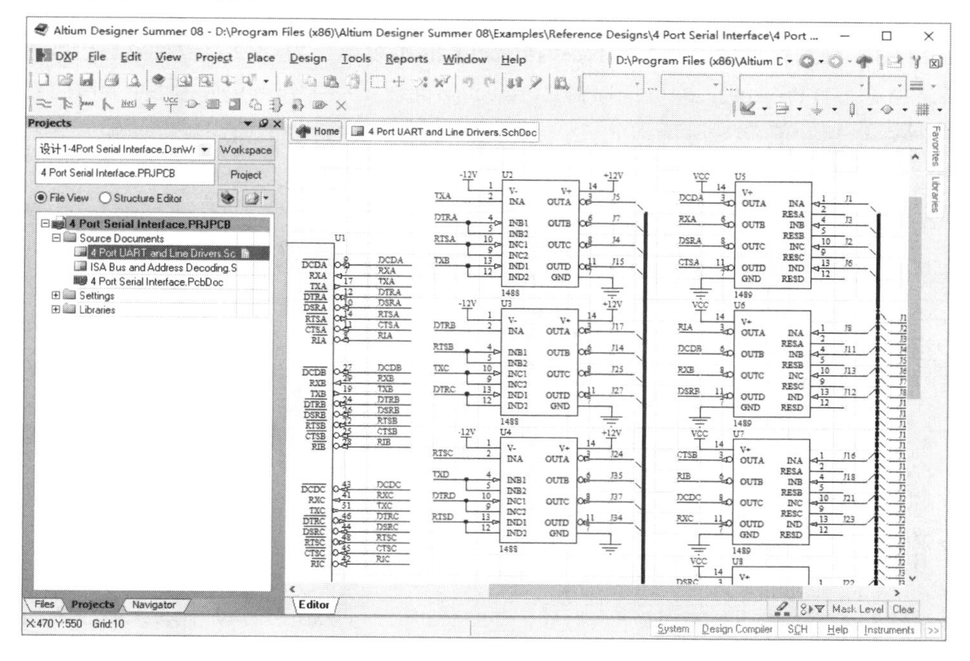

图 1-26　原理图编辑器界面

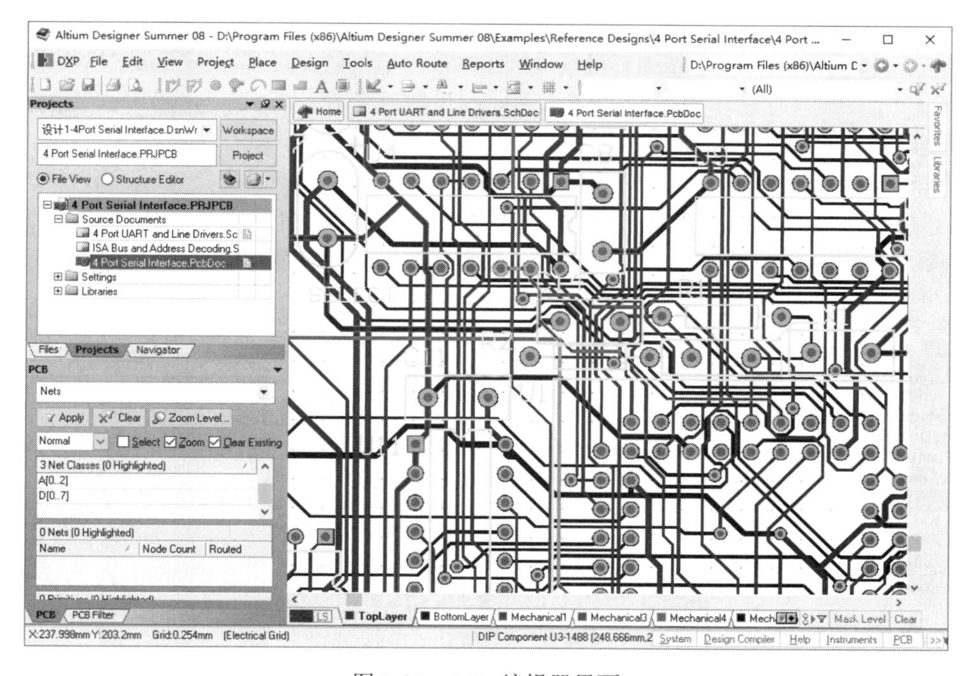

图 1-27　PCB 编辑器界面

同原理图编辑器一样，菜单栏也扩展了一些菜单项，并显示出各种常用工具栏，此时也可在编辑窗口对该 PCB 文件进行编辑。

1.6.2　新项目的建立

在【Projects】面板的非工作区上右击，弹出如图 1-28 所示菜单。

从图 1-28 中可看到菜单命令【Add New Project】的子菜单，为项目类型菜单。以印制电路板为例，单击命令【PCB Project】，即可在项目（Projects）面板上的工作区创建项目，如图 1-29 所示。

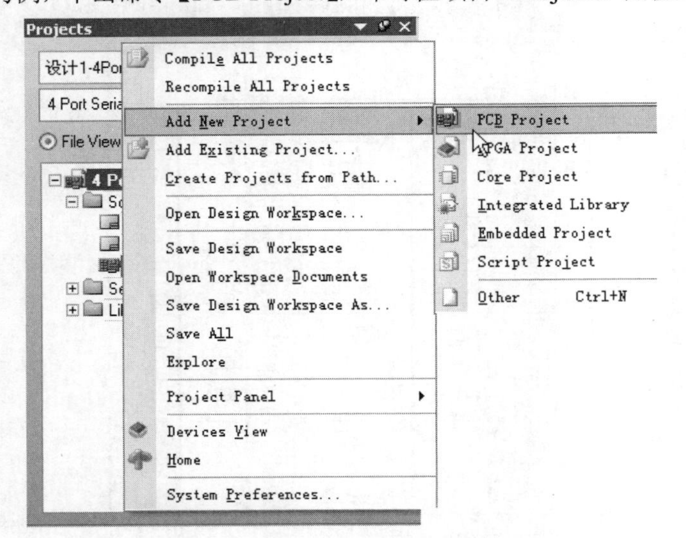

图 1-28　建立新项目菜单操作

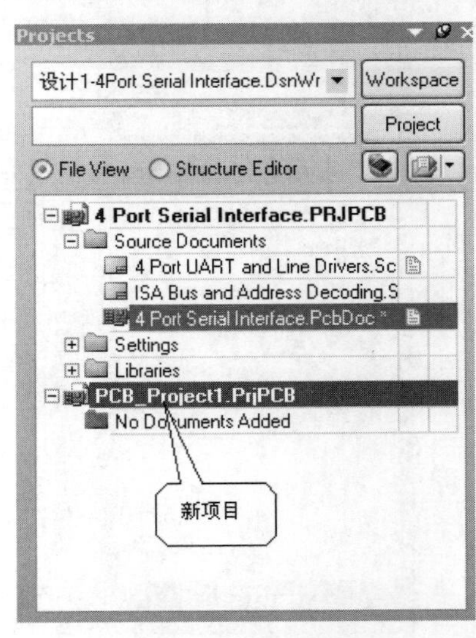

图 1-29　新项目建立

在项目（Projects）面板工作区中，右击新建项目名称，在弹出的菜单中选择【Save Project】或【Save Project As】命令，即可弹出如图 1-24 所示的对话框。可将文件名中的“PCB Project1”改为用户便于记忆、或与设计相关的名称。例如，接触式防盗报警电路。单击 保存(S) 按钮，在项目（Projects）面板的工作区中新建项目的名称如图 1-30 所示。

参照图 1-30 工作区项目命名操作和操作方法，将“接触式防盗报警电路.PrjPcb”按同名链接到项目（Projects）面板的工作区文件夹中，操作后项目（Projects）面板如图 1-31 所示。

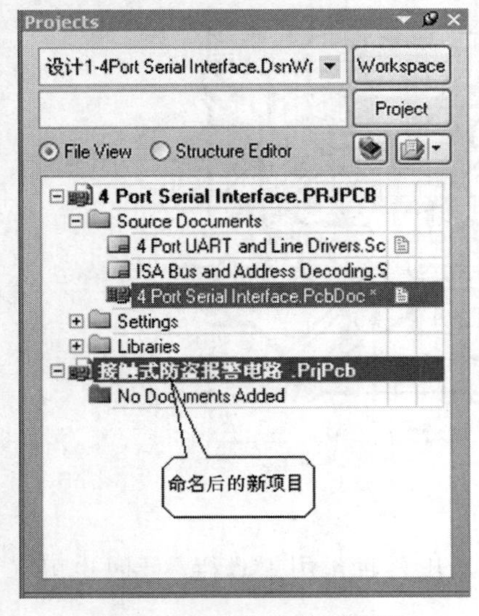

图 1-30　命名后的新项目

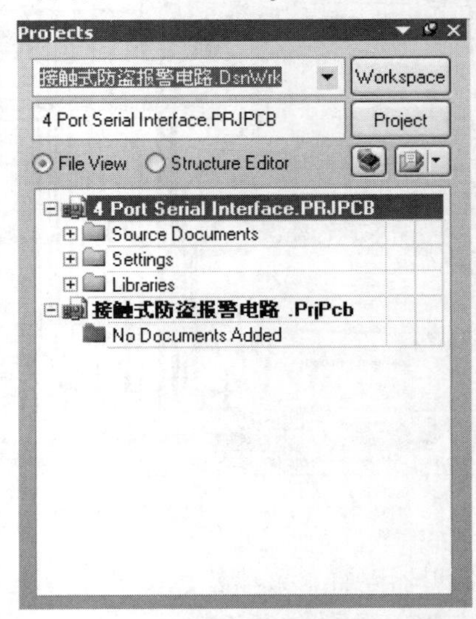

图 1-31　接触式防盗报警电路在项目（Projects）面板上的链接

1.6.3 项目与文件

项目用来组织一个与设计（如 PCB）有关的所有文件，如原理图文件、PCB 文件、仿真文件、输出报表文件等，并保存有关设置。之所以称为组织，是因为在项目文件中只是建立了与设计有关的各种文件的链接关系，而文件的实际内容并没有真正包含到项目中。因此，一个项目下的任意一个文件都可以单独打开、编辑或复制。

1.6.2 节创建的新项目只是建立一个项目的名称，还需要链接或添加一些文件，如原理图文件、PCB 文件、仿真文件等。下面以“接触式防盗报警电路.PrjPcb”项目为例，说明如何添加文件。

1．原理图文件的添加

具体步骤如下：

（1）执行菜单命令【File】/【New】/【Schematic】，一个名为“Sheet1.SchDoc”的原理图图纸即出现在编辑窗口中，并以自由原理图文件出现在项目（Projects）面板的工作区中，如图 1-32 所示。

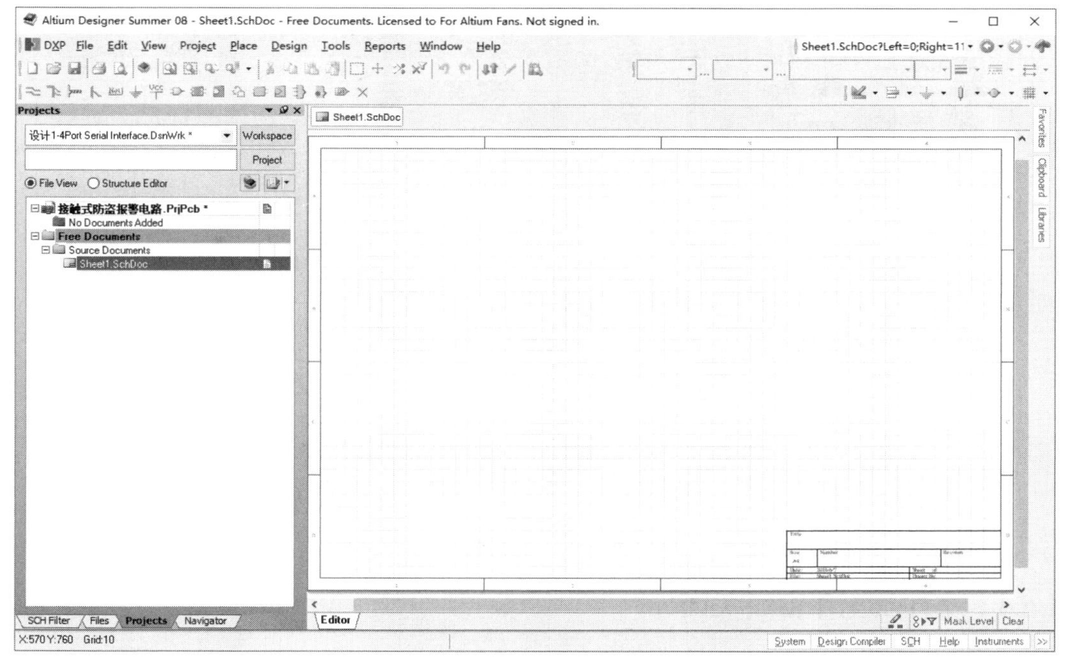

图 1-32 添加原理图文件

（2）执行菜单命令【File】/【Save As】，则弹出如图 1-24 所示的对话框，在文件名栏输入文件名称，单击 保存(S) 按钮，将以“接触式防盗报警电路”名称保存。保存后在项目（Projects）面板的工作区中显示的原理图文件名称如图 1-33 所示。

（3）此时的“接触式防盗报警电路.SchDoc”仍然是“自由文件”。所谓“自由文件”就是说还没有与“接触式防盗报警电路.PrjPcb”项目链接，还需要将“接触式防盗报警电路.SchDoc”文件加到“接触式防盗报警电路.PrjPcb”项目中。在项目（Projects）面板的工作区中，单击“接触式防盗报警电路.SchDoc”文件名称并按住鼠标左键，直接将其拖到“接触式防盗报警电路.PrjPcb”项目名称中即可。链接后在项目（Projects）面板的工作区显示如图 1-34 所示。

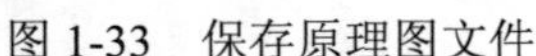

图 1-33　保存原理图文件

图 1-34　链接原理图文件

2．PCB 文件的添加

PCB 文件的添加与原理图文件添加类似，其编辑环境如图 1-35 所示。

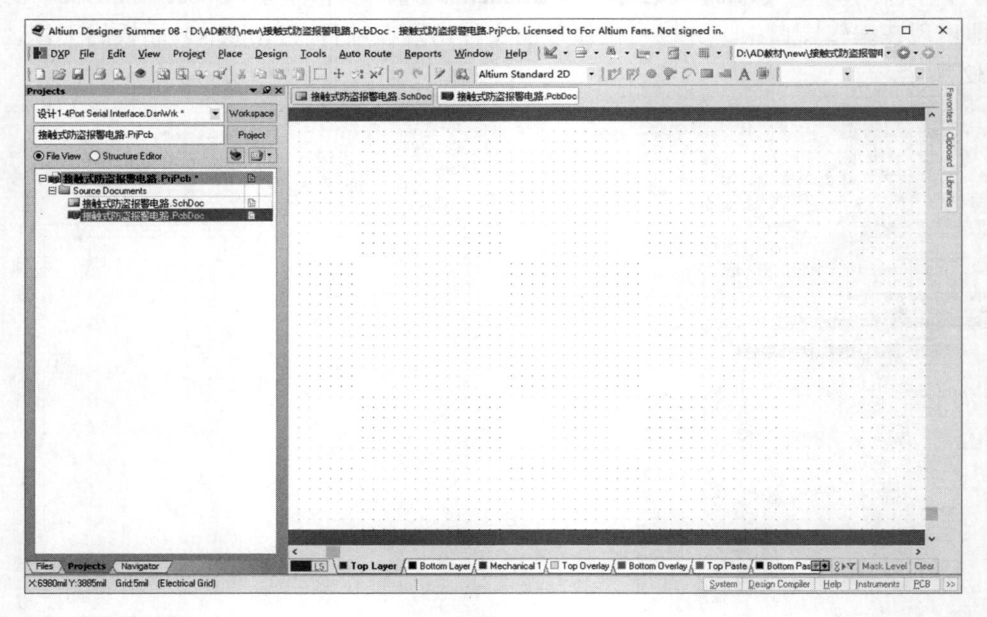

图 1-35　PCB 编辑器界面

1.6.4　文件及工作窗口关闭

前面所讲的有关打开一个文件或新建一个文件的操作，同样适用于其他类型的文件。打开或新建不同的文件，都会自动启动与该类型文件相对应的编辑器。同样，当某编辑器所支持的文件全部关闭时，该编辑器会自动关闭。

1．关闭单个文件

关闭某个已打开的文件有多种方法，下面只介绍两种。

（1）在工作区中右击要关闭的文件标签，在弹出的快捷菜单中选择【Close】命令。

（2）在项目（Projects）面板上，右击要关闭的文件标签，在弹出的快捷菜单中选择【Close】命令。

2．关闭所有文件及编辑器

关闭所有已打开的文件，也有多种方法，下面也只介绍两种。

（1）执行菜单命令【Windows】/【Close All】或【Close Documents】。

（2）可以在工作区的任意一个文件标签上右击，然后在弹出的快捷菜单中选取【Close All Documents】命令。

1.7　Altium Designer 系统参数设置

单击系统菜单图标 DXP，弹出如图 1-5 所示的下拉菜单，然后选择系统参数【Preferences】命令，则可弹出系统参数设置对话框，如图 1-36 所示。从图 1-36 左侧可看到，系统参数有常规、视图、透明度、备份选项等共 13 项。下面对其常用选项和参数予以简单介绍。

1.7.1　常规（General）参数设置

常规（General）参数设置界面主要用来设置 Altium Designer 系统的基本特性，其设置对话框如图 1-36 右侧所示。

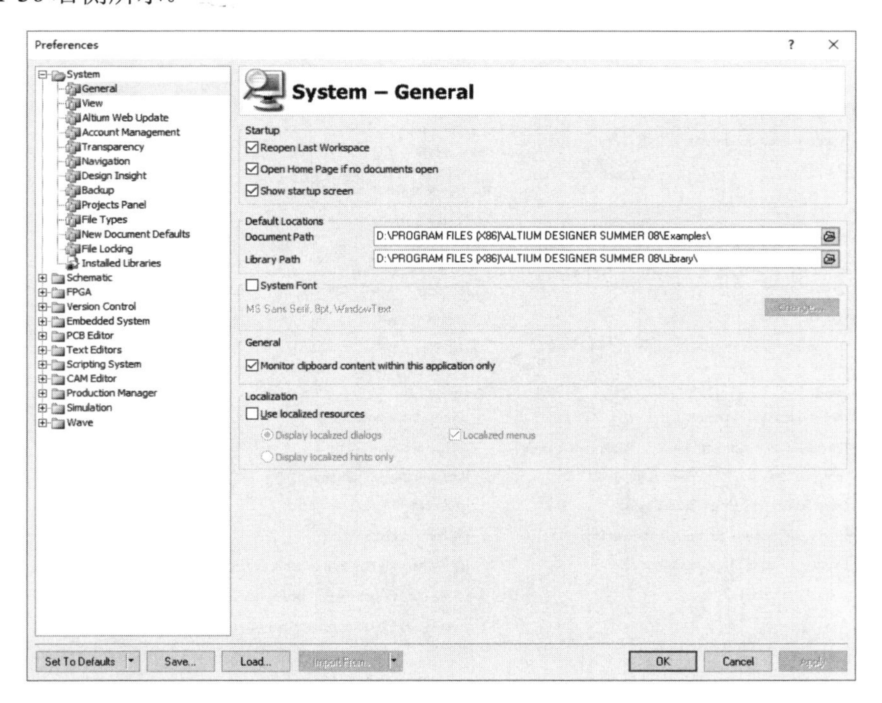

图 1-36　系统参数设置对话框——常规参数选项

常规参数中有 5 个分组框，现将其主要的分组框的选项功能介绍如下。

1. 启动（Startup）

（1）Reopen Last Workspace——选中该项，则 Altium Designer 系统启动时自动打开关闭前打开的工作环境。

（2）Open Home Page if no documents open——选中该项，Altium Designer 系统启动时自动根据其关闭前若没有打开的文件，则打开文件控制面板。

（3）Show startup screen——显示系统启动标记：选中该项，则 Altium Designer 系统启动时显示系统启动画面。该画面以动画形式显示系统版本信息，可提示操作者当前系统正在装载。

2．默认位置（Default Locations）

在该分组框里，可设定打开或保存 Altium Designer 文件、项目及项目组时的默认路径。单击指定按钮，可弹出一文件夹浏览对话框。在其内指定一个已存在的文件夹，即设置默认路径。一旦设定好默认的文件路径，在进行 Altium Designer 设计时就可以快速保存设计文件、项目文件或项目组文件，为操作带来极大方便。

3．系统字体（System Font）

用于设置系统显示的字体、字形和字号。

4．本地化设置（Localization）

用于设置中、英文界面转换。

1.7.2 视图（View）参数设置

视图（View）参数设置对话框如图 1-37 所示。

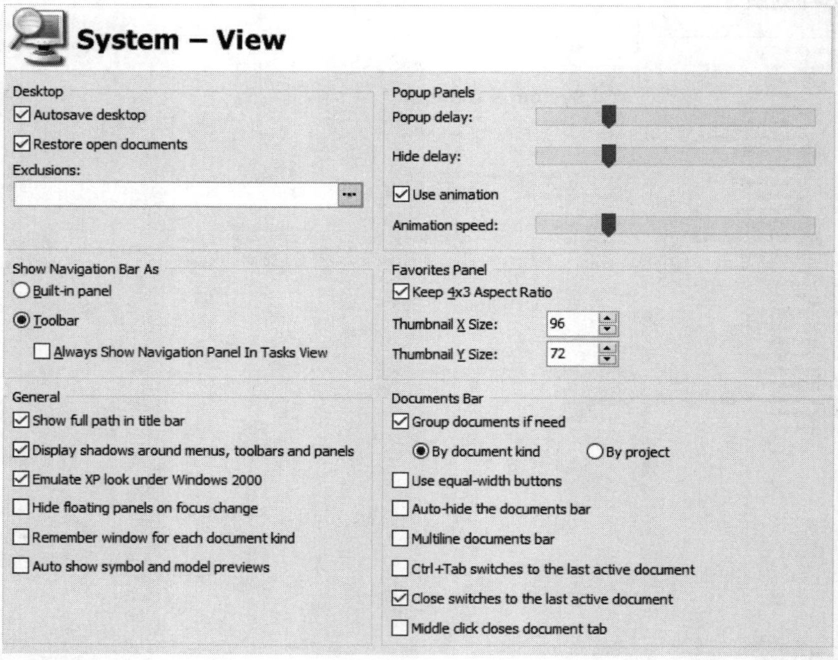

图 1-37 系统参数设置对话框——视图参数选项

视图参数中有 6 个分组框，分别是桌面设置、面板显隐速度设置、导航器显示方式、面板规格设置、常规参数显示方式和文档显示方式，现将常用的两个分组框的部分功能介绍如下。

1．桌面设置（Desktop）

可用于设定系统关闭时，是否自动保存定制的桌面（实际上就是工作区）选项。

（1）Autosave desktop——自动保存桌面：选中该项，则系统关闭时将自动保存自定制桌面及文件窗口的位置和大小。

（2）Restore open documents——自动保存打开的文档。

2．面板显隐速度设置（Popup Panels）

可用于调整弹出式面板的弹出及消隐过程的等待时间，还可以选择是否使用动画效果。

（1）Popup delay——弹出延迟：选项右边的滑块可改变面板显现时的等待时间。滑块越向右调节，等待时间越长；滑块越向左调节，等待时间越短。

（2）Hide delay——隐藏延迟：选项右边的滑块可改变面板隐藏时的等待时间。同样，滑块越向右调节，等待时间越长；滑块越向左调节，等待时间越短。

（3）Use animation——使用动画：选中该项，则面板显现或隐藏时将使用动画效果。

（4）Animation speed——动画速率：右边的滑块用来调节动画的动作速度。若不想让面板显现或隐藏时等待，则应取消该复选项。

1.7.3 系统互联网更新（Altium Web Update）参数设置

系统互联网更新（Altium Web Update）参数设置对话框如图 1-38 所示。在该对话框中，可以设置互联网更新的方式、网址，以及自动检查更新文件的方式等选项。

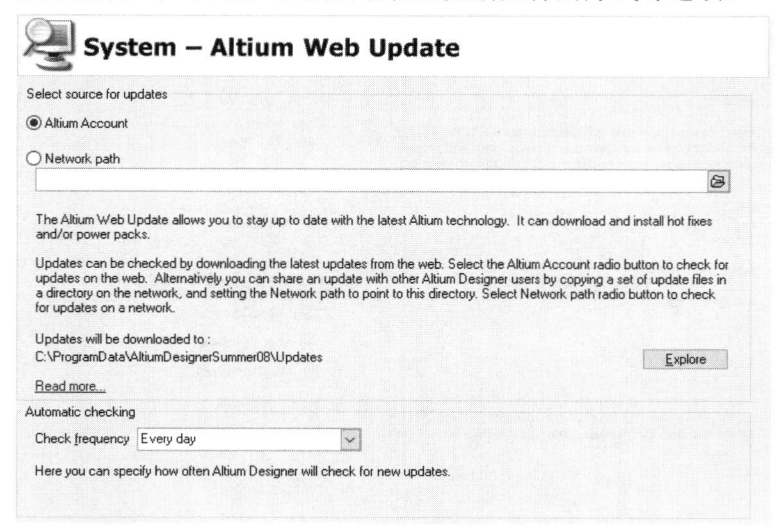

图 1-38　系统参数设置对话框——系统互联网更新参数选项

1.7.4 透明效果（Transparency）参数设置

透明效果（Transparency）参数设置对话框如图 1-39 所示。

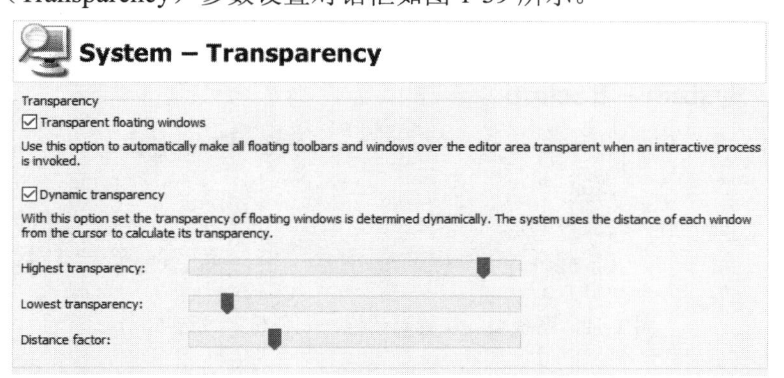

图 1-39　系统参数设置对话框——透明效果参数选项

在透明效果参数设置选项中有 2 个复选项和 3 个滑块，其功能分别介绍如下。

（1）Transparent floating windows——透明浮动窗口：选中该项，编辑器工作区上的浮动工具栏及其他对话框将以透明效果显示。

（2）Dynamic transparency——动态透明：选中该项，则启用动态透明效果。

（3）Highest transparency——最高透明度：滑块越向右调节，最高上限越高。

（4）Lowest transparency——最低透明度：滑块越向右调节，最低透明度越低。

（5）Distance factor——距离因素：右边的滑块设定光标距离浮动工具栏、浮动对话框或浮动面板为多少时，透明效果消失。

1.7.5 导航（Navigation）参数设置

导航（Navigation）参数设置对话框如图 1-40 所示。其中的选项主要用于导航工作面板工作状态、工作内容和精度的设置。

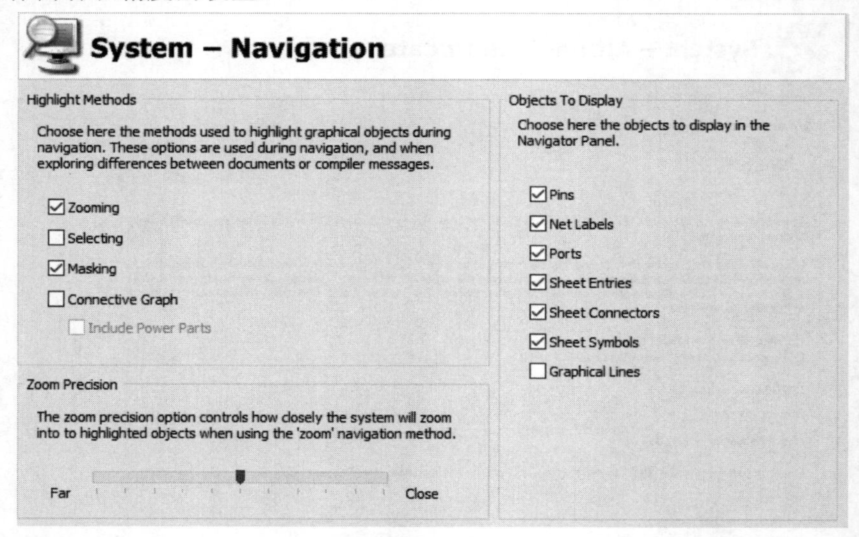

图 1-40 系统参数设置对话框——导航参数选项

1.7.6 备份（Backup）参数设置

备份（Backup）参数选项用来设定是否创建备份文件、自动保存的时间间隔、为每个文件所保留版本数及自动保存路径。备份参数设置对话框如图 1-41 所示。

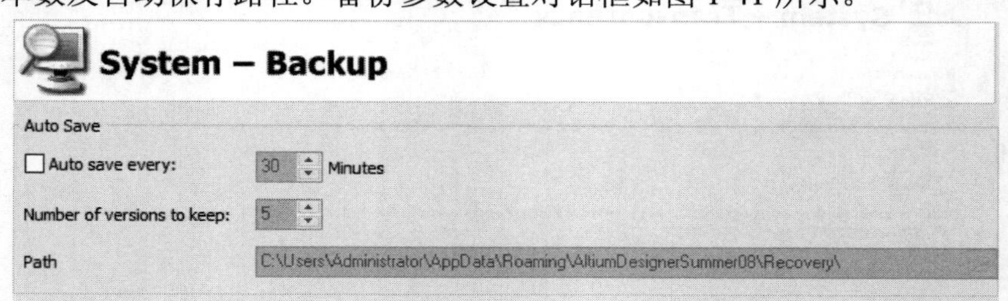

图 1-41 系统参数设置对话框——备份参数选项

（1）Auto save every——启动自动保存：要启动自动保存功能，必须选中该项。

（2）时间间隔增减按钮：在“Auto save every”被选中的前提下，单击增减按钮可设置自动保存的间隔时间。

（3）在“Auto save every”被选中的前提下，单击“Number of versions to keep”右边的增减按钮，可以设置保存的版本数。保留的版本采用循环覆盖方式。

1.7.7 项目面板（Projects Panel）视图参数设置

项目面板（Projects Panel）的视图显示方式有 7 种，可以通过系统参数设置对话框对每一种视图进行设置，其项目面板常用显示（General）视图参数设置如图 1-42 所示。

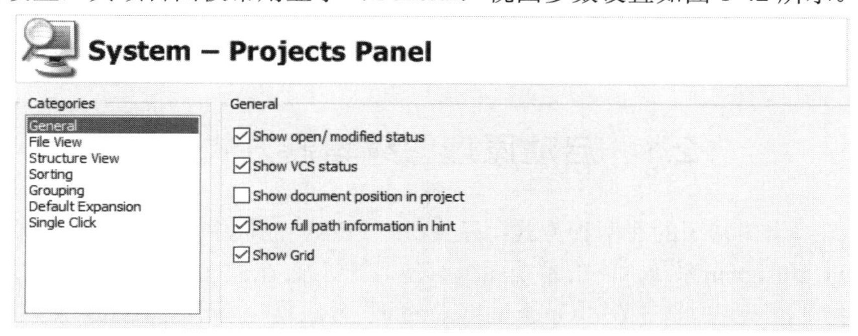

图 1-42 项目面板常用显示方式设置

再举一例，项目面板结构视图（Structure View）参数设置如图 1-43 所示。

限于篇幅，系统其他参数的设置暂不介绍，望读者自己熟悉其操作，了解其功能。

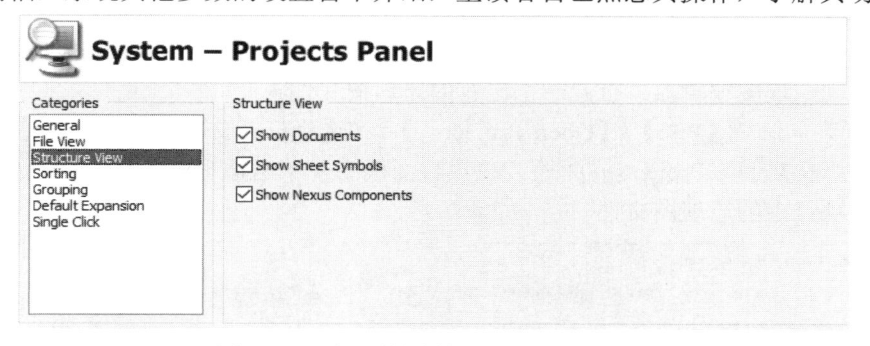

图 1-43 项目面板结构视图显示方式设置

习 题 1

1．简述 Altium Designer 的组成。

2．简述在 Altium Designer 中创建各种文件组织形式。

3．操作控制文件（Files）面板的 3 种状态。

第 2 章 原理图编辑器及参数

原理图编辑器是完成原理图设计的主要工具，因此，熟悉原理图编辑器的使用和相关参数的设置是十分必要的。本章主要介绍原理图编辑器的启动、编辑界面、部分菜单命令、图纸设置及其参数设置方法。

2.1 启动原理图编辑器方式

启动原理图编辑器常用的有两种方式：从文件（Files）面板中启动、从主菜单中启动。

启动 Altium Designer 系统，单击系统面板标签 System ，在弹出的菜单中选择文件【Files】命令，打开文件（Files）面板，在“Open a document”分组框中双击原理图文件，即可从文件（Files）面板中启动原理图编辑器。

从主菜单中利用菜单命令启动原理图编辑器有 3 种常用的方法。

（1）执行菜单命令【File】/【New】/【Schematic】，新建一个原理图设计文件，启动原理图编辑器。

（2）执行菜单命令【File】/【Open】，在选择打开文件对话框（见图 2-1）中双击原理图设计文件，启动原理图编辑器，打开一个已有的原理图文件。

（3）执行菜单命令【File】/【Open Project…】，在选择打开文件对话框（见图 2-1）中双击项目文件，弹出项目（Projects）面板。在项目面板中，单击原理图文件，启动原理图编辑器，打开已有项目中的原理图文件。

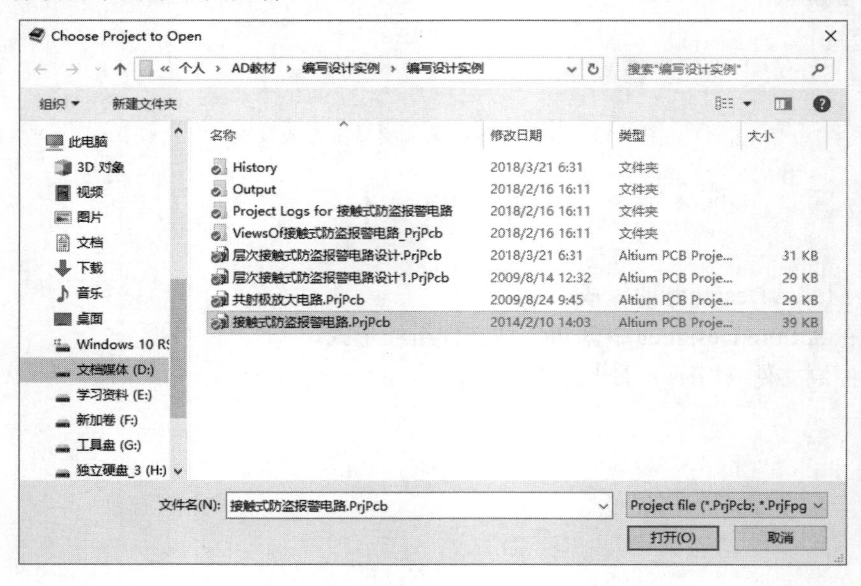

图 2-1 选择打开文件对话框

2.2　原理图编辑器界面介绍

原理图编辑器主要由菜单栏、工具栏、编辑窗口、面板标签、状态栏、文件路径和文件标签等组成，如图 2-2 所示。

（1）菜单栏：编辑器所有的操作都可以通过菜单命令来完成，菜单中有下画线的字母为热键，大部分带图标的命令在工具栏中有对应的图标按钮。

（2）工具栏：编辑器工具栏的图标按钮是菜单命令的快捷执行方式，熟悉工具栏图标按钮功能，可以提高设计效率。

（3）文件标签：激活的每个文件都会在编辑窗口顶部显示相应的文件标签，单击文件标签，可以使相应文件处于当前编辑窗口。

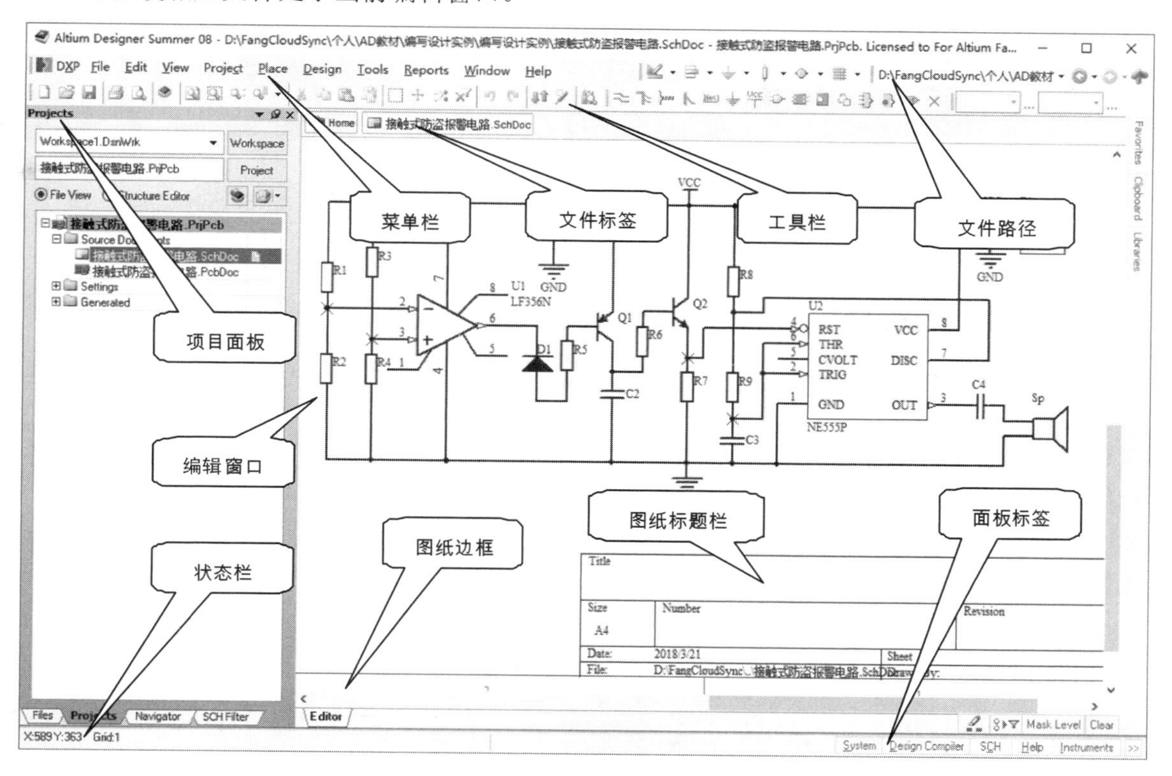

图 2-2　原理图编辑器

（4）文件路径：当前文件存储路径。

（5）编辑窗口：各类文件显示的区域，在此区域内可以实现原理图的编辑。

（6）状态栏：显示光标的坐标和栅格大小。

2.3　图纸参数设置

原理图是要绘制在图纸上的，所以图纸的设置是一个比较重要的环节。在原理图编辑器中，图纸的设置由图纸设置对话框来完成，主要包括图纸的大小、方向、标题栏、边框、图纸栅格、捕获栅格、自动寻找电气节点和图纸设计信息等参数。下面介绍图纸的设置方法。

执行菜单命令【Design】/【Document Options...】或在编辑窗口空白处右击，在右键弹出菜单中执行图纸设置选项命令【Options】/【Document Options...】，弹出图纸设置对话框，如图 2-3 所示。

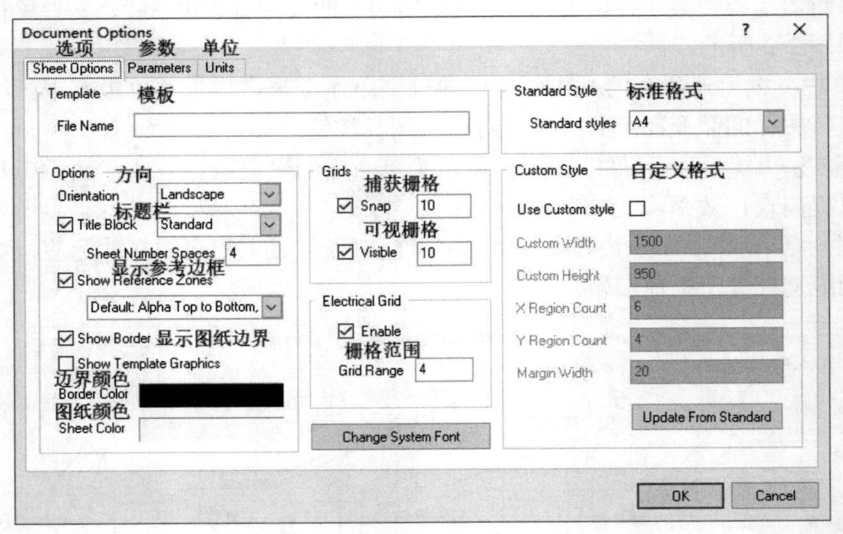

图 2-3　图纸设置对话框

2.3.1　图纸规格设置

图纸规格设置有两种方式：标准格式（Standard Style）和自定义格式（Custom Style）。

1．标准格式设置方法

单击标准格式（Standard Style）分组框中“Standard styles”右侧的下拉按钮，弹出如图 2-4 所示的下拉列表框，从中选择适当的图纸规格。光标在下拉列表框中上下移动时，有一个高亮条会跟着光标移动，当合适的图纸规格变为高亮时并单击（如 A4），A4 即被选中，当前图纸的规格就被设置为 A4 幅面。

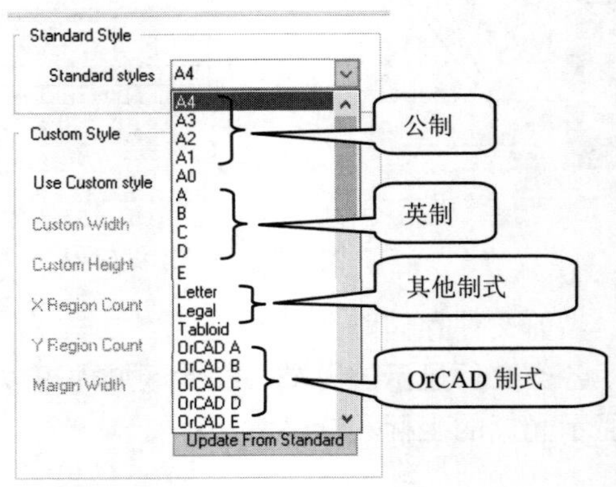

图 2-4　标准图纸规格选择下拉列表框

2．自定义格式设置方法

有时标准格式的图纸不能满足设计要求，就需要自定义图纸大小，在图纸设置对话框中的自定义格式分组框进行设置。

首先选中使用自定义格式（Use Custom style）项，单击其右侧的方框，方框内出现“√”

号即表示选中，同时相关的参数设置项变为有效，这种选择方法称为勾选，如图 2-3 所示。在对应的文本框中输入适当的数值即可。

其中 3 项参数含义如下：

（1）X 边框刻度（X Region Count）：X 轴边框参考坐标刻度数。所谓的刻度数即等分格数。

（2）Y 边框刻度（Y Region Count）：Y 轴边框参考坐标刻度数。

（3）边框宽度（Margin Width）：边框宽度改变时，边框内文字大小将跟随宽度变化。

2.3.2 图纸选项设置

图纸选项包括图纸方向、颜色、是否显示标题栏和是否显示边框等选项。图纸选项的设置通过选项（Options）分组框的选项来完成。

1．图纸方向的设置

如图 2-5 所示，单击方向（Orientation）右侧的下拉按钮，在弹出的下拉列表中选择图纸方向。下拉列表中有两个选择项：水平放置（Landscape）和垂直放置（Portrait）。

2．设置图纸颜色

图纸颜色的设置包括图纸边框颜色（Border Color）和图纸颜色（Sheet Color）两项，设置方法相同。单击它们右边的颜色框，将弹出一个选择颜色对话框（Choose Color），如图 2-6 所示。

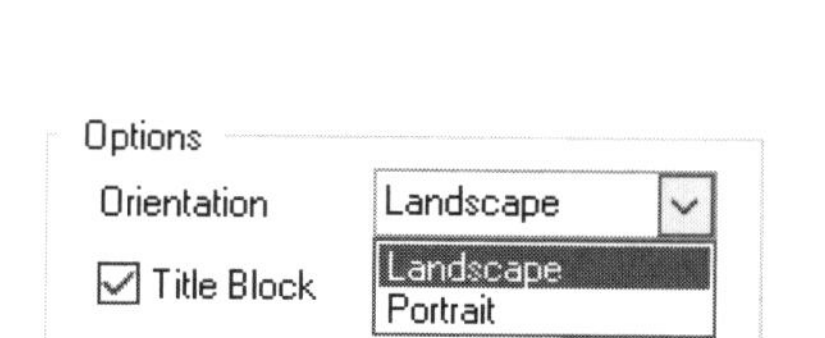

图 2-5　选择图纸方向

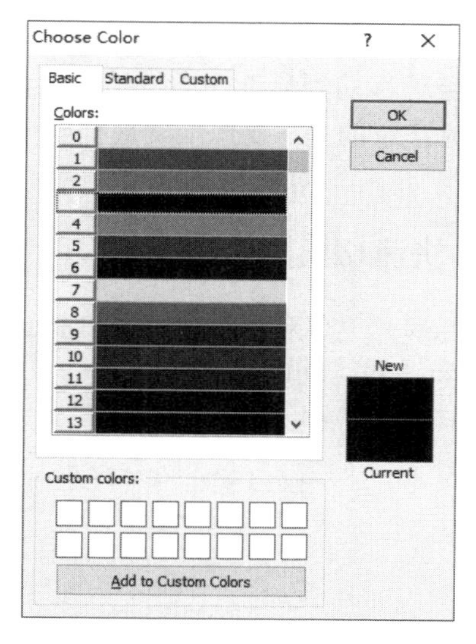

图 2-6　选择颜色对话框

选择颜色对话框中有 3 种选择颜色的方法，即基本颜色（Basic）、标准颜色（Standard）和自定义（Custom），从这 3 个颜色列表（Colors）中单击一种颜色，在新选定颜色栏（New）中会显示相应的颜色，然后单击 OK 按钮，完成颜色选择。

颜色设置在系统中很多地方都要用到，这种颜色设置对话框比较常见，设置方法也比较简单，以后将不再介绍。

3．设置标题栏

在选项（Options）分组框中勾选标题栏（Title Block），单击右侧的下拉按钮，从弹出的下拉列表中选择一项。此下拉列表共有两项：标准模式（Standard）和美国国家标准协会模式

（ANSI）。另外，选项分组框内的显示模板标题（Show Template Graphics），用于设置是否显示模板图纸的标题栏。若不勾选标题栏，编辑窗口和文件打印时都不会出现标题栏。

4．设置边框

图纸边框的设置也在图纸设置对话框的选项（Options）分组框内，如图 2-3 所示。共有两项：显示参考边框（Show Reference Zones）和显示图纸边界（Show Border），都是勾选有效。

2.3.3 图纸栅格设置

图纸栅格的设置在图纸设置对话框的栅格（Grids）分组框内，如图 2-3 所示。包括捕获栅格（Snap）和可视栅格（Visible）两个选项。设置方法为勾选有效，在其右侧的文本框中输入要设定的数值，数值越大栅格就越大。

捕获栅格（Snap）是图纸上图件的最小移动距离（捕获栅格勾选有效时）。

可视栅格（Visible）是图纸上显示的栅格距离，即栅格的宽度。

图纸栅格颜色在系统参数设置中的图形编辑参数设置对话框里设置，参见图 2-14。

2.3.4 自动捕获电气节点设置

自动捕获电气节点设置在图纸设置对话框的电气栅格（Electrical Grid）分组框，如图 2-3 所示。设置方法与图纸栅格设置方法相同。

勾选该项有效时，系统在放置导线时以光标为中心，以设定值为半径，向周围搜索电气节点，光标会自动移动到最近的电气节点上，并在该节点上显示一个“米”字形符号，表示电气连接有效。应注意的是，要想准确地捕获电气节点，自动寻找电气节点的半径值应比捕获栅格值略小。

2.3.5 快速切换栅格命令

显示（View）菜单和右键（Right Mouse Click）菜单中的栅格（Grids）设置子菜单具有快速切换栅格的功能，如图 2-7 所示。

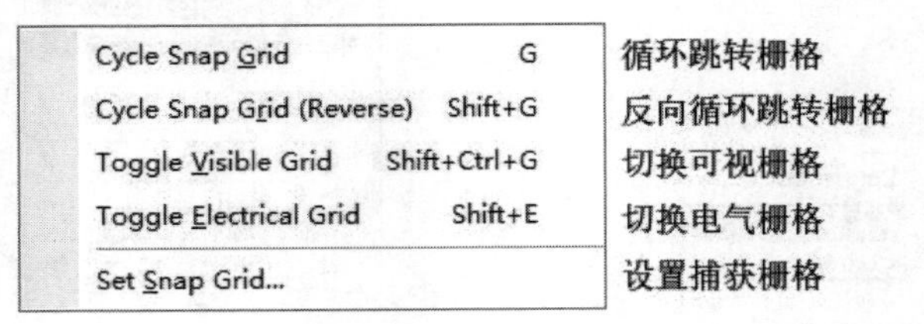

图 2-7 栅格（Grids）子菜单

（1）执行【Cycle Snap Grid】或【Cycle Snap Grid (Reverse)】命令，可以切换是否捕获栅格。

（2）执行【Toggle Visible Grid】命令，可以切换是否显示栅格。

（3）执行【Toggle Electrical Grid】命令，可以切换电气栅格是否有效，即是否自动捕获电气栅格。

（4）执行【Set Snap Grid…】命令，可以在弹出的捕获栅格大小对话框中设置合适的数值，以确定图件在图纸上的最小移动距离，如图 2-8 所示。

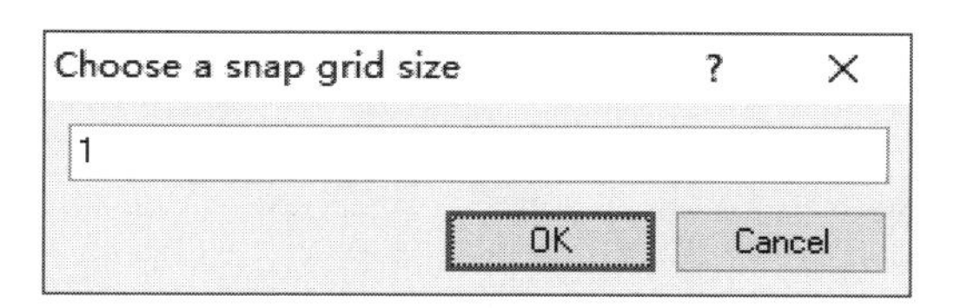

图 2-8　设置捕获栅格大小对话框

2.3.6　图纸设计信息填写

单击图纸设置对话框中的图纸信息（Parameters）标签，即可打开图纸设计信息对话框，如图 2-9 所示。

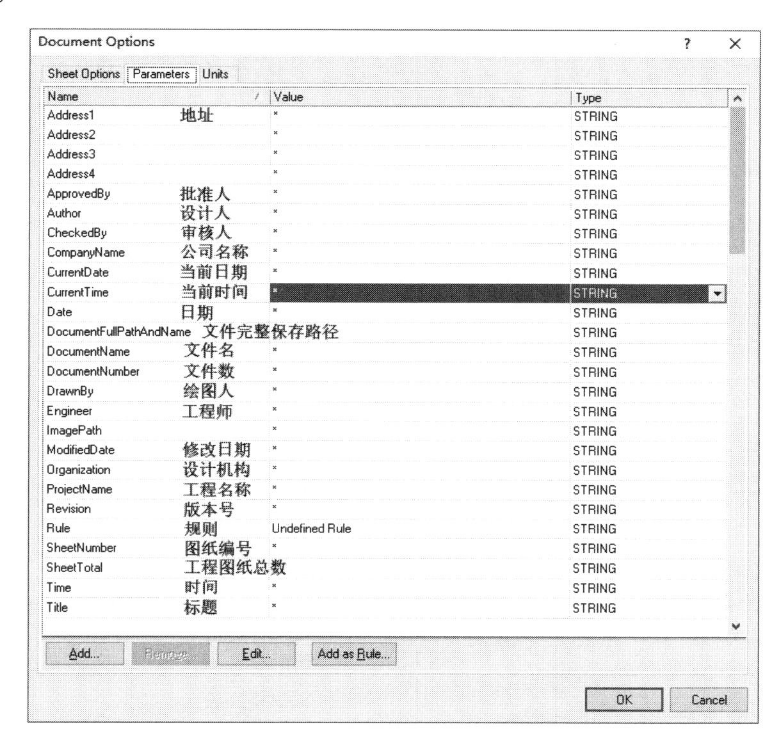

图 2-9　图纸设计信息对话框

填写方法有两种。

（1）单击要填写参数名称的 Value 文本框，该文本框中的“*”号变为高亮选中状态，两边对应的 Name 和 Type 也变为高亮选中状态，此时可直接在文本框中输入参数。

（2）单击要填写参数名称所在行的任意位置，使该行变为高亮选中状态，然后单击对话框下方的编辑按钮 Edit... ，进入参数编辑对话框（Parameter Properties），如图 2-10 所示；双击要填写参数名称所在行的任意位置，也可以直接进入参数编辑对话框。

在 Value 区域的文本框中输入参数，在 Properties 分组框中选择相应的参数，然后单击 OK 按钮确定。

需要特别注意的是，图 2-9 中添加规则 Add as Rule... 按钮所涉及的参数，是 PCB 布线规则的设置，详细设置方法见后面有关 PCB 布线规则设置章节的内容。

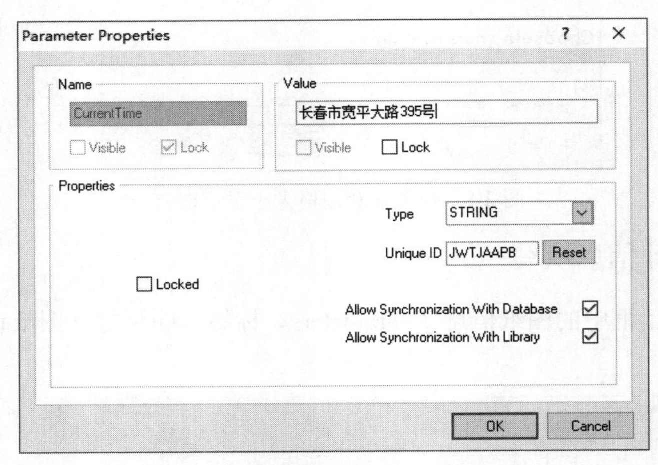

图 2-10　参数编辑对话框

2.3.7　绘图单位设置

单击图纸设置对话框中的单位选择（Units）标签，即可打开单位选择对话框，如图 2-11 所示。勾选相应的选项，即可进行所用单位“英制”或“公制”的选取。

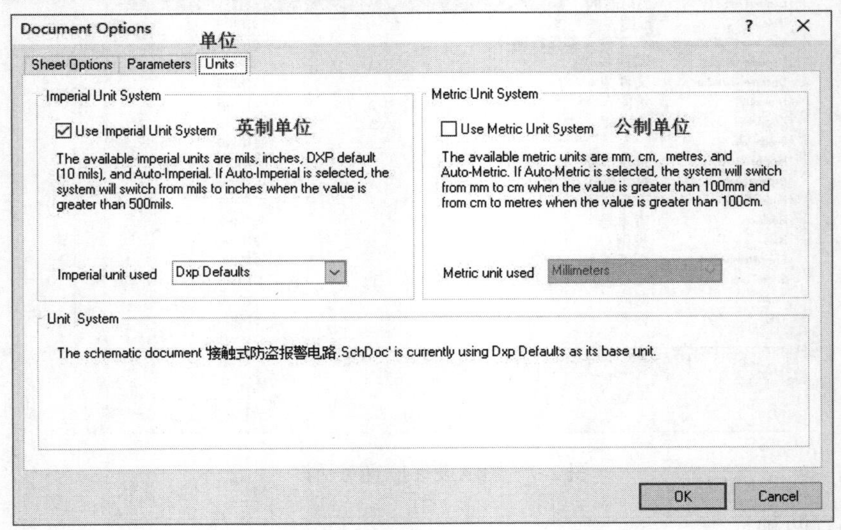

图 2-11　单位选择对话框

2.4　原理图编辑参数设置

合理设置原理图编辑参数可有效提高绘图效率和绘图效果。原理图编辑参数的设置在 Altium Designer 系统参数设置对话框中，打开 Altium Designer 系统参数设置对话框的方法有两种。

（1）菜单命令启动：执行菜单命令【Tools】/【Schematic Preferences...】。

（2）右键弹出菜单启动：在空白处右击，从弹出的菜单中选择【Preferences】命令，即可启动系统参数设置对话框，如图 2-12 所示。从图中左侧可以看到，原理图参数是系统参数 11 项中的 1 项，它含有 12 个选项。下面对其几个重要的选项予以介绍。

图 2-12　系统（常规）参数设置对话框

2.4.1　常规（General）参数设置

图 2-12 中右侧是常规（General）参数设置对话框，图中汉字部分为各参数的相应解释。一些功能从解释上就可以理解，这里只讲述在设计原理图过程中比较重要的几项功能设置，其他参数的功能在以后用到时再详细介绍。

1．选项（Options）分组框

该分组框中的选项功能，用来设置绘制原理图时的一些自动功能。

（1）正交拖动（Drag Orthogonal）的功能是当拖动一个元件时，与元件连接的导线将与该元件保持直角关系，若未选中该选项，将不保持直角关系（注：该功能仅对菜单拖动命令【Edit】/【Move】/【Drag】和【Drag Selection】有效）。

（2）优化导线和总线（Optimize Wires & Buses）的功能是防止导线、总线间的相互覆盖。

（3）元件自动切割导线（Components Cut Wires）的功能是将一个元件放置在一条导线上时，如果该元件有两个引脚在导线上，则该导线自动被元件的两个引脚分成两段，并分别连接在两个引脚上。

（4）直接编辑（Enable In-Place Editing）的功能是当光标指向已放置的元件标识、字符、网络标号等文本对象时，单击（或按快捷键 F2）可以直接在原理图编辑窗口内修改文本内容，而不需要进入参数属性对话框（Parameter Properties）。若该选项未勾选，则必须在参数属性对话框中编辑修改文本内容。

（5）转换十字节点（Convert Cross-Junctions）的功能是当在两条导线的 T 形节点处增加

一条导线形成十字交叉时，系统自动生成两个相邻的节点。

（6）显示跨越（Display Cross-Overs）的功能是在未连接的两条十字交叉导线的交叉点显示弧形跨越，如图 2-13 所示。

（7）显示引脚信号方向（Pin Direction）的功能是在元件的引脚上显示信号的方向▷。

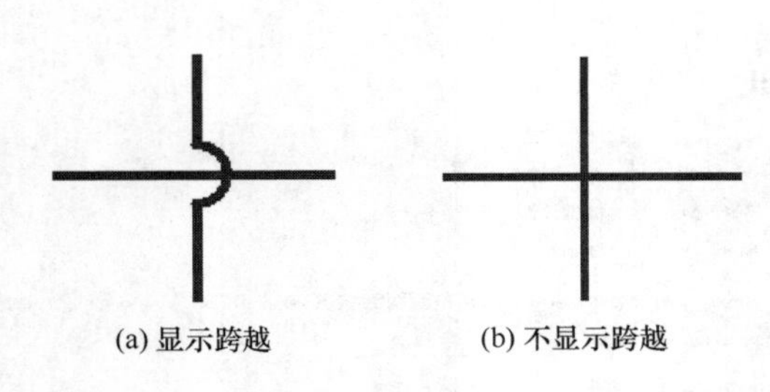

图 2-13　交叉导线的两种显示方式

2．引脚边距（Pin Margin）分组框

该分组框中的参数用于设置元件符号上引脚名称、引脚标号与元件符号轮廓边缘的间距。

3．剪贴板和打印（Include with Clipboard and Prints）分组框

该分组框中参数的功能如下：

（1）No ERC 标记（No ERC Markers）的功能是在使用剪贴板进行复制操作或打印时，对象的 No ERC 标记将随图件被复制或打印。

（2）参数设置（Parameter Sets）的功能是在使用剪贴板进行复制操作或打印时，对象的参数设置将随图件被复制或打印。

4．字母数字下标（Alpha Numeric Suffix）分组框

该分组框中有两个单选项。当选中 Alpha 时，子件的后缀为字母；当选中 Numeric 时，子件的后缀为数字。

2.4.2　图形编辑（Graphical Editing）参数设置

单击系统参数设置对话框图形编辑（Graphical Editing）选项，进入图形编辑参数设置对话框，如图 2-14 所示。

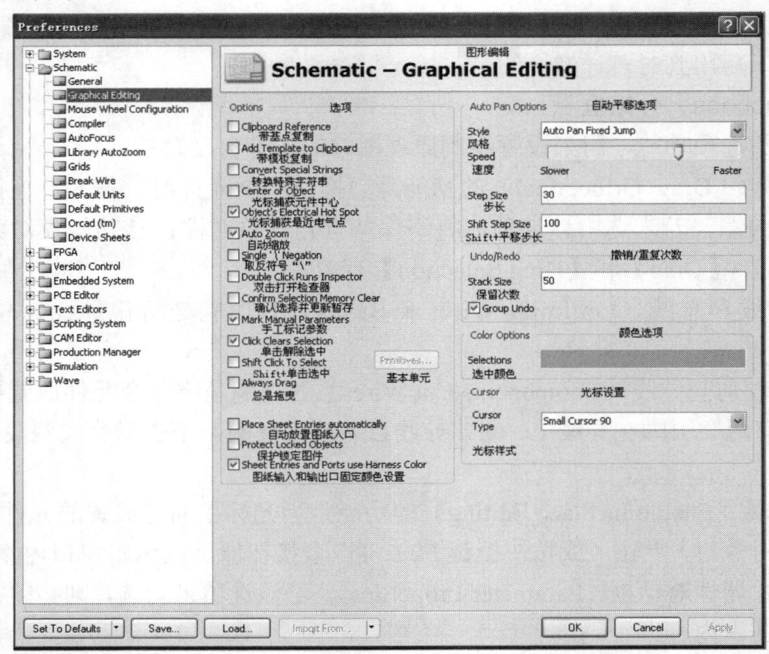

图 2-14　图形编辑参数设置对话框

1．带模板复制（Add Template to Clipboard）

勾选该项，在复制（Copy）和剪切（Cut）图件时，将当前文件所使用的模板一起进行复制。如果将原理图作为 Word 文件的插图，在复制前则应将该功能取消。

2．单击解除选中（Click Clears Selection）

勾选该项，在原理图编辑窗口选中目标以外的任何位置单击，都可以解除选中状态。未勾选该项时，只能通过执行菜单命令【Edit】/【Deselect】或单击取消所有选择快捷工具按钮，解除选中状态。

3．双击打开检查器（Double Click Runs Inspector）

勾选该项，在原理图编辑窗口中双击一个对象时，弹出的不是对象属性对话框，而是检查器（Inspector）面板。

4．Shift+单击选中（Shift+Click To Select）

勾选该项，并单击 Primitives... 按钮，打开基本单元选择对话框，如图 2-15 所示。勾选其中的基本单元，也可以全部勾选。以后选中对象时，必须用 Shift+鼠标左键。

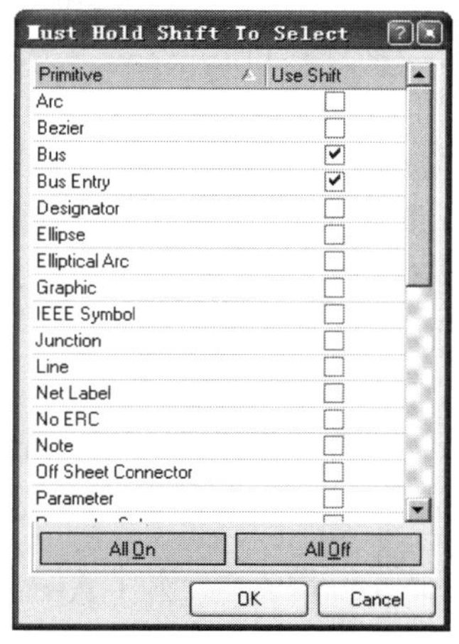

图 2-15　基本单元选择对话框

2.4.3　编译器（Compiler）参数设置

单击系统参数设置对话框的编译器（Compiler）选项，进入编译器参数设置对话框，如图 2-16 所示。

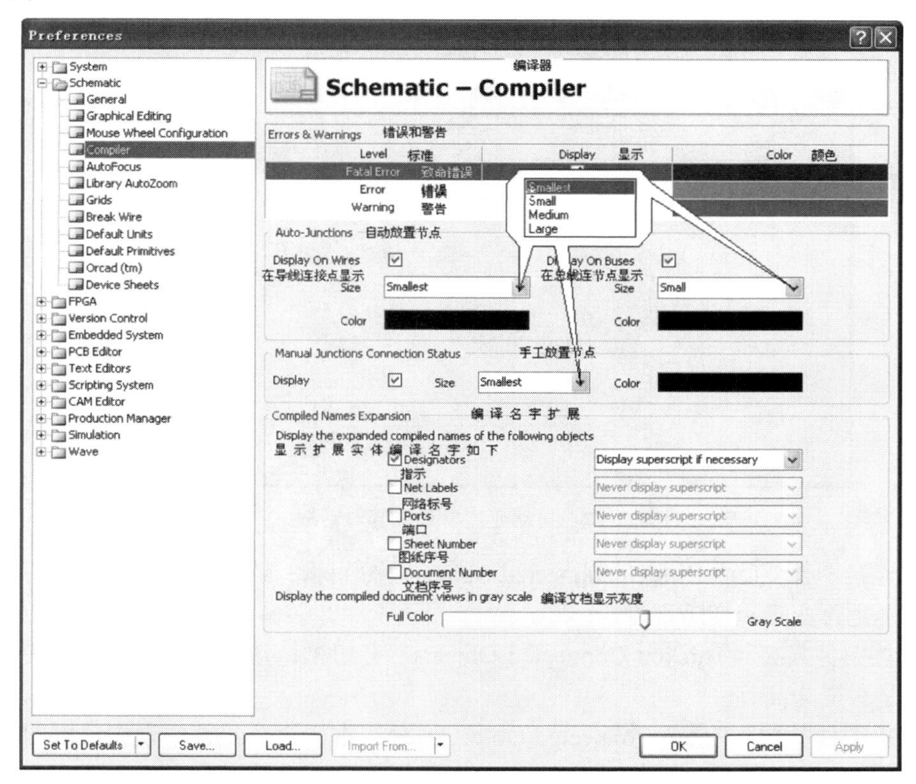

图 2-16　编译器参数设置对话框

1．错误和警告（Errors & Warnings）分组框

该分组框中主要设置编译器编译时所产生的错误和警告是否显示及显示的颜色。

2．自动放置节点（Auto-Junctions）分组框

（1）勾选后自动放置节点，在画连接导线时，只要导线的起点或终点在另一条导线上（T形连接时）、元件引脚与导线T形连接或几个元件的引脚构成T形连接时，系统就会在交叉点上自动放置一个节点。如果是跨过一条导线（即十字形连接），则系统在交叉点不会自动放置节点。所以两条十字交叉的导线，如果需要连接，则必须手动放置节点。如果没有勾选自动放置节点选项，则系统不会自动放置电气节点，需要时，设计者必须手动放置节点。

（2）设置节点的大小。

（3）设置节点的颜色。

3．手工放置节点（Manual Junctions Connection Status）分组框

勾选后可手工操作放置节点，也可选择节点的颜色和大小。

2.4.4 自动变焦（AutoFocus）参数设置

单击系统参数设置对话框的自动变焦（AutoFocus）选项，进入自动变焦参数设置对话框，如图2-17所示。主要设置在放置图件、移动图件和编辑图件时是否使图纸显示自动变焦等功能。

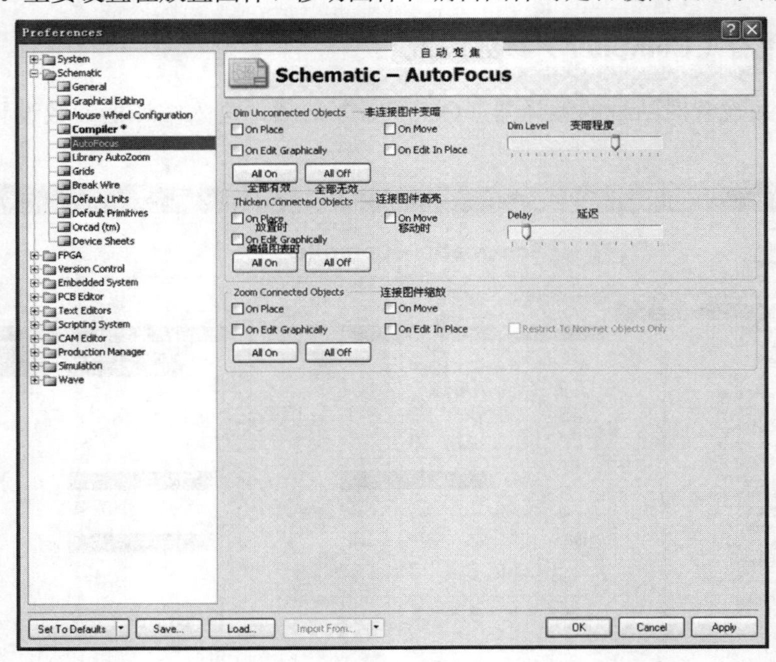

图2-17　自动变焦参数设置对话框

（1）非连接图件变暗（Dim Unconnected Objects）分组框：该分组框中设置非关联图件在有关的操作中是否变暗和变暗程度。

（2）连接图件高亮（Thicken Connected Objects）分组框：该分组框中设置关联图件在有关的操作中是否变为高亮。

（3）连接图件缩放（Zoom Connected Objects）分组框：该分组框中设置关联图件在有关的操作中是否自动变焦显示。

2.4.5 常用图件默认值（Default Primitives）参数设置

单击系统参数设置对话框的默认参数（Default Primitives）标签，进入默认值参数设置对话框，如图 2-18 所示。

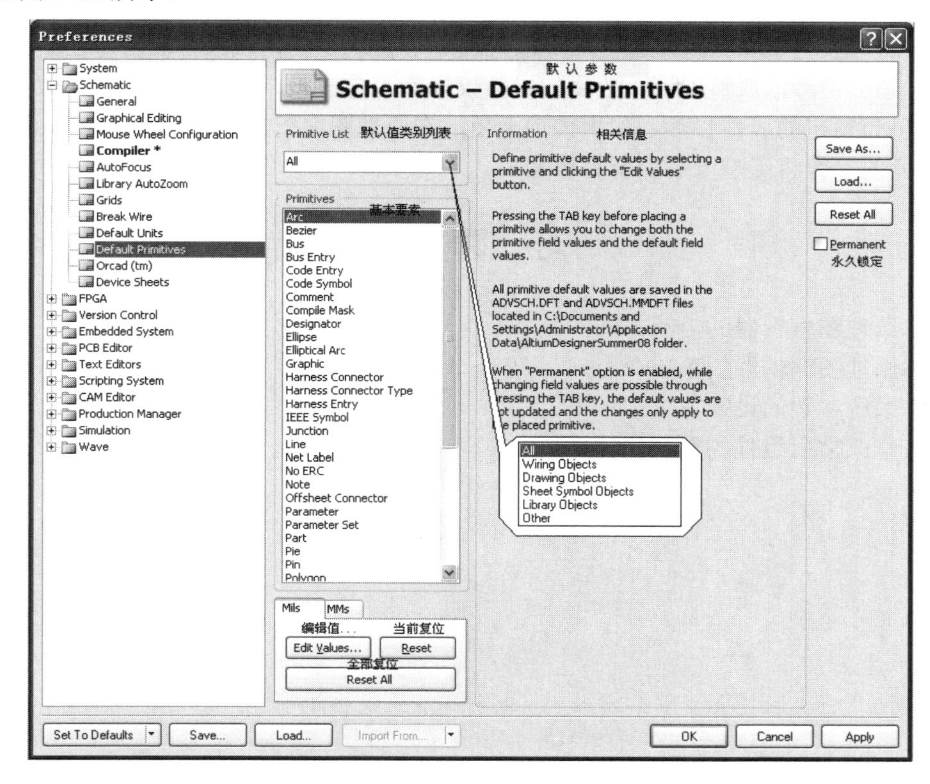

图 2-18 默认值参数设置对话框

1. 工具栏的对象属性选择

单击默认值类别列表（Primitive List）的下拉按钮，弹出一个下拉列表，其中包括几个工具栏的对象属性选择，一般选择“All”，包括全部对象都可以在“Primitives”窗口显示出来。

2. 属性设置

例如，在默认值参数设置对话框的“Primitives”窗口内，单击“Bus”使其处于选中状态，然后单击Edit Values...按钮，弹出Bus 属性设置对话框；或者直接双击“Bus”，也可以启动 Bus 属性设置对话框，如图 2-19 所示。在 Bus 属性设置对话框中可以修改设置有关的参数，如总线宽度和总线颜色。设置完成后，单击OK按钮确认，退回到图 2-18 所示界面。如果需要，则可以继续设置其他图件的属性。

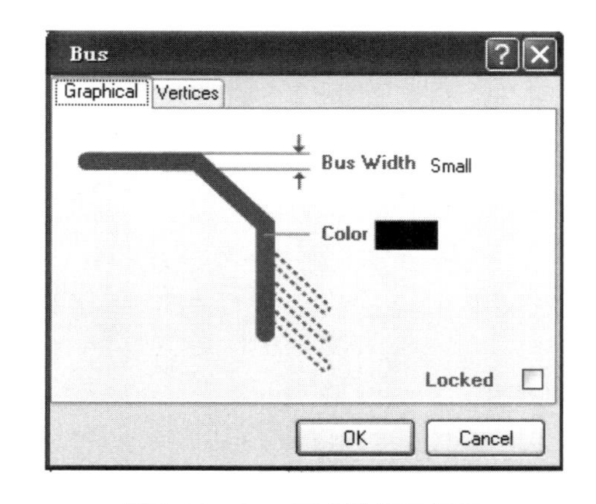

图 2-19 Bus 属性设置对话框

3．复位属性

当选中图件时，单击 Reset 按钮，将复位图件的属性参数，即复位到安装的初始状态。单击 Reset All 按钮，将复位所有图件对象的属性参数。

4．永久锁定属性参数

勾选永久锁定（Permanent）选项，即永久锁定了属性参数。该项有效时，在原理图编辑器中通过按 Tab 键激活属性设置，改变的参数仅影响当前放置，即取消放置后再放置该对象时，其属性仍为锁定的属性参数。如果该项无效，在原理图编辑器中就通过按 Tab 键激活属性设置，改变的参数将影响以后的所有放置。

习 题 2

1．熟悉原理图编辑器的启动方法。
2．熟悉原理图编辑器的菜单命令。
3．熟悉系统参数的设置方法。
4．练习修改常用组件的默认属性。

第 3 章　原理图设计实例

原理图设计主要是利用 Altium Designer 提供的原理图编辑器绘制、编辑原理图，目的是绘制电路图，同时为 PCB 设计打下一个重要基础。本章通过一个实例，学习 Altium Designer 电路原理图的绘制方法。

3.1　原理图设计流程

原理图的设计流程图如图 3-1 所示。

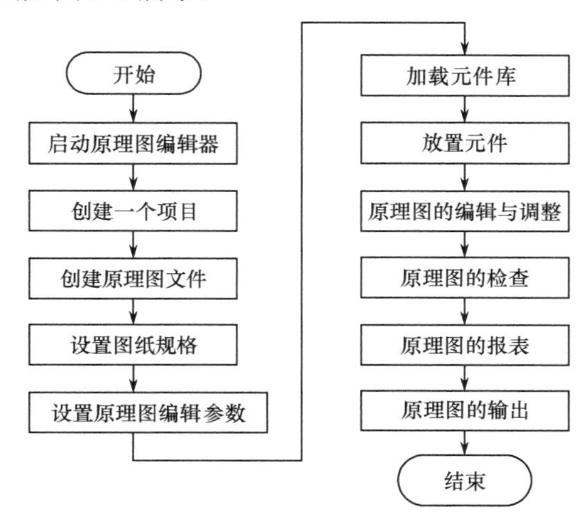

图 3-1　原理图设计流程图

（1）启动原理图编辑器（见 2.1 节），原理图的设计是在原理图编辑器中进行的，只有激活原理图编辑器，才能绘制电路原理图，并对其进行编辑。

（2）创建一个项目（见 1.6 节），Altium Designer 引入项目的概念。在电路原理图的设计过程中，一般先建立一个项目。该项目定义了项目中各个文件之间的关系，用其来组织与一个设计有关的所有文件，如原理图文件、PCB 文件、输出报表文件等，以便相互调用。

（3）创建原理图文件（见 1.6 节），创建原理图文件也称为链接或添加原理图文件，即将要绘制原理图文件链接到所创建项目上来。

（4）设置图纸规格（见 2.3 节），Altium Designer 原理图编辑器启动后，首先要对绘制的电路有一个初步的构思，设计好图纸大小。设置合适的图纸大小是设计好原理图的第一步。图纸大小是根据电路图的规模和复杂程度而定的。一般情况下，可以使用系统的默认图纸尺寸和相关设置，在绘图过程中再根据实际情况调整图纸设置，或在绘图完成后再调整。

（5）设置原理图编辑系统参数（见 2.4 节），如设置栅格大小和类型、光标类型等，大多数参数可以使用系统默认值。

（6）加载元件库（见 3.2.3 节），在原理图纸上放置元件前，需要先打开其所在元件库，或称加载元件库。

（7）放置元件，根据电路原理图的要求，放置元件、导线和相关图件等。这里一定要注意元件封装的设定，以便于为 PCB 制板提供设计相应参数。

（8）原理图的编辑与调整，利用 Altium Designer 原理图编辑器提供的各种工具，对图纸上的图件进行编辑和调整，如参数修改、元件排列、自动标识和各种标注文字等，构成一个完整的原理图。

（9）原理图的检查，所谓原理图检查是指电气规则检查，是电路原理图设计中进行电路设计完整性与正确性的有效检测方法，是电路原理图设计中的重要步骤。

（10）原理图的报表，利用原理图编辑器提供的各种报表工具生成各种报表，如网络表、元件清单等；同时对设计好的原理图和各种报表进行存盘，为印制电路板的设计做好准备。

（11）原理图的输出。

3.2 原理图的设计

本节通过一个应用实例来讲解电路原理图设计的基本过程。图 3-2 所示是一个接触式防盗报警电路。当无人接触电极 M 时，通过对电阻 R1、R2、R3 和 R4 参数相应的设置，使 U1 的 6 脚输出高电平，通过 D1、Q1 和 Q2 的作用，保证 U2 的 4 脚为低电平，振荡电路停振，扬声器无声；一旦有人触摸到电极 M 时，人体感应的杂波信号输入 U1 的反向输入端 2 脚，输出端 6 脚为低电平，U2 的 4 脚为高电平，电路起振，扬声器发出响亮的“嘟嘟——”报警声。

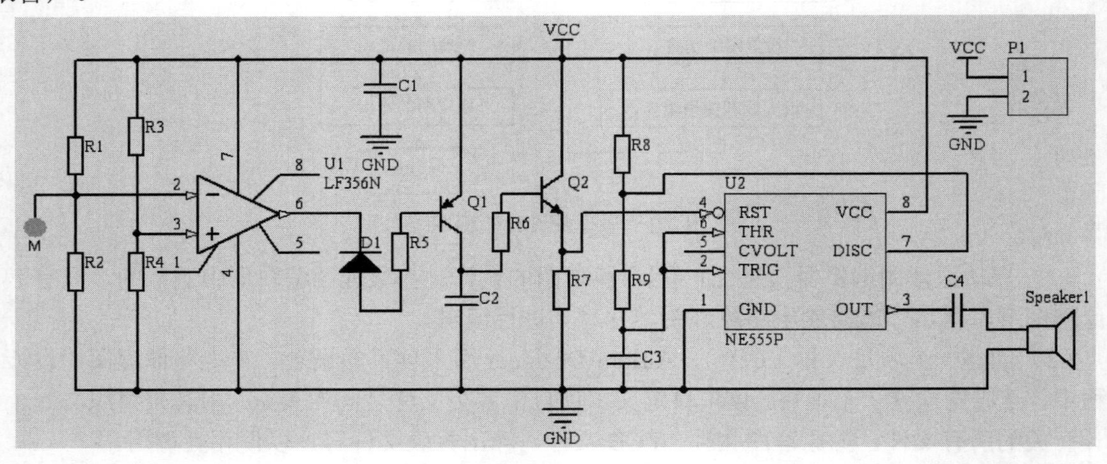

图 3-2　接触式防盗报警电路

3.2.1　创建一个项目

（1）启动 Altium Designer 系统。

（2）执行菜单命令【File】/【New】/【PCB Project】，弹出项目面板，如图 3-3 所示。

（3）项目面板中显示的是系统以默认名称创建的新项目文件，执行菜单命令【File】/【Save Project】，在弹出的保存文件对话框中输入文件名，如“接触式防盗报警电路”，单击 保存(S) 按钮，项目即以名称“接触式防盗报警电路.PrjPcb”保存在默认文件夹“Examples”中，当然也可以指定其他保存路径。项目面板中的项目名称相应地变为“接触式防盗报警电路.PrjPcb”，如图 3-4 所示。

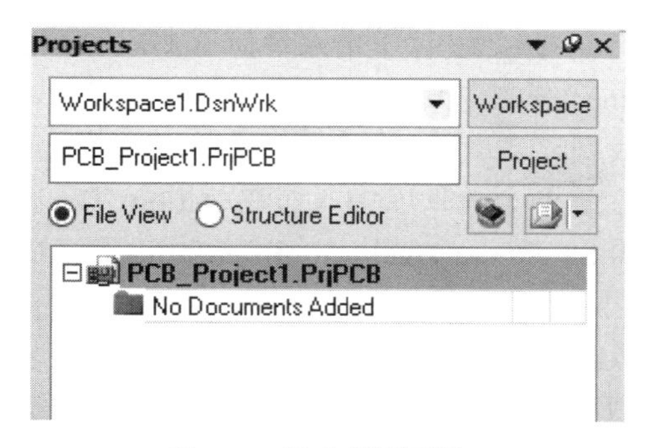

图 3-3 新建项目面板

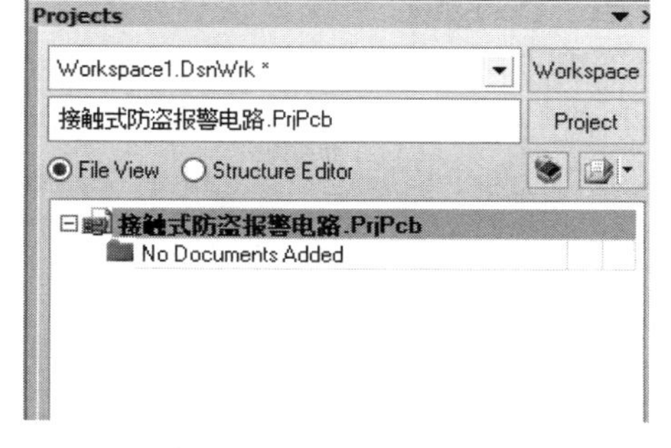

图 3-4 更名保存的项目面板

3.2.2 创建原理图文件

刚创建的项目中没有任何文件，下面在项目中创建原理图文件。

（1）执行菜单命令【File】/【New】/【Schematic】，在项目“接触式防盗报警电路.PrjPcb”中创建一个新原理图文件，此时项目面板中“接触式防盗报警电路.PrjPcb”项目下面出现“Sheet1.SchDoc”文件名称，这就是系统以默认名称创建的原理图文件，同时原理图编辑器启动，原理图文件名作为文件标签显示在编辑窗口上方。

（2）执行菜单命令【File】/【Save】，在弹出的保存文件对话框中输入文件名，如“接触式防盗报警电路”，单击保存(S)按钮，原理图设计即以名称“接触式防盗报警电路.SchDoc”保存在默认文件夹“Examples”中；同时项目面板中原理图文件名和文件标签也相应更名，如图 3-5 所示。

本例中的图纸规格和系统参数均使用系统的默认设置，所以不用设置这两项。

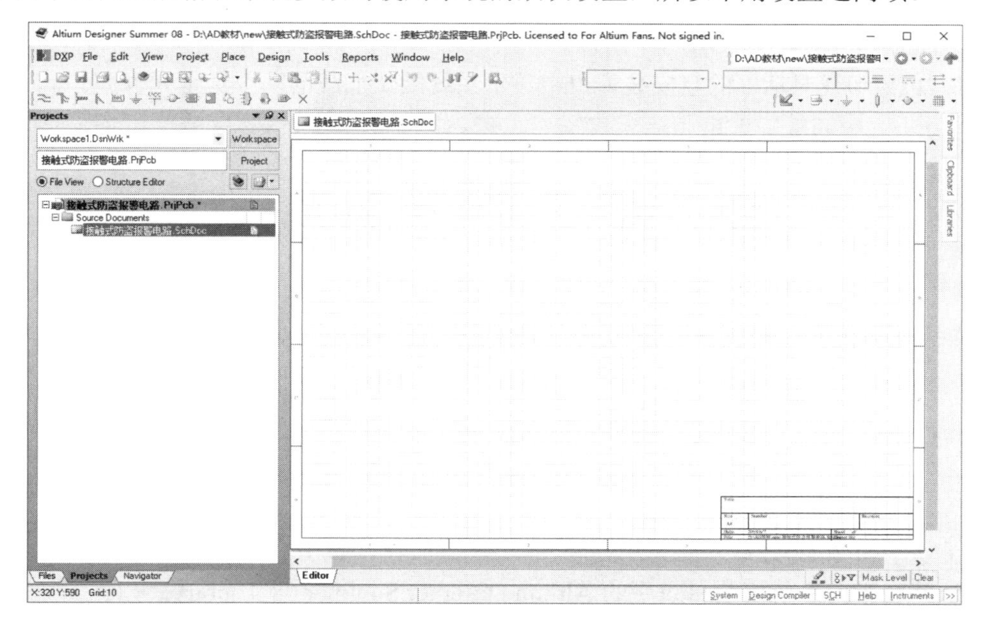

图 3-5 新建项目和原理图文件的原理图编辑器

3.2.3 加载元件库

在原理图图纸上放置元件前，必须先打开其所在元件库（也称为打开元件库或加载元件库）。

Altium Designer 系统默认打开的集合元件库有两个：常用分立元件库（Miscellaneous Devices.Intlib）和常用接插件库（Miscellaneous Connectors.Intlib）。一般常用的分立元件原理图符号和常用接插件符号都可以在这两个元件库中找到。

本例中的两个集成电路 LF356N 和 NE555P 不在这两个元件库中，而在 Altium Designer Summer 08\Library\ST Microelectronics 库文件夹中的 ST Operational Amplifier.Intlib 和 Altium Designer Summer 08\Library\Texas Instruments 库文件夹中的 TI Analog Timer Circuit.Intlib 两个集合元件库中，所以必须先把这两个元件库加载到 Altium Designer 系统中。

加载元件库命令在菜单【Design】中，如图 3-6 所示。

图 3-6 【Design】菜单

（1）执行菜单命令【Design】/【Add/Remove Library...】，弹出元件库加载/卸载元件库对话框（Available Libraries），如图 3-7 所示。

元件库加载/卸载对话框的已安装窗口中显示系统默认加载的两个集合元件库。

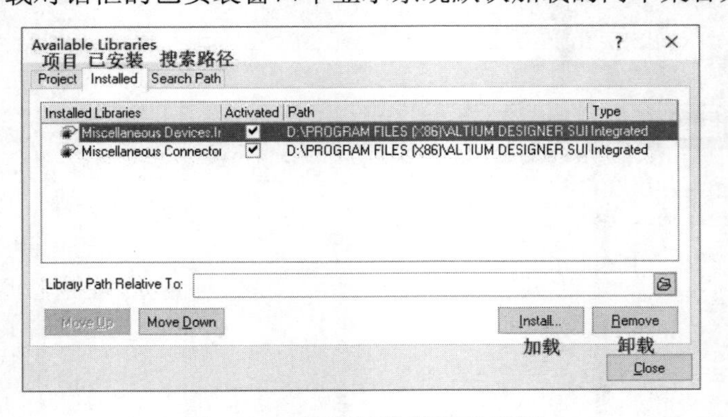

图 3-7 元件库加载/卸载对话框

（2）在元件库加载/卸载对话框中，单击 Install... 按钮，弹出打开库文件对话框，如图 3-8 所示。默认路径指向系统安装目录下的 Altium Designer Summer 08 \Library。

（3）单击图 3-8 中的 ST Microelectronics 文件夹图标，打开文件夹。单击元件库 ST Operational Amplifier.Intlib，该元件库名称出现在打开库文件对话框的“文件名”文本框中，如图 3-9 所示。最后单击 打开(O) 按钮，在元件库加载/卸载对话框中显示刚才加载的元件库，如图 3-10 所示。

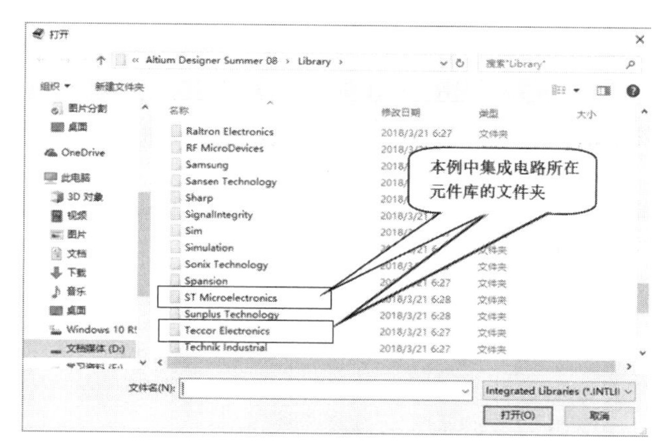

图 3-8　打开库文件对话框

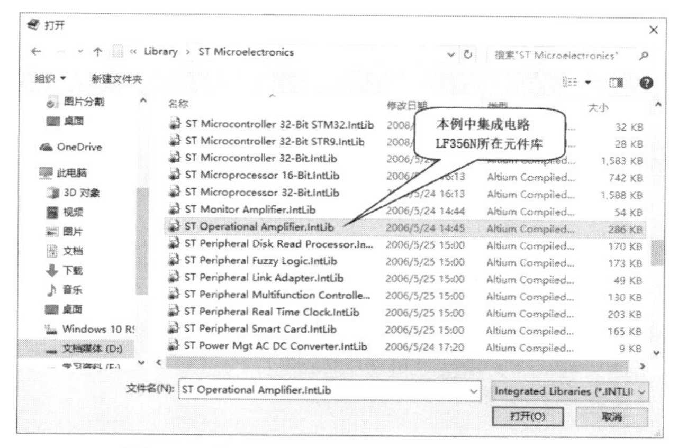

图 3-9　打开 ST Microelectronics 文件夹

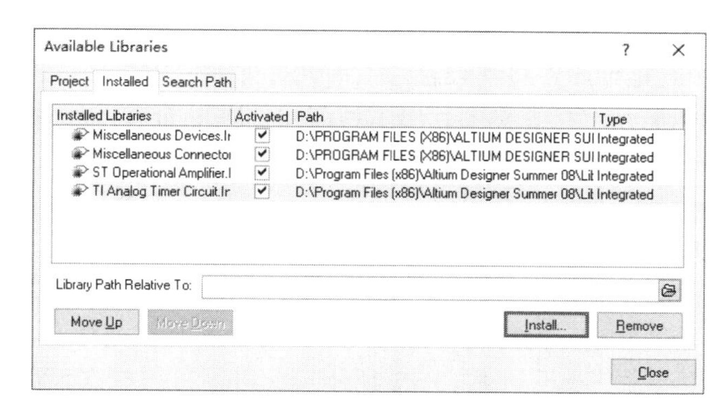

图 3-10　加载元件库后的加载/卸载对话框

（4）用同样的方法将 NE555P 所在的元件库加载到系统中。

（5）在元件库加载/卸载对话框中单击 Close 按钮，关闭对话框。此时就可以在原理图图纸上放置已加载元件库中的元件符号了。

3.2.4　放置元件

元件的放置方法常用的有两种：一种是利用库文件面板放置元件，另一种是利用菜单命令放置元件。本节采用第一种放置元件的方法，另一种方法详见 6.2 节。

1．打开库文件面板（Libraries）

（1）执行菜单命令【Design】/【Browse Library...】或单击系统面板标签 System ，选中库文件面板 Libraries ，弹出库文件面板，如图 3-11 所示。

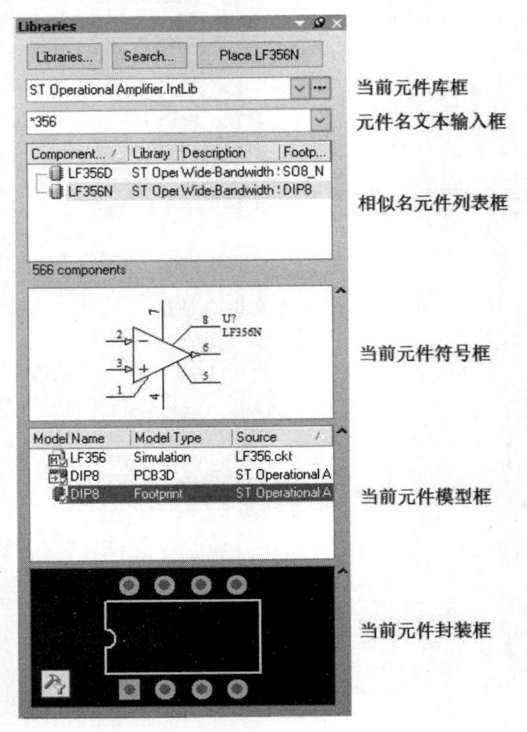

图 3-11　库文件面板

（2）在库文件面板中，单击当前元件库框右侧的下拉按钮，在其列表框中单击 ST Operational Amplifier.Intlib 集合库，将其设置为当前元件库。

在库文件面板的相似名元件列表框中列出了当前元件库中的所有元件，单击元件名称可以在原理图当前元件符号框内看到元件的原理图符号。在当前元件模型框中单击元件封装模型，当前元件封装框中就会显示元件的封装符号。

2．利用库文件面板放置元件

（1）在库文件面板的相似名元件列表框中双击 LF356N，或在选中 LF356N 时单击 Place LF356N 按钮，库文件面板变为透明状态，同时元件 LF356N 的符号附着在光标上，跟随光标移动，如图 3-12 所示。此时，每按一次键盘的空格键，元件将逆时针旋转 90°。按 X 键左右翻转，按 Y 键上下翻转。

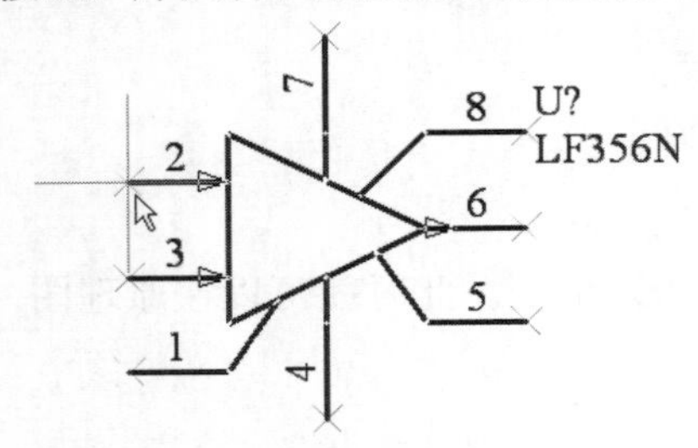

图 3-12　元件放置状态

（2）将元件移动到图纸的适当位置单击，将元件放置到该位置。

（3）此时系统仍处于元件放置状态，光标上仍有同一个待放的元件，再次单击又会放置一个相同的元件，这就是相同符号元件的连续放置。

（4）在图纸的空白处右击，或按 Esc 键即可退出元件的放置状态。

同样的方法，将 TI Analog Timer Circuit.Intlib 集合库设置为当前库，放置元件 NE555P；将 Miscellaneous Connectors.Intlib 集合库设置为当前库，放置 Header2；将 Miscellaneous Devices.Intlib 集合库设置为当前库，放置其他分立元件，如电阻 Res2、无极性电容 Cap、扬声器 Speaker、三极管 NPN 和 PNP 等。

本例采用先放置元件，再布局和放置导线的方法绘制原理图，放置完元件后的原理图如图 3-13 所示。

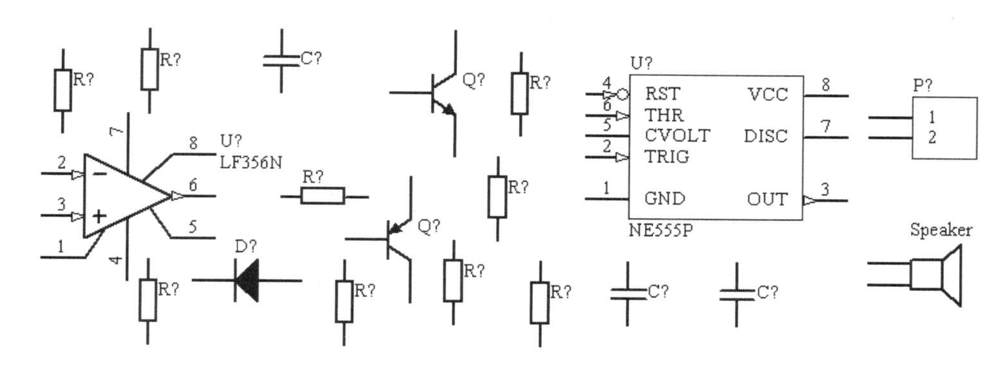

图 3-13　放置好元件的原理图

特别需要注意的是，用库文件面板放置元件时，系统不提示给定元件的标注信息（如元件标识、标称值大小、封装符号等），除封装符号系统自带外，其余的参数均为默认值，在完成放置后都需要编辑。本章原理图中大部分元件的注释和标称值均被隐藏。

3．移动元件及布局

原理图布局是指将元件符号移动到合适的位置。

一般放置元件时，可以不必考虑布局和元件参数问题，将所有元件放置在图纸中即可。元件放置完成后我们再来考虑布局问题，这样绘制原理图的效率比较高。

原理图布局时应按信号的流向从左向右、电源线在上、地线在下的原则布局。

（1）将鼠标指针指向要移动的目标元件，按住鼠标左键不放，出现大十字光标，元件的电气连接点显示有虚“×”号，移动光标，元件即被移走，如图 3-14 所示。

（2）把元件移动到合适的位置放开鼠标左键，元件就被移动到该位置，如图 3-15 所示。

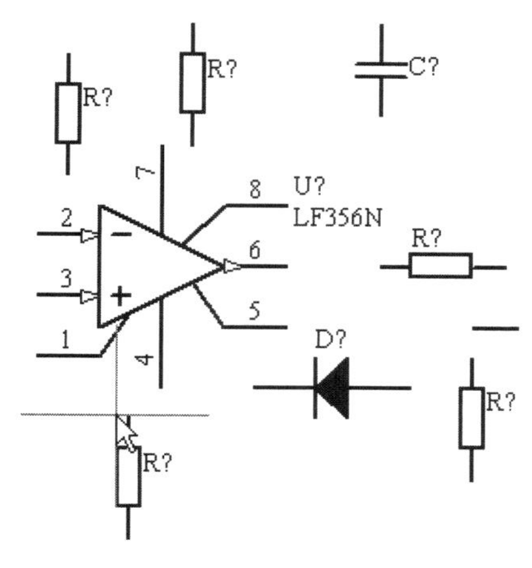

图 3-14　元件移动状态

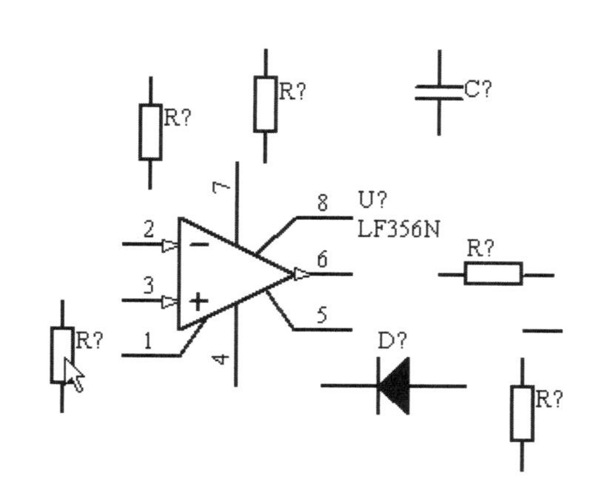

图 3-15　元件被移动到新位置

3.2.5 放置导线

导线是指元件电气节点之间的连线（Wire）。Wire 具有电气特性，而绘图工具中的 Line 不具有电气特性，不要把两者搞混。具体步骤如下：

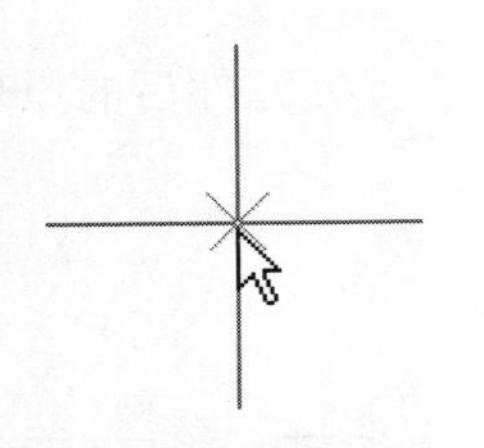

图 3-16 放置导线时的光标

（1）执行菜单命令【Place】/【Wire】或单击布线工具栏的按钮，光标变为如图 3-16 所示的形状，即出现大十字光标（系统默认形状，可以重新设置）。

（2）光标移动到元件的引脚端（电气节点）时，光标中心的“×”号变为一个红“米”字形符号，表示导线的端点与元件引脚的电气节点可以正确连接，如图 3-17 所示。

（3）单击，导线的起点就与元件的引脚连接在一起了，同时确定了一条导线的起点，如图 3-18 所示。移动光标，在光标和导线起点之间会有一条线出现，这就是所要放置的导线。此时，利用快捷键 Shift +空格键可以在 90°、45°、任意角度和点对点自动布线的 4 种导线放置模式间切换，如图 3-18 所示为任意角度模式。

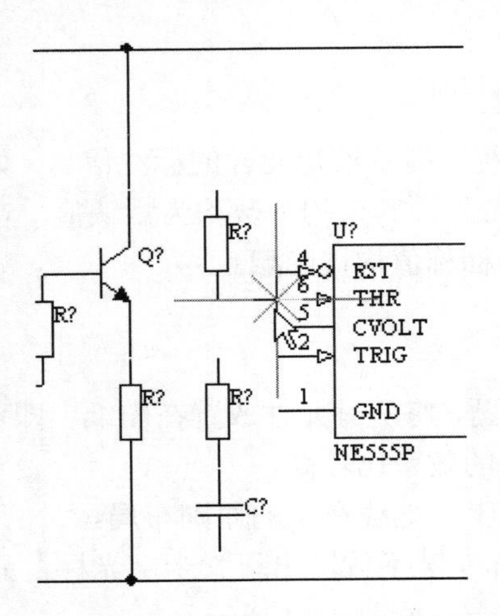

图 3-17 导线起点与元件引脚电气节点正确连接示意图

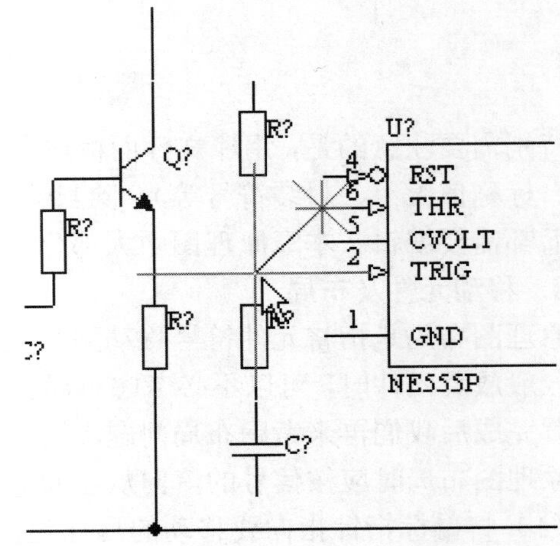

图 3-18 任意角度模式下的导线放置

（4）将光标移到要连接的元件引脚上单击，这两个引脚的电气节点就用导线连接起来了。如果需要导线改变方向，则在转折点单击，然后就可以继续放置导线到下一个需要连接在一起的元件引脚上。

（5）系统默认放置导线时，单击的两个电气节点为导线的起点和终点，即第一个电气节点为导线的起点，第二个电气节点为终点。起点和终点之间放置的导线为一条完整的导线，无论中间是否有转折点。一条导线放置完成后，光标上不再有导线与元件相连，回到初始的导线放置状态（见图 3-16），此时可以开始放置下一条导线。如果不再放置导线，则右击就可以取消系统的导线放置状态。

按图 3-2 所示的布局和导线连接方式将原理图中所有的元件用导线连接起来，如图 3-19 所示。

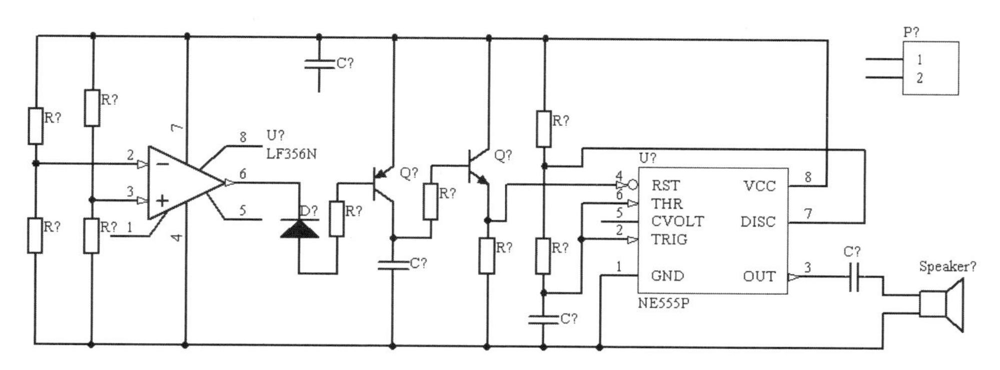

图 3-19　完成导线连接的原理图

3.2.6　放置电源端子

（1）在布线工具栏中单击按钮，光标上出现一个网络标号“VCC”的 T 形电源符号，放置在原理图中（共两个），如图 3-20 所示。

（2）在布线工具栏中单击按钮，光标上出现一个网络标号“GND”的电源地符号，放置在原理图中（共 3 个），如图 3-20 所示。

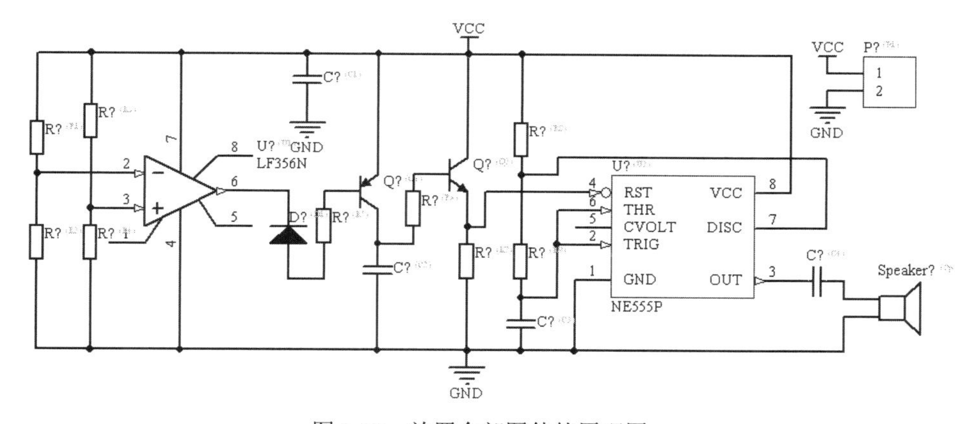

图 3-20　放置全部图件的原理图

系统在默认状态下绘制导线时，在 T 形导线交叉点会自动放置节点，本例中的节点全部为系统自动放置，不需要人工放置。

3.3　原理图的编辑与调整

原理图元件的放置工作完成后，还不算原理图已经绘制完毕，因为图中元件的属性还不符合要求（主要指元件标识和标称值），下面来完成这些工作。

3.3.1　自动标识元件

给原理图中的元件添加标识符是绘制原理图一个重要步骤。元件标识也称为元件序号，自动标识通称为自动排序或自动编号。添加标识符有两种方法：手工添加和自动添加。手工添加标识符需要一个一个地编辑，比较烦琐，也容易出错。系统提供的自动标识元件功能很好地解决了这个问题。现在介绍利用系统提供的自动标识元件功能给元件添加标识符的方法。

1. 工具（Tools）菜单

自动标识元件命令（Annotate Schematics...）在工具（Tools）菜单中，如图 3-21 所示。

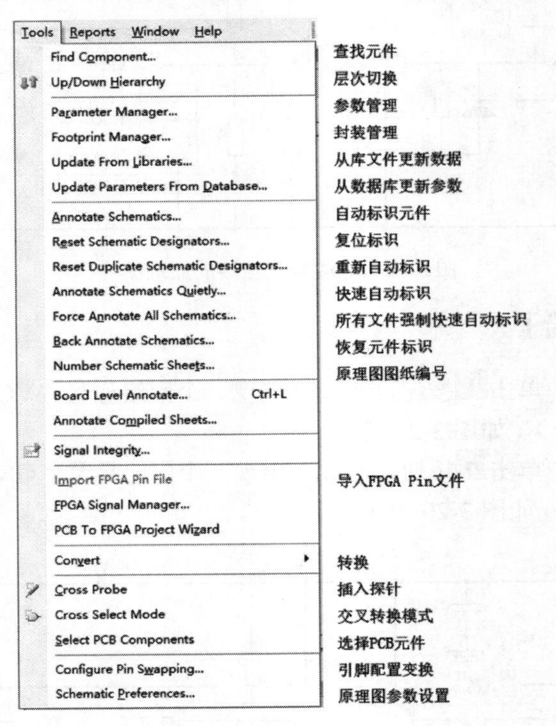

图 3-21　工具（Tools）菜单

2. 自动标识的操作

（1）执行菜单命令【Tools】/【Annotate Schematics...】，弹出自动标识元件（Annotate）对话框，如图 3-22 所示。

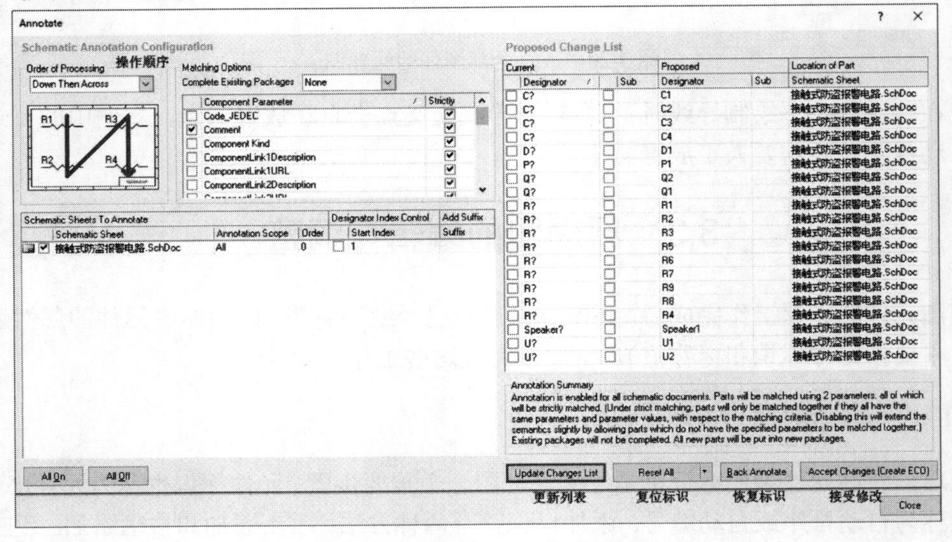

图 3-22　自动标识元件对话框

（2）选择标识顺序。自动标识顺序的方式有 4 种，如图 3-23 所示。这里选择元件标识方案“Down Then Across”（先上后下、从左到右，这是电子电路设计中常用的一种方案）。

（3）勾选操作匹配为元件“Comment”。

（4）勾选当前图纸名称“接触式防盗报警电路.SchDoc”（系统默认为选中，即从当前图纸启动自动标识元件对话框时，该图纸默认为选中状态）。

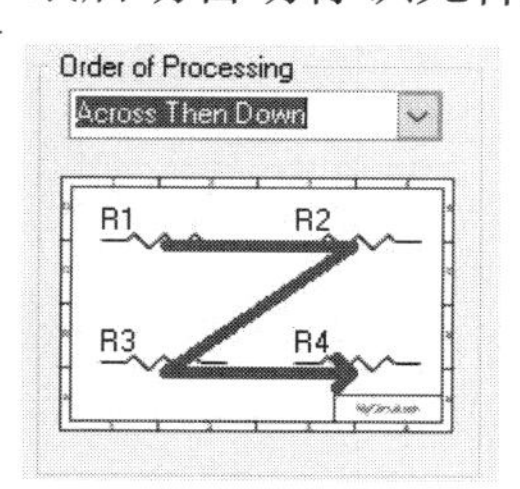

(a) 先上后下、从左到右

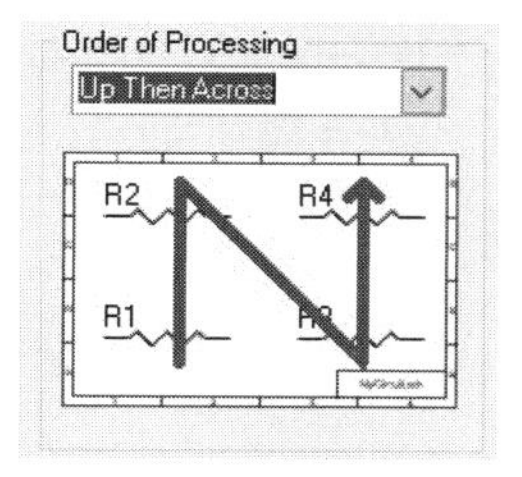

(b) 先下后上、从左到右

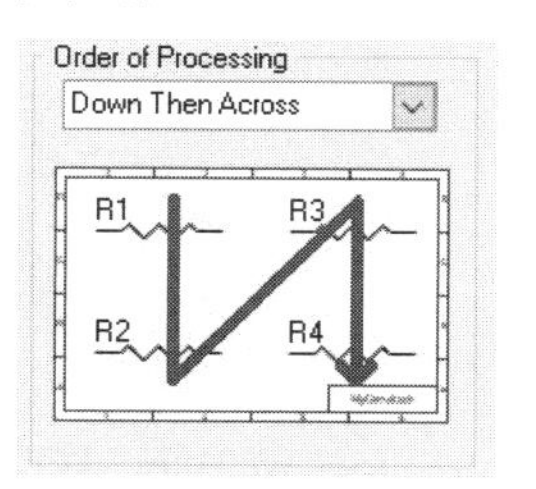

(c) 先上后下、从左到右

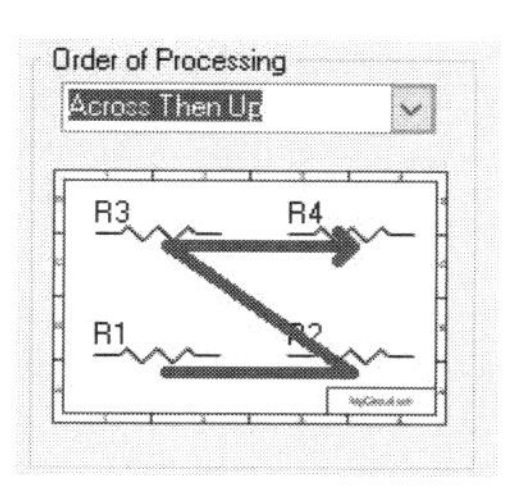

(d) 先下后上、从左到右

图 3-23 自动标识顺序方式

（5）使用索引控制，勾选起始索引，系统默认的起始号为 1，习惯上不必改动，如需改动可以单击右侧的增减按钮，或直接在其文本框内输入起始号码。对于单张图纸来说，此项可以不选。改变起始索引号码主要是针对一个项目设计中有多张原理图图纸时，保证各张图纸中元件标识的连续性而言的。

（6）单击更新列表按钮 Update Changes List ，弹出如图 3-24 所示信息框。单击 OK 按钮确认后，建议更改列表中的建议编号列表即按要求的顺序进行编号，如图 3-25 所示（不同类型元件标识相互独立）。在图 3-22 中，可以单击 Designator 使元件标识列表排序。

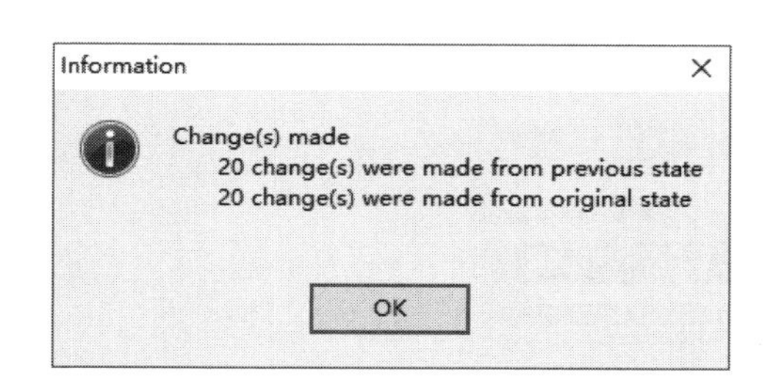

图 3-24 更新元件标识信息框

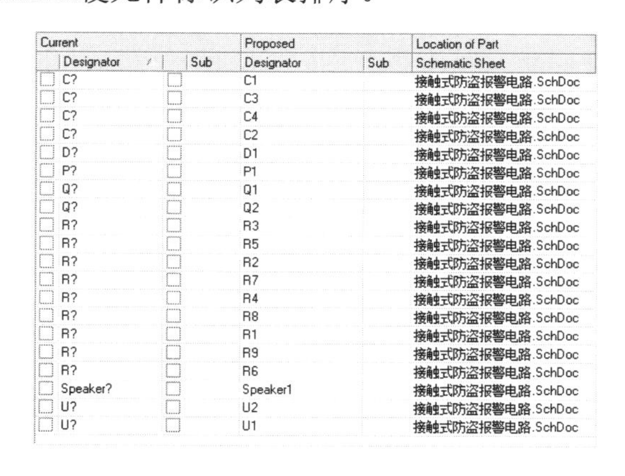

Current Designator	Sub	Proposed Designator	Sub	Location of Part Schematic Sheet
C?		C1		接触式防盗报警电路.SchDoc
C?		C3		接触式防盗报警电路.SchDoc
C?		C4		接触式防盗报警电路.SchDoc
C?		C2		接触式防盗报警电路.SchDoc
D?		D1		接触式防盗报警电路.SchDoc
P?		P1		接触式防盗报警电路.SchDoc
Q?		Q1		接触式防盗报警电路.SchDoc
Q?		Q2		接触式防盗报警电路.SchDoc
R?		R3		接触式防盗报警电路.SchDoc
R?		R5		接触式防盗报警电路.SchDoc
R?		R2		接触式防盗报警电路.SchDoc
R?		R7		接触式防盗报警电路.SchDoc
R?		R4		接触式防盗报警电路.SchDoc
R?		R8		接触式防盗报警电路.SchDoc
R?		R1		接触式防盗报警电路.SchDoc
R?		R9		接触式防盗报警电路.SchDoc
R?		R6		接触式防盗报警电路.SchDoc
Speaker?		Speaker1		接触式防盗报警电路.SchDoc
U?		U2		接触式防盗报警电路.SchDoc
U?		U1		接触式防盗报警电路.SchDoc

图 3-25 更新标识的部分元件列表

（7）单击接受修改（创建 ECO 文件） Accept Changes (Create ECO) 按钮，弹出项目修改命令对话框（Engineering Change Order），如图 3-26 所示。在项目修改命令对话框中显示自动标识元件前后的元件标识变化情况，左下角的 3 个命令按钮分别用来校验编号是否修改正确、执行编号修改并使修改生效、生成自动标识元件报告。

（8）在项目修改命令对话框中，单击校验修改 Validate Changes 按钮，验证修改是否正确，“Check”栏显示“√”标记，表示正确。

（9）在项目修改命令对话框中，单击执行修改 Execute Changes 按钮，“Check”和“Done”栏同时显示“√”标记，说明修改成功，如图 3-27 所示。

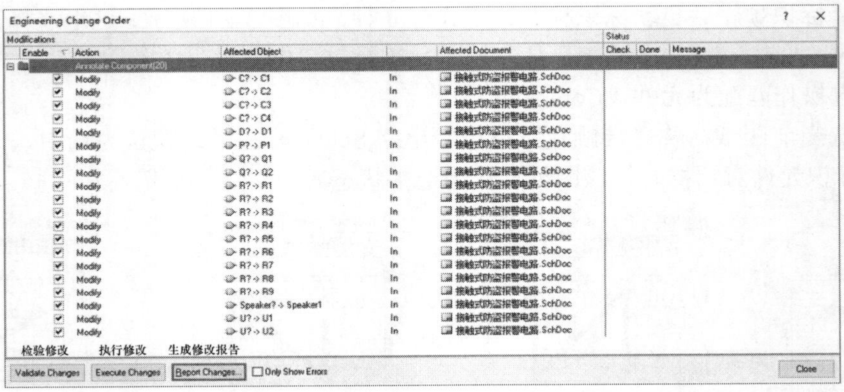

图 3-26　项目修改命令对话框

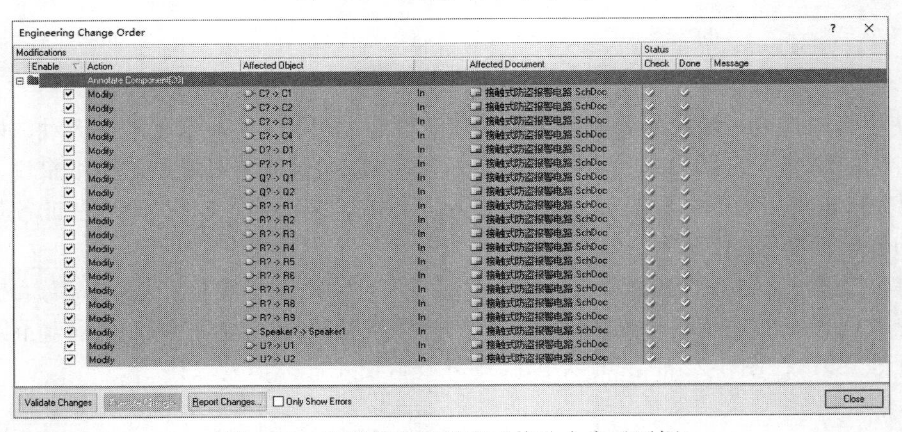

图 3-27　执行修改后的项目修改命令对话框

（10）在项目修改命令对话框中，单击Report Changes...按钮，生成自动标识元件报告，弹出报告预览对话框，如图 3-28 所示。在报告预览对话框中，可以打印或保存自动标识元件报告。

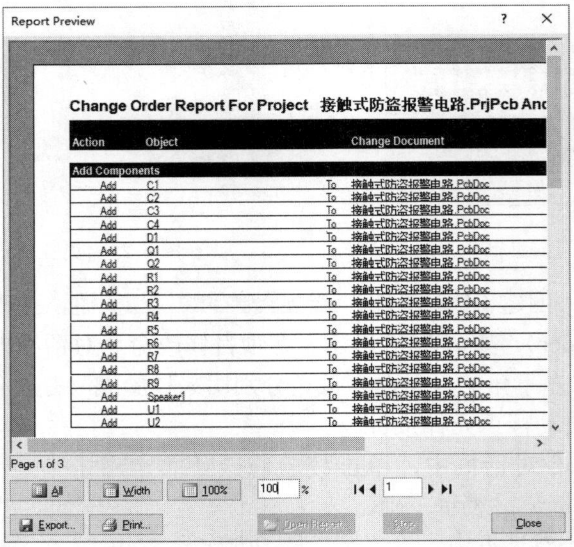

图 3-28　自动标识元件报告预览对话框

（11）在自动标识元件报告预览对话框中，单击 Close 按钮，退回到项目修改命令对话框。

（12）在项目修改命令对话框中，单击 Close 按钮，完成自动标识元件，退回到自动标识元件对话框（见图 3-22），单击 Close 按钮，图 3-20 中的元件按要求进行了自动排序，如图 3-29 所示。

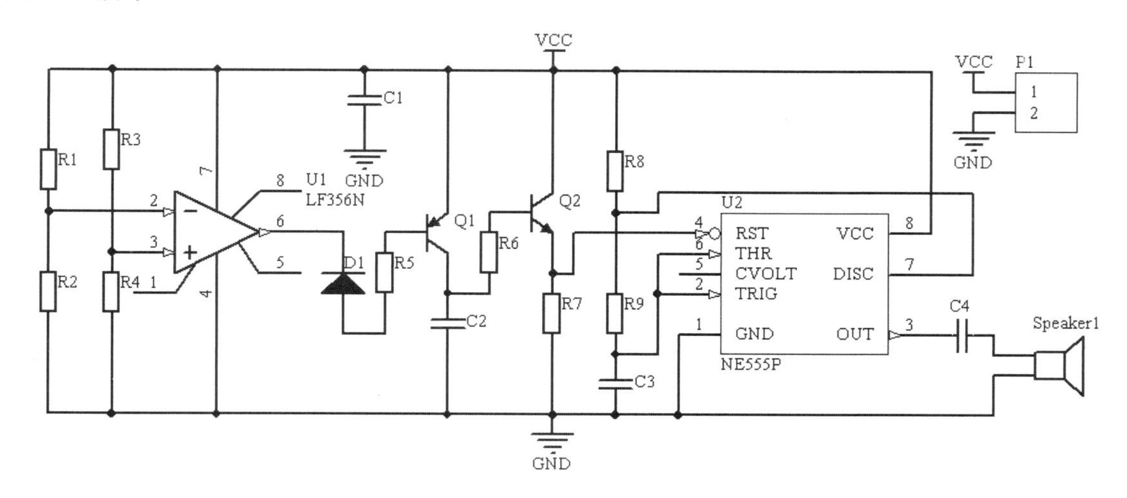

图 3-29　完成自动标识元件的原理图

3.3.2　快速自动标识元件和恢复标识

（1）执行菜单命令【Tools】/【Annotate Schematics Quietly...】，系统对当前原理图进行快速自动标识。没有 3.3.1 节的中间过程，仅提示有多少个元件被标识，单击“Yes”按钮即完成自动标识。

（2）执行菜单命令【Tools】/【Force Annotate All Schematics ...】，系统对当前项目中所有原理图文件进行强制自动标识。不管原来是否有标识，系统都将按照默认的标识模式重新自动标识项目中的所有原理图文件。

（3）复位标识命令【Tools】/【Reset Schematics Designators...】的功能是将当前原理图中所有元件复位到未标识的初始状态。

（4）恢复元件标识命令【Tools】/【Back Annotate Schematics...】的功能是，利用原来自动标识时生成的 ECO 文件，将改动标识后的原理图恢复到原来的标识状态。

3.3.3　元件参数的直接标识和编辑

系统在默认状态下放置分立元件时，在原理图上元件符号旁会出现 3 个字符串：元件标识、元件注释和元件标称值。如放置电阻时，R?为元件标识，“Res2”为元件注释，“1K”为系统默认的元件标称值。元件注释是元件的说明，一般为元件在元件库中的元件名称。元件标称值是系统进行仿真时元件的主要参数，也是将来生成元件清单和制作实际电路的主要依据。所有的字符串都在图纸中出现，会使整个电路图显得繁杂，一般情况下，仅显示元件标识和元件标称值即可。

下面以电阻为例介绍利用系统的元件参数编辑功能，在原理图上直接标识或编辑这些参数。

1. 原理图上元件参数的直接标识

双击原理图上所要编辑的元件，如图 3-29 中的电阻 R1，即可弹出元件属性对话框，如图 3-30 所示。

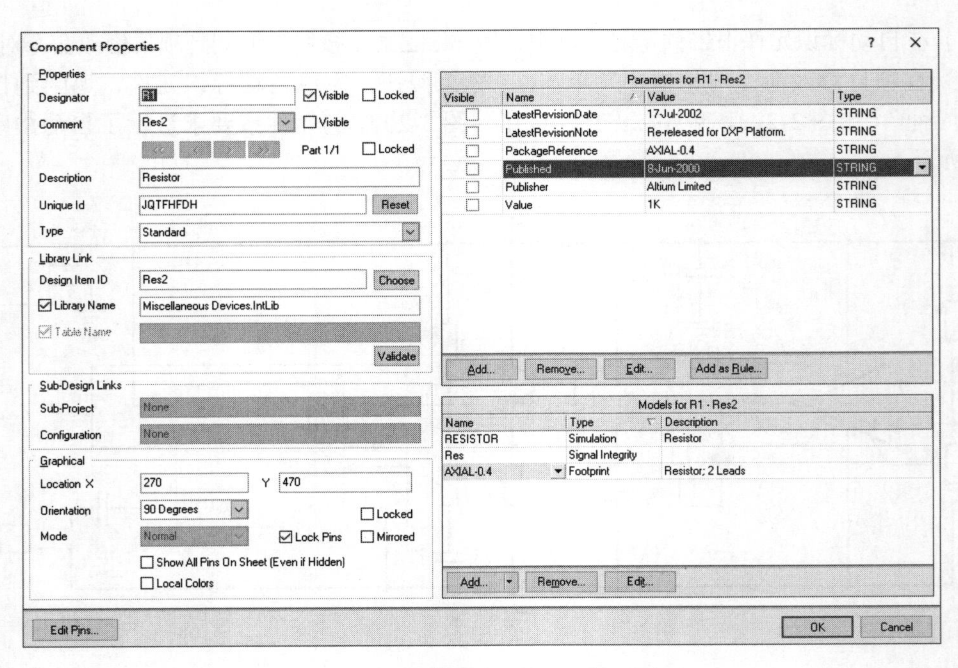

图 3-30　元件属性对话框

勾选图 3-30 中“Properties”分组框中“Comment”项的“Visible”和“Parameters for R1-Res2”栏中的“Value”，确认后图 3-29 中元件电阻 R1 变化如图 3-31 所示。

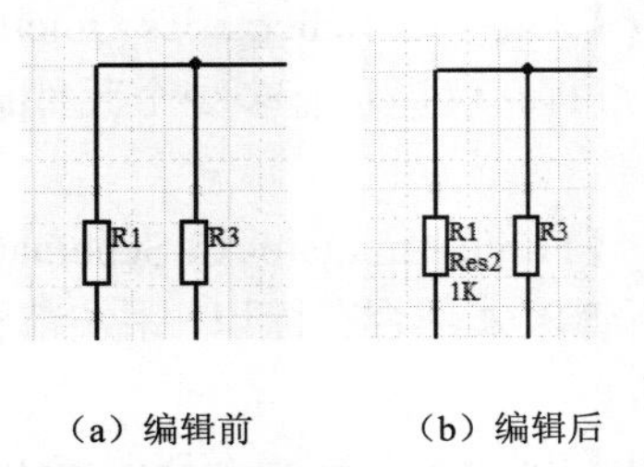

（a）编辑前　　　　（b）编辑后

图 3-31　原理图上元件参数直接标识示意图

删除原理图上元件的标识，只要去掉勾选即可。

2. 原理图上元件参数的直接编辑

元件参数的直接编辑和直接标识的操作类似。仍以图 3-29 中的电阻 R1 标识编辑后为例，双击电阻 R1 的标称值“1K”，即可弹出参数编辑对话框，改写“Value”栏中“1K”为“10K”后，如图 3-32 所示。

确认后，原理图上 R1 参数编辑前后如图 3-33 所示。

3.3.4　标识的移动

标识的移动与移动元件的方法基本相同。如将鼠标指针指向“R1”，按住鼠标左键，出现十字光标，移动“R1”到合适的位置即可。如果放置位置不符合要求，则可以将图纸的捕获栅格设置小，然后再移动放置。

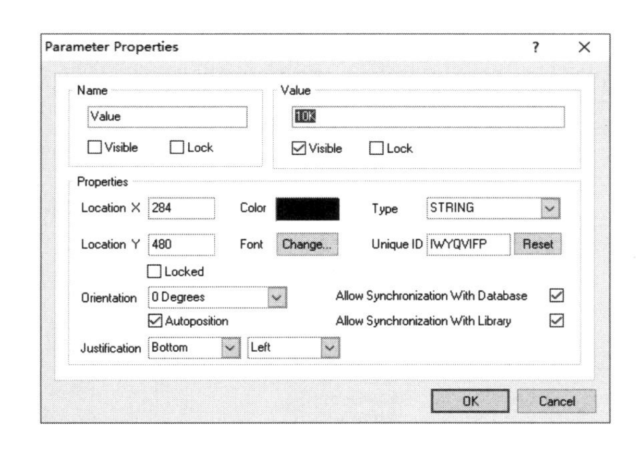

图 3-32 参数编辑对话框

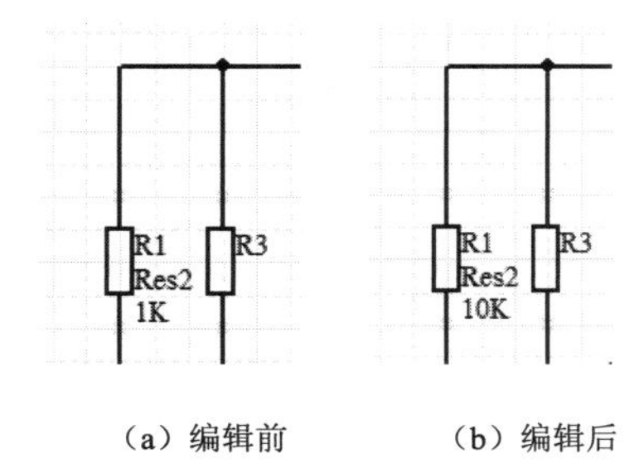

（a）编辑前　　（b）编辑后

图 3-33 原理图上元件参数标识编辑示意图

3.4 原理图的检查

电路原理图绘制完成后，要进行检查。因为原理图与其他图的内容不同，不是简单的电路的点和线，而是代表着实际的电气元件和它们之间的相互连接。所以，它们不仅仅具有一定的拓扑结构，还必须遵循一定的电气规则（Electrical Rules）。

电气规则检查（Electrical Rules Check，ERC）是进行电路原理图设计中非常重要的步骤之一，原理图的电气规则检查是发现一些不应该出现的短路、开路、多个输出端子短路和未连接的输入端子等。

电气规则检查中还对原理图中所用元件里，若某元件输入端有定义，则对该元件的该输入端进行是否有输入信号源的检查；若没有直接信号源，系统会提出警告。最好的办法是在该端放置“No ERC”。

Altium Designer 系统主要通过编译操作对电路原理图的电气规则和电气连接特性等参数进行自动检查，并将检查后产生的错误信息在信息（Messages）面板中给出，同时在原理图中标注出来。用户可以对检查规则进行恰当设置，再根据面板中提供的错误信息反过来对原理图进行修改。

当然，进行电气规则检查并不是编译的唯一目的，还要创建一些与被编译项目相关的数据库，用于同一项目内文件交叉引用。

编译操作首先要对错误检查参数、电气连接矩阵、比较器设置、ECO 生成、输出路径、网络表选项和其他项目参数进行设置，然后 Altium Designer 系统将依据这些参数对项目进行编译。

限于篇幅，这里只简单介绍与当前设计相关的参数含义与设置方法。

3.4.1 编译参数设置

1. 错误报告类型设置

设置电路原理图的电气检查规则，当进行文件编译时，系统将根据此设置对电路原理图进行电气规则检查。

执行菜单命令【Project】/【Project Options】，弹出错误报告类型设置对话框，如图 3-34 所示。

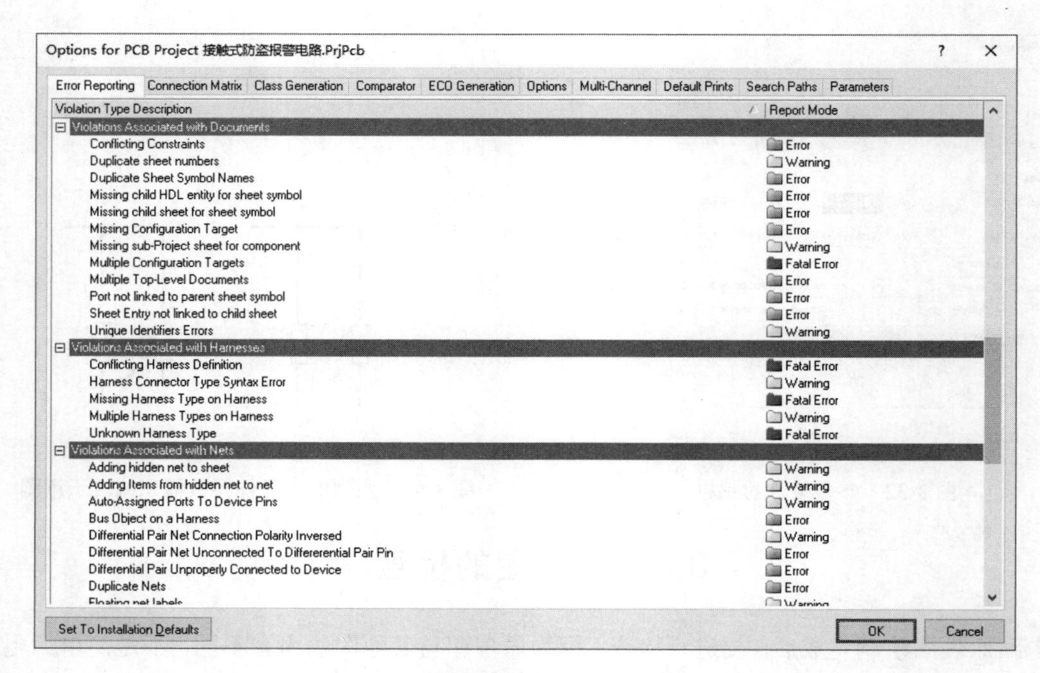

图 3-34　错误报告类型设置对话框

这是错误报告类型（Error Reporting）设置窗口，报告模式（Report Mode）栏表示违反规则的程度，单击“Report Mode”栏下任意一个选项，会出现下拉列表，在下拉列表中有 4 种模式可供选择。右击“Report Mode”栏下任意一个选项，弹出的右键菜单中有 9 项，即有 9 种设置。设置时可充分利用这 9 种方式，对 4 种模式之一进行快速选择设置。

在没有特殊需要时，一般使用系统的默认设置。设置系统默认方式的操作是：单击 Set To Installation Defaults 按钮，弹出确认对话框，确认即可。

2．电气连接矩阵设置

设置电路连接方面的检查规则，当进行文件编译时，系统将根据此设置对电路原理图进行电路连接检查。

在图 3-34 中，单击电气连接矩阵（Connection Matrix）标签，进入电气连接矩阵对话框，如图 3-35 所示。

将光标移到矩阵中需要产生错误报告的交叉点时，光标变为小手形状，单击交叉点的方框选择报告模式，共有 4 种模式可供选择，用不同的颜色代表，每单击一次切换一次模式；也可以利用右键弹出菜单快速设置。本例使用系统的默认设置，所以不必修改。

3．两点注意

（1）电气规则检查中还对原理图中所用元件里，若某元件输入端有定义，则对该元件的该输入端进行是否有输入信号源的检查；若没有直接信号源，系统会提出警告。如果用户想忽略这种警告，则可以在该点放置忽略检查（No ERC）。

（2）在进行电路原理图的检查时，如果用户想忽略某点的电气检查，则可以在该点放置忽略检查（No ERC）。

4．类型设置

用于项目编译后产生网络类型的选择，包括总线网络类、元件网络类和特殊网络类。

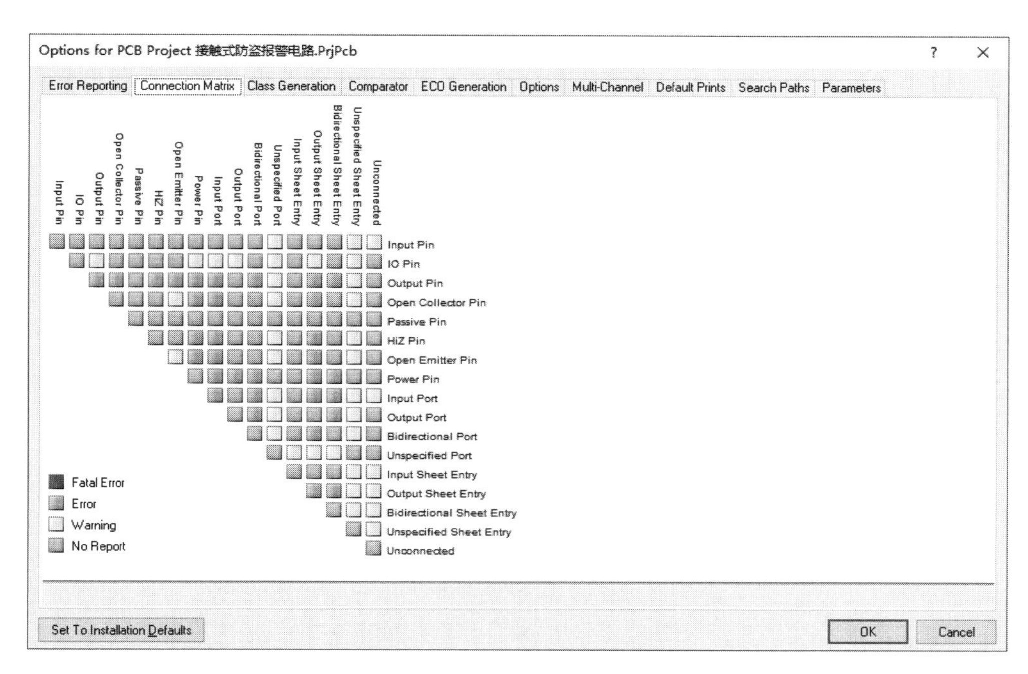

图 3-35　电气连接矩阵对话框

在图 3-34 中，单击类型设置（Class Generation）标签，进入类型设置对话框，如图 3-36 所示。

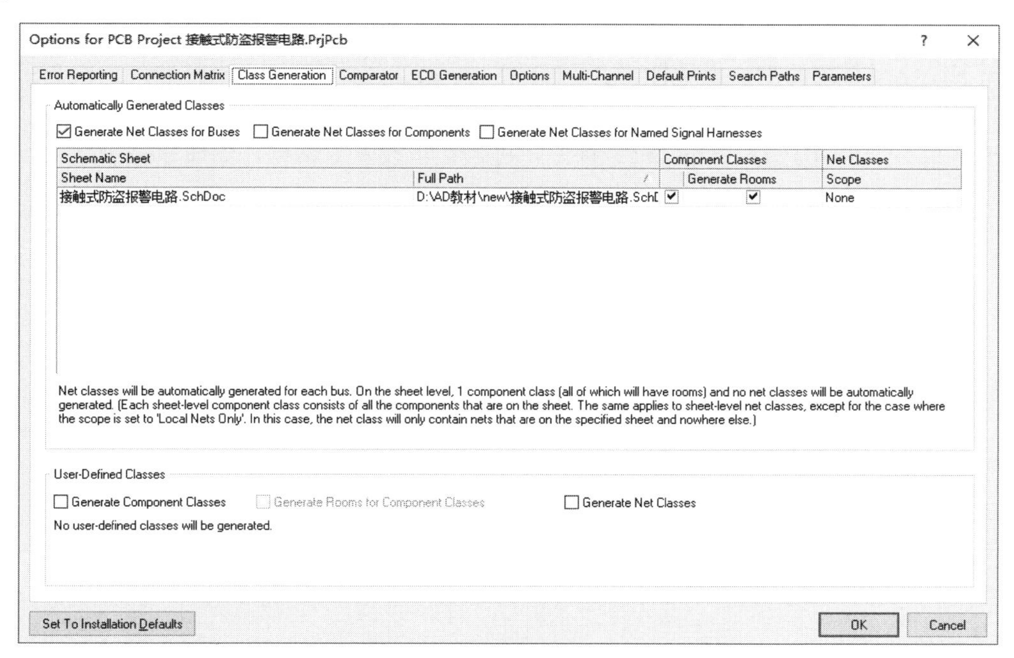

图 3-36　类型设置对话框

利用勾选，用户可以设置相应的网络类。一般情况下，使用系统的默认设置即可。

5．比较器设置

比较器用于两个文档进行比较，当进行文件编译时，系统将根据此设置进行检查。

在图 3-34 中，单击比较器设置（Comparator）标签，进入比较器设置对话框，如图 3-37 所示。

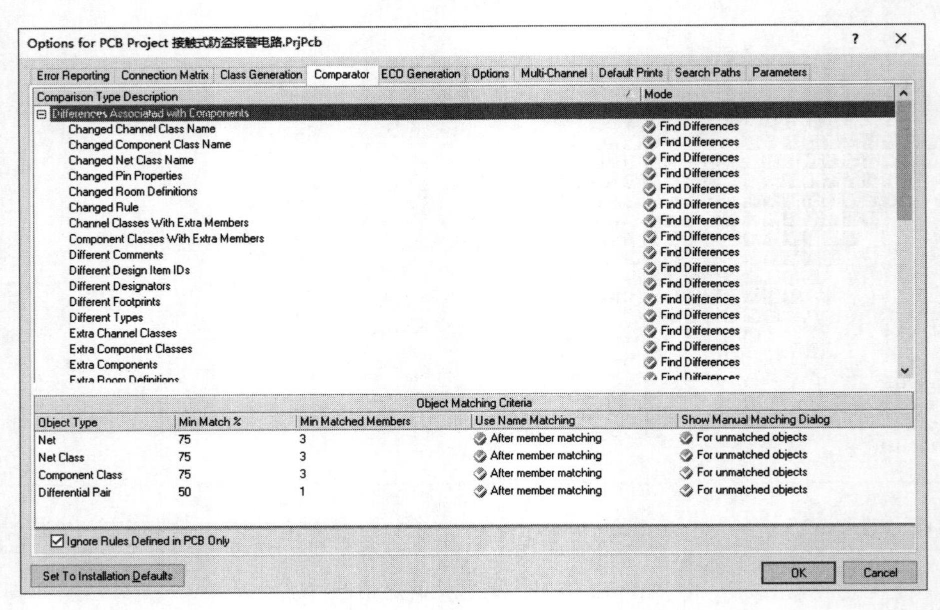

图 3-37　比较器设置对话框

设置时在参数模式（Mode）的下拉列表中选择给出差别（Find Differences）或忽略差别（Ignore Differences），在对象匹配标准（Object Matching Criteria）分组框中设置匹配标准。一般情况下，使用系统的默认设置即可。

6．设置输出路径和网络设置

在图 3-34 中，单击选项（Options）标签，进入选项设置对话框，如图 3-38 所示。

Options for PCB Project 接触式防盗报警电路.PrjPcb
Error Reporting | Connection Matrix | Class Generation | Comparator | ECO Generation | Options | Multi-Channel | Default Prints | Search Paths | Parameters
Output Path: D:\AD教材\new\Project Outputs for 接触式防盗报警电路
Output Options　输出选项
Open outputs after compile　Timestamp folder
Archive project document　Use separate folder for each output type
Netlist Options　网络选项
Allow Ports to Name Nets
Allow Sheet Entries to Name Nets
Append Sheet Numbers to Local Nets
Higher Level Names Take Priority
Power Port Names Take Priority
Net Identifier Scope　网络鉴别范围
Automatic (Based on project contents)
Allow Pin-Swapping Using These Methods
Adding / Removing Net-Labels
Changing Schematic Pins
Set To Installation Defaults　OK　Cancel

图 3-38　选项对话框

在该对话框中，可以在输出（Output Path）栏中设定报表的保存路径，本例使用默认路径；在输出选项（Output Options）分组框中有 4 个复选项，勾选这些选项，可设置输出文件的方式；在网络选项（Netlist Options）分组框中，有 5 个复选项，一般选取原则是：项目中只有一张原理图（非层次结构）时选第一项，项目为层次结构设计时选第二、三项；在网络鉴别范围（Net Identifier Scope）分组框中有 4 个选项，单击右侧的按钮，在下拉列表中有 4 种选择网络标识认定。

3.4.2 项目编译与定位错误元件

1. 项目编译

当完成编译参数的设置后，就可以对项目进行编译了。Altium Designer 系统为用户提供了两种编译：一种是对原理图进行编译，另一种是对工程项目进行编译。

对原理图进行编译，执行菜单命令【Project】/【Compile Document 接触式防盗报警电路.SchDoc】，即可对原理图进行编译。

对工程项目编译，执行菜单命令【Project】/【Compile PCB Project 接触式防盗报警电路.PrjPcb】，即可对整个工程项目进行编译。

无论哪种编译，编译后系统都会通过信息（Messages）面板给出一些错误或警告；没有错误或放置 No ERC 标记，信息（Messages）面板是空的。

2. 定位错误元件

定位错误元件是原理图检查时必须要掌握的一种技能。Altium Designer 系统在定位错误上为用户提供了很大方便，编译操作后如果没错误，项目（Project）下拉菜单中编译指令栏上就不会出现错误信息指针；如果有错误，项目（Project）下拉菜单中编译指令栏上就会出现错误信息指针，如图 3-39 所示的下两行为错误信息指针。

图 3-39 显示错误信息指针的项目（Project）下拉菜单

单击错误信息指针，弹出编译错误（Compile Errors）面板，在面板上有信息列表，双击列表中的错误选项，系统会自动定位错误元件。

为了更好地了解这一操作的使用方法，在原理图中故意设置一些错误。将图 3-29 中上面的电源 VCC 脱离开接线，然后保存；编译后，按着上述操作后可得到错误元件定位图，如图 3-40 所示。

由图上错误信息告知，电源 VCC 脱离电路；系统的过滤器过滤出错误图件，并且在原理图上高亮显示这个图件，且区域放大显示，其他图件均变为暗色。

单击图纸的任何位置都可以关闭过滤器，或单击编辑窗口右下角的 Clear 按钮，或单击工具栏的按钮取消过滤。

也可以使用信息（Messages）面板。如果面板没有自动弹出，则单击面板标签 System，选中 Messages，打开信息面板。

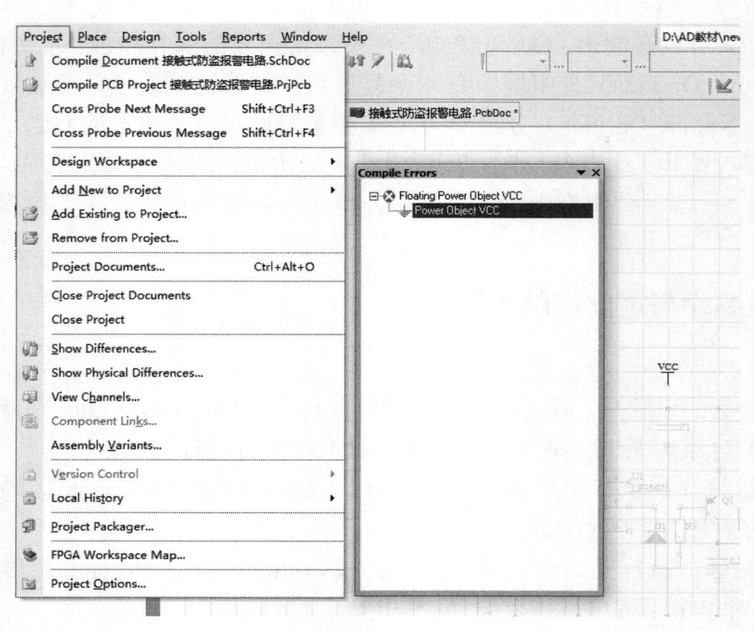

图 3-40 错误元件定位图

上述过程仅是提示项目编译时产生的错误信息和位置，纠正这些错误还需要对原理图进行编辑和修改。编辑改正所有的错误，直到编译后没有错误为止，才能够为进一步的设计工作提供正确的设计数据。

3.5 原理图的报表

原理图编辑器可以生成许多报表，主要有网络表、材料清单报表等，可用于存档、对照、校对及设计 PCB 时使用。本节只介绍网络表和材料清单报表的生成方法。

3.5.1 生成网络表

网络表是指电路原理图中元件引脚等电气节点相互连接的关系列表。网络表的主要用途是为 PCB 制板提供元件信息和线路连接信息，同时也为仿真提供必要的信息。由原理图生成的网络表可以制作 PCB，由 PCB 图生成的网络表可以与原理图生成的网络表进行比较，以检验制作是否正确。

1. 网络表生成

生成网络表的操作方法如下：

（1）打开项目“接触式防盗报警电路.PrjPcb”，打开“接触式防盗报警电路.SchDoc”。

（2）执行菜单命令【Design】/【Netlist For Project】/【Protel】，系统生成 Protel 网络表，默认名称与项目名称相同，后缀为“.NET”，即“接触式防盗报警电路.NET”；保存在当前项目 Generated\Netlist Files 目录下。

（3）在项目（Projects）面板中双击该网络表文件，即可看到网络表文件内容，如图 3-41 所示。

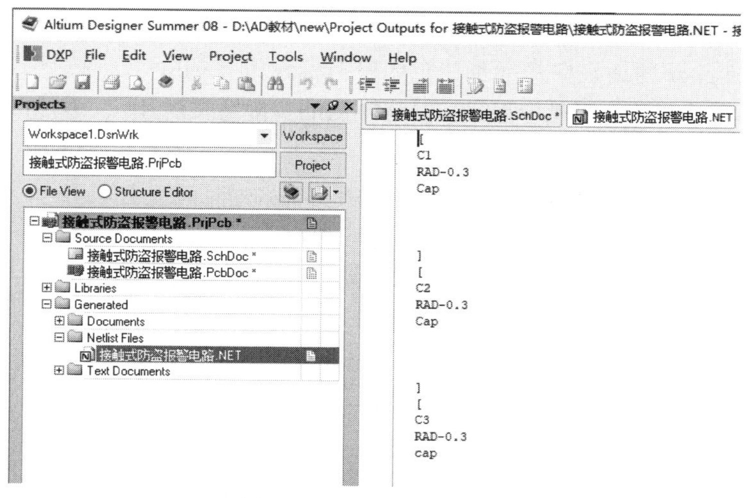

图 3-41　网络表内容显示

2. 网络表文件的编辑

网络表是一个文本文件，可以用文本编辑器进行和修改，其结构如图 3-42 所示。

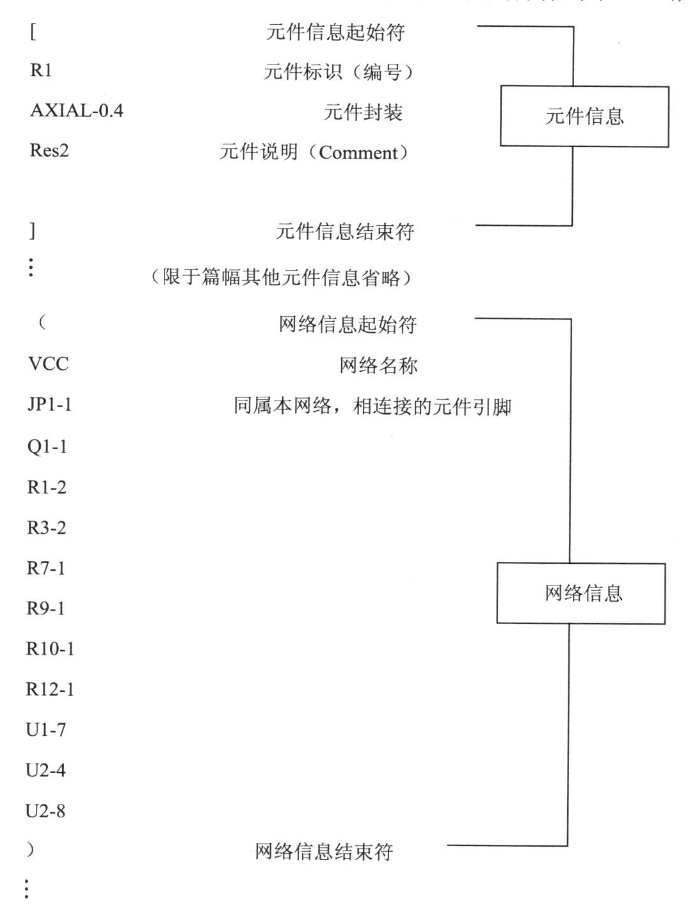

图 3-42　Altium Designer 网络表结构

网络表分为两部分：方括号内的是元件信息，圆括号内的是网络信息（即元件的电气连接信息）。Altium Designer 网络表中的元件信息中没有标称值（Value），通常将元件说明项更改为元件标称值，即可以在元件信息中显示。但这样做的实际意义并不大，因为元件信息中影响 PCB 制板的数据只有元件标识和元件封装两项。

3.5.2 报告（Reports）菜单

Altium Designer 系统提供了专门的工具来完成元件的统计和报表的生成、输出，这些命令集中在报告（Reports）菜单里，如图 3-43 所示。

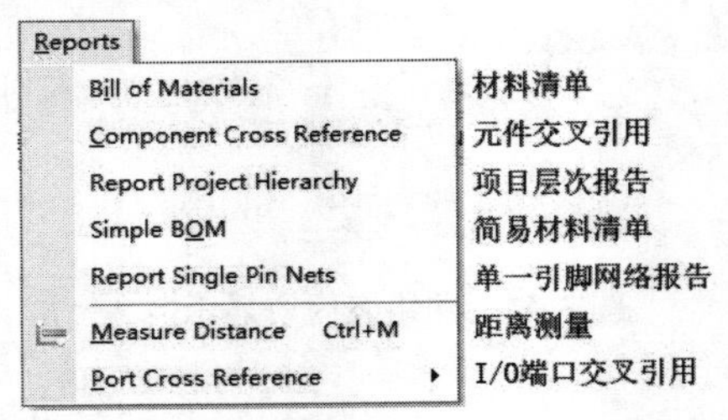

图 3-43　报告（Reports）菜单

3.5.3 材料清单报表

材料清单也称为元件报表或元件清单，主要报告项目中使用元件的型号、数量等信息，也可以用作采购。

1．生成材料清单报表的过程

（1）打开项目“接触式防盗报警电路.PrjPcb”，打开“接触式防盗报警电路.SchDoc”。

（2）执行菜单命令【Reports】/【Bill of Materials】，弹出报表管理器对话框，如图 3-44 所示。报表管理器对话框用来配置输出报表的格式。

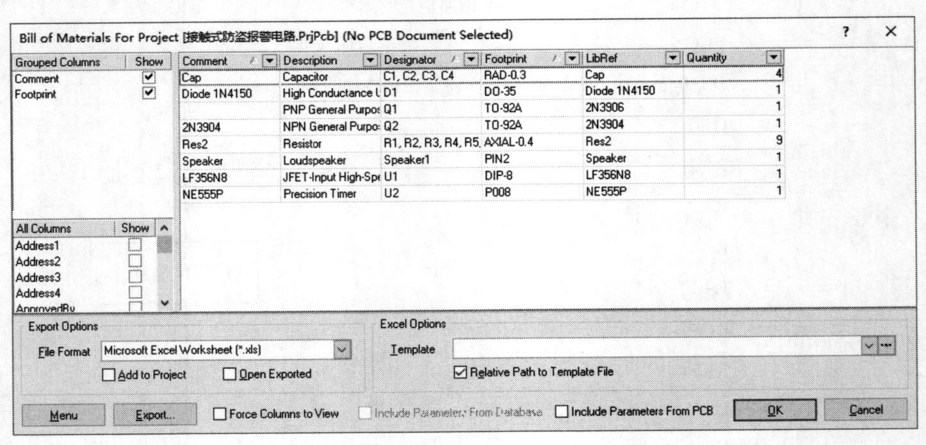

图 3-44　报表管理器对话框

● All Columns——所有行栏，列出了所有可用的信息。通过单击相应信息名称右侧的复选框，可以选择显示窗口要显示的信息，出现“√”时显示窗口显示相应信息。

● Grouped Columns——群组栏，默认为注释（Comment）和封装（Footprint）。需要进行群组显示时，在其所有行（All Columns）栏中，用鼠标指针指向要显示的信息名称，按住鼠标左键，拖动该名称群组，放开鼠标左键，该信息名称即被复制到群组中，同时显示窗口显示按该信息名称分类的信息内容。例如，如果需要显示元件的标称值，则将“Value”项拖到群组，并将“Comment”和“Footprint”项拖回所有行栏，如图 3-45 所示。其显示窗口最右侧显示每个元件的标称值。

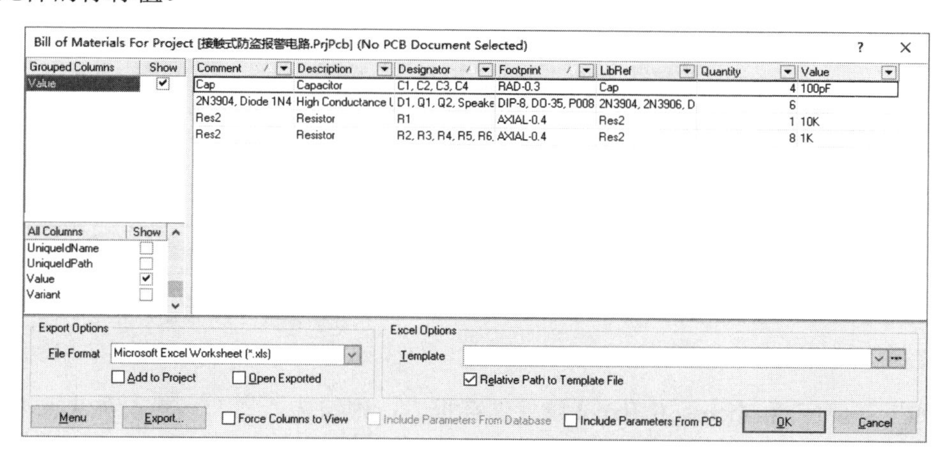

图 3-45　群组显示的报表管理器

● 显示窗口顶部的信息名称同时也是一个排序按钮。单击显示窗口顶部的信息名称右侧的按钮，弹出一个下拉菜单，其中列出了原理图所使用元件的信息。单击其中任意一条，显示窗口将显示与该信息具有相同属性的所有元件，如图 3-46 所示。单击显示窗口左下方的按钮，还原显示窗口。

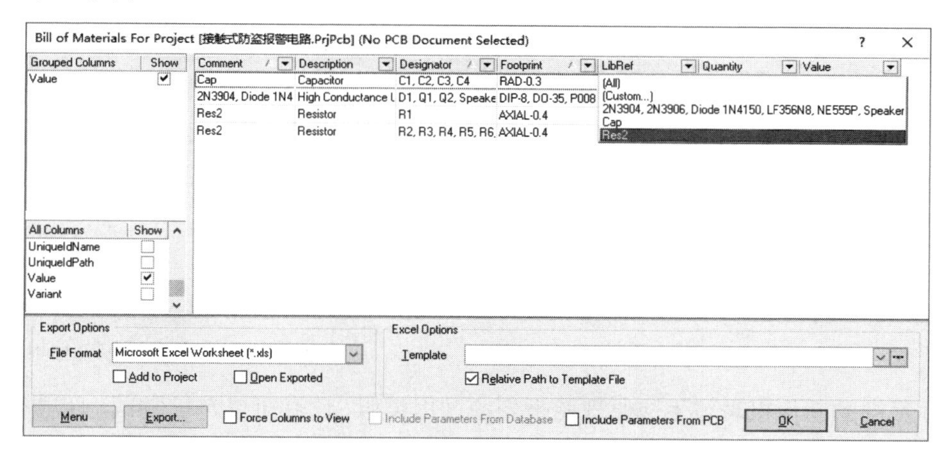

图 3-46　指定显示电阻属性的报表管理器

● 在图 3-46 的“LibRel”项右侧下拉菜单中单击【Custom...】命令，打开自定义自动筛选器设置对话框，如图 3-47 所示。通过设置筛选条件和条件间的逻辑关系，筛选出符合条件的元件。

2. 输出材料清单报表

操作步骤如下：

（1）设置报表格式。在图 3-44 中，其左下角有输出选项栏，提供了 6 种输出格式，本例选择 Excel 格式，如图 3-48 所示。

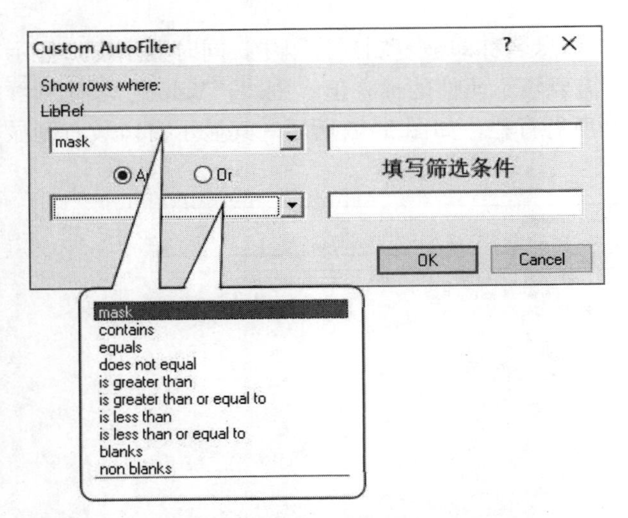

图 3-47　自定义自动筛选器设置对话框

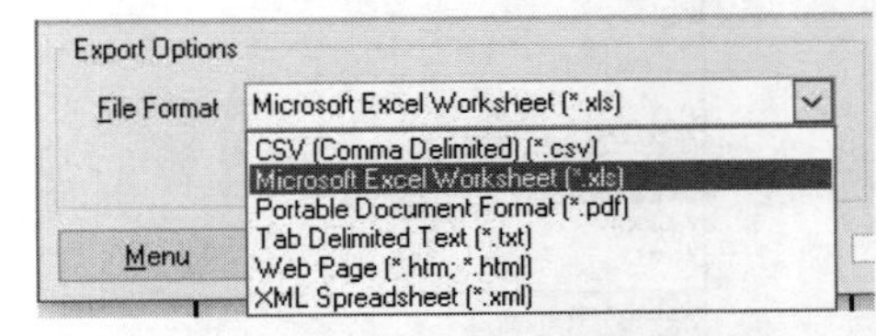

图 3-48　Excel 元件清单报表输出格式

（2）如果需要应用 Microsoft Excel 软件保存报表，则勾选 Open Exported ；如果需要将生成的报表加入设计项目中，则勾选 Add to Project 。

（3）设置好所有相关的选项后，单击 Export... 按钮，弹出保存对话框，保存后自动打开报表，如图 3-49 所示。

（4）查看项目（Projects）面板，生成的报表已经加到项目中，如图 3-50 所示。

图 3-49　生成 Excel 格式的元件报表

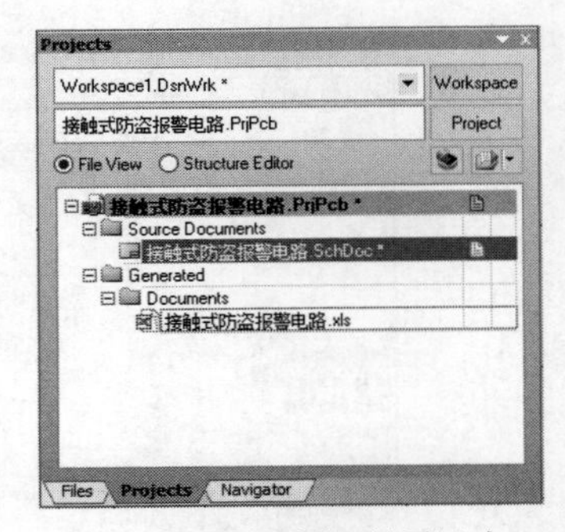

图 3-50　报表加到项目中

生成项目中的其他报表与生成原理图报表的过程类似，读者可以自己尝试，这里不再详细介绍。

3.5.4　简易材料清单报表

（1）执行菜单命令【Reports】/【Simple BOM】，生成简易材料清单报表。默认设置时，生成两个报表文件："接触式防盗报警电路.BOM"和"接触式防盗报警电路.CSV"，被保存在当前项目中，同时文件名添加到项目（Projects）面板上，如图 3-51 和图 3-52 所示。

（2）简易材料清单按元件名称分类列表，内容有元件名称、封装、数量、元件标识等。

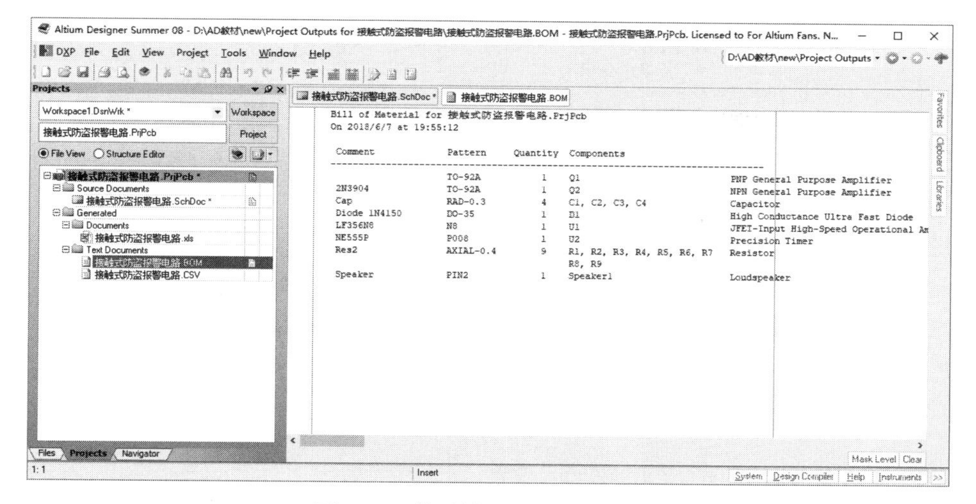

图 3-51　简易材料清单（.BOM）

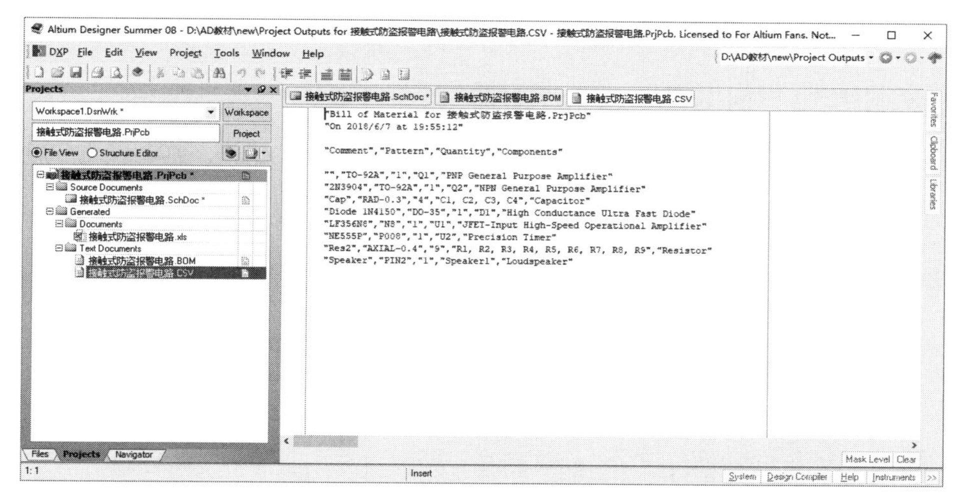

图 3-52　简易材料清单（.CSV）

3.6　原理图的打印输出

原理图绘制完成后，往往要通过打印机或绘图仪输出，以供技术人员参考、存档。在默认状态下，Altium Designer 系统的打印输出为标准图纸。为了满足不同的需要，在打印前应进行必要的设置。

3.6.1　页面设置

与 Word 等软件相似，Altium Designer 系统在打印原理图前，也需要进行一些必要的参数设置，具体步骤如下：

（1）打开需要打印输出的原理图文件。

（2）执行菜单命令【File】/【Page Setup…】，弹出原理图打印属性对话框，如图 3-53 所示。

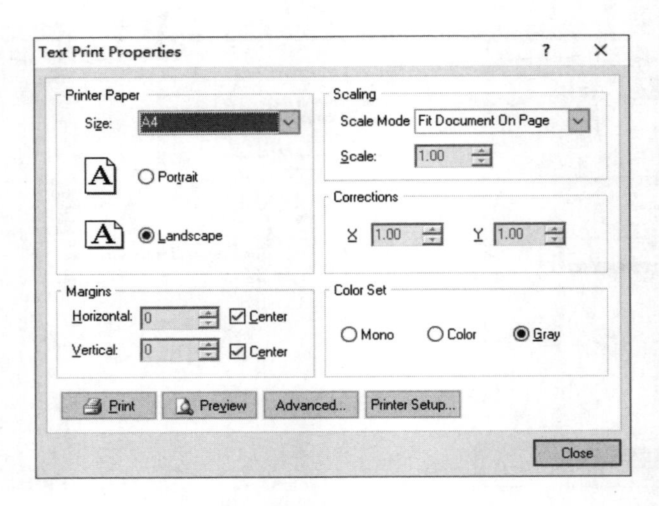

图 3-53　原理图打印属性对话框

（3）在对话框中可以设置打印页面的大小、打印范围、输出比例和打印颜色等参数。

3.6.2　打印预览和输出

与 Word 等软件相似，打印输出之前，可以先预览，以便纠正错误。打印预览和输出的步骤如下：

（1）打开需要打印输出的原理图文件。

（2）执行菜单命令【File】/【Print Preview…】，弹出原理图预览对话框，如图 3-54 所示。

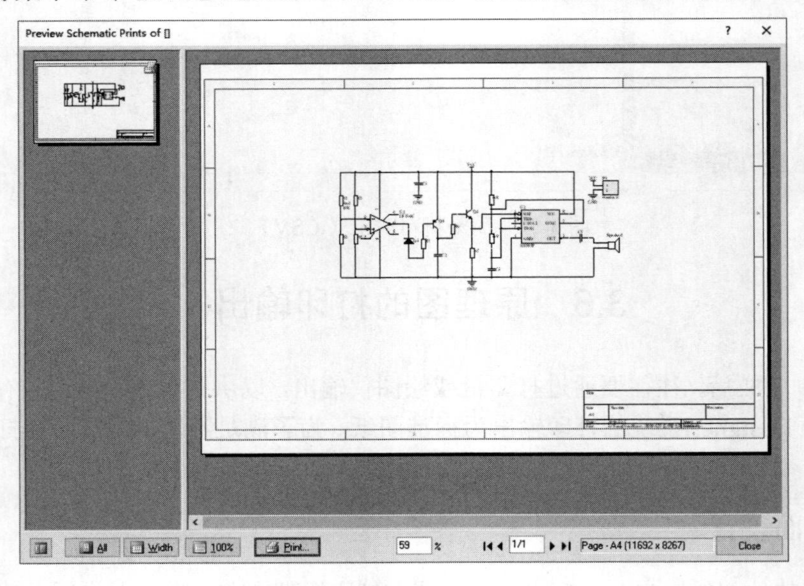

图 3-54　原理图预览对话框

（3）预览检查无误后，单击图 3-54 下方的 Print... 按钮，弹出打印机属性对话框，如图 3-55 所示。

（4）该对话框中的选项与 Windows 环境下其他打印机的选项类似，只需要设置好打印机名、打印范围和打印页数等参数后，单击 OK 按钮，即可打印输出原理图纸。

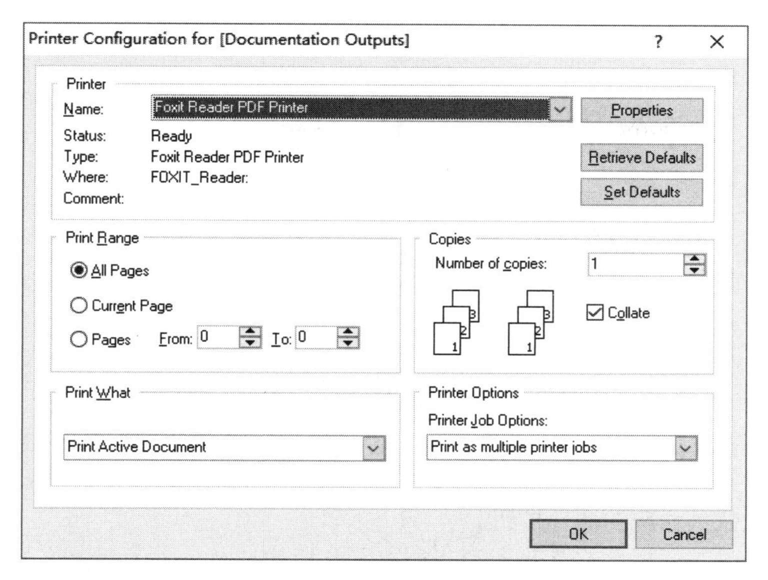

图 3-55　打印机属性对话框

习　题　3

1．练习原理图文件的建立与保存。
2．练习通过库文件面板放置原理图元件的方法。
3．练习项目的编译方法。
4．练习图纸的打印方法。

第 4 章　原理图设计常用工具

所谓的常用工具一般包括工具栏工具、窗口显示设置和各种面板功能等内容，这些工具或操作内容在绘制电路原理图时经常被使用。为此，本章将介绍原理图绘制中常用的工具和操作方法。

4.1　原理图编辑器工具栏简介

工具栏中的工具按钮，实际上是菜单命令的快捷执行方式。大部分菜单命令前带有图标，都可以在工具栏中找到对应的图标按钮。

原理图编辑器的工具栏共有 7 种类型。所有工具栏的打开和关闭都由菜单命令【View】/【Toolbars】来管理。工具栏（Toolbars）菜单命令如图 4-1 所示（在有工具栏显示的位置右击，也可以弹出此菜单）。

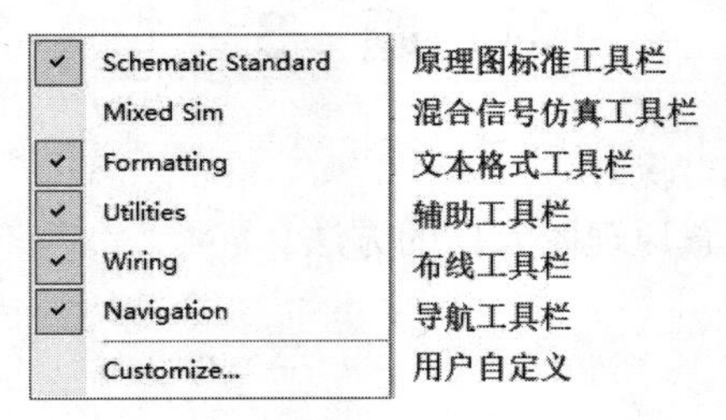

图 4-1　工具栏（Toolbars）菜单命令

工具栏类型名称前有“√”的表示该工具栏已被激活，在编辑器中显示，否则没有显示。工具栏的激活习惯上叫作打开工具栏。单击工具栏（Toolbars）菜单命令，切换工具栏的打开和关闭状态。

原理图编辑器工具栏图标如图 4-2 所示。

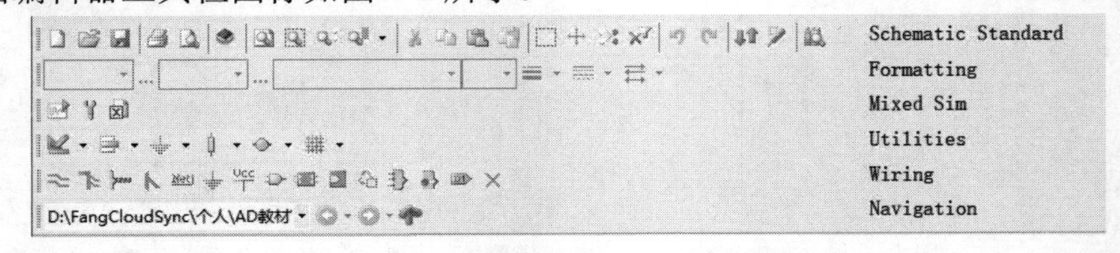

图 4-2　原理图编辑器工具栏图标

原理图编辑器工具栏从属性上大致可分为 3 类，即电路图绘制类、信号相关类和文本编辑类。最常用的工具栏是电路图绘制类。

电路图绘制类包括布线工具栏（Wiring）和辅助工具栏（Utilities）。

信号相关类包括混合信号仿真工具栏（Mixed Sim）和原理图标准工具栏（Schematic Standard）。

文本编辑类包括文本格式工具栏（Formatting）、导航工具栏（Navigation）和原理图标准工具栏（Schematic Standard）中的大部分工具。

图形绘制类工具绘制的图形没有电气属性，只起标注作用，这是图形绘制工具“Drawing”和布线工具“Wiring”的区别。

4.2　工具栏的使用方法

（1）工具栏在原理图编辑器中可以有两种状态：固定状态和浮动状态，如图 4-3 所示。鼠标指针在工具栏中，且未选中任何工具时，按住鼠标左键不放，鼠标指针变为✥，工具栏即可被拖走。将工具栏拖到编辑窗口的四周，可以使其处于固定状态。

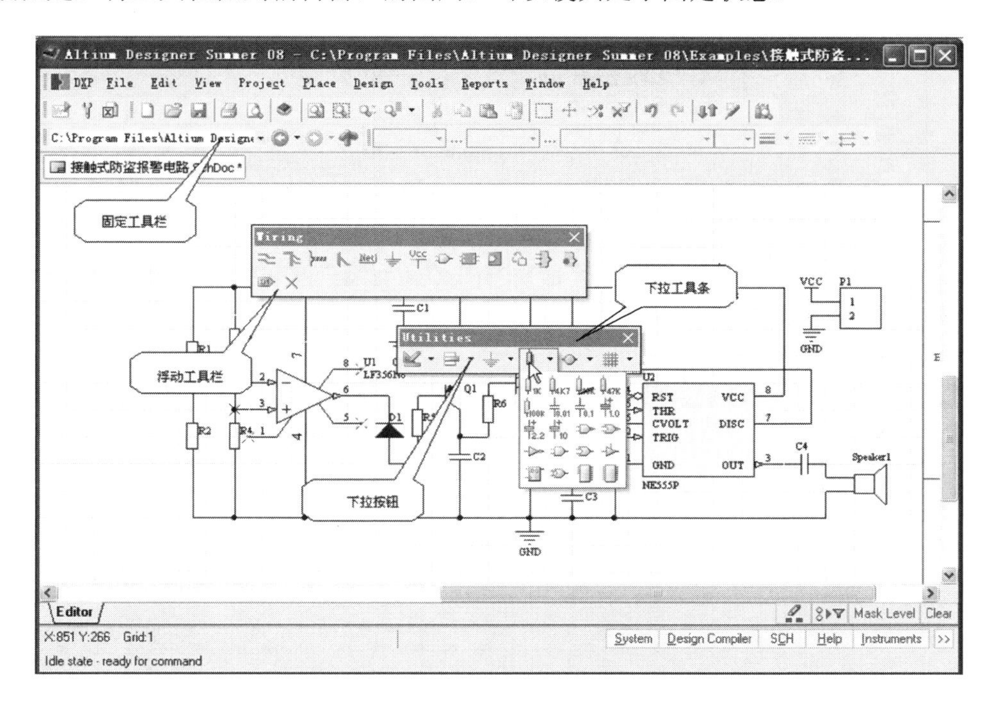

图 4-3　工具栏放置状态

（2）工具栏中带有下拉按钮的工具，单击该工具时，即弹出其下拉工具条，可从弹出的工具条中选中工具进行操作。

（3）工具栏中带有颜色框时（主要指文本格式工具栏），单击颜色框，即弹出颜色选择条或颜色选择对话框，从中选择需要的颜色。

4.3　窗口显示设置

有关窗口显示设置的命令全部在窗口（Window）菜单中，如图 4-4 所示。

窗口（Window）菜单中的命令主要是针对编辑器同时打开多个文件而言的。下面以同时打开 3 个文件为例介绍有关命令的使用方法。

打开系统自带的设计示例“接触式防盗报警电路.PrjPcb”项目中的 3 个设计文件：“接触式防盗报警电路.SchDoc”、“接触式防盗报警电路.BOM”和“接触式防盗报警电路.NET”。当打开文件时，编辑器的编辑窗口以默认的层叠方式显示，使每个窗口的文件标签可见，当前窗口是活动窗口，它被显示在其他窗口之上，文件标签为浅色。要改变当前窗口，只需单击相应窗口的文件标签即可。

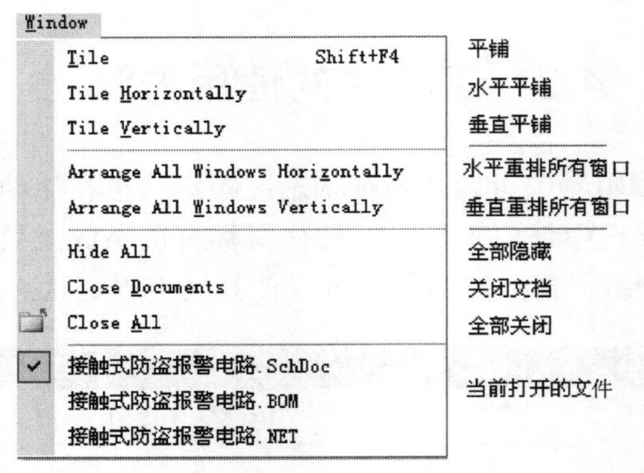

图 4-4　窗口（Window）菜单

4.3.1　混合平铺窗口

执行菜单命令【Window】/【Tile】，系统将打开的所有窗口平铺，并显示每个窗口的部分内容，如图 4-5 所示。文件标签为浅色的是活动窗口，单击窗口的任意位置，都可以使该窗口切换为活动窗口，即当前窗口。

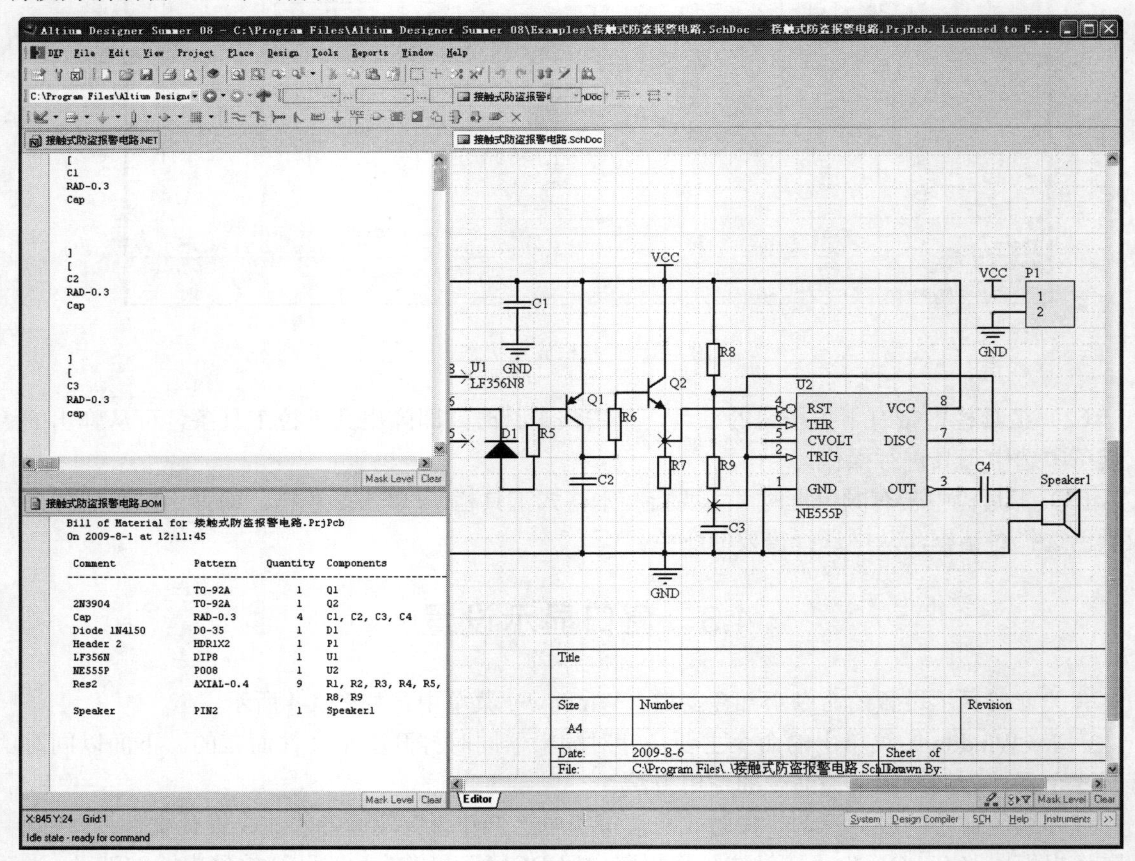

图 4-5　平铺窗口

调用窗口显示模式命令的另一种方法是在窗口的文件标签处右击，从弹出的菜单中选择显示模式，如图 4-6 所示。单击“Tile All”命令，也可以平铺所有窗口。

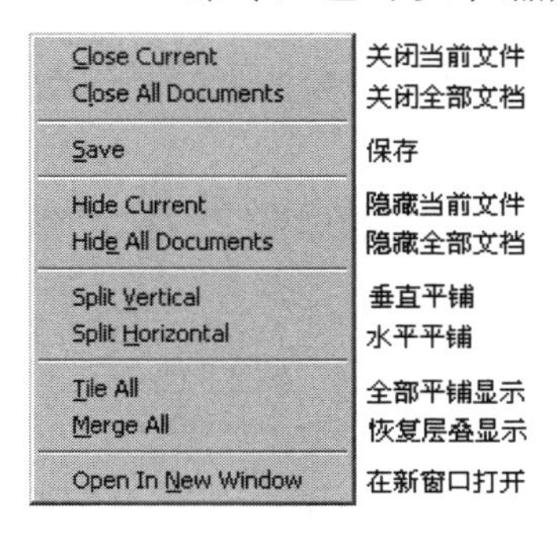

图 4-6　窗口显示模式右键菜单

4.3.2　水平平铺窗口

执行菜单命令【Window】/【Tile Horizontally】，系统将打开的所有窗口水平平铺，并显示每个窗口的部分内容，如图 4-7 所示。文件标签为浅色的是活动窗口，单击窗口的任意位置，都可以使该窗口切换为活动窗口。

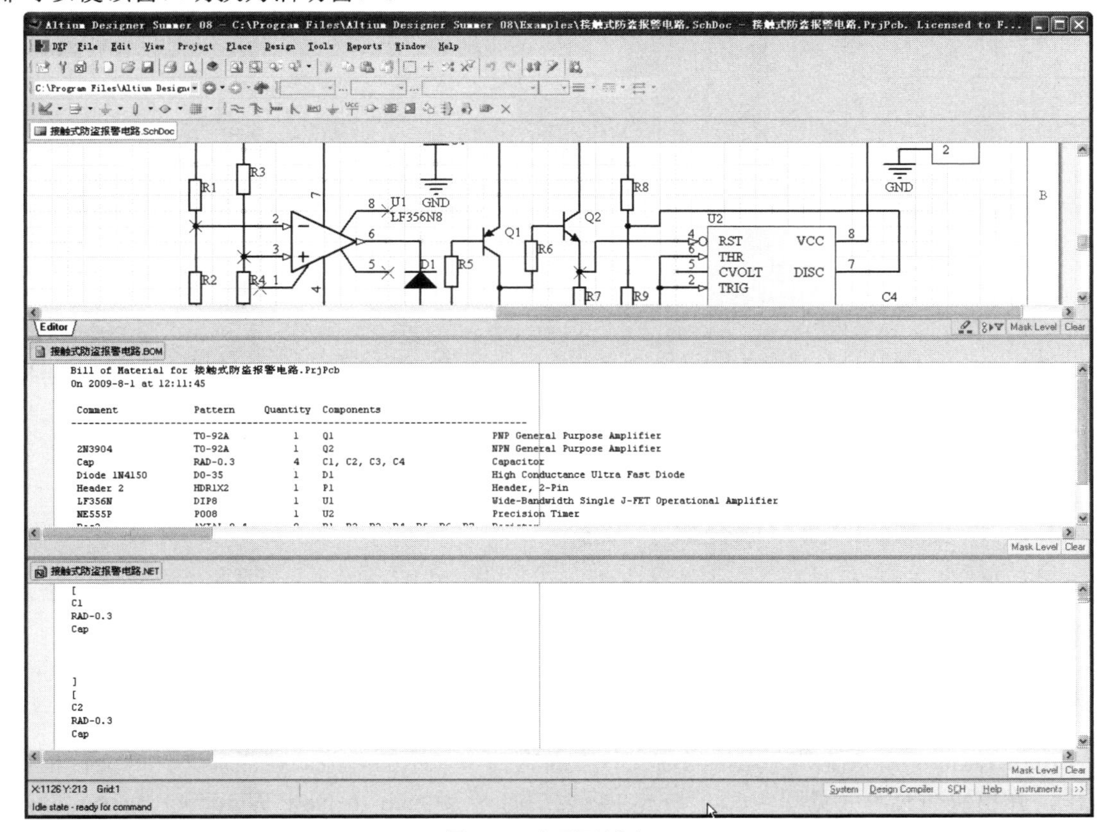

图 4-7　水平平铺窗口

图 4-6 中的“Split Horizontal”命令也有水平平铺功能，但其只影响相邻的两个窗口。

4.3.3 垂直平铺窗口

执行菜单命令【Window】/【Tile Vertically】，系统将打开的所有窗口垂直平铺，并显示每个窗口的部分内容，如图 4-8 所示。文件标签为浅色的是活动窗口，单击窗口的任意位置，都可以使该窗口切换为活动窗口。

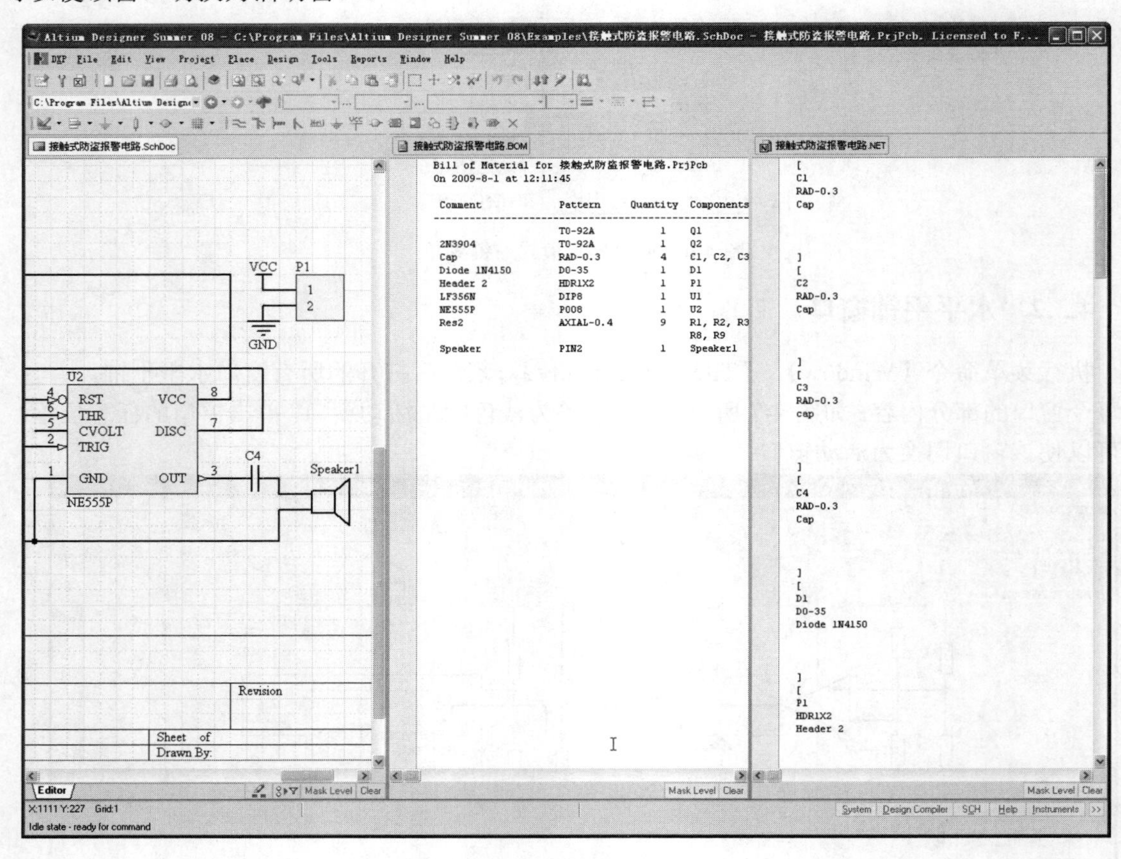

图 4-8 垂直平铺窗口

图 4-6 中的“Split Vertical”命令也有垂直平铺功能，但其只影响相邻的两个窗口。

4.3.4 恢复默认的窗口层叠显示状态

图 4-6 中的“Merge All”命令，具有恢复窗口层叠显示状态的功能，执行此命令后，窗口即恢复为默认的层叠显示状态。

4.3.5 在新窗口中打开文件

Altium Designers 系统具有支持当前文件在新窗口中显示的功能。在当前文件的文件标签处右击，弹出快捷菜单（见图 4-6），单击在新窗口打开（Open In New Window）命令。当前文件在新打开的 Altium Designer 系统设计窗口中显示，此时在桌面上会有两个 Altium Designer 系统设计界面。Altium Designer 系统可以打开多个设计窗口。

4.3.6 重排设计窗口

当桌面上有两个或两个以上 Altium Designer 系统设计窗口时，可以用重排窗口命令使这些设计界面全部显示在桌面上。

执行菜单命令【Window】/【Arrange All windows Horizontally】，所有设计界面水平平铺显示，类似【Tile Horizontally】命令的结果。

执行菜单命令【Window】/【Arrange All windows Vertically】，所有设计界面垂直平铺显示，类似【Tile Vertically】命令的结果。

4.3.7 隐藏文件

Altium Designer 系统具有支持隐藏当前文件的功能。在当前文件的文件标签处右击，弹出如图 4-6 所示菜单。

单击【Hide Current】命令，隐藏当前文件（包括文件标签）。

单击【Hide All Documents】命令，隐藏所有打开的文件（包括文件标签）。

执行隐藏文件命令后，窗口（Window）菜单中会新出现一个恢复隐藏命令【Unhide】。【Unhide】中包含所有被隐藏的文件名称，单击文件名称即可使该文件处于显示状态。

4.4 工 作 面 板

Altium Designer 系统在各个编辑器中大量地使用了工作面板（Workspace Panel），简称为面板。所谓面板是指集同类操作于一身的隐藏式窗口。这些面板按类区分，放置在不同的面板标签中。

本节以第 3 章中建立的“接触式防盗报警电路.PrjPcb”为例，介绍几种常用工作面板的使用方法。

首先打开“接触式防盗报警电路.PrjPcb”项目，进入原理图编辑器，执行菜单命令【Project】/【Compiler PCB Project】，编译该项目。

4.4.1 工作面板标签

原理图编辑器共有 5 个面板标签：设计编译器面板标签 Design Compiler 、帮助面板标签 Help 、仪器架面板标签 Instrument Racks 、系统面板标签 System 和原理图面板标签 SCH 。

1. 打开面板的方法

（1）执行菜单命令【View】/【Workspace Panels】，选择要打开的面板。

（2）单击原理图编辑器右下角的面板标签，从弹出的菜单中选择要打开的面板。

2. 面板标签及面板的名称

（1）设计编译器面板标签 Design Compiler 中共有 4 个面板，如图 4-9 所示。

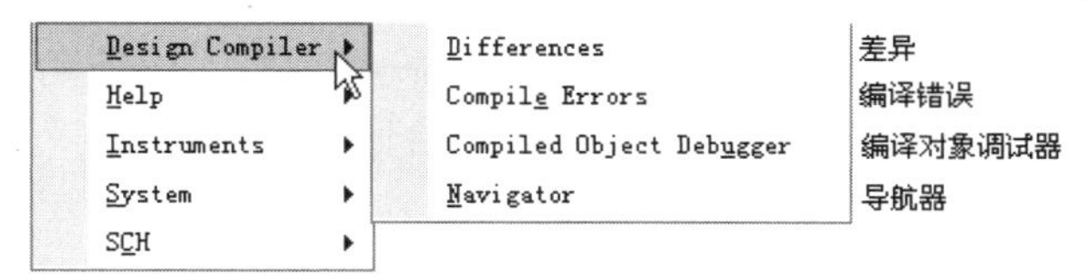

图 4-9 编译器面板标签包含的面板

（2）帮助面板标签 Help 中有两个面板，如图 4-10 所示，其中“知识中心”与【Help】/【Search】命令的功能相同。

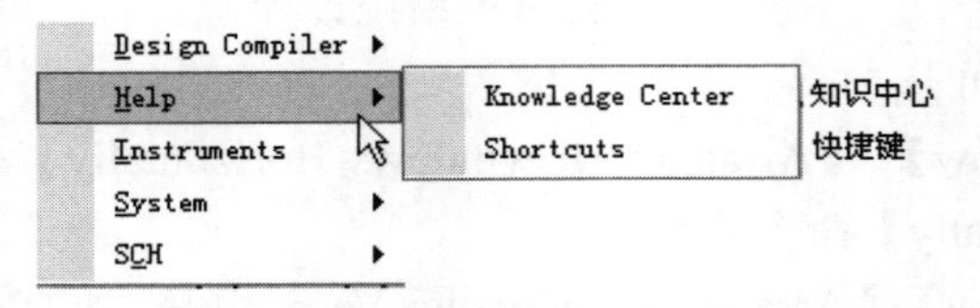

图 4-10　帮助面板标签包含的面板

（3）仪器架面板标签 Instrument Racks 中共有 3 个面板，如图 4-11 所示。这 3 个面板主要是针对系统外挂开发设备的。

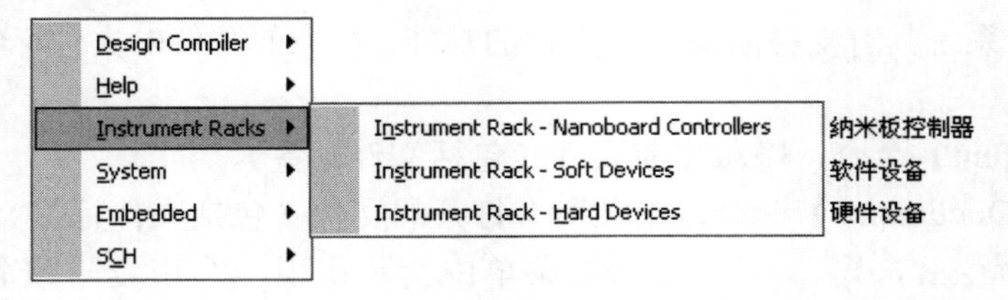

图 4-11　仪器架面板标签包含的面板

（4）系统面板标签 System 中共有 10 个面板，如图 4-12 所示。

（5）原理图面板标签 SCH 中共有 3 个面板，如图 4-13 所示。

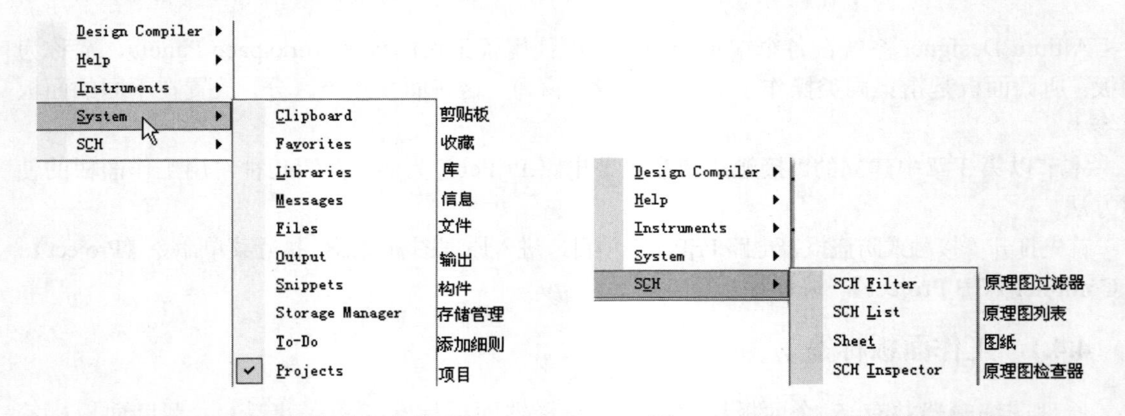

图 4-12　系统面板标签包含的面板　　图 4-13　原理图面板标签包含的面板

4.4.2　剪贴板面板（Clipboard）功能

1．剪贴板面板的保存功能

在原理图绘制和编辑过程中，所有的复制操作都会在剪贴板面板中被依次保存，最近的一次在最上面，如图 4-14 所示。

2．剪贴板面板的粘贴功能

（1）单独粘贴功能。单击剪贴板面板中要粘贴的一条内容，该剪贴条中保存的图件就会附着在光标上，在图纸的适当位置单击，图件即被粘贴到图纸上。在一个剪贴条上右击，会弹出一个快捷菜单，选择 Paste，也具有同样功能。

（2）全部粘贴功能。单击剪贴板面板的 Paste All 按钮，在图纸中可依次粘贴剪贴板中所保存的全部内容，粘贴顺序与剪贴板中从上至下的保存顺序相同。

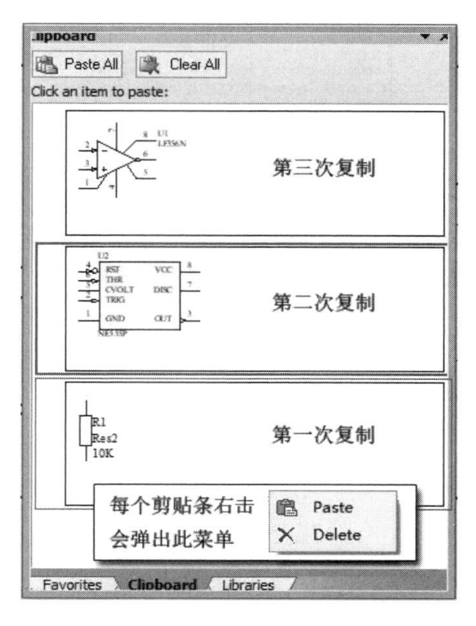

图 4-14　剪贴板面板

3．清除剪贴板的内容

（1）单独清除。在要删除的剪贴条上右击，从弹出的快捷菜单中选择 Delete，即可清除该条内容。

（2）全部清除。单击剪贴板面板的 Clear All 按钮，剪贴板面板中所保存的全部内容都会被清除。

4.4.3　收藏面板（Favorites）功能

收藏面板（Favorites）的功能类似网页浏览器中的收藏夹，可以将常用的文件放在里面以方便调用。

1．为收藏面板添加内容

（1）打开要收藏的文件（原理图文件、库文件、PCB 文件等），打开收藏面板（Favorites）。鼠标指针指向编辑窗口的文件标签，按住鼠标左键，拖动到收藏面板窗口，如图 4-15 所示。

图 4-15　收藏面板及收藏操作

（2）放开鼠标左键，弹出添加收藏对话框，如图 4-16 所示。或在收藏面板上右击，弹出收藏面板管理菜单，做相应的操作，也有同样效果。

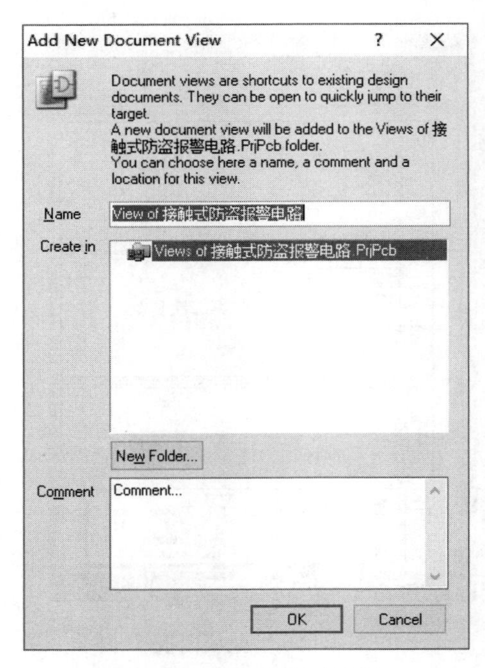

图 4-16　添加收藏对话框

（3）单击 OK 按钮，文件即被添加到收藏面板中，如图 4-17 所示。

（4）在收藏面板中选择不同的显示模式，可改变收藏的显示风格，如图 4-18 所示。

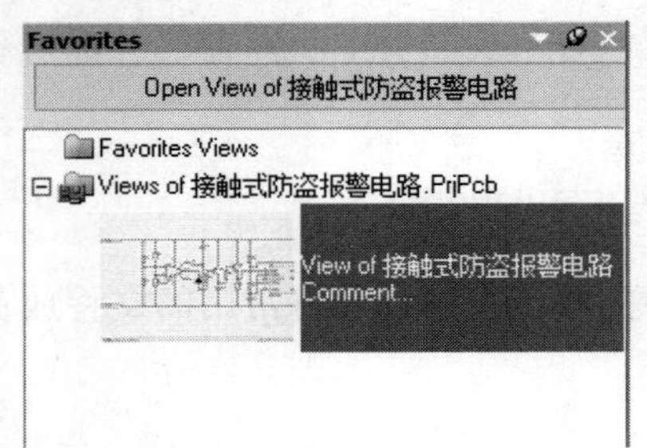

图 4-17　添加收藏后的收藏面板

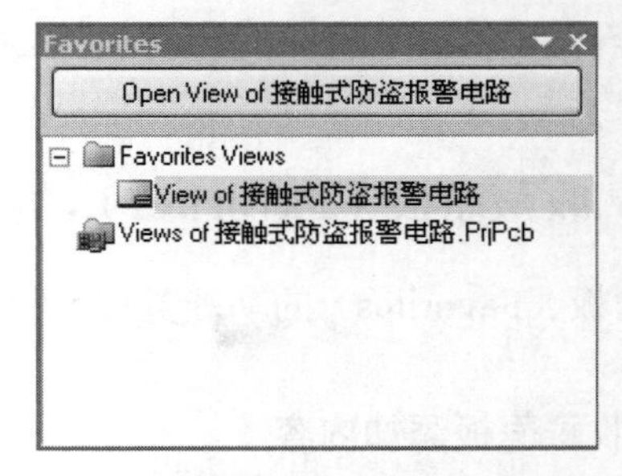

图 4-18　收藏面板的另一种显示模式

2. 清除收藏面板的内容

（1）在收藏面板上右击，弹出收藏面板管理菜单，如图 4-19 所示。

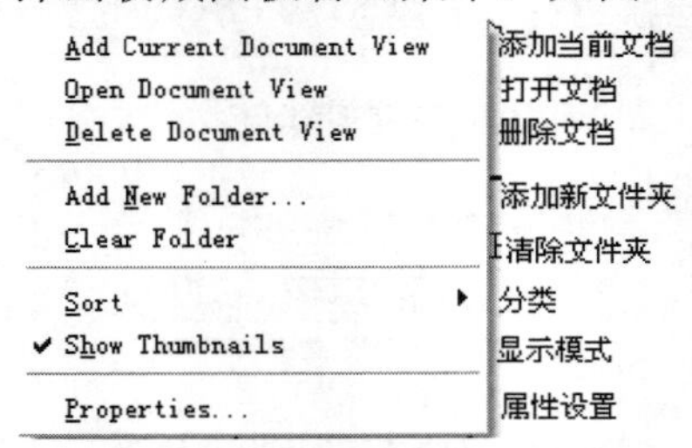

图 4-19　收藏面板管理菜单

（2）单击删除文档选项，即从收藏面板中删除了选中的文件。

从上述菜单也可以进行有关收藏面板的相关操作，在这里不再做详细介绍。

4.4.4 导航器面板（Navigator）功能

在原理图编辑器中，导航器面板的主要功能是快速定位，包括元件、网络分布等。导航器面板（Navigator）位于编译器面板标签 Design Compiler 中，编译器面板标签中的面板功能是针对编译器设置的，所以要想使用其中的面板功能，必须先对文件或项目进行编译。

执行菜单命令【View】/【Workspace Panels】/【Design Compiler】/【Navigator】，打开导航器面板，如图 4-20 所示。

1．导航器面板（Navigator）定位功能

定位功能是指图件的高亮放大显示功能，目的是突出显示相关图件。

（1）元件定位功能。单击导航器面板第二栏 Instance 列表中的元件，编辑窗口放大显示该元件（变焦显示），其他图件变为浅色（掩模功能），如图 4-21 所示。

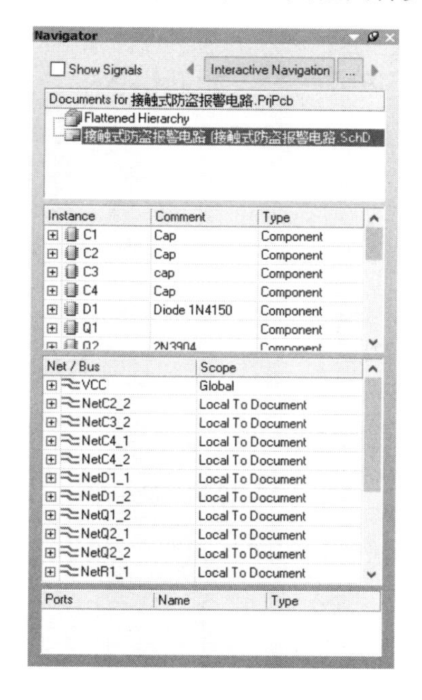

图 4-20 导航器面板

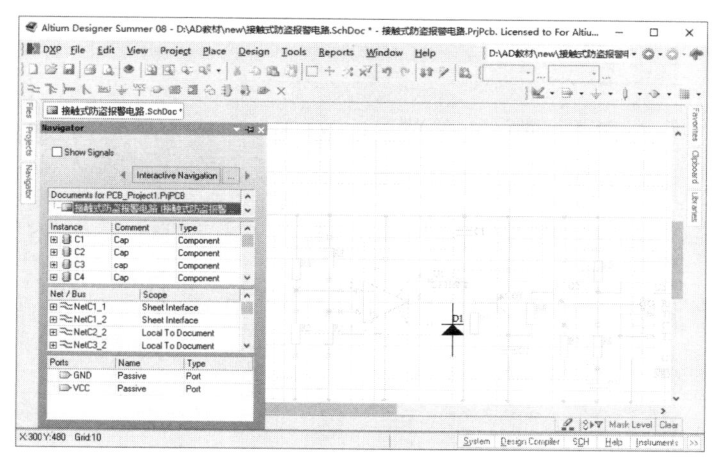

图 4-21 导航器面板的元件定位功能

（2）网络定位功能。单击导航器面板第三栏网络/总线（Net/Bus）列表中的网络名称，编辑窗口放大显示该网络的导线、元件引脚（包括引脚名称和序号）和网络名称，其他图件被掩模，变为浅色（包括被选中引脚所属元件的实体部分）。该功能仅针对具有电气特性的图件，如图 4-22 所示。

（3）交互导航功能。单击导航器面板的交互导航 Interactive Navigation 按钮，出现大十字光标，单击原理图中的图件，与之关联的图件被定位，如图 4-23 所示。同时导航器面板各栏也显示相应内容。

（4）导航器面板的定位功能在 PCB 编辑器中也适用。

2．调整掩模程度

（1）单击编辑窗口右下角的掩模程度调整器 Mask Level 按钮，弹出掩模程度调整器，如图 4-24 所示。

（2）用光标拖动 Dim 滑块，向上减小，向下增大。

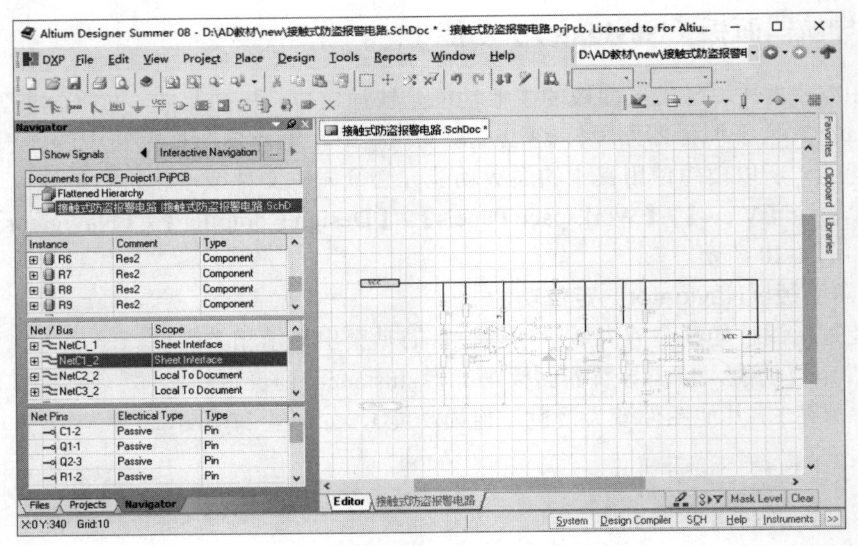

图 4-22 导航器面板的网络定位功能

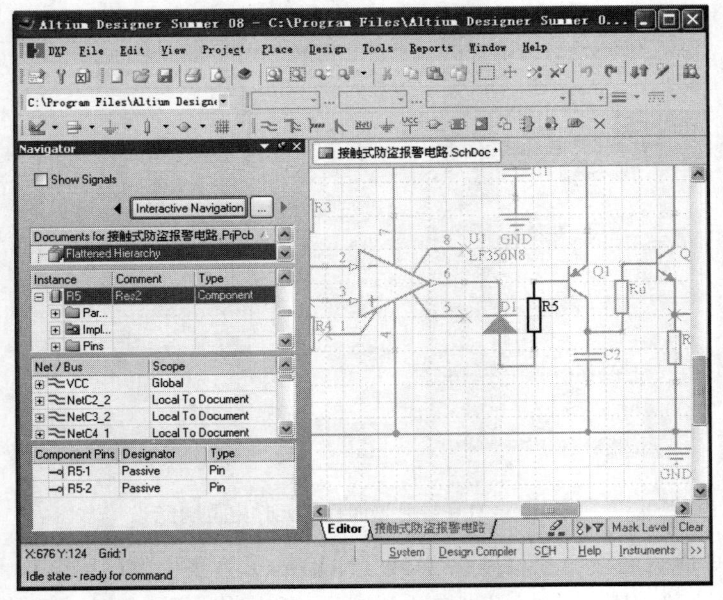

图 4-23 导航器面板的交互导航功能

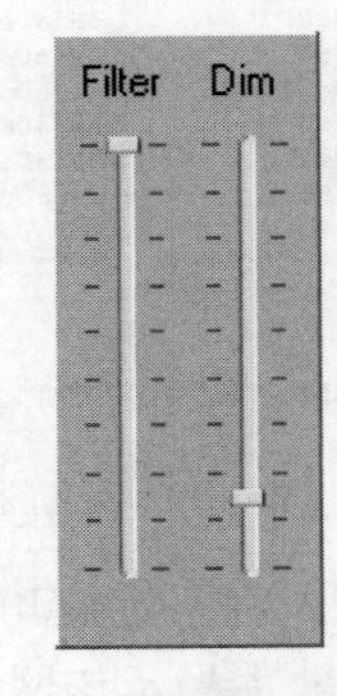

图 4-24 掩模程度调整器

3. 取消掩模

取消掩模的方法有两种，在编辑窗口的任何位置单击，或单击编辑窗口右下角的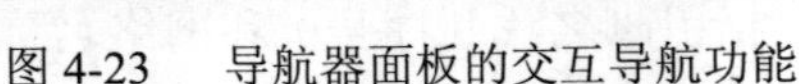按钮，都可以取消掩模。

4.4.5 原理图过滤器面板（SCH Filter）功能

原理图过滤器面板（SCH Filter）位于面板标签“SCH”中的第一行。原理图过滤器面板允许通过逻辑语言来设置过滤器，即设置过滤器的过滤条件，从而使过滤更准确、更快捷。

所谓过滤是指快速定位元件、网络等相关图件，被过滤的相关图件以编辑窗口的中心为中心高亮显示（或变焦显示），其他图件采用掩模功能变为浅色。

执行菜单命令【View】/【Workspace Panels】/【SCH】/【SCH Filter】，打开原理图过滤器面板，如图 4-25 所示。

1．过滤功能

（1）用户可在 Find items matching these criteria: 栏中输入查询条件，以便更准确地显示要查看的信息。输入的查询条件，必须符合系统的语法规则。如果不会输入，那么可以请助手帮助。单击助手 Helper... 按钮，打开查询助手对话框，如图 4-26 所示。

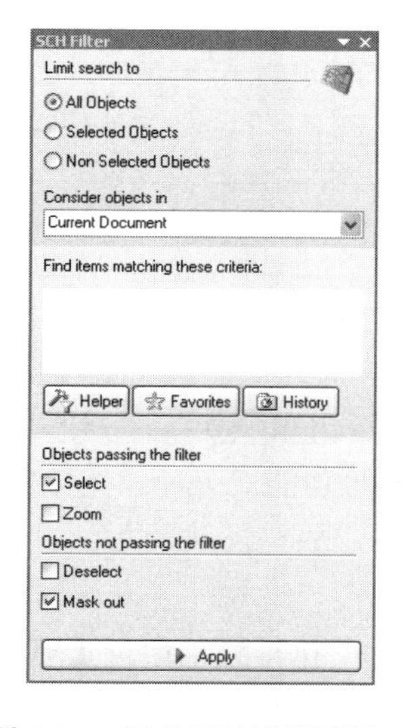

图 4-25 原理图过滤器面板

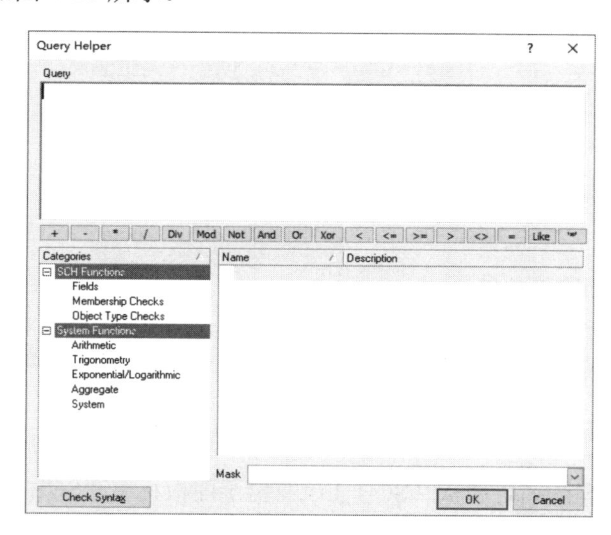

图 4-26 查询助手对话框

（2）在查询助手对话框中输入查询条件语句的语法要求比较严格，初学者可以利用类别（Categories）分组框中列出的类别和与之对应的名称来输入。

例如，选择原理图功能（SCH Functions）中的对象类型表单（Object Type Checks）。双击右侧名称（Name）列表框中的 Is Wire（导线），Is Wire 即被输入到查询条件框（Query）中。单击 OK 按钮，退回到原理图过滤器面板。单击 Apply 按钮，原理图编辑窗口中所有符合条件的导线图件被选中正常显示，非导线图件被掩模，显得灰暗，如图 4-27 所示。

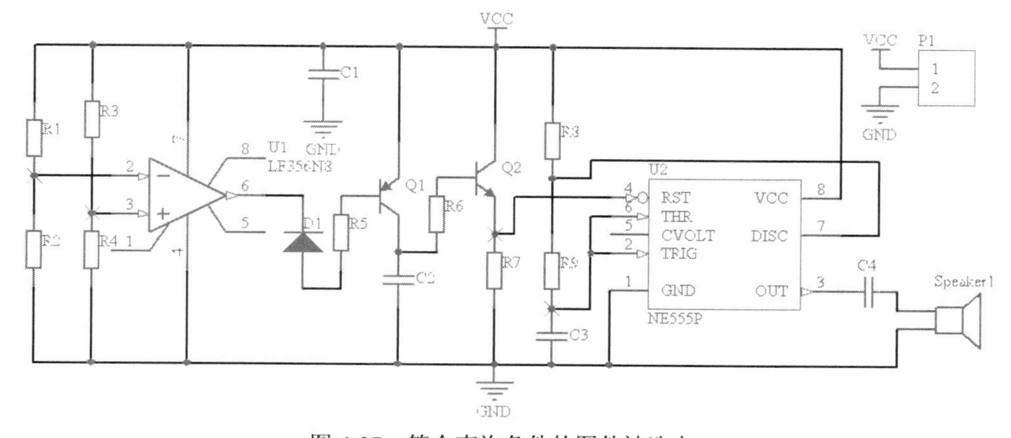

图 4-27 符合查询条件的图件被选中

（3）原理图过滤器下方为过滤显示方式，若勾选 Zoom 项，过滤器会以变焦方式显示选中的图件导线，如图 4-28 所示。

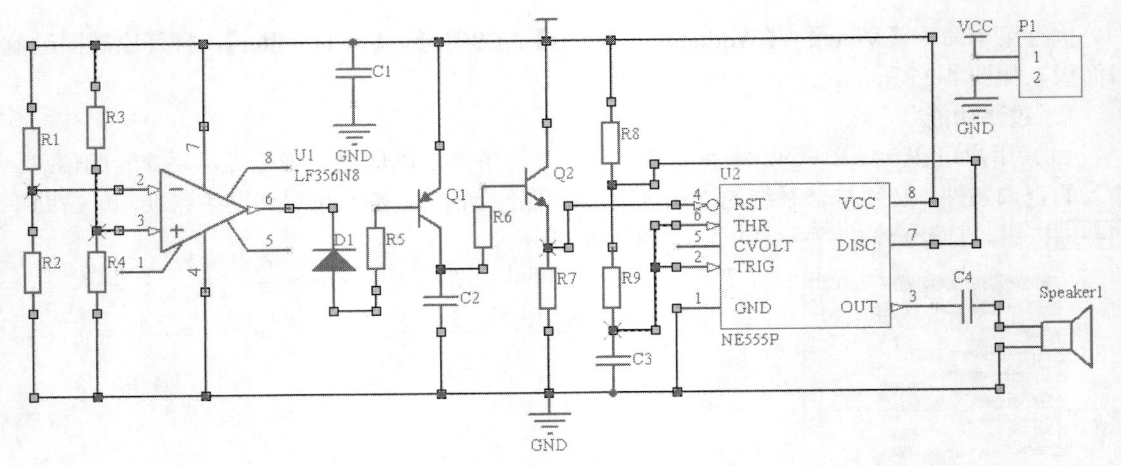

图 4-28　选择 Zoom 的过滤模式显示

2．记忆功能

原理图过滤器面板对已执行的操作有记忆功能，单击 Favorites 按钮和 History 按钮，在弹出的对话框中可以实现对历史操作进行编辑、重复调用、加入收藏等功能。

4.4.6　原理图列表面板（SCH List）功能

原理图列表面板（SCH List）位于面板标签“SCH”中的第二行。执行菜单命令【View】/【Workspace Panels】/【SCH】/【SCH List】，打开原理图列表面板，如图 4-29 所示。从图中可以清楚知道原理图列表面板有两种功能，即查阅和编辑；有 4 个选项，其中图件类型如图 4-30 所示。

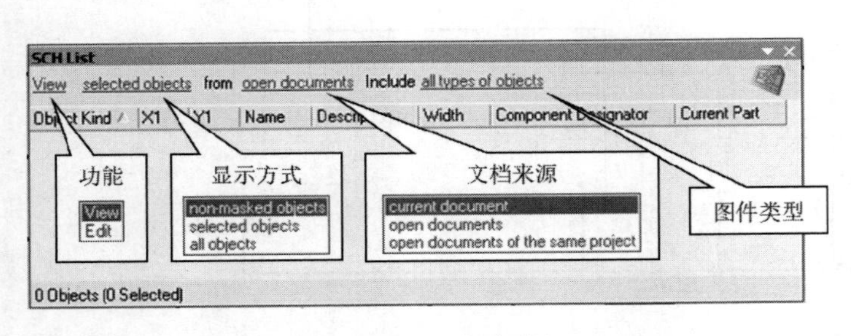

图 4-29　原理图列表面板

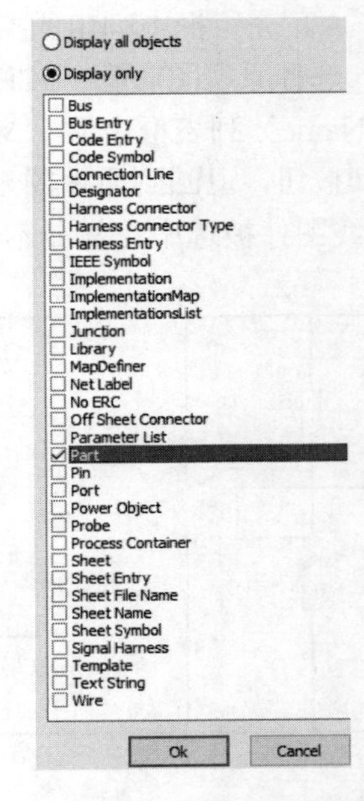

图 4-30　原理图列表面板中图件类型

1．互动显示功能

（1）打开原理图列表面板。初始状态的原理图列表面板各栏无显示内容。勾选功能设置、显示方式设置、文档来源设置和图件类型，单击当前文档“接触式防盗报警电路.SchDoc”中的图件，例如 D1。如图 4-31 原理图列表中，立即显示 D1 的设计数据。

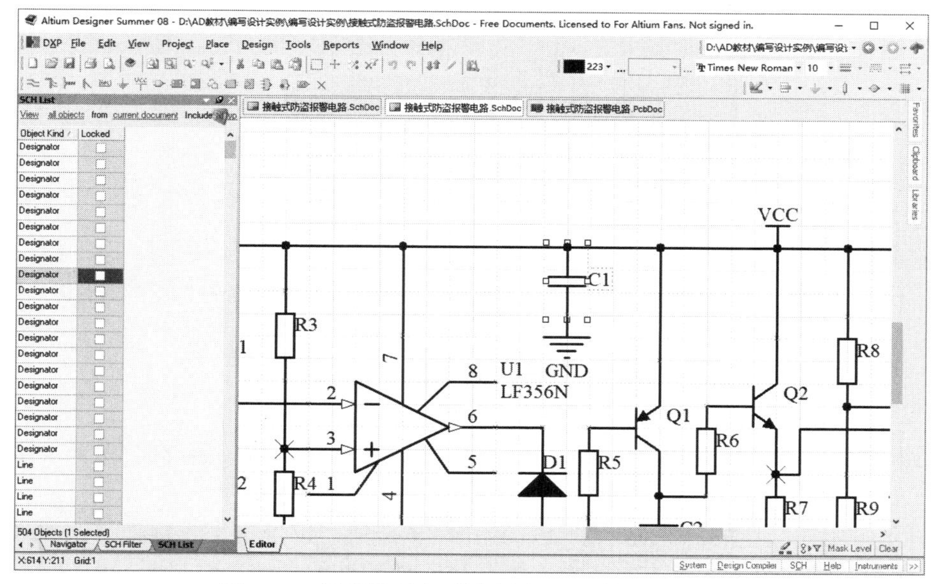

图 4-31　原理图列表面板中显示 D1 的设计数据

（2）单击原理图编辑窗口的空白处，原理图面板中立即无内容显示，此操作有清楚显示内容的功效。

（3）变换单击图纸中的不同图件，原理图列表面板中的显示内容会同时跳转。

2．编辑功能

在原理图列表面板上还可以对编辑文档中的图件进行锁定操作，其操作方法简单易行，用户可自行练习。

4.4.7　图纸面板（Sheet）功能

图纸面板（Sheet）位于面板标签“SCH”中的第三行。执行菜单命令【View】/【Workspace Panels】/【SCH】/【Sheet】，打开图纸面板，如图 4-32 所示。

（1）单击按钮，实现适合全部图件的显示功能，与菜单命令【View】/【Fit All Objects】作用相同。

（2）单击和按钮或拖动显示比例调节滑块，实现缩小和放大功能。直接在比例文本框中输入数字，视图按该比例显示。

（3）将鼠标指针移到图纸面板预览框的显示区域框（默认为红色）内时，鼠标指针变为✥，按住鼠标左键可拖动显示区域框，从而改变显示中心的位置。

4.4.8　原理图检查器面板（SCH Inspector）功能

原理图检查器面板（SCH Inspector）位于面板标签“SCH”中的第四行。执行菜单命令【View】/【Workspace Panels】/【SCH】/【SCH Inspector】，打开原理图检查器面板，并选择当前文档“接触式防盗报警电路.SchDoc”中的电源 VCC 后，如图 4-33 所示。

其选项的设置、功能和操作与原理图列表面板相似。

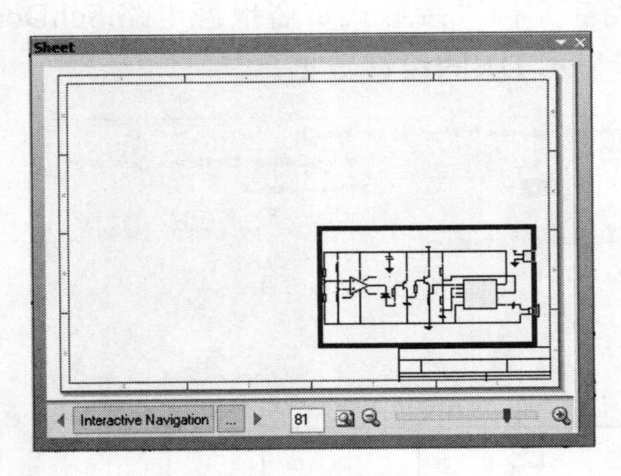

图 4-32　图纸面板

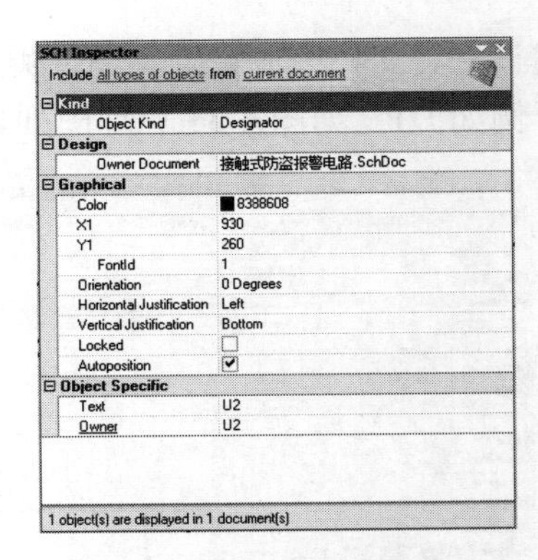

图 4-33　原理图检查器面板

4.5　导线高亮工具——高亮笔

原理图编辑窗口右下角的按钮是一个导线高亮工具——高亮笔，高亮笔具有以下几项功能。

（1）与元件相连导线的高亮显示功能。单击按钮，出现十字光标，单击原理图中的元件实体（例如，原理图上方的 VCC）部分，与该元件相连的导线高亮显示，如图 4-34 所示。

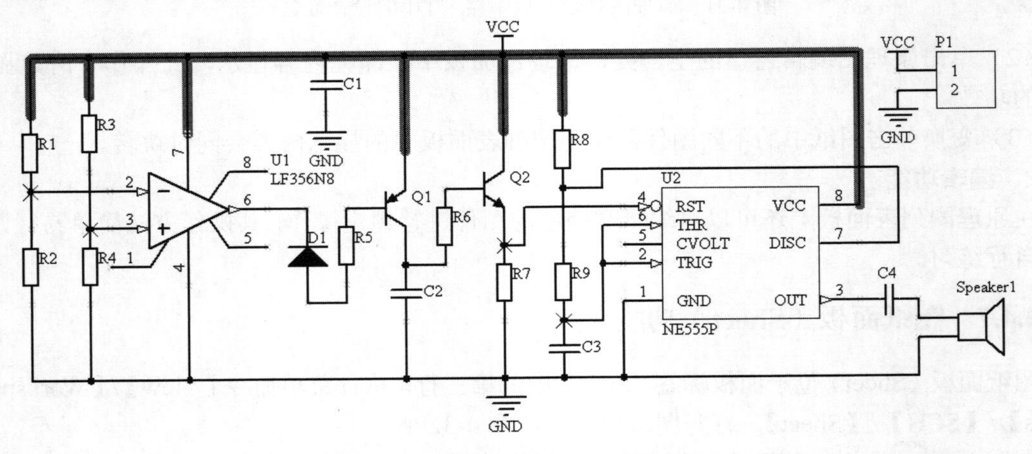

图 4-34　与 VCC 相连的导线高亮显示

（2）取消导线高亮显示功能。单击原理图编辑窗口右下角的 Clear 按钮，取消高亮显示。

（3）默认状态下，原理图编辑窗口只能高亮显示选中的一组关联导线。如果要高亮显示多次选中的导线，使用高亮笔的同时按下 Shift 键即可。

（4）高亮笔有效时，空格键切换高亮笔的颜色。

习　题　4

1．练习文件显示方式。

2．练习工作面板打开或关闭方式。

3．练习高亮笔的使用方法。

第 5 章　原理图编辑常用方法

当进行原理图设计时，时常要对原理图中的图件进行调整，也称为编辑。Altium Designer 系统提供了对原理图中的图件进行编辑的方法。例如，某一元件或某一组元件或某一区域内（外）的元件的选取、复制、删除、移动或排列等。

本章将介绍这些通用编辑方法，还要介绍原理图的全局编辑方法。

5.1　编辑（Edit）菜单

通用编辑方法包括选取、剪切、复制、粘贴、删除、移动、排列等，这些命令集中在编辑（Edit）菜单中，如图 5-1 所示。

图 5-1　编辑（Edit）菜单

5.2　选 取 图 件

选取图件是其他编辑功能实现的前提，只有图件被选取后才能对其进行编辑操作。图件处于被选取的状态时，也称为选中。

Altium Designer 系统一般有 3 种选中状态指示：句柄、文本框、高亮条。图件主要由句柄指示其选中状态；文本框适用图件主要是字符串、标记、节点、电源端子等；高亮条主要适用于菜单命令、文件名称等。如图 5-2 所示。选中状态指示中，句柄和文本框的颜色在系统参数设置中的图形编辑参数设置对话框中设置。

图 5-2　选中状态的 3 种指示形式

5.2.1　选取菜单命令

执行菜单命令【Edit】/【Select】，弹出选取（Select）子菜单，其中有 4 个选取命令和 1 个选取状态切换命令，如图 5-3 所示。

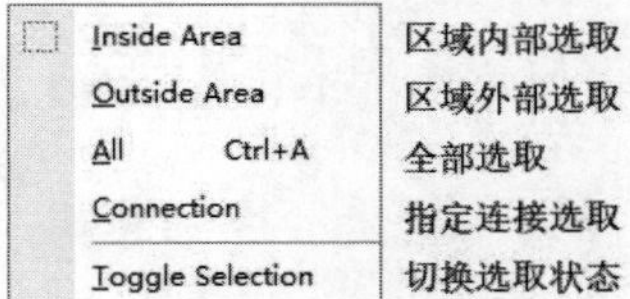

图 5-3　选取（Select）子菜单

1．区域内部选取（Inside Area）命令

执行该命令，出现十字光标，在图纸上单击，移动光标会出现一个矩形虚线框。再单击，矩形虚线框内的所有图件都被选中。但如果一个图件超出一半的部分在矩形虚线框外时，该图件将不被选中。也就是说，要用区域内部选取命令选取图件时，被选取图件的 1/2 以上部分必须包含在矩形虚线框内。

2．区域外部选取（Outside Area）命令

执行该命令的结果和上一个命令正好相反，它选中的是矩形虚线框外部的图件。

3．全部选取（All）命令

执行该命令后，当前图纸中的所有图件都被选中。

4．指定连接选取（Connection）命令

指定连接选取命令只能选取有电气连接的相关图件。无电气属性的图件不能被该命令选中。它的操作图件是导线、节点、网络标号、输入/输出端口和元件引脚（不包括元件实体部分）等。

执行该命令后，出现十字光标，在操作图件上单击，与被单击图件相连接的有电气属性的图件都被选中，并且高亮显示（过滤器功能）。此时只能对过滤出的图件进行编辑，高亮的元件引脚只是元件的一部分，不能算作完整的图件，所以不能对其进行编辑。该命令是一个多选命令，即可以连续选取多个图件。

注意：与该命令选取图件相连的元件也会出现一个类似句柄的方框，但它只是提示性符号，提示该元件与选取图件有连接关系，而不是说该元件被选取。元件被选取时，句柄的小方块是实心的，此处则是空心的。

5．切换图件的选取状态（Toggle Selection）命令

该命令用于切换图件的选取状态，即在选取和不选取两种状态间进行切换。

执行该命令后，出现十字光标，在图件上单击。如果该图件原来被选中，则它的选中状态被取消；如果该图件原来未被选中，则它变为选中状态。

5.2.2 直接选取方法

直接选取是指不执行菜单命令或单击工具栏按钮，而在图纸上用鼠标指针直接进行选取。

（1）在图纸上按住鼠标左键拖动，出现一个矩形虚线框，放开鼠标左键，矩形虚线框内的图件即被选中。这种方法是区域内选取命令的快速操作，主要用于多个图件的选取。

（2）将鼠标指针放在图件上单击，图件即被选中。

（3）在操作上述两种选取时，按住 Shift 键，可执行多次选取操作。Shift 键同时也对其他选取命令有效。

（4）系统参数中可以设置 Shift+单击，作为直接选取方法。

5.2.3 取消选择

执行菜单命令【Edit】/【DeSelect】，弹出取消选择（DeSelect）子菜单，其中有 4 个取消选择命令和 1 个选取状态切换命令，如图 5-4 所示。

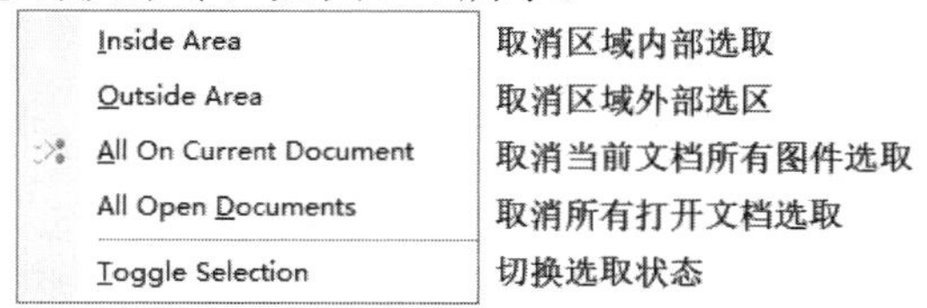

图 5-4　取消选择（DeSelect）子菜单

1．用菜单命令取消选取

与选取（Select）子菜单命令相比较，前 3 个命令功能恰好相反，最后 1 个命令功能完全相同。取消所有打开文档选取（All Open Documents）命令是将所有打开文件中图件的选取状态取消。

2．直接取消选取的方法

当多个图件被选中时，如果想解除个别图件的选取状态，将鼠标指针移到相应的图件上单击，即取消该图件的选取状态。对取消单个图件的选中状态也有效。

当多个图件被选中时，如果想解除全部图件的选取状态，则在图纸的未选中区域单击即可，最好是在空白处单击。如果在原理图图件上单击，在取消原选中图件时，被单击图件将被选中（系统参数设置中的图形编辑参数设置对话框里必须勾选☑ Click Clears Selection项）。

5.3 剪切或复制图件

Altium Designer 系统能够使用 Windows 操作系统的共享剪贴板，方便用户在不同的文档间“复制”、“剪切”和“粘贴”图件。如将原理图复制到 Word 文档、编辑报告或论文。

Altium Designer 系统自带的剪贴板面板（Clipboard），功能非常强大，使用方法见第 4 章 4.4.2 节。

5.3.1 剪切

剪切是将选取的图件删除并存放到剪贴板中的过程。

（1）选取要剪切的图件。

（2）执行菜单命令【Edit】/【Cut】或单击标准工具栏上的按钮，即可将图件移存到剪贴板中，同时选取的图件在编辑窗口中被删除。

注意：系统自带的剪贴板面板（Clipboard）对剪切命令无效，即不会保存剪切的内容。剪切内容被暂存在操作系统的剪贴板中，且只能保存一项，如果有新的剪切操作就会覆盖已有的内容。如果 Office 是打开的，则剪切内容同时也会保存在 Office 的剪贴板中。Office 的剪贴板可以保存多次内容。

5.3.2 粘贴

粘贴是将剪贴板中的内容作为副本，放置在当前文件中。当剪切或复制图件时，操作如下：

（1）执行菜单命令【Edit】/【Paste】或单击标准工具栏上的按钮。

（2）出现十字光标，并且光标上附着剪切或复制的图件，将光标移到合适的位置单击，即可在该处粘贴图件。

（3）在执行粘贴操作时，可以按空格键旋转光标上所附着的图件，按 X 键左右翻转，按 Y 键上下翻转。

5.3.3 智能粘贴

如果需要多次粘贴同一个图件，且要同时修改元件的标识符，要不断重复执行粘贴命令，就显得很不方便。使用 Altium Designer 系统中的智能粘贴，就可以很好地解决这个问题。

智能粘贴也是将剪贴板中的内容作为副本放置在当前文件中，当剪切或复制图件时可按如下步骤操作：

（1）执行菜单命令【Edit】/【Smart Paste】，弹出智能粘贴参数设置对话框，如图 5-5 所示。

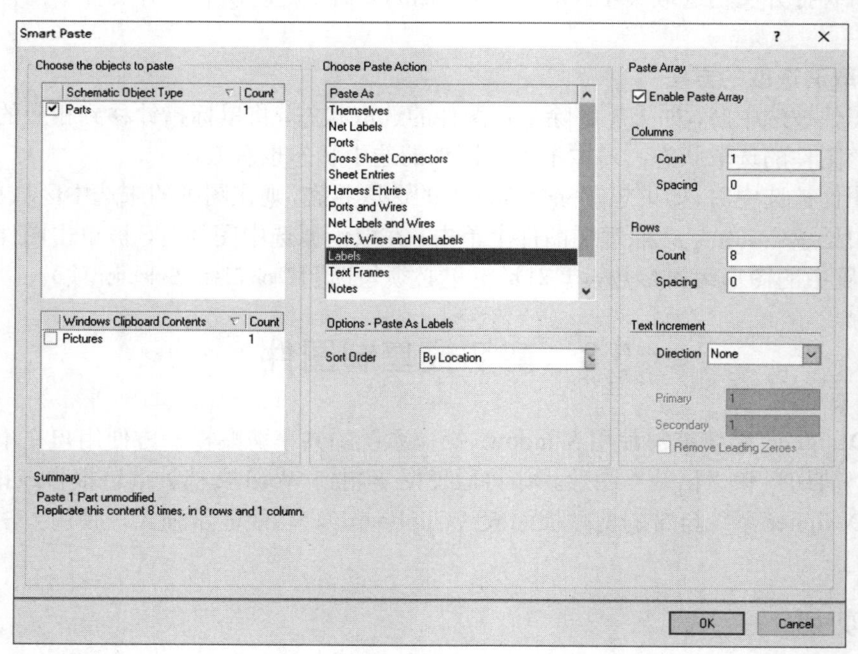

图 5-5　智能粘贴参数设置对话框

（2）"Paste Array"分组框中有 3 个选项，其中列（Columns）和行（Rows）都有两个添加项，设置如图 5-5 所示。

（3）单击 OK 按钮，出现十字光标，并且光标上附着粘贴的阵列的图件，将光标移到合适的位置单击，即可在该处粘贴图件。

（4）在执行智能粘贴操作时，可以按空格键旋转光标上所附着的图件，按 X 键左右翻转，按 Y 键上下翻转。

5.3.4 复制

复制是将选取的图件复制到剪贴板中，原理图上仍保留被选取图件。

（1）选取要复制的图件。

（2）执行菜单命令【Edit】/【Copy】或单击标准工具栏上的按钮。

（3）同时被复制图件也保存在系统的剪贴板面板（Clipboard）中。如果设置带模板复制（Add Template to Clipboard）有效，则在剪贴板面板中连同模板一起保存（参见第 4 章 4.4.2 节）。

（4）单击剪贴板面板上的图件，图件和十字光标一同在编辑窗口出现，移动光标引领被复制图件到编辑窗口中某一相应位置单击，即可将图件复制。

（5）剪贴板面板上可以多次保存复制内容。

5.4 删除图件

删除图件有两种方法：一种是个体删除；一种是组合删除。具体功能和操作如下。

5.4.1 个体删除（Delete）命令

使用该命令可连续删除多个图件，且不需要选取图件。

执行菜单命令【Edit】/【Delete】，出现十字光标，将光标指向所要删除的图件，单击删除该图件。此时仍处于删除状态，光标仍为十字光标，可以继续删除下一个图件，右击（也可以按 Esc 键）退出删除状态。

5.4.2 组合删除（Clear）命令

该命令的功能是删除已选取的单个或多个图件。

（1）选取要删除的图件。

（2）执行菜单命令【Edit】/【Clear】，已选图件将立刻被删除。

除以上两个删除命令外，也可以把剪切功能看成一种特殊的删除命令。

5.5 排列图件

在绘制原理图过程中，为了使原理图美观并增加可读性，有时要求原理图上的图件排列要整齐，利用简单的移动（Move）命令，很难达到要求。为此，Altium Designer 系统提供了一组排列对齐命令，执行菜单命令【Edit】/【Align】，弹出排列（Align）子菜单，如图 5-6 所示。

使用图 5-6 排列功能的命令，使图件的布局更加方便、快捷。在启动排列命令之前，首先选择需要排列的一组图件，所有排列对齐命令仅针对被选取图件，与其他图件无关。

（1）左对齐排列（Align Left）命令是将选取图件向最左边的图件对齐。

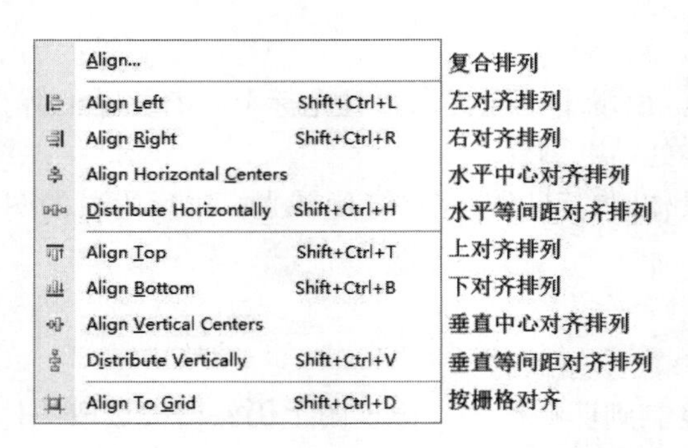

图 5-6　排列（Align）子菜单

（2）右对齐排列（Align Right）命令是将选取的图件向最右边的图件对齐。

（3）水平中心对齐排列（Align Horizontal Centers）命令是将选取的图件向最右边图件和最左边图件的中间位置对齐。执行命令后，各个图件的垂直位置不变，水平方向都汇集在中间位置，所以有可能发生重叠。

（4）水平等间距对齐排列（Distribute Horizontally）命令是将选取的图件在最右边图件和最左边图件之间等间距放置，垂直位置不变。

（5）上对齐排列（Align Top）命令是将选取的图件向最上面的图件对齐。

（6）下对齐排列（Align Bottom）命令是将选取的图件向最下面的图件对齐。

（7）垂直中心对齐排列（Align Vertical Centers）命令是将选取的图件向最上面图件和最下面图件的中间位置对齐。执行命令后，各个图件的水平位置不变，垂直方向都汇集在中间位置，所以也有可能发生重叠。

（8）垂直等间距对齐排列（Distribute Vertically）命令是将选取的图件在最上面图件和最下面图件之间等间距放置，水平位置不变。

（9）按栅格对齐（Align To Grid）命令是使未位于栅格上的电气节点移动到最近的栅格上（图件本身作为一个整体也会发生移动）。该命令主要用在放置完原理图图件后，修改栅格参数，从而使元件等图件的电气连接点不在栅格点上，给连线造成一定困难时，可用该功能使其修正。

（10）复合排列（Align...）命令，可以将选取的图件在水平和垂直两个方向上同时排列。

● 执行菜单命令【Edit】/【Align】/【Align...】，弹出复合排列设置对话框，如图 5-7 所示。

图 5-7　复合排列设置对话框

● 复合排列设置对话框中有水平排列选项（Horizontal Alignment）分组栏、垂直排列选项

（Vertical Alignment）分组栏和将元件移到栅格点上（Move primitives to grid）复选项，各个选项的含义与上面讲解的各项功能相同。

● 复合排列同时执行两个方向上的对齐功能，效率较高。

5.6 剪 切 导 线

剪切导线（Break Wire）命令是用来将导线中一部分切除的命令。

系统确认一条导线是以放置时的起点和终点为标记的，无论中间是否有转折点。对于导线的编辑，系统是按一条导线进行的，不能编辑一根导线中的一部分。如果要对导线的一部分进行编辑操作，就需要将导线剪断。剪切导线（Break Wire）命令就是完成这一功能的。

1. 设置剪切参数

在剪切导线之前，需要设置导线剪切的参数。该参数设置在原理图编辑设置对话框中进行。

（1）执行菜单命令【DXP】/【Preferences】，启动原理图编辑参数设置对话框，单击剪切导线（Break Wire）选项，进入剪切导线参数设置对话框，如图 5-8 所示。

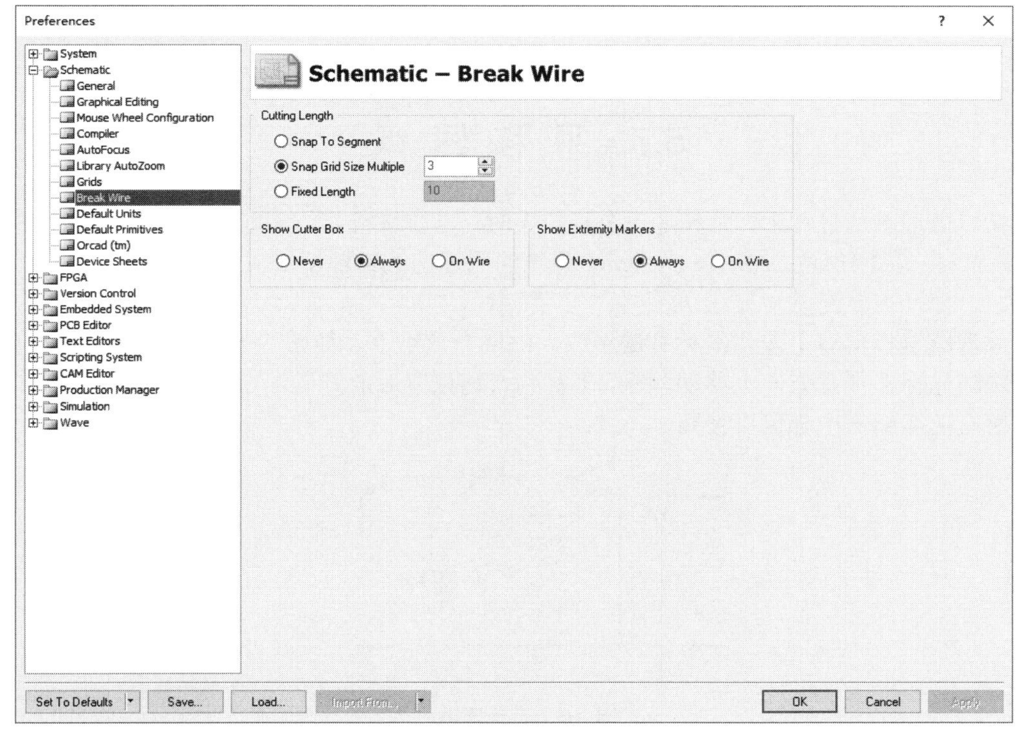

图 5-8　剪切导线参数设置对话框

（2）图 5-8 中有 3 个分组栏，每个分组栏中都有 3 个单选项，选择不同的组合，剪切导线命令将按不同的方式剪切导线。

（3）切割长度（Cutting Length）分组栏

● 捕获线段（Snap To Segment）选项有效时，执行剪切导线命令，将剪切光标指向整条导线。

● 以栅格倍数捕获（Snap Grid Size Multiple）选项有效时，执行剪切导线命令，将以当前栅格值乘以其文本框中输入的倍数确定剪切长度。如当前栅格值为 10，设置倍数为 3，则剪切长度为 30。

● 固定长度（Fixed Length）选项有效时，执行剪切导线命令，将以其文本框中设置的长度剪切导线。

（4）显示切割框（Show Cutter Box）分组栏

● 从不（Never）选项有效时，执行剪切导线命令，不显示切割框。

● 总是（Always）选项有效时，执行剪切导线命令，无论光标在任何位置，总是显示切割框。

● 在导线上（On Wire）选项有效时，执行剪切导线命令，光标指向导线时才显示切割框。

（5）显示切割端点标记（Show Extremity Markers）分组栏的 3 个选项与显示切割框（Show Cutter Box）分组栏的相同，只是作用对象是切割端点标记。

2. 剪切导线

（1）执行菜单命令【Edit】/【Break Wire】。

（2）将光标移到导线切割处，立即显示切割长度。

（3）单击 OK 按钮确定，完成切割。

（4）可连续操作。

5.7 平移图纸

在编辑原理图的过程中，尤其是当图纸较大时，当前编辑窗口不能全部显示，随时需要改变画面，以显示不同部位。Altium Designer 系统的原理图编辑环境提供一种非常实用的平移图纸方法。

在原理图编辑窗口中按住鼠标右键不放，出现一只小手，如图 5-9 所示，此时移动光标，图纸会跟随光标在任意方向上移动，图纸平移到合适位置后放开鼠标右键即可。平移图纸功能在系统所有的编辑器中都可以使用。

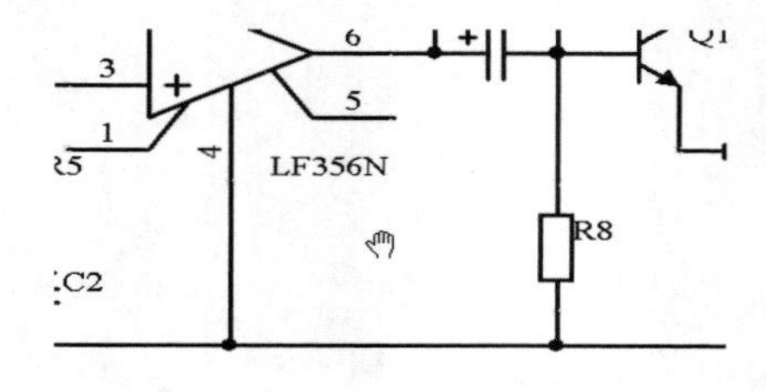

图 5-9　平移图纸

5.8 光标跳转

执行菜单命令【Edit】/【Jump】后，弹出跳转子菜单，共有 5 个与光标跳转相关的命令，如图 5-10 所示。

（1）光标跳转到绝对原点命令（Origin）。执行该命令后，光标跳转到图纸的左下角，即绝对原点（0，0）。编辑窗口的显示中心同时也跳转到绝对原点，这种显示窗口跟踪光标的特性在其他几种跳转中也具备，以后不再特别介绍。

（2）光标跳转到新位置（New Location…）命令。执行该命令后，弹出跳转位置坐标设置对话框（见图 5-11），输入相应的坐标值，光标即跳转到设定位置。

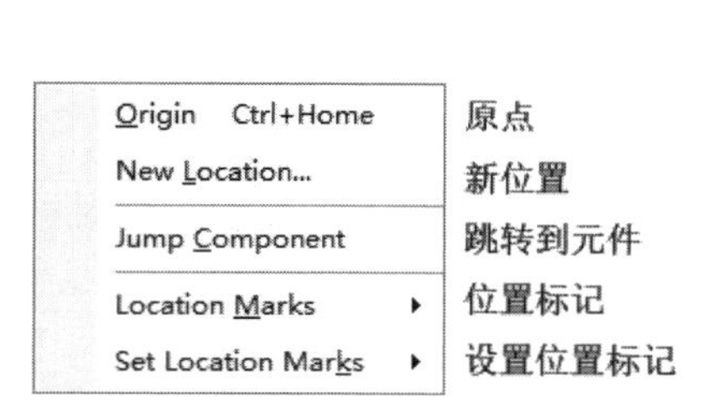

图 5-10 跳转子菜单

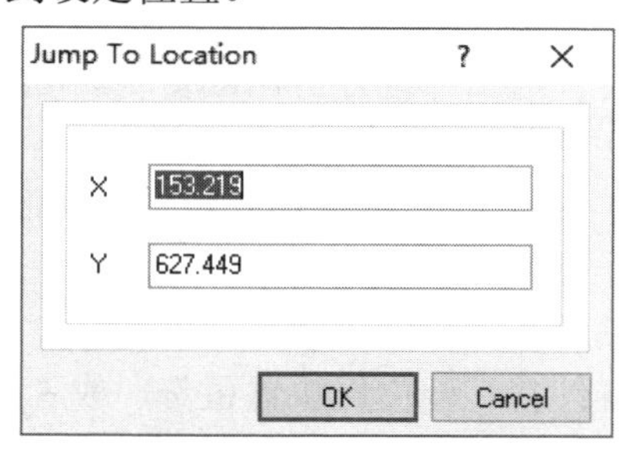

图 5-11 跳转位置坐标设置对话框

（3）光标跳转到元件（Jump Component）命令。执行该命令后，弹出跳转到元件设置对话框（见图 5-12），输入相应的元件名称，确认后光标即跳转到设定位置。

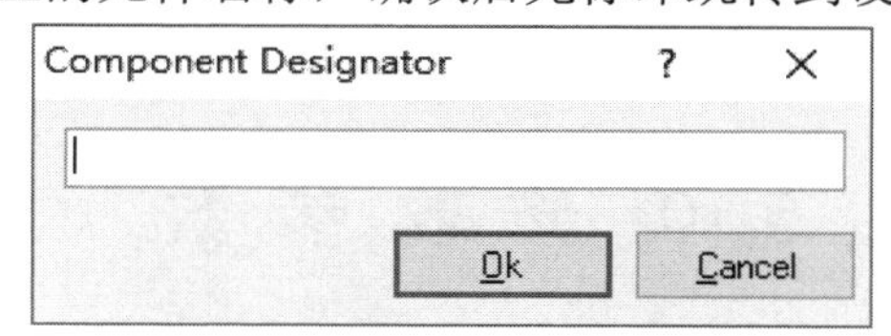

图 5-12 跳转到元件设置对话框

（4）设置位置标记（Set Location Marks）命令。单击该命令后，弹出一个位置标记框，其中共有 10 个位置标记。单击某一个位置标记（如 1），出现十字光标，移动光标在图纸某一位置单击，该位置的坐标即被存储在位置标记 1 中。位置标记作为原理图的一部分，在原理图保存时被同时保存。

（5）光标跳转到位置标记（Location Marks）命令。该命令必须与设置位置标记命令配合使用。单击该命令后，弹出位置标记框，单击某位置标记，光标即跳转到该位置标记所存储的位置坐标处。

5.9 特殊粘贴命令

Altium Designer 系统有两个特殊的粘贴命令，也可以称为复写（Duplicate）命令和橡皮图章（Rubber Stamp）命令。这两个命令实际上是复制、粘贴命令的组合，操作更快捷、方便。

5.9.1 复写命令

使用复写（Duplicate）命令，不需要将被选图件剪切或复制，可以直接在图纸中复制出被选图件。

（1）选取要复写的图件。

（2）执行菜单命令【Edit】/【Duplicate】。

（3）在被选图件右下方创建了一个备份，并处于选中状态，原选中的图件取消选中状态。同时将图件放到剪贴板中，但系统本身的剪贴板模板不保存该命令的结果。

5.9.2 橡皮图章命令

橡皮图章（Rubber Stamp）命令与复写（Duplicate）命令相似，使用该功能复制图件时，不需要将被选图件进行剪切或复制，可以直接复制。

（1）选取要复制的图件。

（2）执行菜单命令【Edit】/【Rubber Stamp】。

（3）出现十字光标，将光标指向已选取图件（也可以不指向）并单击，此时被选图件的备份将粘贴在光标上，移动光标到合适位置单击，立即在光标位置放置一个备份。如果需要，还可以继续在其他位置放置备份，或者直接右击退出当前状态。

（4）启动该命令时，如果系统参数带基点复制“Clipboard Reference”复选项被选中，则出现十字光标，等待用户单击。单击位置即是基点。如果“Clipboard Reference”复选项未被选中，则不出现十字光标，而是被选图件的复制直接附着在光标上。

（5）使用该命令，备份会自动放到剪贴板上。使用橡皮图章命令所放置的备份处于非选中状态，系统本身的剪贴板模板不保存该命令的结果。

5.10 修 改 参 数

修改命令（Change）的功能等同于双击图件，即执行菜单命令【Edit】/【Change】，出现十字光标，在原理图的图件上单击，进入属性设置对话框进行参数修改。属性设置方法见第 6 章。

5.11 全 局 编 辑

Altium Designer 的全局编辑功能可以实现对当前文件或所有打开文件（包括已打开项目）中具有相同属性图件同时进行属性编辑的功能。

Altium Designer 系统的全局编辑功能的启动方式有两种：一种是执行菜单命令【Edit】/【Find Similar Objects】，出现十字光标，移动十字光标在编辑图件上单击，进入查找相似图件对话框（Find Similar Objects）；另一种是在编辑图件上右击，在弹出的快捷菜单中选择【Find Similar Objects...】命令，进入查找相似图件对话框（Find Similar Objects）。

原理图中的任何图件都可以实现全局编辑功能。本节以图 3-2 所示的“接触式防盗报警电路.SchDoc”为例，介绍原理图元件和字符的全局编辑方法。

全局编辑功能在原理图编辑器和 PCB 编辑器中都可以使用，使用方法也基本相同，因此在 PCB 编辑器中将不再介绍。

5.11.1 元件的全局编辑

下面以更换全部电阻元件符号为例，介绍全局编辑功能的使用。

1．查找相似图件对话框（Find Similar Objects）的设置

将鼠标指针指向图 3-2 中的任何一个电阻实体（如 R1）并右击，在弹出的快捷菜单中执行【Find Similar Objects...】命令，即可打开查找相似图件对话框（Find Similar Objects），如图 5-13 所示。

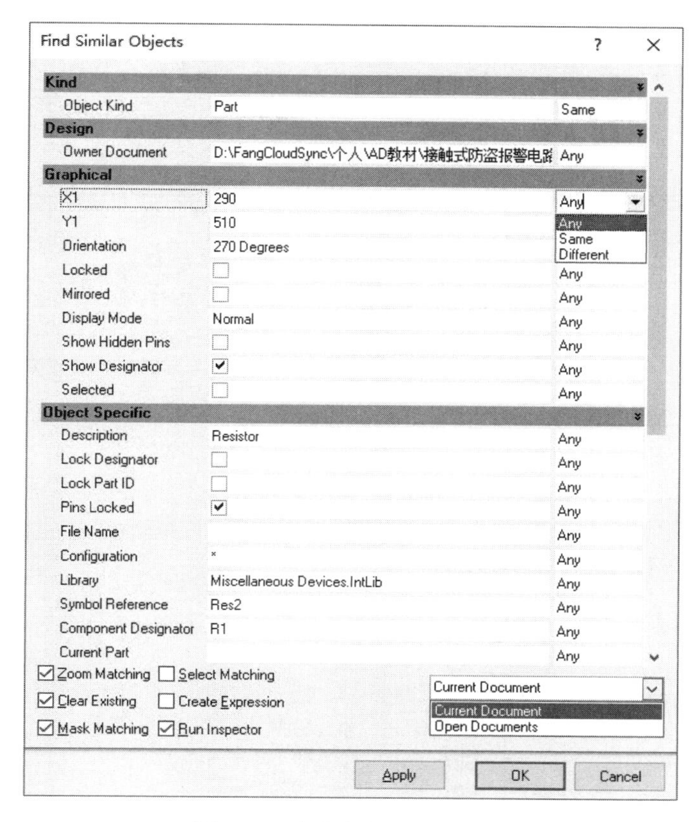

图 5-13　查找相似图件对话框

（1）按图 5-13 设置有关选项，将当前封装、元件名称和对象类型作为搜索条件，选择匹配关系为相同（Same），复选项全部勾选，其他的使用默认设置。当前封装和元件名称可以只设置其中一个的匹配关系为 Same。

（2）左下部 6 个复选项的选择与否可有多种组合，不同的组合会产生不同的运行结果。

选择匹配项（Select Matching）对全局编辑功能的影响较大，如果该项无效，检查器无检查结果，后续编辑工作将无法进行。

建立表达式选项（Create Expression）有效时，将在原理图过滤器面板（SCH Filter）中建立一个搜索条件的逻辑表达式。

2．操作方法

设置完成后，有两种执行方法：一是先单击 Apply 按钮执行，不关闭对话框，再单击 OK 按钮关闭对话框，打开检查器；二是单击 OK 按钮执行，直接关闭对话框，打开检查器。本例用第 2 种方法执行搜索，打开检查器，如图 5-14 所示，只有符合条件的元件被选中，其他的图件都变为浅色（掩模功能）。

3．原理图过滤器面板（SCH Filter）和原理图列表面板（SCH List）

（1）单击 SCH 标签，打开原理图过滤器面板（SCH Filter）。在表达式文本框中列出了由上一步操作建立的表达式，如图 5-15 所示。

（2）在原理图列表面板（SCH List）检索结果列表栏列出了符合条件的 9 个结果，如图 5-16 所示。

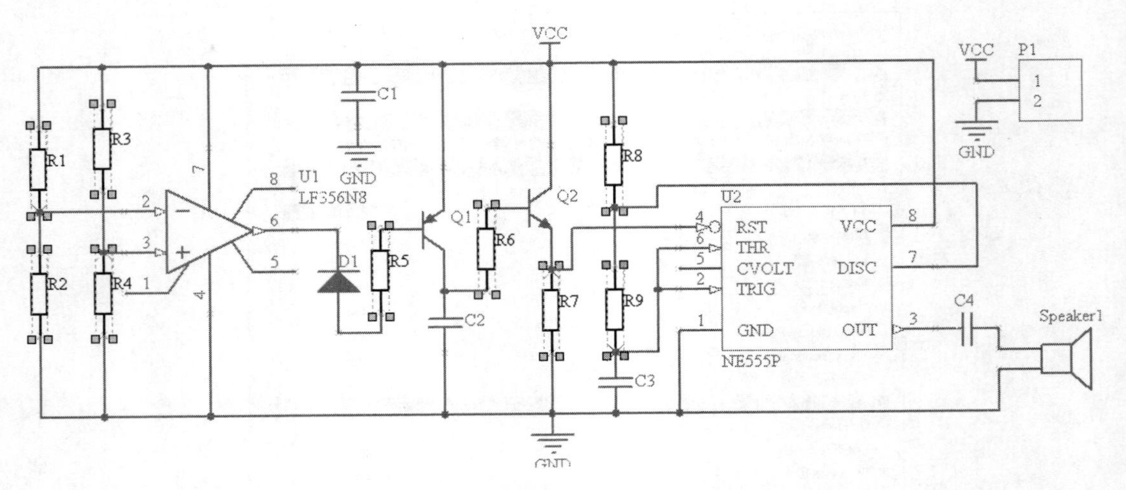

图 5-14　查找相似图件结果

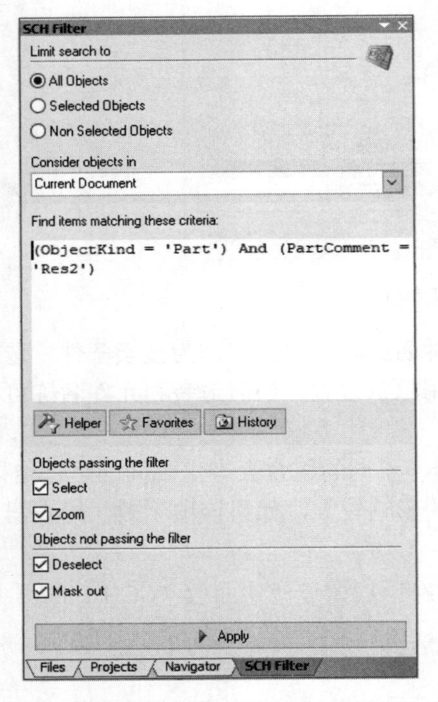

图 5-15　原理图过滤器面板中的逻辑表达式

SCH List

View selected objects from current document Include all types of objects

Object Kind	X1	Y1	Orientation	Description	Locked	Mirrored	Lock D
Part	290	510	270 Degrees	Resistor	☐	☐	
Part	270	410	90 Degrees	Resistor	☐	☐	
Part	300	490	90 Degrees	Resistor	☐	☐	
Part	440	400	90 Degrees	Resistor	☐	☐	
Part	500	430	90 Degrees	Resistor	☐	☐	
Part	540	380	90 Degrees	Resistor	☐	☐	
Part	580	490	90 Degrees	Resistor	☐	☐	
Part	580	410	90 Degrees	Resistor	☐	☐	
Part	300	410	90 Degrees	Resistor	☐	☐	

9 Objects (9 Selected)

SCH Inspector　SCH List

图 5-16　原理图列表面板显示查找结果

（3）双击检索结果列表栏列出的 9 个结果，都可以打开相应的属性设置对话框，在其中修改元件参数。

4. 利用原理图检查器面板（SCH Inspector）的全局编辑功能

利用元件属性设置对话框一个个修改元件参数的方法比较慢，现在介绍利用原理图检查器面板的全局编辑功能修改所有符合检索条件的元件参数。

在上述查找相似图件操作的基础上继续操作：

（1）单击 SCH 标签，打开原理图检查器面板（SCH Inspector），如图 5-17 所示。按照图中所示修改相应参数。

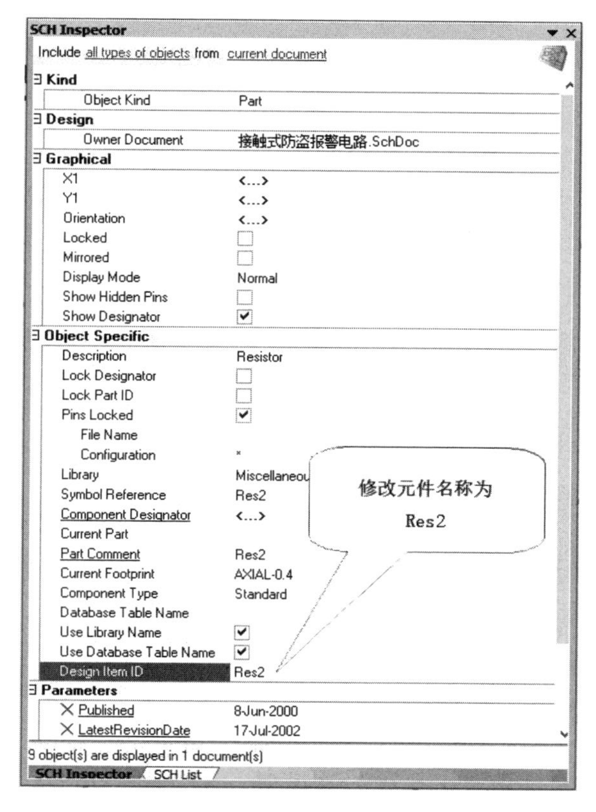

图 5-17 原理图检查器面板

（2）修改完成后单击，原理图中选中的元件将按修改后的参数值更改，如图 5-18 所示。原理图检查器面板不会自动关闭，单击其右上角的关闭☒按钮，关闭检查器。

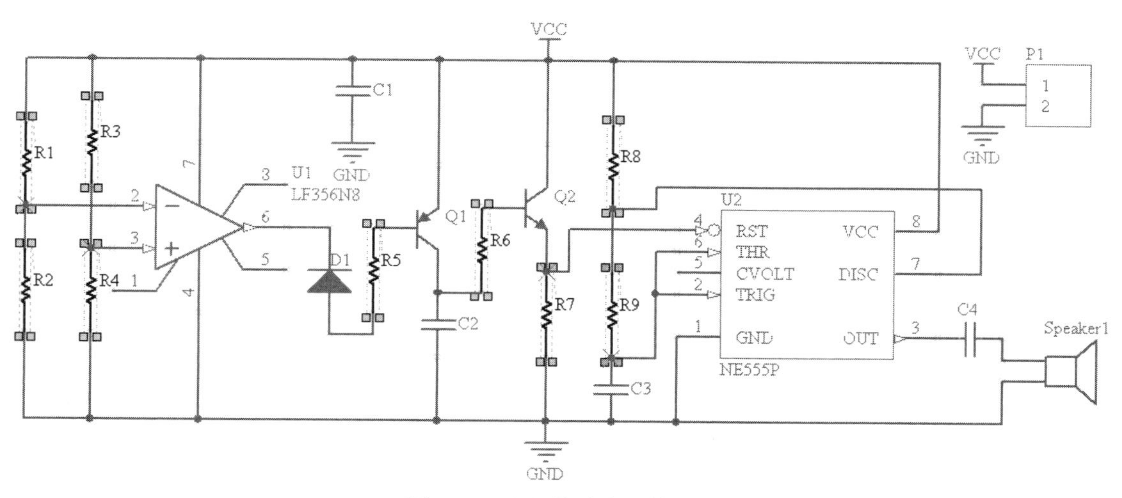

图 5-18 全局修改电阻符号

（3）单击编辑窗口右下角的清除 Clear 按钮，取消过滤器，使窗口恢复正常，如图 5-19 所示。

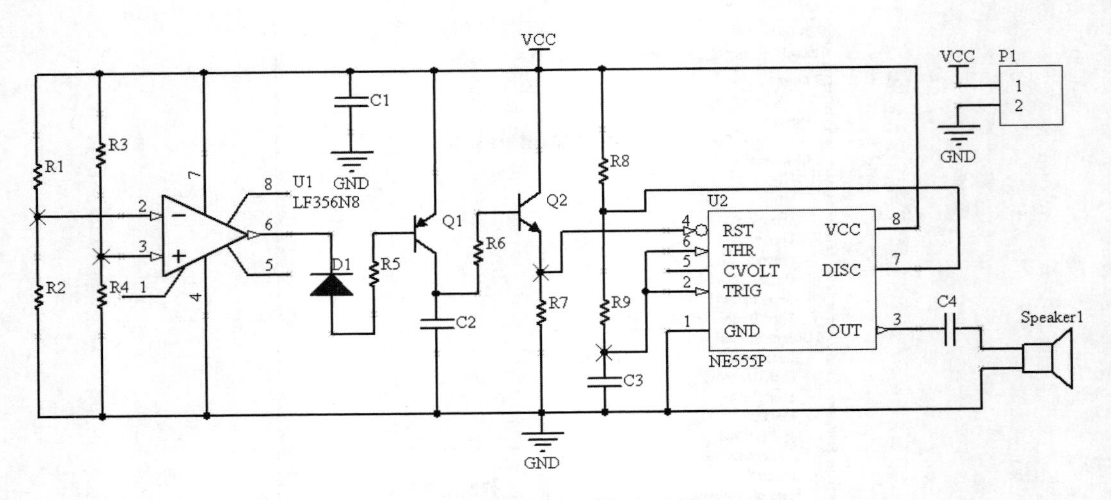

图 5-19　全局编辑后的电路图

5.11.2　字符的全局编辑

相同类型的字符都可以进行全局编辑，如隐藏、改变字体等。下面介绍将元件编号字体改为粗体的方法。

1．查找相似图件对话框（Find Similar Objects）的设置

（1）将鼠标指针指向图 3-2 中的“R3”字符并右击，从弹出的快捷菜单中选择【Find Similar Objects...】命令，打开查找相似图件对话框（Find Similar Objects），如图 5-20 所示。

Find Similar Objects　? ×

Kind		
Object Kind	Designator	Same
Design		
Owner Document	D:\FangCloudSync\个人\AD教材\接触式防盗报警电路.S	Any
Graphical		
Color	8388608	Any
X1	314	Any
Y1	500	Any
FontId	[Font]	Same
Orientation	0 Degrees	Any
Horizontal Justification	Left	Any
Vertical Justification	Bottom	Any
Locked	☐	Any
Autoposition	☑	Any
Selected	☐	Any
Object Specific		
Text	R3	Any
Owner	R3	Any

☑Zoom Matching　☑Select Matching　Current Document
☑Clear Existing　☑Create Expression
☑Mask Matching　☑Run Inspector

Apply　OK　Cancel

图 5-20　查找相似图件对话框

（2）在图 5-20 中选择字体“Fontld”的匹配关系为相同“Same”，单击 OK 按钮，选中所有元件的标识符，如图 5-21 所示。

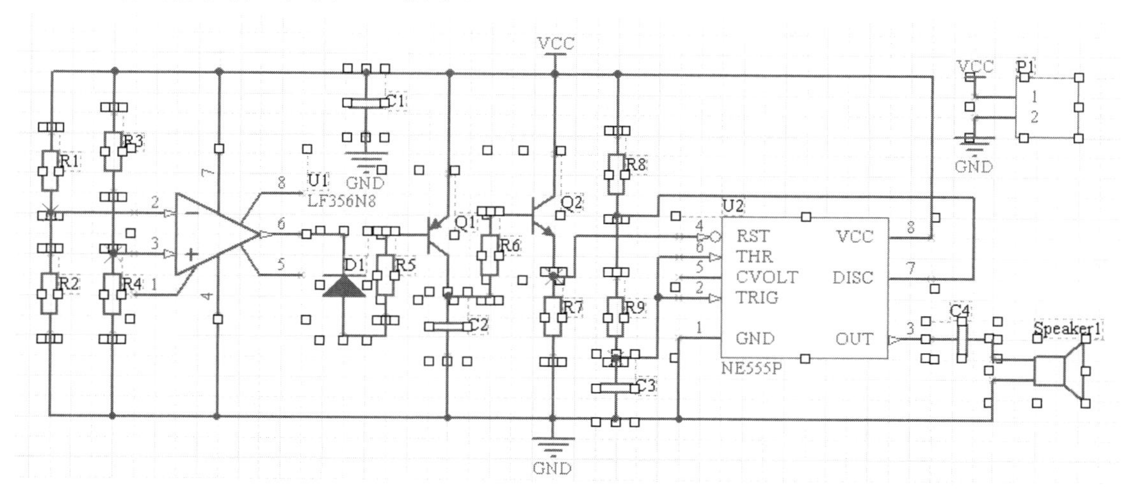

图 5-21　查找相似图件结果

2．利用原理图检查器面板（SCH Inspector）的全局编辑功能修改元件标识符字体

（1）单击 SCH 标签，打开原理图检查器面板（SCH Inspector），如图 5-22 所示。

（2）单击“Fontld”栏后的字体选择…按钮，弹出字体选择对话框，如图 5-23 所示。

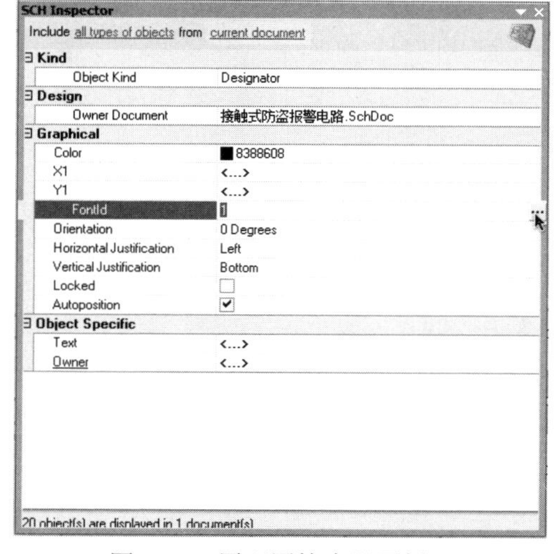

图 5-22　原理图检查器面板

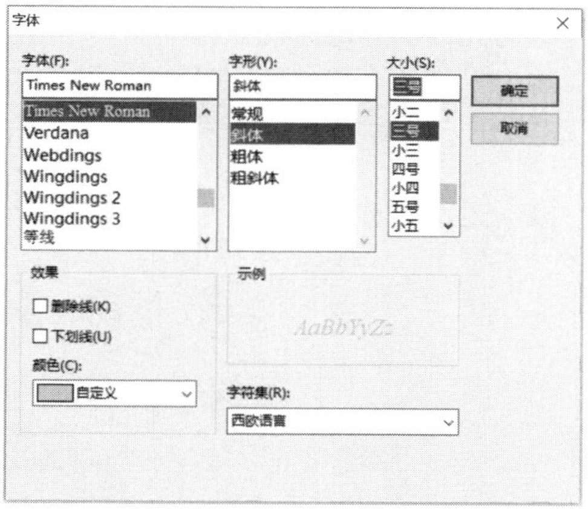

图 5-23　字体选择对话框

（3）选中字形分组栏中的“斜体”，大小选择“三号”，单击 确定 按钮，图中所有元件的标识符均改为三号斜体，关闭原理图检查器面板。

（4）单击编辑窗口右下角的清除 Clear 按钮，取消掩模功能使窗口恢复正常，如图 5-24 所示。

（5）全局编辑不能隐藏元件标识符，但可以隐藏元件的注释文字和标称值，方法与改变字体的方法基本相似，只是在原理图检查器面板中选中“Hide”项即可。隐藏字符不影响元件的属性，而且使图面干净、整洁。

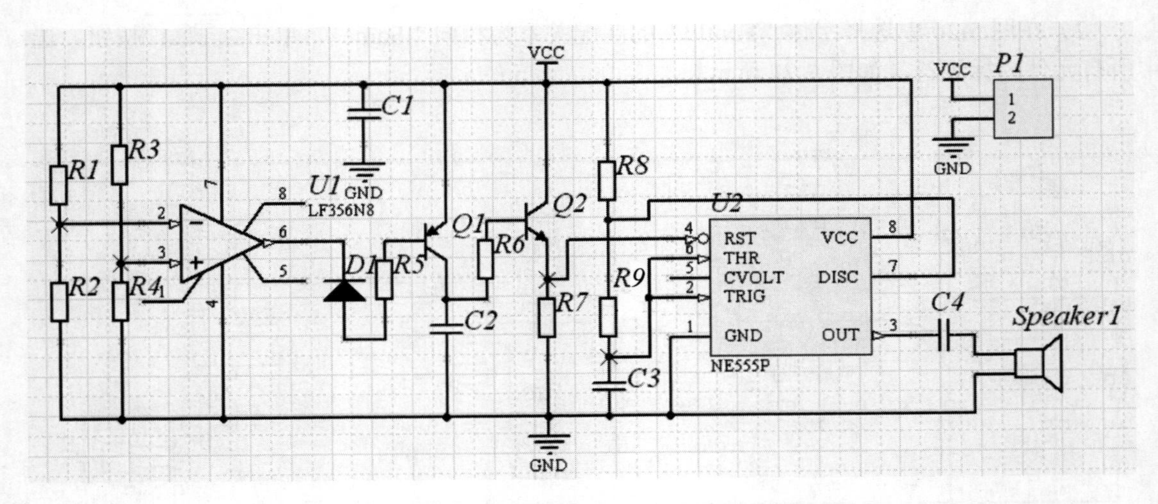

图 5-24　元件标识符改为三号斜体的原理图

注意：图 5-18 和图 5-19 中电阻的符号使用了非国标符号，只是为了直观地认识全局编辑的效果，在实际应用中请使用国标符号。

习　题　5

1．练习原理图中图件的复制方法。
2．熟悉特殊粘贴命令的使用方法。
3．练习元件的修改方法。
4．练习元件的全局修改方法。

第6章 原理图常用图件及属性

在 Altium Designer 系统中，绘制电路原理图的实质就是放置合适属性的图件，并将它们进行有效合理的连接。这里需要注意的是：一是如何放置图件；二是怎样设置图件的属性。

放置图件的方法很多，最直接的是利用放置(Place)菜单命令。本章除介绍利用放置(Place)菜单命令放置图件的操作方法外，还介绍绘制电路原理图常用的图件属性的设置方法。

6.1 放置（Place）菜单

放置图件的命令主要集中在放置（Place）菜单中，如图 6-1 所示。

图 6-1 放置（Place）菜单

6.2 元件放置与其属性设置

第 3 章中介绍了利用库文件面板放置元件的方法，这里介绍利用菜单命令放置元件的方法。

6.2.1 元件的放置

（1）执行菜单命令【Place】/【Part...】或单击布线工具栏的按钮，弹出放置元件对话框，如图 6-2 所示。

（2）如果知道欲放置元件在已加载元件库中的准确名称和封装代号，则可以直接在放置元件对话框中输入相关内容。其中，元件名称（Physical Component）栏中输入所放置元件在元件库中的名称，标识符（Designator）栏中输入所放置元件在当前原理图中的标识，元件

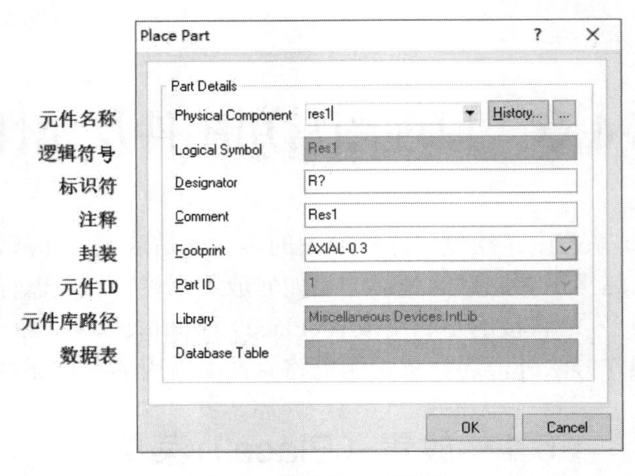

图 6-2　放置元件对话框

注释（Comment）栏中输入所放置元件的注释信息，元件封装（Footprint）栏中输入所放置元件的 PCB 封装代号。

（3）要记清楚每个元件在元件库中的准确名称是很困难的，所以应当充分利用系统提供的工具，快速放置元件。

如果不知道元件在元件库中的准确名称，也不知道所在的库，则可以用第 4 章元件检索的方法添加元件库。

在放置元件对话框中，单击元件库浏览按钮 ，弹出元件库浏览对话框，如图 6-3 所示。

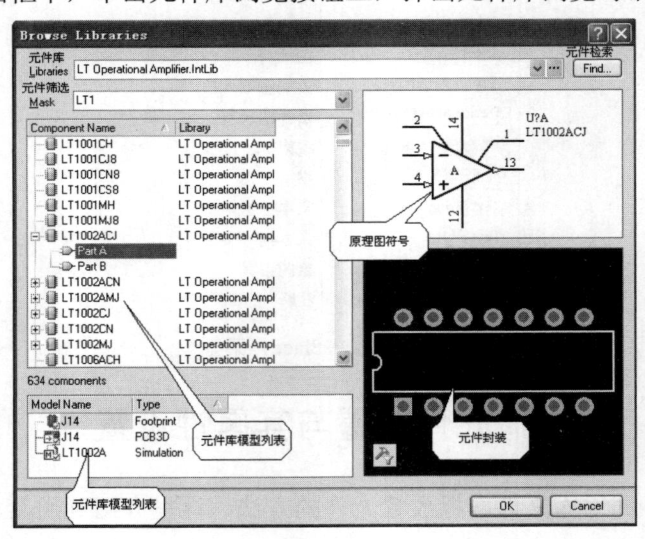

图 6-3　元件库浏览对话框

在元件库浏览对话框中，单击已加载元件库列表的下拉按钮，在下拉列表中单击元件库名称，可将该元件库置为当前元件库。元件筛选（Mask）的功能：当元件筛选文本框清空或输入“*”号时，元件列表窗口中显示当前元件库中的所有元件。当输入一个字母或数字时，元件列表窗口中就会将其他的元件去除，只保留元件名称以输入字母或数字为起始的元件。例如，在元件筛选文本框中输入“LT1”，则元件列表窗口中只显示以“LT1”为起始的元件，这一功能可快速地找到要放置的元件。

（4）找到要放置的元件后，单击元件列表窗口中的元件名称，使元件处于选中状态（有高亮条）。单击OK按钮，重新回到放置元件对话框，此时对话框中的参数即为刚才选中的元件参数，如图 6-4 所示。

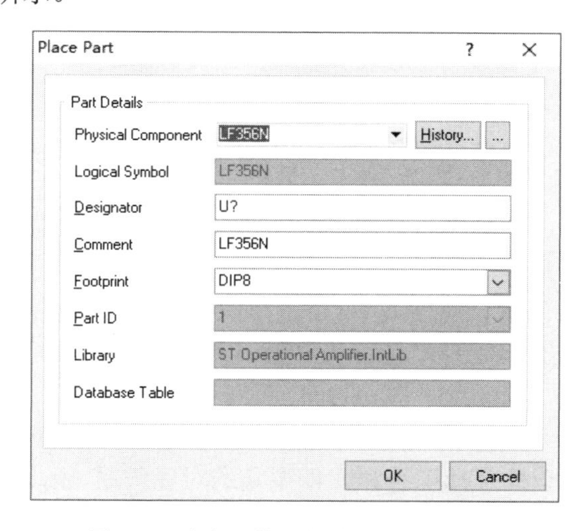

图 6-4　选中元件时的放置元件对话框

（5）单击OK按钮，进入元件放置状态，元件的原理图符号呈浮动状态，跟随鼠标指针移动，在图纸中适当的位置单击放置元件。

6.2.2　元件属性设置

双击放置的元件或在元件放置状态时按Tab键，弹出元件属性设置对话框，如图 6-5 所示。

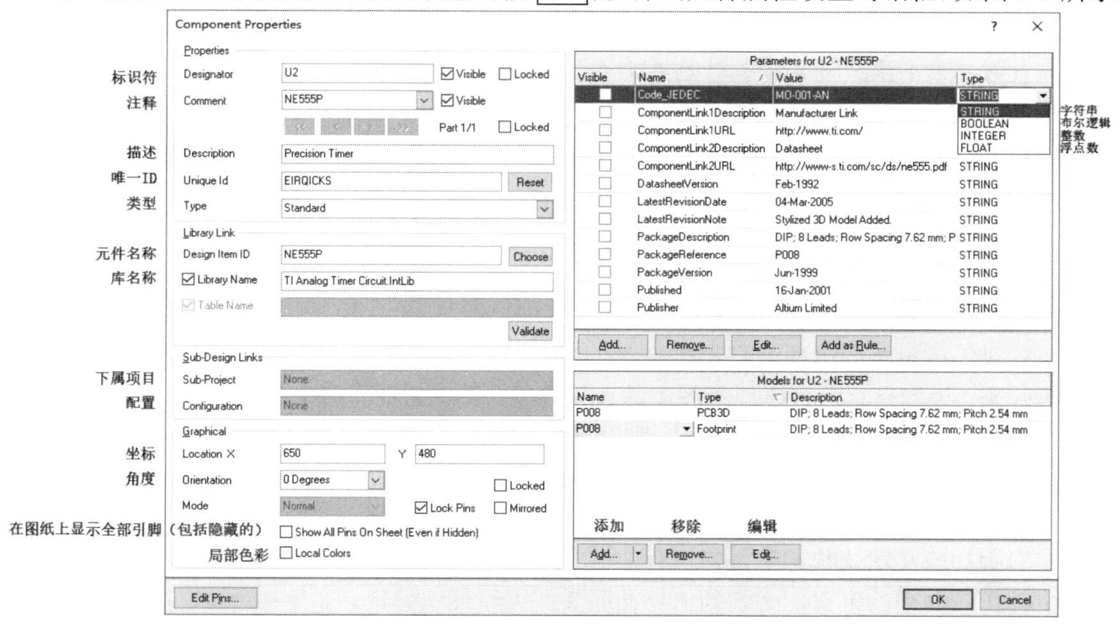

图 6-5　元件属性设置对话框

设置元件属性实质上是在元件属性设置对话框中编辑元件的参数。

6.2.3 属性分组框各参数及设置

1. 标识符的设置方法

如果希望系统对元件进行自动标识，则此项不必修改，一般使用系统的默认值。系统默认的标识符是元件类型分类加问号的形式，如集成电路为“U?”、电阻为“R?”、电容为“C?”等。

如果不希望该元件参加系统的自动标识，就可以在其文本框中输入标识符，同时勾选不允许元件自动标识项。该元件在系统自动标识时，不会改变标识符，但其标识符将是同类标识符中的一个。

另外，当指定了标识符，又勾选不允许元件自动标识时，连续放置多个该元件符号时，系统会自动递增标识符序号，且这些元件都不会参加系统的自动标识，除非取消该功能（这一特性不会影响到元件库中元件的默认属性）。只指定标识符，不勾选不允许元件自动标识时，连续放置多个元件时，系统也会自动递增标识符序号，且这些元件都可以进行自动标识。

2. 元件注释

一般用元件型号来注释，如果使用由系统产生的 Altium Designer 网络表，这些注释文字将在网络表中出现，这样便于检查标识符和元件型号的对应关系。标识符和元件注释文本框后都有一个显示复选项，勾选该项时，则对应的文本内容在原理图中显示，否则将不显示。参数列表分组框的显示复选项也具有同样的功能。

3. 子件选择

子件选择是选择多子件元件的第几个子件。所谓的多子件元件，主要是指一个集成电路中包含多个相同功能的电路模块。如图 6-3 中 PartA 和 PartB，通过单击其对应的图标可以选择多子件元件中的不同子件。

连续放置多子件元件时，如果不指定标识符，则只能放置系统默认的第 1 个子件。放置后可用菜单命令【Edit】/【Increment Part Number】切换子件。如果指定了标识符，如“U1”，在连续放置时，第 1 次放置时标识符是“U1A”，第 2 次放置时标识符是“U1B”。当这个元件的所有子件都放置完后，再继续放置时标识符会递增，如本例中第 3 次放置时标识符是“U2A”。

图 6-5 中元件属性分组框内的其他几项参数一般不必修改。其中，元件 ID 号是由系统产生的元件唯一标识码，原理图中的每个元件都不同。

6.2.4 图形分组框各参数及设置

1. 显示隐藏引脚

主要针对集成电路的电源引脚和电源地（0 电位）引脚。系统中的集成电路元件将这两种引脚隐藏起来，为的是尽量减少原理图中的连接导线，使电路图看起来简洁明了。系统默认电源引脚的网络标号为“VCC”，电源地引脚的网络标号为“GND”。所以在绘制原理图时，相应的电源端子中一定要有这两个网络标号。

2. 锁定引脚

锁定引脚功能在默认状态下是勾选有效的。此时在原理图中，元件引脚不能单独移动，要想改变引脚在元件中的位置，必须到原理图库文件编辑器中编辑。

当锁定引脚功能不勾选时，在原理图中，元件的引脚可以任意移动。该项功能为原理图的绘制提供了极大的方便。在用导线连接两个元件引脚时，如果引脚位置不合适，则可以单击引脚，将其摆放在元件的其他位置。

3．旋转角度和镜像

一般不用改变此设置，在放置元件状态时或元件处于拖动状态时，用空格键可以使元件以光标为中心逆时针旋转，每按一次空格键旋转 90°；按 Y 键上下翻转，按 X 键左右翻转。

6.2.5　参数列表分组框各参数及设置

图 6-5 中参数列表分组框中的参数，主要是为仿真设置的模型参数和 PCB 制板的设计规则。

1．添加参数

添加参数列表中缺少的参数。单击参数添加 Add... 按钮，弹出元件参数属性编辑对话框，如图 6-6 所示，在其中添加参数的名称和标称值。

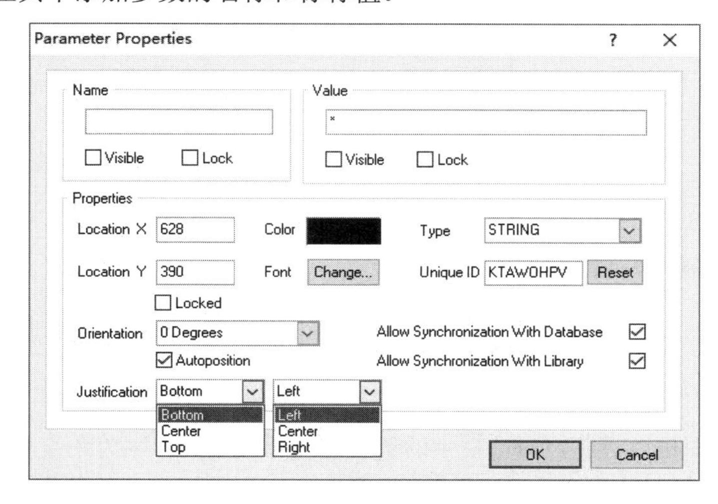

图 6-6　元件参数属性编辑对话框

2．编辑参数

对已有的参数进行编辑时，单击编辑 Edit... 按钮或双击参数，都弹出如图 6-6 所示的元件参数属性编辑对话框，在其中进行编辑。

3．添加规则

添加规则是指元件在 PCB 制板时所要求的布线规则。单击添加规则 Add as Rule... 按钮，弹出元件参数编辑对话框，单击编辑规则参数 Edit Rule Values... 按钮，弹出选择设计规则类型对话框。有关 PCB 设计规则的内容，详见第 13 章。

6.2.6　模型列表分组框各参数及设置

模型列表分组框主要设置封装模型。

图 6-5 中列出了一种元件封装 DIP8。如果元件与封装不匹配，则可以为元件添加或删除封装。

1．删除模型

删除模型时，选中要删除的模型（高亮显示），单击 Remove... 按钮删除该模型。

2．添加模型

单击添加模型 Add... 按钮，弹出添加新模型对话框，如图 6-7 所示。

（1）在添加新模型对话框中，从模型类型（Model Type）下拉列表中选择要添加的模型，如封装模型（Footprint），单击 OK 按钮，弹出 PCB 模型对话框，如图 6-8 所示。

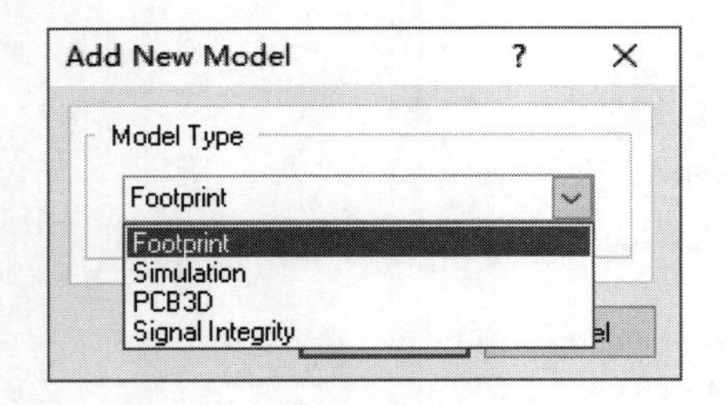

图 6-7　添加新模型对话框

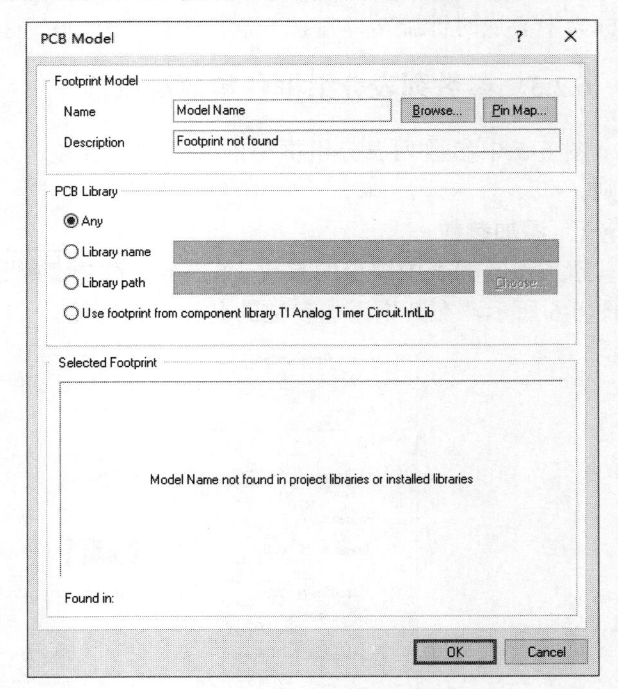

图 6-8　PCB 模型对话框

（2）从图 6-8 中可以看到，对话框中的所有选项都是空的，因为还没有选择封装。单击 Browse... 按钮，弹出浏览封装库对话框，如图 6-9 所示。发现要添加的封装不在当前库，使用右上角的 3 个功能按钮 Find... 调用相应库，使用方法与元件检索方法类似。

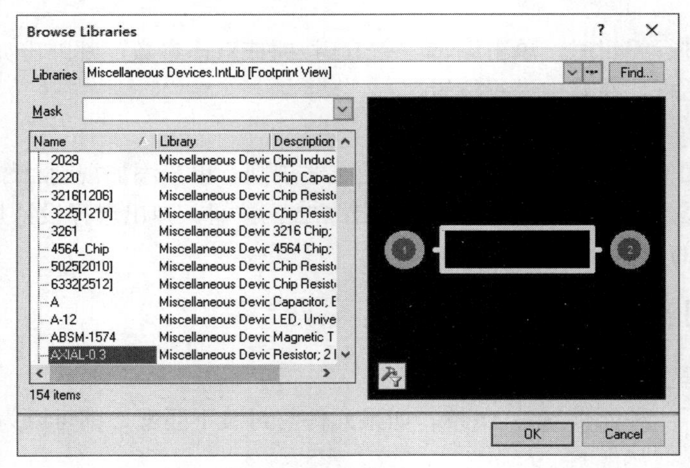

图 6-9　浏览封装库对话框

（3）直接在图 6-9 的模型列表框中选择封装模型 DIP8（单击变为高亮）。单击 OK 按钮，回到 PCB 模型对话框，此时对话框中有关信息已加载，如图 6-10 所示。

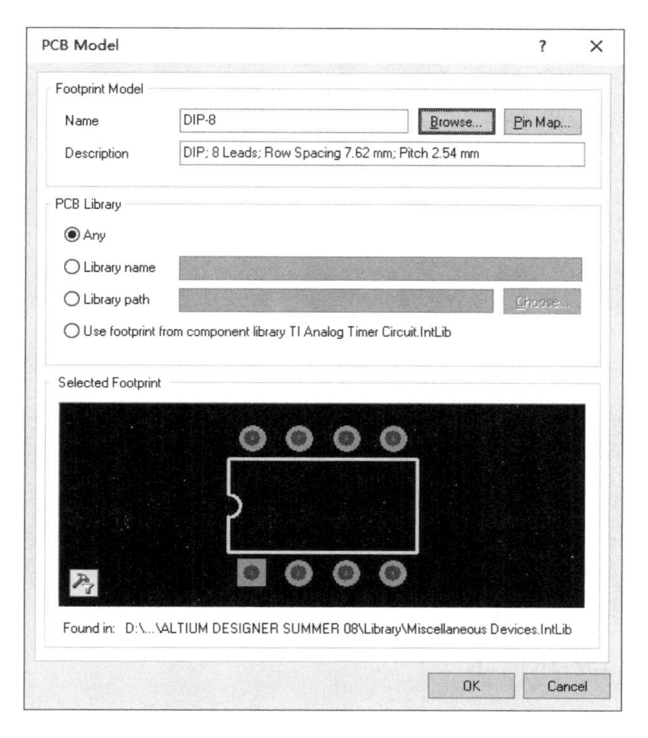

图 6-10　已加载封装的 PCB 模型对话框

（4）在图 6-10 中的“PCB Library”分组框内可以直接指定封装所在库。单击 OK 按钮，回到图 6-5 元件属性设置对话框。此时元件属性设置对话框中模型列表分组框内的封装名称变为“DIP8”，如图 6-11 所示。

（5）图 6-10 中的引脚对应关系图按钮的功能是查看元件的原理图符号和封装（PCB 符号）中的引脚对应情况。单击 Pin Map... 按钮，弹出元件引脚对应关系图对话框，如图 6-12 所示。

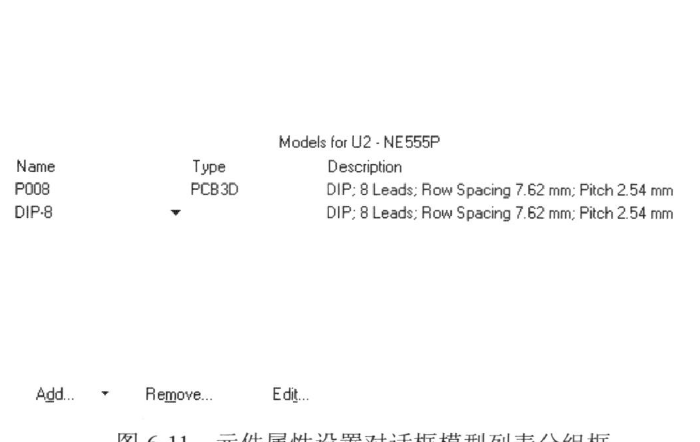

图 6-11　元件属性设置对话框模型列表分组框

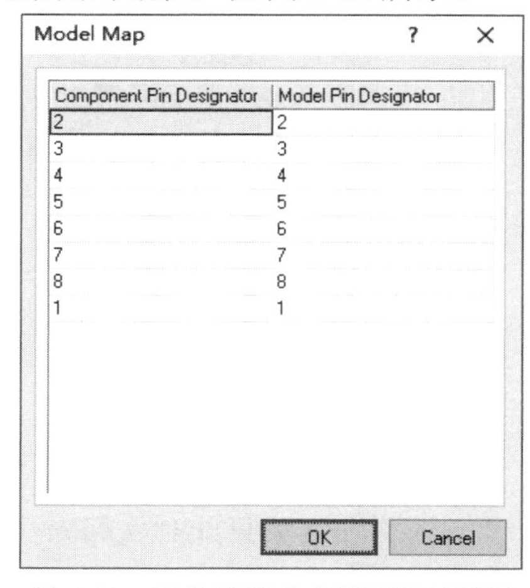

图 6-12　元件引脚对应关系图对话框

图 6-12 中的两列数字分别是原理图元件符号和封装符号的引脚标识（引脚号），两者必须一一对应，完全相符，否则元件的电气连接将出现错误。

元件的属性设置是比较复杂的，如果能熟练掌握，将极大地提高设计水平和设计效率。

6.3 导线放置与其属性设置

导线是指具有电气特性，用来连接元件电气节点的连线。导线上的任意点都具有电气节点的特性。

6.3.1 普通导线放置模式

（1）执行菜单命令【Place】/【Wire】或单击布线工具栏中的放置导线按钮。

（2）执行放置导线命令后，出现十字光标，有一个“×”号跟随着。“×”号就是导线的电气节点指示，它按图纸设置的捕获栅格跳跃。当“×”号落在元件引脚的电气节点上时，它将变为红色（系统默认颜色）的“米”字形。“×”号变为红色“米”字形时才是有效的电气连接（自动导线模式除外），否则连接无效，无论是导线的起点、终点还是中间点。

（3）当系统处于导线放置状态时，原理图编辑器的状态栏显示Shift + Space to change mode : 90 Degree start，即当前放置模式为 90° 正交放置，Shift+空格键可切换放置模式。系统提供了 4 种放置模式，其他 3 种分别是 45°、任意角度和点对点自动布线模式。前 3 种的放置方法与第 3 章中已介绍的方法相同，本节重点介绍第 4 种放置模式。

6.3.2 点对点自动布线模式

（1）Shift +空格键切换放置模式到点对点自动布线模式Auto Wire。为了演示点对点自动布线模式的实施，在元件 D1 的下面引脚上单击以确定导线的起点，然后将光标指向一段导线的下端（不出现红色“米”字形），作为导线的终点，如图 6-13 所示。

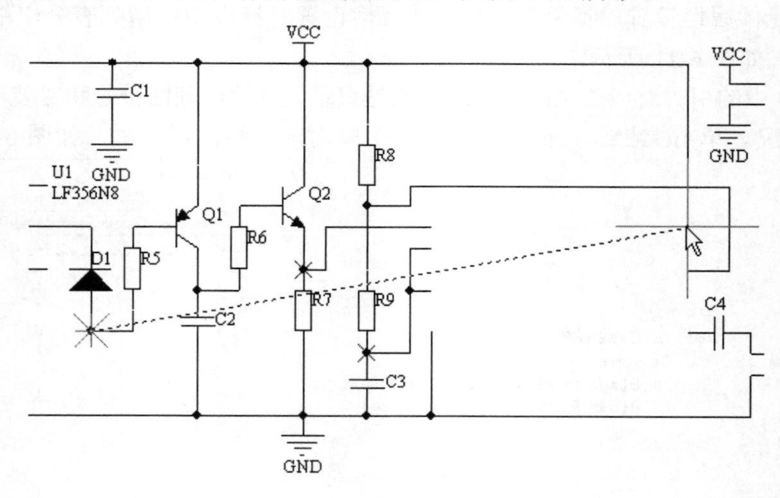

图 6-13　点对点自动布线模式

（2）单击（如果此时光标未指向电气节点，系统就不会执行自动布线，并且发出声音警示），系统经过运算，自动在两个引脚上放置一条导线，且导线自动绕开元件放置，如图 6-14 所示。

（3）点对点自动布线模式，系统只识别两端的电气节点，而不识别中间的电气节点，不管中间是否出现红色“米”字形提示。

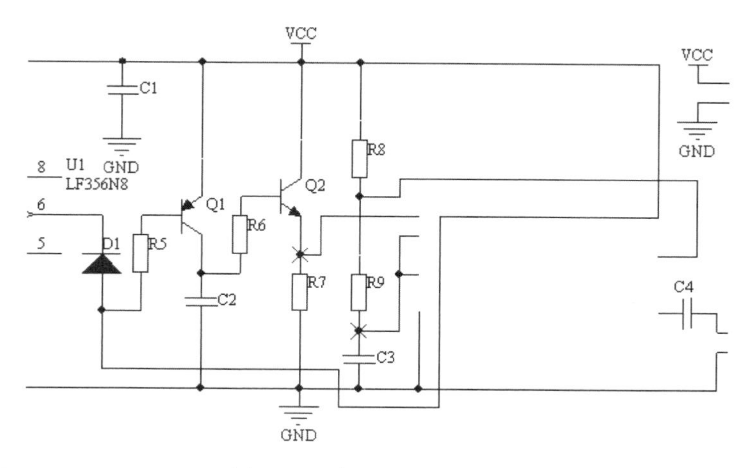

图 6-14　自动导线放置结果

（4）点对点自动布线模式对两个端点的引脚电气节点有锁定功能，即用点对点自动布线模式放置的导线，两端引脚的电气节点不能重复使用点对点自动布线。如果需要和其他元件或导线连接，则只能利用已放置导线的其他点作为电气连接点（如果随后将放置模式切换到其他几种模式，则锁定解除）。

6.3.3　导线属性设置

双击已放置好的导线，弹出导线属性设置对话框，有图形的（Graphical）和顶点的（Vertices）两个选项卡，如图 6-15 所示。

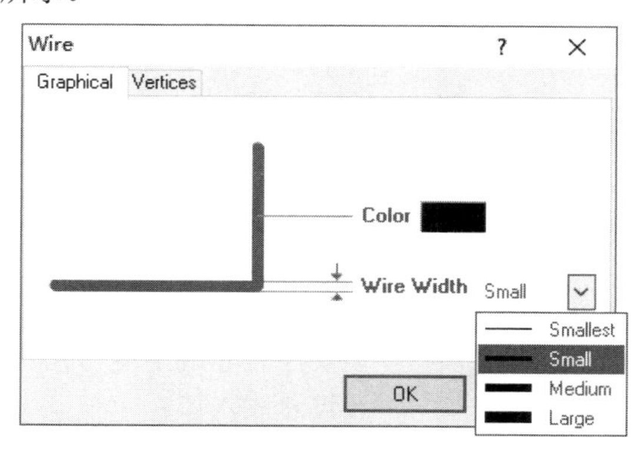

图 6-15　导线属性设置（图形的 Graphical 选项卡）对话框

（1）单击图形的（Graphical）选项卡，如图 6-15 所示。在对话框中可以设置导线的颜色和线宽。在导线属性设置对话框中，将光标移到线宽选择（Wire Width）右侧时，会弹出一个下拉按钮。

单击下拉按钮，从下拉列表中选择直线宽度，共有 4 种直线宽度可供选择。在很多图件的属性设置中都用到这种下拉线宽选择列表，以后不再一一介绍，请读者自己练习以掌握它在不同图件中的作用。

下拉线宽模式列表中共有 4 种线宽模式：最细（Smallest）、细（Small）、中（Medium）和最宽（Large）。单击需要的线宽模式，它就会出现在线宽文本框中，以后放置的导线或被编辑的导线的线宽就是该线宽模式。

单击已放置好的导线，使导线处于选中状态，文本格式工具栏中的对象颜色设置项激活（显示选中对象的颜色），单击其下拉按钮或浏览按钮，从弹出的颜色设置框中选择颜色，可以改变选中导线的颜色。

（2）单击顶点的（Vertices）选项卡（以一段有折线的三顶点导线为例），其导线属性对话框如图 6-16 所示，从中可以对顶点坐标进行修改。

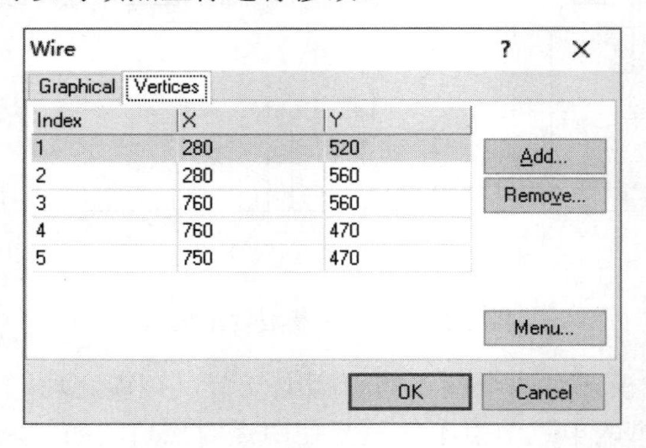

图 6-16　导线属性设置（顶点的 Vertices 选项卡）对话框

6.4　总线放置与其属性设置

总线是若干条电气特性相同的导线的组合。总线没有电气特性，它必须与总线入口和网络标号配合才能够确定相应电气节点的连接关系。总线通常用在元件的数据总线或地址总线的连接上，利用总线和网络标号进行元件之间的电气连接不仅可以减少原理图中的导线的绘制，也使整个原理图清晰、简洁。

6.4.1　总线放置

放置总线的方法一般有两种：一是执行菜单命令【Place】/【Bus】；二是单击布线工具栏中的按钮。

执行放置总线命令后，放置过程与导线相同，但要注意总线不能与元件的引脚直接连接，必须经过总线入口。

放置总线和放置导线一样也有 4 种放置模式，操作方法相同。

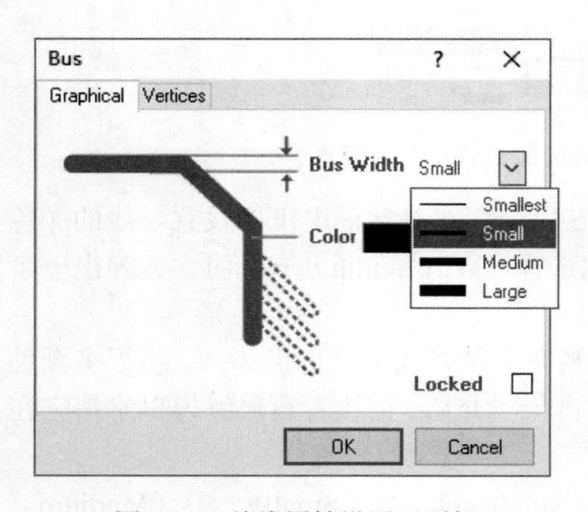

图 6-17　总线属性设置对话框

6.4.2　总线属性设置

（1）在放置总线时，按 Tab 键或双击已放置好的总线，弹出总线属性设置对话框，如图 6-17 所示。也有图形的（Graphical）和顶点的（Vertices）两个选项卡，设置方法与导线属性设置基本相同。

（2）使用文本格式工具栏对总线进行颜色设置的方法与导线相同。

6.5　总线入口放置与其属性设置

总线与元件引脚或导线连接时必须通过总线入口才能连接。

6.5.1　总线入口的放置

放置总线入口的方法一般有两种：一是执行菜单命令【Place】/【Bus Entry】；二是单击布线工具栏中的按钮。均可出现十字光标并带着总线入口线，如图 6-18 所示。

如果需要改变总线入口的方向，在放置状态时（未放置前）按空格键，则切换总线入口线的角度（共有 45°、135°、225°、315°四种角度选择）。按 X 键左右翻转，按 Y 键上下翻转。放置时，将十字光标移动到需要的位置单击，即可将总线入口放置在光标当前位置，此时仍处于放置状态，可以继续放置其他的入口线。

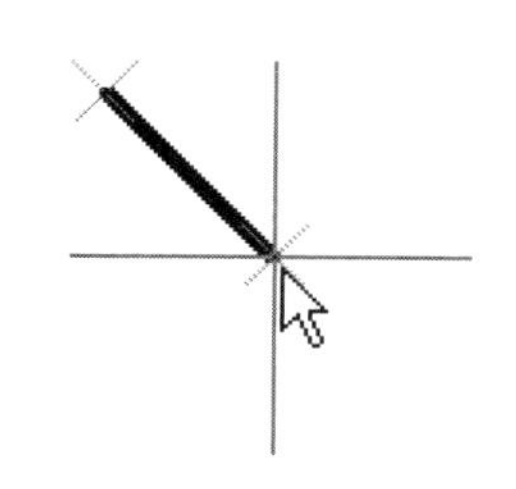

图 6-18　放置总线入口光标

总线入口的两个端点是两个独立的电气节点，互相没有联系，中间部分没有电气特性，这是和导线的最大区别。放置时一端和总线连接，另一端可以直接和元件引脚连接，也可以通过导线和元件引脚连接。

6.5.2　总线入口属性设置

（1）在放置总线入口时，按 Tab 键或双击已放置好的总线入口，弹出总线入口属性设置对话框，如图 6-19 所示。

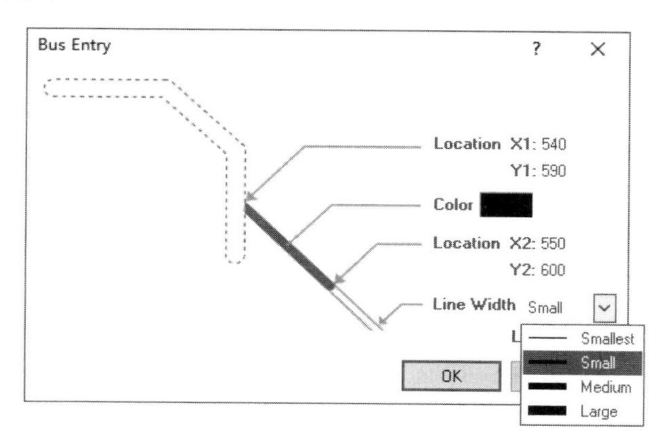

图 6-19　总线入口属性设置对话框

（2）总线入口的属性设置与导线的属性设置基本相同。需要注意的是，它的两个端点坐标一般不用设置，随着总线入口位置的移动会相应地改变，总线入口的角度和长度会根据输入的坐标值发生变化，这是改变总线入口长度和角度（除去 4 种标准角度）的唯一方法。

6.6　放置网络标号与其属性设置

Altium Designer 系统原理图中，实现元件间的电气连接有 4 种方法：一是元件引脚直接连接；二是通过导线连接；三是使用节点；四是使用网络标号。前 3 种连接方式我们已经介绍过，这里只介绍使用网络标号连接。

网络标号是一种特殊的电气连接标识符。具有相同网络标号的电气节点在电气关系上是连接在一起的，不管它们之间是否有导线连接。

通常网络标号的属性设置都是在放置过程中进行的。

6.6.1 网络标号的放置

1. 网络标号的放置方法

放置网络标号的方法一般有两种：一是执行菜单命令【Place】/【Net Label】；二是单击布线工具栏中的按钮。

无论使用上述哪一种方法，均可出现十字光标并带着网络标号（默认名称），如图 6-20 所示。大十字中心的“×”号是网络标号的电气连接点，通常所说的将网络标号放在某个图件上，就是指该点与这个图件的电气节点连接。

2. 网络标号放置的位置

利用图 6-21 将几种放置网络标号的情况拼接在一个示意图上，以便下面讨论将网络标号放置在什么位置合适。

NetLabel1

图 6-20　放置网络标号光标

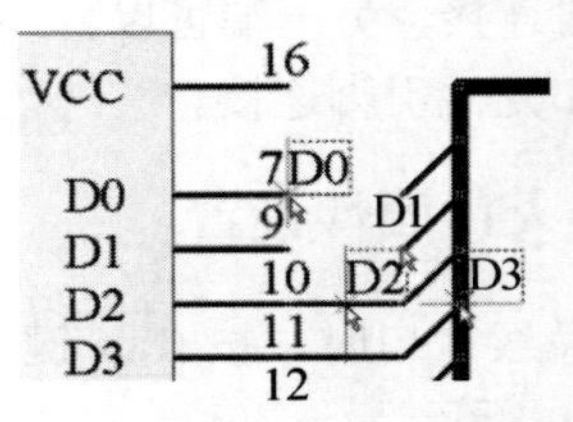

图 6-21　放置网络标号的几种情况示意图

（1）“D0”放置在元件引脚的电气连接点上。电气连接没有错误，但其距离引脚标号太近，不易分辨。应使引脚标号与网络标号间保持一定的距离，以便于区分两者。

（2）“D1”放置在总线入口靠近元件引脚的端点上。如果将元件引脚与总线入口用导线连接起来后，导线的端点与总线入口端点和网络标号的电气连接点重合，那么电气连接没有错误，但其序号与总线入口重叠，也不易分辨。

（3）“D2”放置在导线上，电气连接正确，位置合适，是最好的一种放置位置。

（4）“D3”放置在总线入口与总线的交点上，虽然放置时系统捕获到电气节点（“米”字形标记），但因为该电气节点与元件引脚电气节点没有任何电气连接，所以是一种错误的放置。另外，系统禁止将网络标号放置在总线上，否则，编译时会出错。

3. 网络标号放置角度选择

放置网络标号时按空格键，切换放置角度（共有 0°、90°、180°、270°四种角度选择）。按 X 键左右翻转，按 Y 键上下翻转。

4. 网络标号的序号

连续放置网络标号时，系统会自动递增序号，所以在放置第一个时应选定相应的序号。

6.6.2 网络标号属性设置

网络标号属性设置主要是网络标号的名称设置。

网络标号处于放置状态时，按[Tab]键，弹出网络标号属性设置对话框，如图 6-22 所示。在网络（Net）文本框中输入欲放置网络标号的最小序号，如“D0”，单击[OK]按钮，开始放置网络标号；也可以对网络标号的字体、字形和大小进行设置。

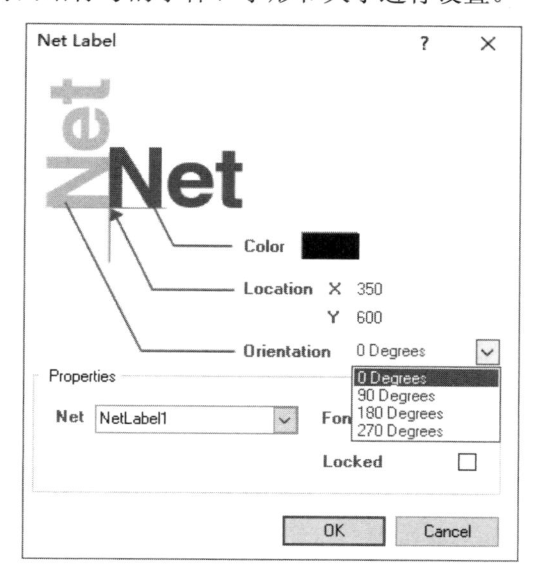

图 6-22　网络标号属性设置对话框

6.7　节点放置与其属性设置

节点是具有电气特性的图件出现交叉时，指示其交叉点具有电气连接属性的标识符。系统默认设置时，T 形交叉自动放置节点。十字交叉不自动放置节点，如果需要，则必须手工放置。

6.7.1　节点放置

（1）执行菜单命令【Place】/【Manual Junction】。

（2）出现十字光标并带着节点，如图 6-23 所示。节点的电气连接点在节点中心。将节点移动到两条导线的交叉处单击，即可将节点放置在交叉处，此时两导线就具有了电气连接属性。

（3）图 6-23 中 T 形交叉的节点由系统自动放置，十字交叉的节点手工放置。其中，导线与导线十字交叉的节点放置正确，导线与 R2 引脚十字交叉的节点放置错误。因为只有在两个具有电气属性图件交叉时放置的节点才有效，而元件引脚上的电气节点在外侧端点上，其他部位是没有电气连接属性的。

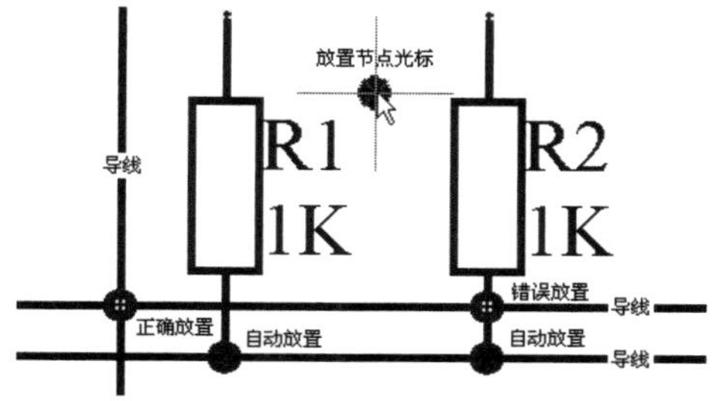

图 6-23　放置节点示意图

6.7.2　节点属性设置

在放置节点时，按[Tab]键或双击已放置好的节点，弹出节点属性设置对话框，如图 6-24 所示。

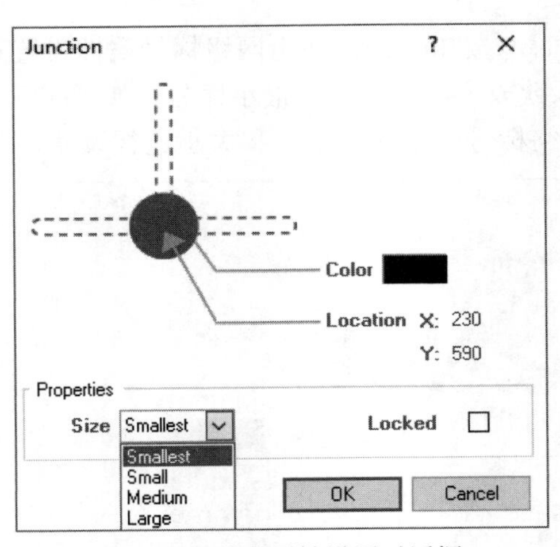

图 6-24　节点属性设置对话框

在属性设置对话框中可以设置节点的大小、颜色等。

6.8　电源端子放置与其属性设置

在 Altium Designer 系统中，电源端子是一种特殊的符号，它具有电气属性，类似于网络标号，因此也可以把它看成一种特殊的网络标号。电源端子像元件一样有符号，但它不是一个元件实体，所以它不能构成一个完整的电源回路，必须和实际的电源配合使用。

6.8.1　电源端子简介

Altium Designer 系统中电源端子有 11 种不同的形状可供用户选择，集中在辅助工具栏中，如图 6-25 所示。布线工具栏中也有两个电源端子 VCC。

图 6-25　电源端子

这 11 个电源端子按放置时网络名称的变化规律可分为两组，前 5 个和后 2 个在放置时的默认网络标号是固定的，即前 5 个分别是 GND、VCC、+12、+5、–5，后 2 个都是 GND。其余 4 个的网络标号是上一个电源端子名称的复制，即和上一个放置的电源端子网络标号相同。布线工具栏中的 2 个电源端子在放置时的默认网络标号也是固定的。执行菜单命令【Place】/

【Power Port】，放置的电源端子是上一个放置的完全复制，即形状和网络名称与上一个放置的电源端子完全相同。

6.8.2　电源端子的放置

1．连续放置

执行菜单命令【Place】/【Power Port】，出现大十字光标并带有电源端子符号，电气节点在大十字中心。在需要放置电源端子的位置单击，电源端子即放置在原理图中。此时仍处于放置电源端子状态，可以继续放置。

2．单次放置

利用工具栏放置电源端子时，每次只能放置一个，要想放置下一个，必须再次单击工具栏中的相应按钮。如果需要重复放置的次数较多，就可以利用菜单命令【Place】/【Power Port】的完全复制特性来放置。

3．角度变换

在放置状态时，按空格键可旋转电源端子的固定角度。

6.8.3　电源端子属性设置

在放置状态下按 Tab 键或双击放置好的电源端子，弹出电源端子属性设置对话框，如图 6-26 所示。

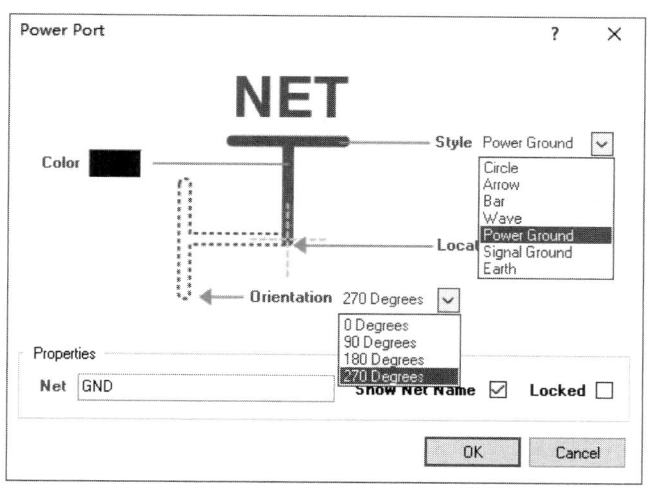

图 6-26　电源端子属性设置对话框

在图 6-26 中，可以设置电源端子的形状、颜色、旋转角度和网络标号。设置好后，单击 OK 按钮确认。

6.9　放置 No ERC 指令与其属性设置

忽略电气规则检查命令 No ERC 放置在原理图中以红色“×”号标记显示，目的是使系统在电气规则检查时，忽略对被标记点的电气检查。系统默认元件的输入型引脚不能空置，否则编译时就会出错。在实际应用中，一些元件的输入型引脚可以不用，因此需要在这些空置的输入型引脚上放置 No ERC 指令（通常称为放置 No ERC 标记）。

6.9.1 No ERC 指令的放置

（1）执行菜单命令【Place】/【Directives】/【No ERC】或单击布线工具栏中的☒按钮。

（2）出现十字光标并带有一个红色“×”号，将红色“×”号放置在要标记图件的电气节点上（如元件引脚的外端点）即可，此命令可以连续放置，右击可取消放置状态。

注意：在放置过程中，该命令没有自动捕获电气节点的功能，可以在任何一个位置上放置（特别是图纸的捕获栅格设置较小时），但在要忽略电气检查的电气节点上只有准确的放置才有效。当放置了 No ERC 标记的图件移动时，No ERC 标记不会跟着移动，所以通常是最后放置 No ERC 标记。

6.9.2 No ERC 属性设置

（1）在放置状态下按 Tab 键或双击已放置的 No ERC 标记红色“×”号，弹出 No ERC 标记属性设置对话框，如图 6-27 所示。

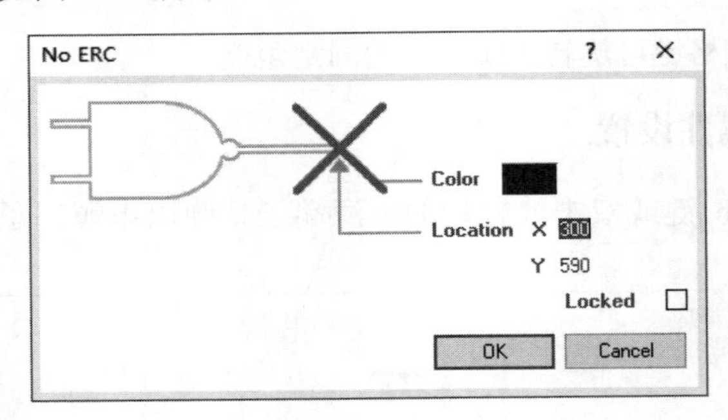

图 6-27　No ERC 标记属性设置对话框

（2）双击颜色（Color）框可以设置 No ERC 标记的颜色，坐标一般不用设置。

（3）在系统参数设置的原理图参数设置对话框中，剪贴板和打印（Include with Clipboard and Prints）分组框参数的设置，决定 No ERC 标记能否被复制和打印。

6.10　放置注释文字与其属性设置

6.10.1　注释文字的放置

（1）执行菜单命令【Place】/【Text String】，或单击辅助工具栏中的按钮，在打开的工具条中单击A按钮，出现大十字形状，十字中心带有系统默认的文字“Text”，如图 6-28 所示。

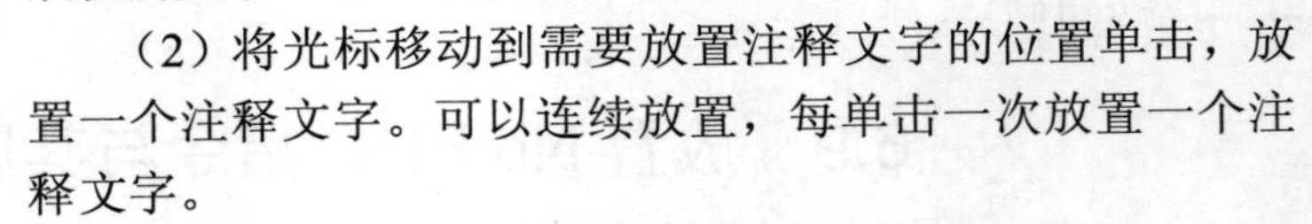

Text

图 6-28　放置注释文字光标

（2）将光标移动到需要放置注释文字的位置单击，放置一个注释文字。可以连续放置，每单击一次放置一个注释文字。

（3）右击取消放置注释文字状态。

6.10.2　注释文字属性设置

（1）在放置注释文字状态下按 Tab 键或双击放置好的 Text，弹出字符属性设置对话框，如图 6-29 所示。

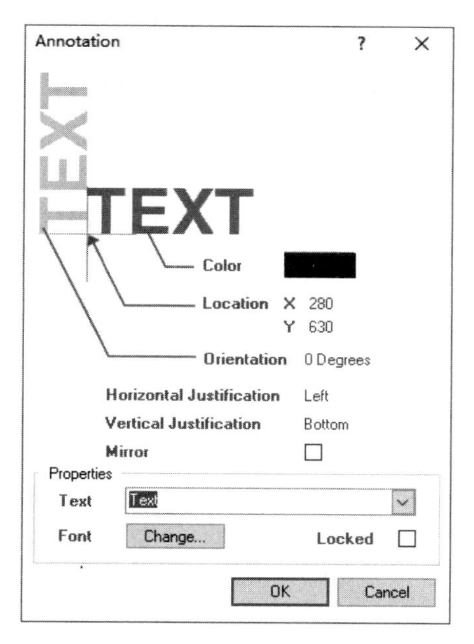

图 6-29 字符属性设置对话框

（2）在图 6-29 的文本编辑框中输入注释文字。

（3）图 6-29 中可以选择字体、颜色及文字对齐方式。

（4）注释文字的另外一种编辑方法是在图纸上直接编辑，如元件标称值修改的方法。

（5）当放置的注释文字内容较多时，应选择放置文本框（Text Frame），其放置方法和属性设置与 Text 类似。

习 题 6

1．练习原理图元件的放置方法。

2．练习导线的放置方法。

3．练习各种图件的属性设置方法。

第 7 章　原理图层次设计

对于一个非常庞大的原理图及附属文档，不可能将它一次完成，也不可能将这个原理图画在一张图纸上，更不可能由一个人单独完成。Altium Designer 系统提供了一个很好的项目设计工作环境，可以把整个非常庞大的原理图划分为几个基本原理图，或者说划分为多个层次。这样，整个原理图就可以分层次进行并行设计。由此产生了原理图层次设计，使得设计进程大大加快。

7.1　原理图的层次设计方法

原理图的层次设计方法实际上是一种模块化的设计方法。用户可以将电路系统根据功能划分为多个子系统，子系统下还可以根据功能再细分为若干个基本子系统。设计好子系统原理图，定义好子系统之间的连接关系，即可完成整个电路系统设计过程。

设计时，用户可以从电路系统开始，逐级向下进行子系统设计，也可以从子系统开始，逐级向上进行，还可以调用相同的原理图重复使用。

1．自上而下的原理图层次设计方法

所谓自上而下就是由电路系统方框图（习惯称母图）产生子系统原理图（习惯称子图）。因此，采用自上而下的方法来设计层次原理图，首先得放置电路系统方框图，其流程如图 7-1 所示。

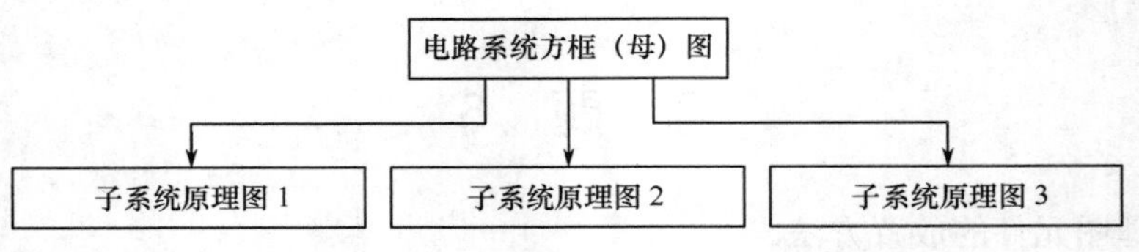

图 7-1　自上而下的原理图层次设计流程

2．自下而上的原理图层次设计方法

所谓自下而上就是由子系统原理图产生电路系统方框图。因此，采用自下而上的方法来设计层次原理图，首先需要绘制子系统原理图，其流程如图 7-2 所示。

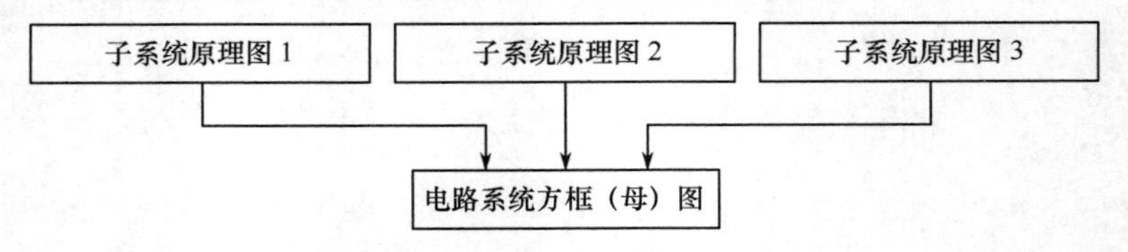

图 7-2　自下而上的原理图层次设计流程

7.2　自上而下的原理图层次设计

下面通过一个例子来学习自上而下原理图的层次设计方法及其相关图件的放置方法。在第

3 章绘制的“接触式防盗报警电路”中没有设计电源电路，现在用层次设计的方法为其增加电源电路，如图 7-3 所示。

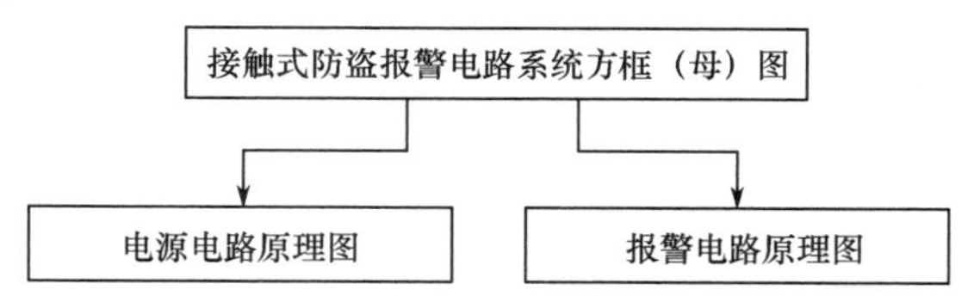

图 7-3　自上而下的接触式防盗报警电路层次系统

自上而下的原理图层次设计方法是先建立电路系统方框图，以下称母图；再产生子系统原理图，以下称子图；然后在子图中添加元件、导线等图件，即绘制原理图。

7.2.1　建立母图

（1）执行菜单命令【File】/【New】/【Project】/【PCB Project】，建立项目并保存为“接触式防盗报警电路设计.PrjPcb”。

（2）执行菜单命令【File】/【New】/【Schematic】，为项目新添加一张原理图图纸并保存为“母图.SchDoc”。

7.2.2　建立子图

在母图中绘制代表电源和报警电路的两个子图符号。首先放置子图符号（Sheet Symbol）。

1．放置子图图框

（1）执行菜单命令【Place】/【Sheet Symbol】或单击布线工具栏中的按钮，出现十字光标并带有方框图形，如图 7-4（a）所示。

（2）单击确定方框的左上角，如图 7-4（b）所示，移动光标确定方框的大小，单击确定方框的右下角，如图 7-4（c）所示，一个子图图框就放置好了。

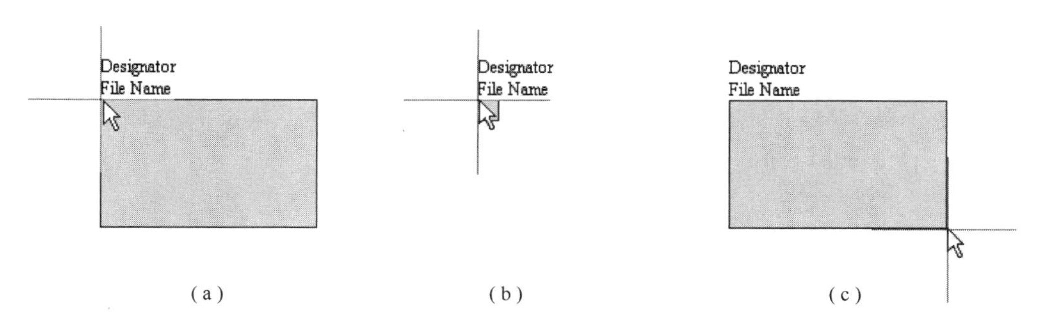

图 7-4　放置子图图框

（3）同样的方法再放置一个，本例中共需电源电路和报警电路两个子图图框。

2．定义子图名称并设置属性

（1）一种方法是双击图中已放置的子图图框，弹出其属性设置对话框（处于放置状态时按 Tab 键也可以），编辑图纸符号的属性，如图 7-5 所示。

图纸符号属性设置对话框中的选项大多没必要修改，需要修改的两项是标识符（Unique Id）和文件名称（Filename），直接在它们的文本框中输入即可。这里将标识符用汉语拼音标注，将文件名称用中文标注。

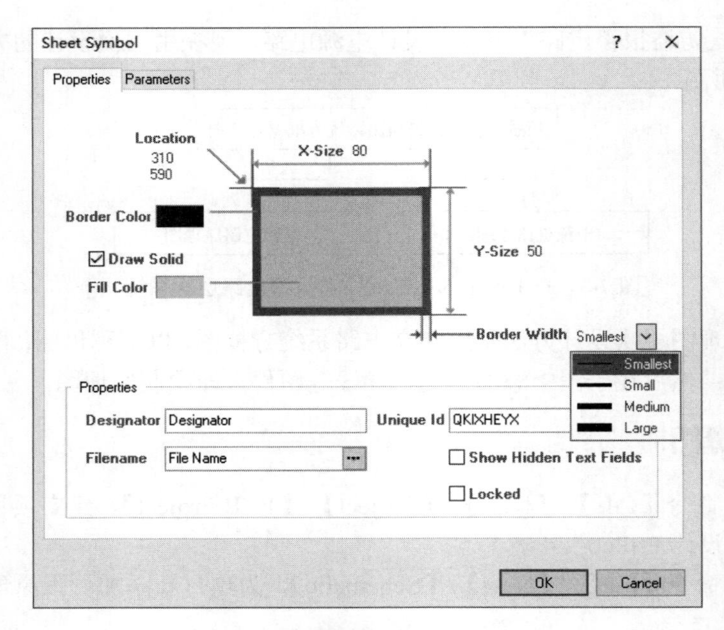

图 7-5　图纸符号属性设置对话框

将图纸标记符编辑为“Dianyuan”，文件名称为“电源电路”；另一个图纸标记符编辑为“Baojing”，文件名称为“报警电路”，如图 7-6 所示。

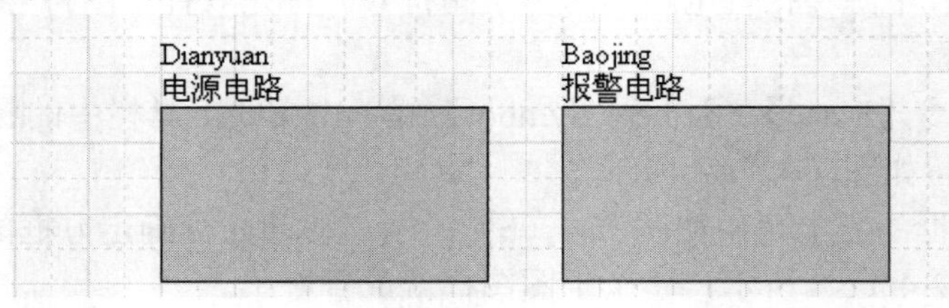

图 7-6　给定名称的子图图框

（2）另一种方法是在子图图框上双击标识符或文件名称，进入各自的属性设置对话框进行编辑。这两个属性设置对话框的界面和选项基本相同，只是名称不同，如图 7-7（a）、（b）所示。

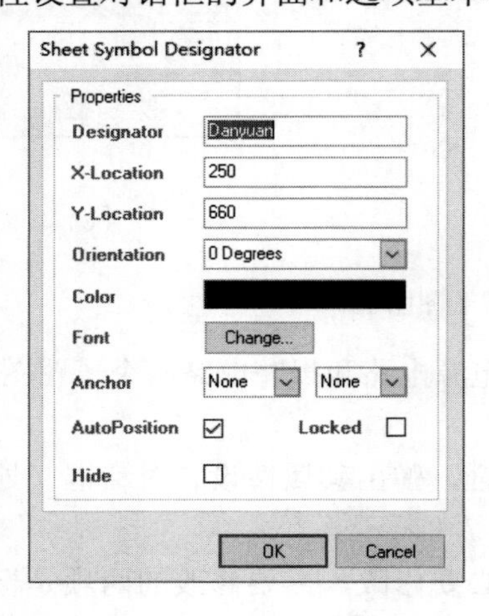

（a）子图标识符设置

（b）子图文件名称设置

图 7-7　属性设置对话框

在图 7-7 中可以编辑选项。比较特殊的选项是隐藏（Hide），当选中该项时，被编辑图件不在图纸上显示，处于隐藏状态；当该项无效时，图纸上显示被编辑图件。处于隐藏状态的选项（或参数）在系统中仍然起作用，这和删除是不同的。

3．添加子图入口

（1）执行菜单命令【Place】/【Add Sheet Entry】或单击布线工具栏中的按钮，出现十字光标，系统处于放置图纸入口状态。图纸入口只能在电路图纸符号中放置，此时如果在图纸符号方框外单击，系统就会发出操作错误警告声。

（2）将光标移到“电源电路”方框中单击，十字光标上将出现一个图纸入口的形状，它跟随光标的移动在方框的边缘移动(系统规定了图纸入口唯一的电气节点只能在图纸符号的边框上)。此时即使将光标移到方框以外，图纸入口仍然在方框内部。单击放置，首次放置的入口名称默认为“0”，以后放置的入口系统会递增名称。本例中每个图纸符号方框中需放置两个图纸入口，如图 7-8 所示。

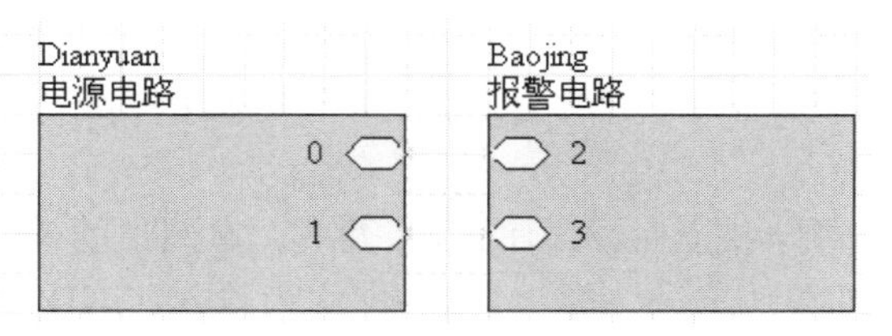

图 7-8　放置图纸入口的图纸符号

4．编辑子图入口属性

子图入口放置好后，需要对其进行编辑，以便满足设计要求。子图符号和子图入口构成了完整的子图符号，一个子图符号中的图纸入口要想与另一个子图符号中的图纸入口实现电气连接，那么这两个图纸入口的名称必须相同。图纸入口名称的作用与网络标号的作用基本相同，它实际上也是一种特殊的网络标号。

（1）双击图中已放置的图纸入口，进入其属性设置对话框（处于放置状态时按 Tab 键也可以），编辑图纸入口的属性，如图 7-9 所示。

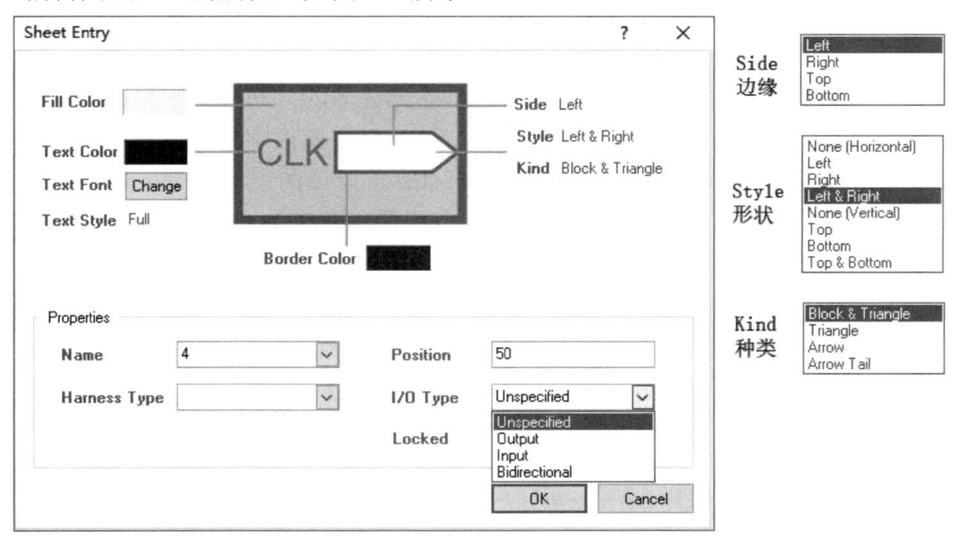

图 7-9　图纸入口属性设置对话框

在图 7-9 中较特殊的参数设置有：

● Side——放置位置，是指图纸入口与图纸符号边框连接点的位置，共有 4 种（从下拉列表中选择）：左侧、右侧、顶部和底部。通常图纸中用鼠标指针移动更方便。

● Style——形状，是指图纸入口的形状，共有 8 种选择，分为两组。前 4 个为水平组，后 4 个为垂直组。水平组的选项用来设置水平方向的入口（放置位置为左侧或右侧），垂直组的选项用来设置垂直方向的入口（放置位置为顶部或底部）。其中，"None"是将入口设置为没有箭头的矩形，但其连接点仍在图纸符号的边框上，"Left"是将入口设置为左侧有箭头的形状，箭头端为连接点并连接在图纸符号的边框上，其他各项的用法类似。

注意：水平方向的入口只能由水平组的选项来设置，垂直方向的入口只能由垂直组的选项来设置，用垂直组的选项设置水平方向的入口时，入口形状将变成矩形。反之，结果也一样。

● Position——同边位置序号，是指在图纸符号的一条边上系统自动给定的入口位置顺序号。每条边除端点外以 10mil 为间隔单位，顺时针方向从小到大给定位置序号，入口只能在位置序号上放置，其他点不能放置。同一图纸符号中各边的位置序号互相独立，即都是从 1 开始的。

● Name——名称，是图纸入口的网络标号，两个或多个图纸符号的入口要实现电气连接必须同名。

● I/O Type——I/O 类型，是图纸入口的信号类型。本例中的 VCC，I/O 类型根据电流流向确定为 Output 和 Input，即箭头向外为输出，箭头向内为输入；GND 的 I/O 类型为 Unspecified，形状不变，如图 7-10 所示。

（2）按图 7-10 所示编辑子图入口。

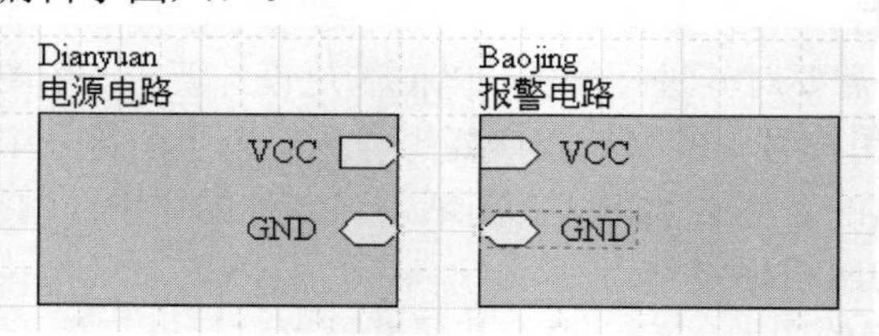

图 7-10　完成设计的子图符号

7.2.3　由子图符号建立同名原理图

（1）执行菜单命令【Design】/【Create Sheet From Symbol】，出现十字光标。

（2）在子图符号"电源"上单击，系统生成电源.SchDoc 原理图文件，并将"电源"子图符号中的图纸入口转换为 I/O 端口添加到电源电路.SchDoc 原理图中，如图 7-11 所示。

注意：由子图符号生成原理图时，所有的图纸入口都转换成 I/O 端口。I/O 端口有两个电气节点，分别位于其两端的中心点。默认设置状态时，如果图纸入口的形状是单箭头，则在建立的原理图中生成 I/O 端口的排列方式是输入型的箭头向右，输出型的箭头向左。如果在原理图参数设置时选中端口从左向右排列（Unconnected Left To Right），则箭头都向右。

（3）同样的方法在子图符号原理图报警电路.SchDoc 添加 I/O 端口。

7.2.4　绘制子图

分别在电源电路和报警电路子图中放置元件和导线，完成子图的绘制，且完成自动标识后，如图 7-12 和图 7-13 所示。

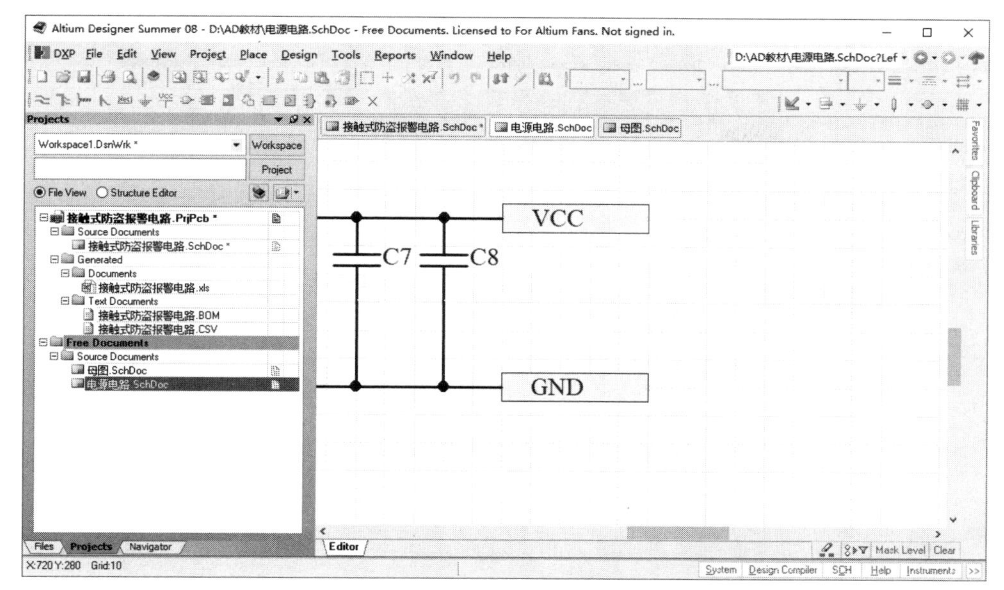

图 7-11　只有 I/O 端口的电源电路.SchDoc 原理图

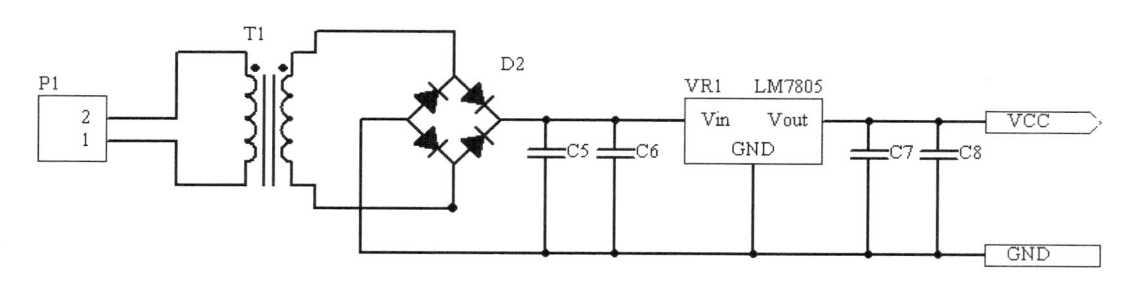

图 7-12　电源电路.SchDoc 子图

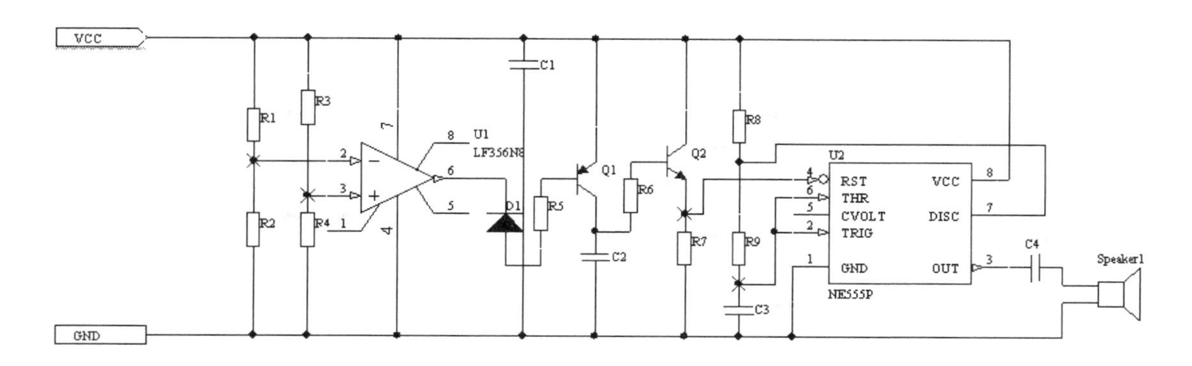

图 7-13　报警电路.SchDoc 子图

7.2.5　确立层次关系

对所建的层次项目进行编译，就可以确立母、子图的关系。具体操作如下：

执行菜单命令【Project】/【Compile PCB Project 层次接触式防盗报警电路设计.PrjPcb】，系统产生层次设计母、子图关系，如图 7-14 中项目面板所示。

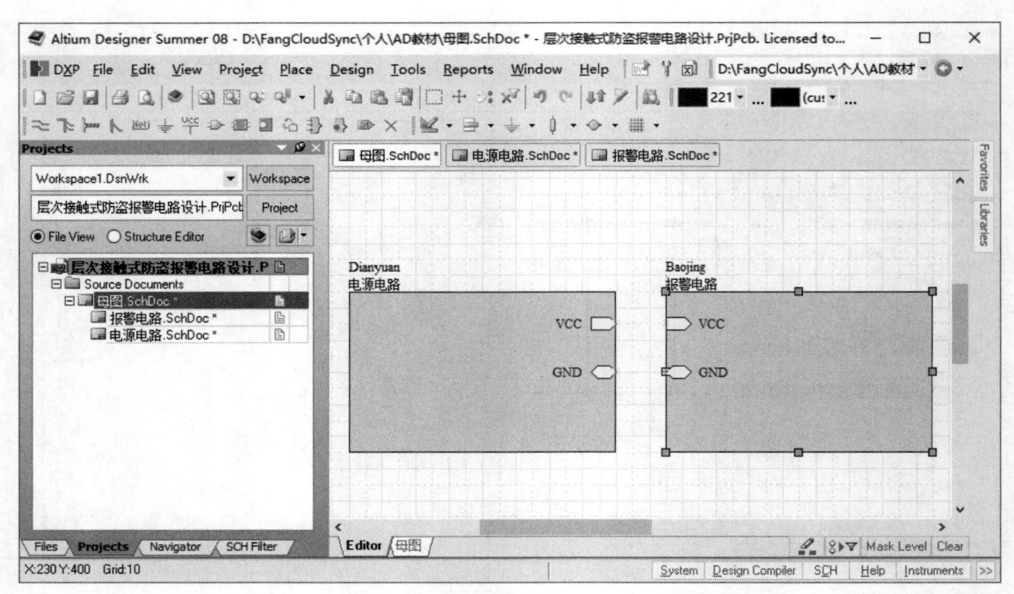

图 7-14　层次接触式防盗报警电路设计层次关系

7.3　自下而上的原理图层次设计

自下而上的原理图层次设计方法是先绘制实际电路图作为子图，再由子图生成子图符号，如图 7-15 所示。子图中需要放置各子图建立连接关系用的 I/O 端口（输入/输出端口）。

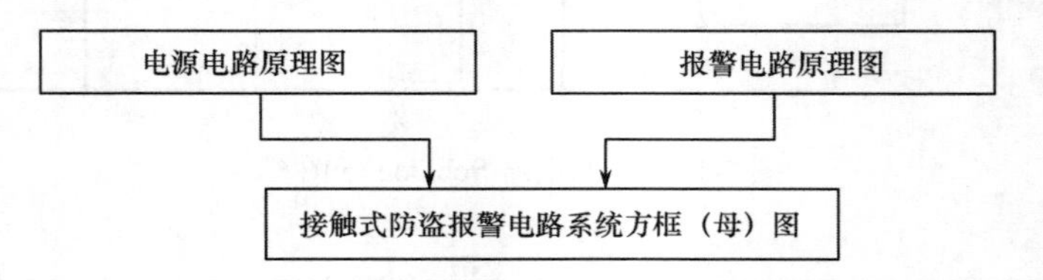

图 7-15　自下而上的层次接触式防盗报警电路系统

7.3.1　建立项目和原理图图纸

（1）执行菜单命令【File】/【New】/【Project】/【PCB Project】，建立项目并保存为“层次接触式防盗报警电路设计 1.PrjPcb”。

（2）执行菜单命令【File】/【New】/【Schematic】，为项目新添加 3 张原理图纸并分别保存为“母图 1.SchDoc”、“电源电路 1.SchDoc”和“报警电路 1.SchDoc”。

7.3.2　绘制原理图及端口设置

参照图 7-12、图 7-13 完成两张原理图的绘制。原理图中元件的放置和连接前面已讲解；图 7-12、图 7-13 中的 I/O 端口是由子图符号的图纸入口生成的，不需要放置和编辑；但自下而上的层次原理图设计需要放置 I/O 端口，现在只介绍 I/O 端口的放置和属性设置。

（1）执行菜单命令【Place】/【Port】或单击布线工具栏中的按钮，出现十字光标，并带有一个默认名称为“Port”的 I/O 端口，如图 7-16（a）所示。

（2）单击确定 I/O 端口的起点，移动光标使 I/O 端口的长度合适，单击确定 I/O 端口的终点，一个 I/O 端口放置完毕，如图 7-16（b）所示。系统仍处于放置状态，可以继续放置下一个，右击退出放置状态。

（3）双击放置好的 I/O 端口或在放置状态时按 Tab 键，弹出 I/O 端口属性设置对话框，如图 7-17 所示。

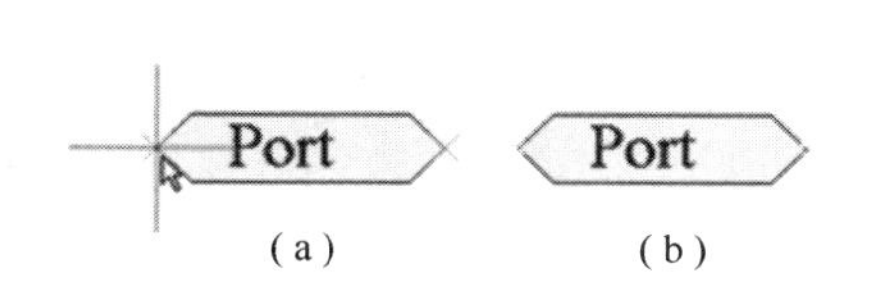

图 7-16　I/O 端口放置光标和放置好的端口

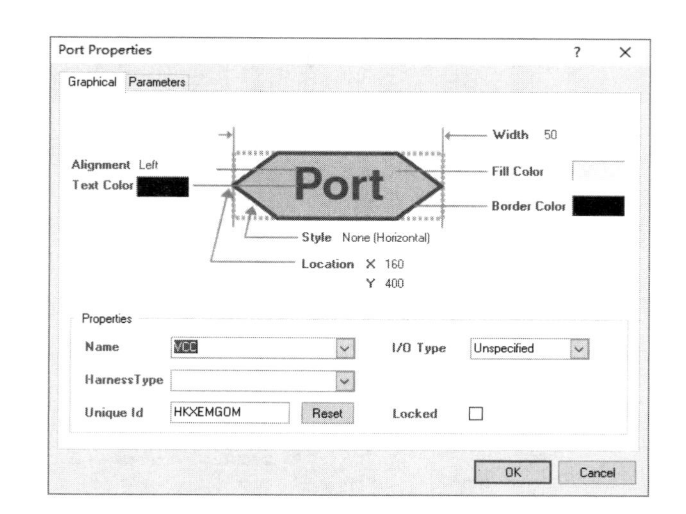

图 7-17　I/O 端口属性设置对话框

I/O 端口属性设置对话框与图 7-9 图纸入口属性设置对话框基本相同，设置方法类似。

设置 I/O 端口名称时，要保证两张图纸中需要连接在一起的端口名称相同；绘制完成后保存项目。

7.3.3　由原理图生成子图符号

（1）将“母图 1.SchDoc”设置为当前文件。

（2）执行菜单命令【Design】/【Create Sheet Symbol From Sheet or HDL】，弹出选择文件对话框，如图 7-18 所示。

（3）将鼠标指针移至文件名“电源电路 1.SchDoc”上，单击选中该文件（高亮状态）。单击 Ok 按钮确认，系统生成代表该原理图的子图符号，如图 7-19 所示。

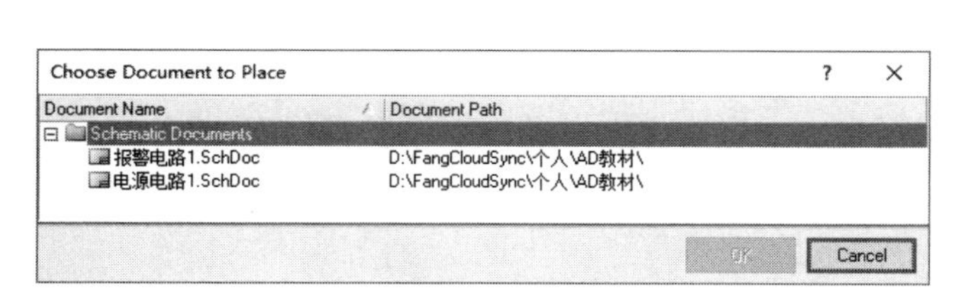

图 7-18　选择文件对话框

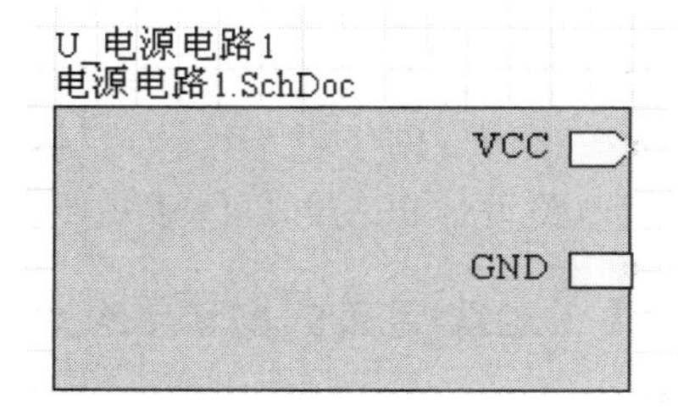

图 7-19　由电源电路 1.SchDoc 生成的子图符号

（4）在图纸上单击，将其放置在图纸上。同样的方法将“报警电路 1.SchDoc”生成的子图符号放置在图纸上，如图 7-20 所示。

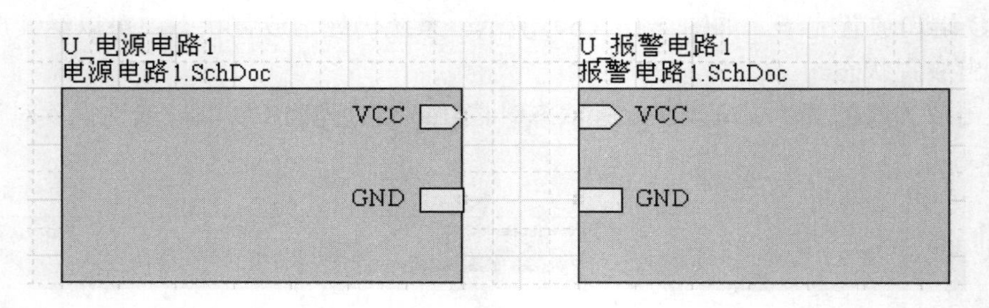

图 7-20　由原理图生成的子图符号

7.3.4　确立层次关系

执行菜单命令【Project】/【Compile PCB Project 层次接触式防盗报警电路设计 1.PrjPcb】，系统产生层次设计母、子图关系，如图 7-21 中项目面板所示。

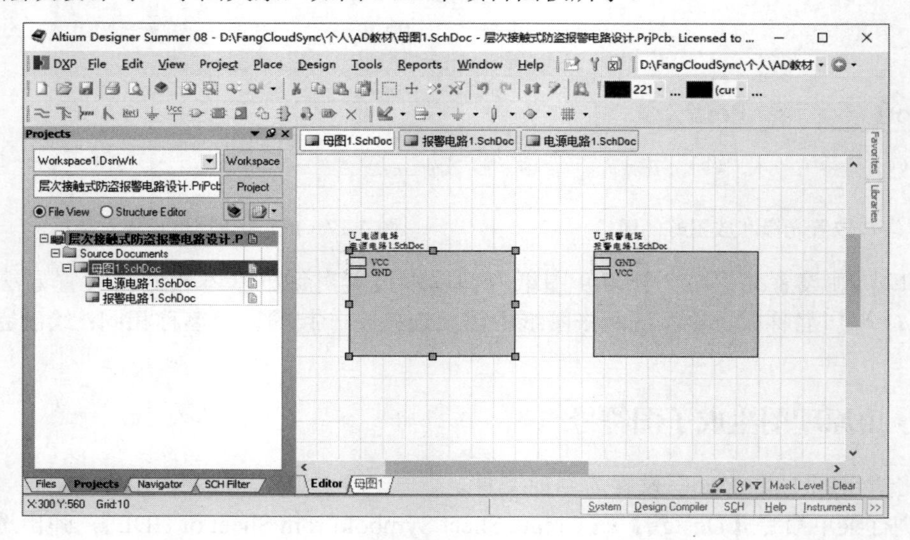

图 7-21　层次接触式防盗报警电路设计 1.PrjPcb 层次关系

7.4　层次电路设计报表

由于使用多张原理图进行一个较大的项目设计，因此关于层次设计的报表主要反映各原理图之间的关系，以便于整个设计项目的检查。

层次电路设计报表主要包括元件交叉引用报表、层次报表、端口引用参考报表。

7.4.1　元件交叉引用报表启动

元件交叉引用报表的主要内容是元件标识、元件名称及所在电路原理图。报表的内涵在第 3 章已经做过介绍，不再赘述，这里只介绍该表的启动步骤。

（1）打开设计项目“层次接触式防盗报警电路设计.PrjPcb”，并打开有关原理图。

（2）执行菜单命令【Reports】/【Component Cross Reference】，系统扫描设计项目的所有文件，生成元件交叉引用报表，并打开报表管理器对话框，如图 7-22 所示。

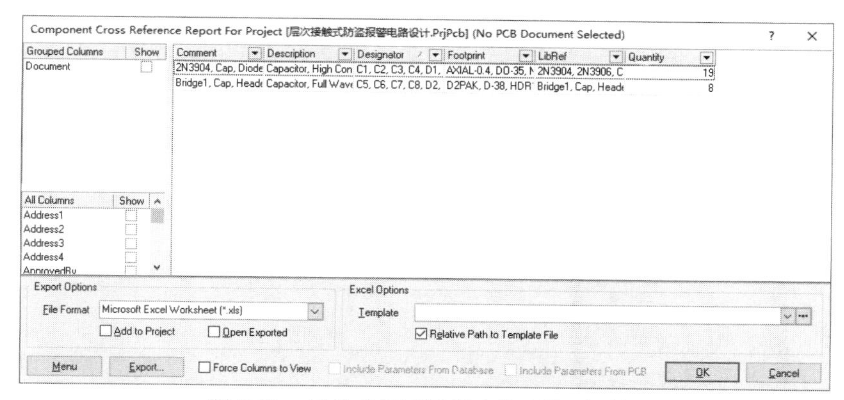

图 7-22　元件交叉引用报表管理器对话框

7.4.2　Excel 报表启动

（1）单击图 7-22 中模板（Template）右侧的浏览按钮，从“D:\Program Files\Altium Designer 08 Summer Template”文件夹中选择“Component Default Template.XLT”模板，选中复选项“Open Exported”。

（2）单击Export...按钮，启动 Excel，如图 7-23 所示。

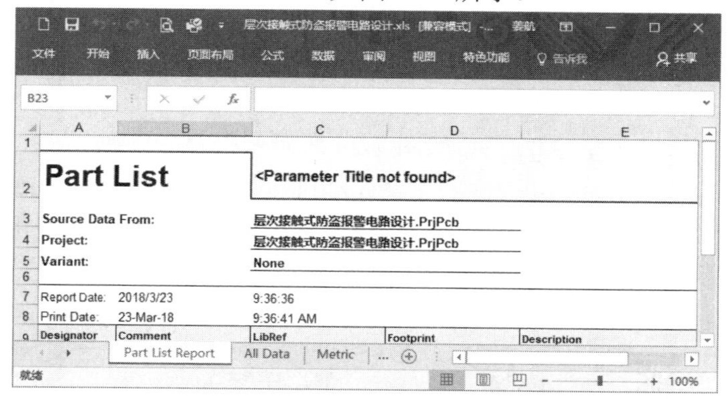

图 7-23　接触式防盗报警电路 Excel 形式报表

7.4.3　层次报表

层次报表主要描述层次设计中各电路原理图之间的层次关系。

（1）打开设计项目“层次接触式防盗报警电路设计.PrjPcb”，并打开有关原理图。

（2）执行菜单命令【Reports】/【Report Project Hierarchy】，系统创建层次报表，并将层次报表文件（层次接触式防盗报警电路设计.REP）添加到当前设计项目中，如图 7-24 所示。

（3）双击“层次接触式防盗报警电路设计.REP”，打开文件，如图 7-25 所示。报表包含了本设计项目中各个原理图之间的层次关系，可以打印、存档，以便于项目管理。

图 7-24　系统生成的层次报表文件

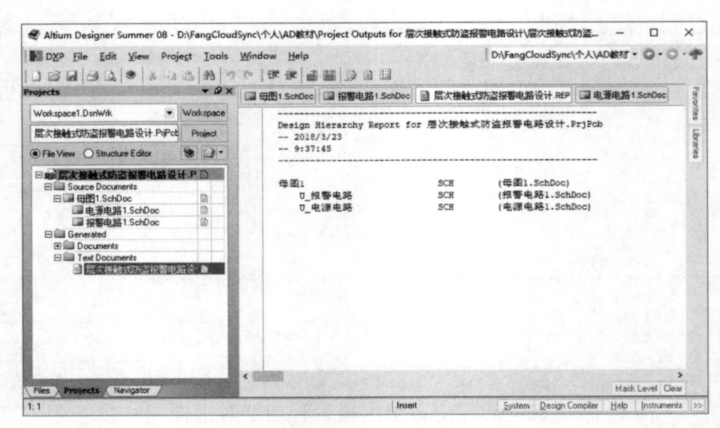

图 7-25　层次报表内容

7.4.4　端口引用参考报表

端口引用参考报表用来指示层次设计时使用的各种端口的引用关系。它没有一个独立的文件输出，而是将引用参考作为一种标识添加在子图的 I/O 端口旁边。

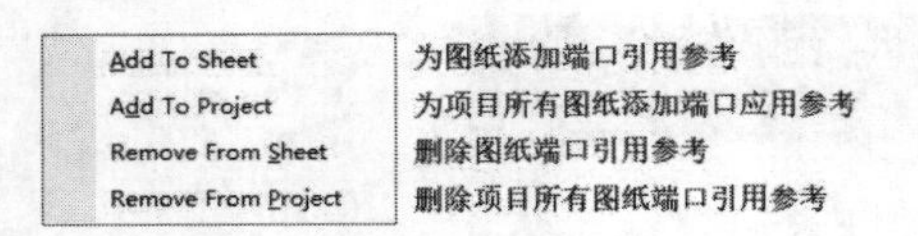

图 7-26　【Port Cross Reference】子菜单

（1）打开设计项目“层次接触式防盗报警电路设计.PrjPcb”，并打开有关原理图。

（2）执行菜单命令【Reports】/【Port Cross Reference】，弹出【Port Cross Reference】子菜单，如图 7-26 所示。

（3）执行菜单命令【Reports】/【Port Cross Reference】/【Add To Sheet】，系统为当前原理图文件中的 I/O 端口添加引用参考，如图 7-27 所示。从图中可以看出，端口引用参考实际上是子图 I/O 端口在母图中的位置指示。

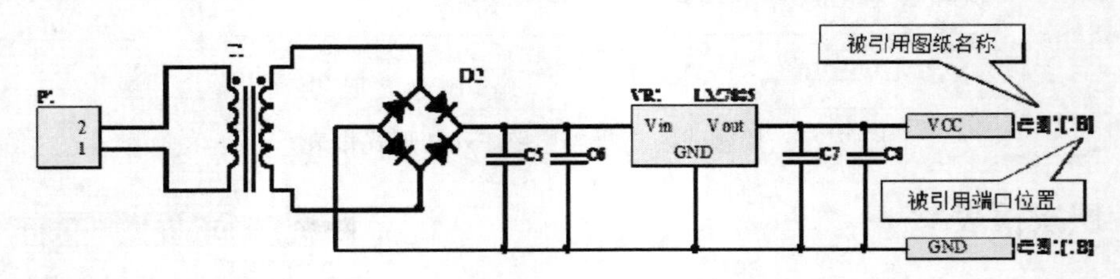

图 7-27　添加端口引用参考的原理图

（4）执行菜单命令【Reports】/【Port Cross Reference】/【Add To Project】，系统为当前项目中所有原理图文件中的 I/O 端口添加引用参考。

（5）【Remove From Sheet】命令和【Remove From Project】命令是删除端口引用参考的命令。

习　题　7

1．练习自上而下的原理图层次设计。
2．练习自下而上的原理图层次设计。
3．练习层次原理图报表的操作方法。

第 8 章　PCB 设计基础

PCB 是“印制电路板”英文名称“Printed Circuit Board”的缩写。它不仅仅是固定或装配各种电子元件的基板，更重要的是实现各种电子元件之间的电气连接或电绝缘，提供电路要求的电气特性（特性阻抗等）。可以说，印制电路板是当今电子技术应用系统中不可替代的重要部件。为了学习 PCB 设计，本章将介绍 PCB 的结构、与 PCB 设计相关的知识、PCB 设计的原则、PCB 编辑器的启动方法及界面。

8.1　PCB 的基本常识

8.1.1　印制电路板的结构

印制电路板也称为印制板，就是通常所说的 PCB。印制板是通过一定的制作工艺，在绝缘度非常高的基材上覆盖一层导电性能良好的铜薄膜构成敷铜板，然后根据具体的 PCB 图的要求，在敷铜板上蚀刻出 PCB 上的导线，并钻出印制板安装定位孔、焊盘和导孔的电路板。

印制板的分类方法比较多。根据板材的不同，可以分为纸制敷铜板、玻璃布敷铜板和挠性塑料制作的挠性敷铜板，其中挠性敷铜板能够承受较大的变形。有些电路的功能和特性可能会对板材有特殊的要求，在这种情况下，是应该考虑板材类型的。

根据电路板的结构，可以分为单面板（Signal Layer PCB）、双面板（Double Layer PCB）和多层板（Multi Layer PCB）3 种。

单面板是一种一面敷铜，另一面没有敷铜的电路板，只可在它敷铜的一面布线和焊接元件。单面板结构比较简单，制作成本较低。但是对于复杂的电路，由于只能一个面上走线并且不允许交叉，单面板布线难度很大，布通率往往较低，因此通常只有电路比较简单时才采用单面板的布线方案。

双面板是一种包括顶层（Top Layer）和底层（Bottom Layer）的电路板。顶层一般为元件面，底层一般为焊接面。双面板两面都敷有铜箔，因此两面都可以布线，并且可通过导孔在不同工作层中切换走线，相对于多层板而言，双面板制作成本不高。对于一般的应用电路，在给定一定面积的时候通常都能 100%布通，因此目前一般的印制板都是双面板。

多层板就是包含多个工作层面的电路板。最简单的多层板有 4 层，通常是在“Top Layer”层和“Bottom Layer”层中间加上了电源层和地线层。如图 8-1 所示。通过这样处理，可以最大程度上解决电磁干扰问题，提高系统的可靠性，同时也可以提高布通率，缩小 PCB 的面积。

整个多层电路板将包括顶层、底层、内层和中间层。层与层之间是绝缘层，绝缘层用于隔离电源层和布线层，绝缘层的材料不仅要求绝缘性能良好，而且要求其可挠性和耐热性能良好。

通常在印制电路板上布上铜膜导线后，还要在上面印上一层阻焊层（Solder Mask），阻焊层留出焊点的位置，而将铜膜导线覆盖住。阻焊层不粘焊锡，甚至可以排开焊锡，这样在焊接时，可以防止焊锡溢出造成短路。另外，阻焊层有顶层阻焊层（Top Solder Mask）和底层阻焊层（Bottom Solder Mask）之分。

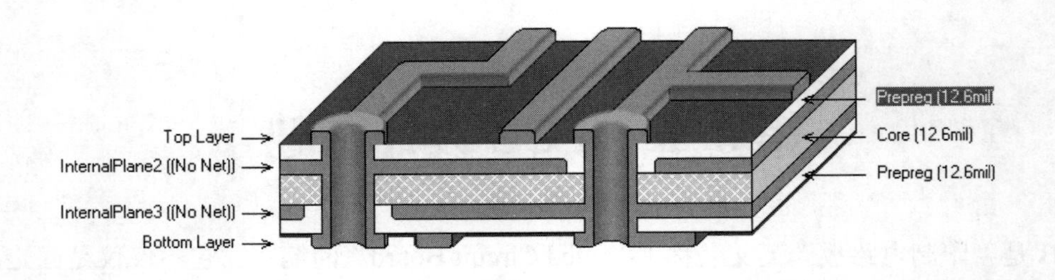

图 8-1　多层板剖面图

有时还要在印制电路板的正面或反面印上一些必要的文字，如元件符号、公司名称等，能印这些文字的一层称为丝印层（Silkscreen Overlay），该层又分为顶层丝印层（Top Overlay）和底层丝印层（Bottom Overlay）。

8.1.2　PCB 元件封装

元件封装是指实际的电子元件焊接到电路板时所指示的轮廓和焊点的位置，它是使元件引脚和印制电路板上的焊盘一致的保证。纯粹的元件封装只是一个空间的概念，不同的元件有相同的封装，同一个元件也可以有不同的封装。所以在取用焊接元件时，不仅要知道元件的名称，还要知道元件的封装。

1．元件封装的分类

元件的封装形式很多，但一般情况下可以分为两大类：针脚式元件封装和表贴式（SMT）元件封装。

1）针脚式元件封装

针脚式元件封装是针对针脚类元件的，如图 8-2 所示。在 PCB 编辑窗口，双击针脚式元件的任一焊盘，即可弹出针脚式元件焊盘参数对话框。其中焊盘的板层属性对话框如图 8-3 所示，必须为 Multi-Layer，因为针脚式元件焊接时，先要将元件针脚插入焊盘导孔中，并贯穿整个电路板，然后再焊锡。

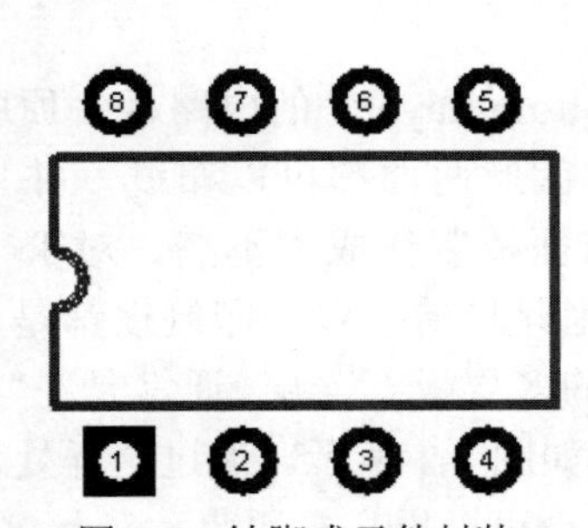

图 8-2　针脚式元件封装

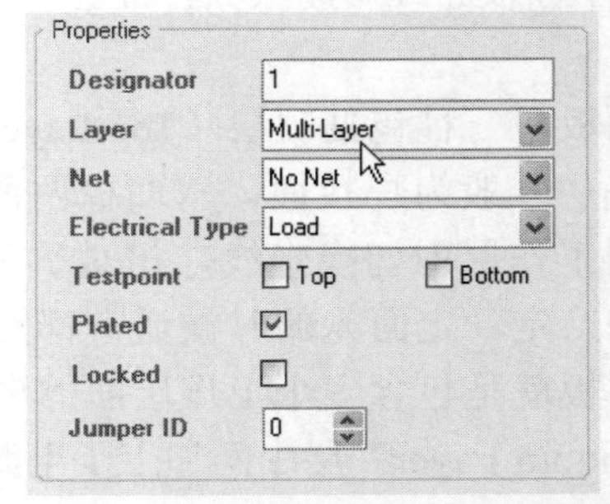

图 8-3　针脚式元件封装的板层属性对话框

2）表贴式（SMT）元件封装

表贴式（SMT）元件封装如图 8-4 所示。此类封装的焊盘只限于表层，即顶层（Top Layer）或底层，其焊盘的属性对话框中，Layer 板层属性必须为单一表面，如图 8-5 所示。

2．元件封装的名称

元件封装的名称原则为：元件类型+焊盘距离（焊盘数）+元件外形尺寸。可以根据元件的名称来判断元件封装的规格。例如，电阻元件的封装为 AXIAL-0.4，表示此元件封装为轴状，两焊盘间的距离为400mil（约等于10mm）；DIP-16表示双列直插式元件封装，数字16为焊盘（或称引脚）的个数；RB.2/.4表示极性电容元件封装，引脚间距为200mil，元件直径为400mil。

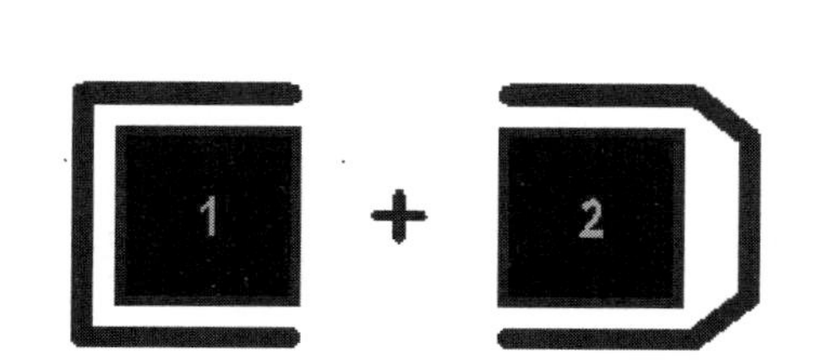

图8-4　表贴式元件封装

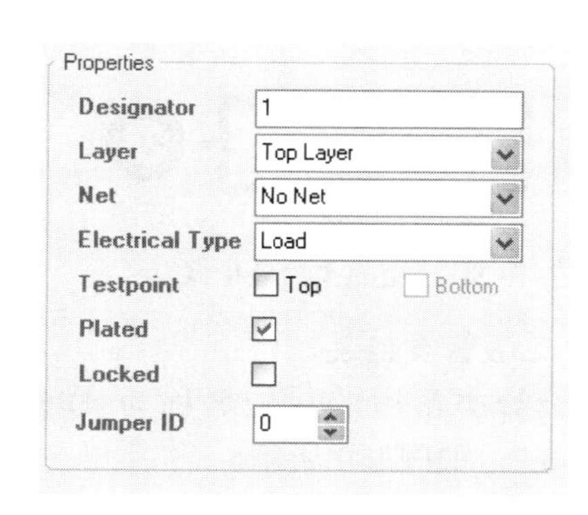

图8-5　表贴式元件封装的板层属性对话框

8.1.3　常用元件的封装

因为元件的种类繁多，所以其封装也很繁杂。即便是同一功能元件，因生产厂家的不一样，也有不同的封装，所以无法一一列举。较详细资料请参看本书附录A——常用原理图元件符号与PCB封装，在这里只简单介绍几例分立元件和小规模集成电路的封装。

常用的分立元件封装有极性电容类（RB5-10.5～RB7.6-15）、非极性电容类（RAD-0.1～RAD-0.4）、电阻类（AXIAL-0.3～AXIAL-1.0）、可变电阻类（VR1～VR5）、晶体三极管类（BCY-W3）、二极管类（DIODE-0.5～DIODE-0.7）和常用的集成电路DIP-xxx封装、SIL-xxx封装等，这些封装大多数可以在“Miscellaneous Devices PCB.PcbLib”元件库中找到。

1．电容类封装

电容可分为无极性电容和有极性电容，与其对应的封装形式也有两种：无极性电容封装，如图8-6（a）所示，其名称为RAD-xx；有极性电容封装，如图8-6（b）所示，其名称如RB7.6-15等。

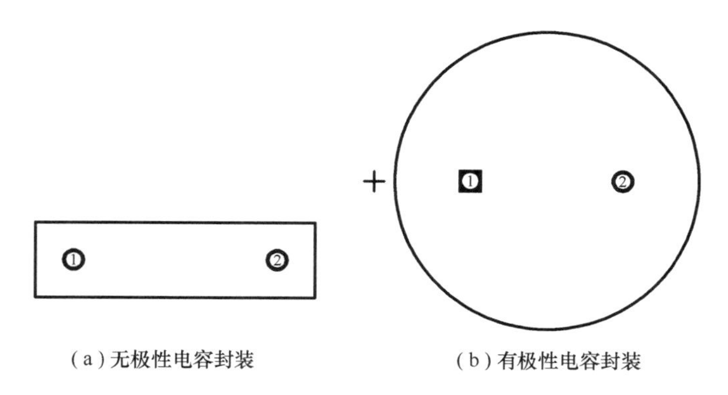

（a）无极性电容封装　　（b）有极性电容封装

图8-6　电容封装形式

2．电阻类封装

电阻类常用的封装形式为轴状形式，如图8-7所示，其名称为AXIAL-xx，数字xx表示两个焊盘间的距离，如AXIAL-0.3。

3. 晶体三极管类封装

晶体三极管类封装形式比较多，在此仅列举 3 个示例，其样式和名称分别如图 8-8 所示。

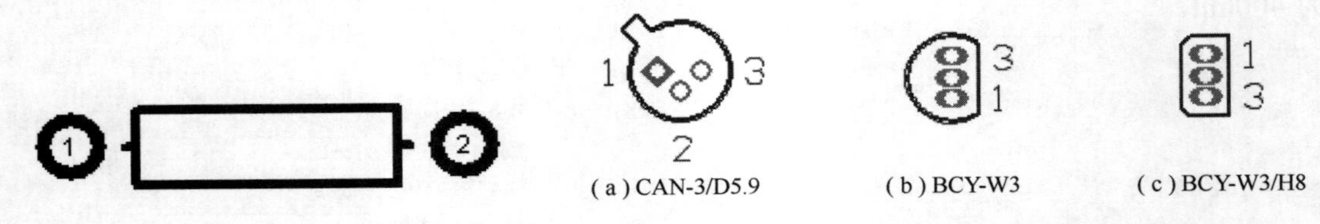

(a) CAN-3/D5.9　(b) BCY-W3　(c) BCY-W3/H8

图 8-7　电阻类封装形式　　图 8-8　晶体三极管类元件封装

4. 二极管类封装

二极管类常用的封装名称为 DIODE-xx，数字 xx 表示二极管引脚间的距离，例如 DIODE-0.7，如图 8-9 所示。

5. 集成电路封装

集成电路的封装形式除已叙述过的针脚类元件的封装为 DIP-xx（双列直插式）、表贴式元件的封装为 SO-Gxx 外，还有单排集成电路的封装为 SIL-xx（单列直插式），如图 8-10 所示。数字 xx 表示集成电路的引脚数。

图 8-9　二极管类元件封装　　图 8-10　SIL-4 单列直插式封装

6. 可变电阻类封装

可变电阻类常用的封装如图 8-11 所示，其名称为 VRx，如 VR4、VR5 等。

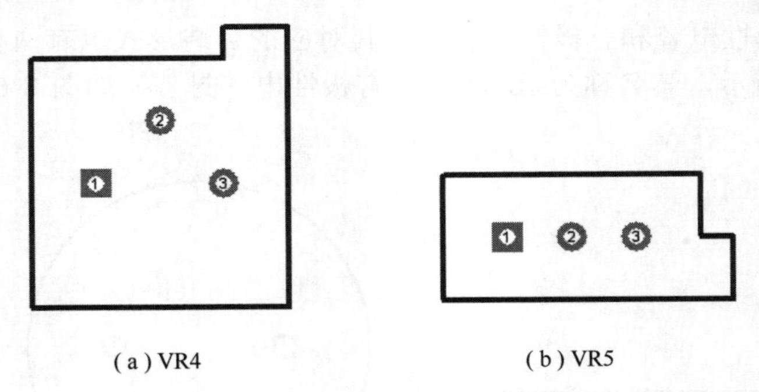

(a) VR4　(b) VR5

图 8-11　可变电阻类元件封装

8.1.4　PCB 的其他术语

1. 铜膜导线与飞线

铜膜导线是敷铜板经过加工后在 PCB 上的铜膜走线，又简称为导线，用于连接各个焊点，是印制电路板重要的组成部分，可以说印制电路板的设计几乎都是围绕布置导线进行的。与布线过程中出现的预拉线（又称为飞线）有本质的区别，飞线只是形式上表示出网络之间的连接，没有实际的电气连接意义。

2．焊盘和导孔

焊盘是用焊锡连接元件引脚和导线的 PCB 图件。其形状可分为 3 种，即圆形（Round）、方形（Rectangle）和八角形（Octagonal），如图 8-12 所示；焊盘主要有两个参数：孔径尺寸（Hole Size）和焊盘大小，如图 8-13 所示。

图 8-12　焊盘的形状

图 8-13　焊盘的尺寸

导孔，也称为过孔，是连接不同板层间的导线的 PCB 图件。导孔有 3 种，即从顶层到底层的穿透式导孔、从顶层通到内层或从内层通到底层的盲导孔和内层间的屏蔽导孔。导孔都为圆形，尺寸有两个，即通孔直径和导孔直径，如图 8-14 所示。

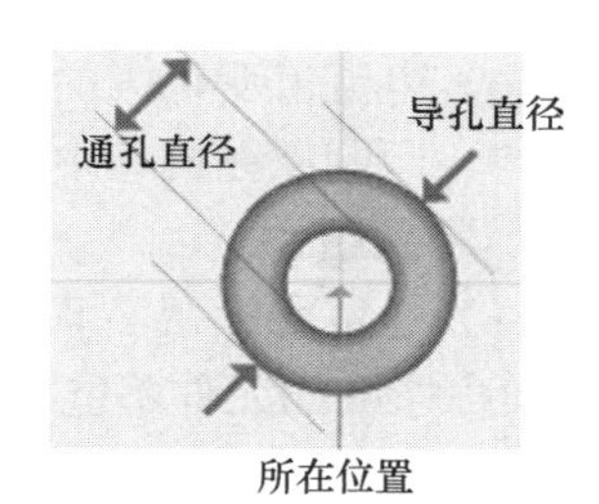

图 8-14　导孔的尺寸

3．网络、中间层和内层

网络和导线是有所不同的，网络上还包含焊点，因此在提到网络时不仅指导线而且还包括和导线连接的焊盘、导孔。

中间层和内层是两个容易混淆的概念。中间层是指用于布线的中间板层，该层中布的是导线；内层是指电源层或地线层，该层一般情况下不布线，它是由整片铜膜构成的电源线或地线。

4．安全距离

在印制电路板上，为了避免导线、导孔、焊盘之间相互干扰，必须在它们之间留出一定的间隙，即安全距离，其距离的大小可以在布线规则中设置，具体参见本书的有关部分。

5．物理边界与电气边界

电路板的形状边界称为物理边界，在制板时用机械层来规范；用来限定布线和放置元件的范围称为电气边界，它是通过在禁止布线层绘制边界来实现的。一般情况下，物理边界与电气边界取值一样，这时就可以用电气边界来代替物理边界。

8.2　PCB 设计的基本原则

在进行 PCB 设计时，必须遵守 PCB 设计的一般原则，并应符合抗干扰设计的要求。即便是电路原理图设计得正确，由于印制电路板设计不当，也会对电子设备的可靠性产生不利的影响。

8.2.1　PCB 设计的一般原则

要使电子电路获得最佳性能，元件的布局和导线的安排是很重要的。为了设计质量好、造价低的 PCB，应遵循以下一般原则。

1．布局

首先，要考虑 PCB 的尺寸大小。PCB 尺寸过大时，印制线路因线条太长，阻抗会增加，抗干扰能力就会下降，成本也会增加；过小，则散热不好，并且临近的线路容易受到干扰。在确定 PCB 尺寸后，再确定特殊组件的位置。最后，根据电路的功能单元，对电路的全部元件进行布局，要符合以下原则：

（1）按照电路的流程安排各个功能电路单元的位置，使布局便于信号流通，并使信号尽可能保持一致的方向。

（2）以每个功能电路的核心组件为中心，围绕它来进行布局。元件应均匀、整齐、紧凑地排列在 PCB 上，尽量减少和缩短各元件之间的引线和连接。

（3）在高频信号下工作的电路，要考虑元件之间的分布参数。一般电路应尽可能使元件平行排列，这样不但美观，而且装焊容易，易于批量生产。

（4）位于电路板边缘的元件，离电路板边缘一般不小于 2mm。电路板的最佳形状为矩形，长宽比为 3∶2 或 4∶3，电路板面尺寸大于 200mm×150mm 时，应考虑电路板所承受的机械强度。

（5）时钟发生器、晶振和 CPU 的时钟输入端应尽量相互靠近且远离其他低频元件。

（6）电流值变化大的电路尽量远离逻辑电路。

（7）印制板在机箱中的位置和方向，应保证散热量大的元件处在正上方。

2．特殊组件

（1）尽可能缩短高频元件之间的连线，设法减少它们的分布参数和相互间的电磁噪声。易受噪声影响的元件不能靠得太近，输入和输出组件应尽量远离。

（2）应加大电位差较高的某些元件之间或导线之间的距离，以免因放电引起意外短路。带高电压的元件应尽量布置在维修时手不易触及的位置。

（3）质量超过 15g 的元件，应当用支架加以固定，然后焊接。那些又大又重、较易发热的元件，不宜装在印制电路板上，而应装在整机的机箱底板上，且应考虑散热问题。热敏组件应远离发热组件。

（4）对于电位器、可调电感线圈、可变电容器、微动开关等可调组件的布局，应考虑整机的结构要求。若是机内调整，应放在印制电路板上易于调整的地方；若是机外调整，其位置要与调整旋钮在机箱面板上的位置相配合。

（5）应留出印制电路板定位孔及固定支架所占用的位置。

3．布线

（1）输入/输出端用的导线应尽量避免相邻平行，最好加线间地线，以免发生反馈耦合。

（2）印制电路板导线间的最小宽度主要是由导线与绝缘基板间的附着强度和流过它们的电流决定的。只要允许，尽可能用宽线，尤其是电源线和地线。导线的最小间距主要由最坏情况下的线间绝缘电阻和击穿电压决定。对于集成电路，尤其是数字电路，只要制作技术上允许，可使间距小至 5～6mm。

印制导线拐弯处一般取圆弧形，尽量避免使用大面积铜箔，否则，长时间受热时，易发生铜箔膨胀和脱落现象。必须用大面积铜箔时，最好采用栅格状，这样有利于排出铜箔与板间黏合剂受热产生的挥发性气体。

（3）功率线、交流线尽量布置在和信号线不同的板上，否则应和信号线分开走线。

4．焊点

焊点中心孔要比元件引线直径稍大一些，焊点太大易形成虚焊。焊点外径 D 一般不小于（d+1.2）mm，其中 d 为引线孔径。对高密度的数字电路，焊点最小直径可取（d+1.0）mm。

5．电源线

根据印制电路板电流的大小，尽量加粗电源线宽度，使电源线、地线的走向和数据传递的方向一致。在印制电路板的电源输入端应接上 10～100μF 的去耦电容，这样有助于增强抗噪声能力。

6．地线

在电子设备中，接地是抑制噪声的重要方法。

（1）正确选择单点接地与多点接地。在低频电路中，信号的工作频率小于 1MHz，它的布线和组件间的电感影响较小，而接地电路形成的环流对噪声影响较大，因而应采用一点接地。当信号的工作频率大于 10MHz 时，地线阻抗变得很大，此时应尽量降低地线阻抗，应采用就近多点接地。当工作频率在 1～10MHz 时，如果采用一点接地，则其地线长度不应超过波长的 1/20，否则应采用多点接地。

（2）将数字电路电源与模拟电路电源分开。若印制电路板上既有逻辑电路又有线性电路，应使它们尽量分开。两者的地线不要相混，分别与电源端地线相连，并尽量加大线性电路的接地面积。低频电路应尽量采用单点并联接地，实际布线有困难时可部分串联后再并联接地。高频电路宜采用多点串联接地，地线应短而粗。

（3）尽量加粗接地线。若接地线很细，接地电位则随电流的变化而变化，致使电子设备的定时信号电平不稳定，抗噪声性能变差。因此应将接地线尽量加粗，使它能通过 3 倍于印制电路板的允许电流。如有可能，接地线的宽度应大于 3mm。

（4）将接地线构成死循环路。设计只由数字电路组成的印制电路板的地线系统时，将接地线做成死循环路可以明显提高抗噪声能力。其原因在于将接地结构组成环路，则会缩小电位差值，提高电子设备的抗噪声能力。

7．去耦电容配置

在数字电路中，当电路从一种状态转换为另一种状态时，就会在电源线上产生一个很大的尖峰电流，形成瞬间的噪声电压。配置旁路电容可以抑制因负载变化而产生的噪声，是印制电路板的可靠性设计的一种常规做法，配置原则如下：

（1）印制板电源输入端跨接一个 10～100μF 的电解电容，如果印制电路板的位置允许，则采用 100μF 以上的电解电容的抗噪声效果会更好。

（2）每个集成芯片的 VCC 和 GND 之间跨接一个 0.01～0.1μF 的陶瓷电容。若空间不允许，可为每 4～10 个芯片配置一个 1～10μF 的钽电容或聚碳酸酯电容，这种组件的高频阻抗特别小，在 500kHz～20MHz 范围内阻抗小于 1Ω，而且漏电流很小（0.5μA 以下）。最好不用电解电容，电解电容是由两层薄膜卷起来的，这种卷起来的结构在高频时表现为电感。

（3）对抗噪声能力弱、关断电流变化大的元件及 ROM、RAM，应在 VCC 和 GND 间接去耦电容。集成电路电源和地之间的去耦电容有两个作用：一是作为集成电路的蓄能电容；二是旁路掉该元件的高频噪声。去耦电容的选用并不严格，可按 $C=1/f$ 选用，即 10MHz 取 0.1μF，100MHz 取 0.01μF。

（4）在单片机复位端“RESET”上配以 0.01μF 的去耦电容。

（5）去耦电容的引线不能太长，尤其是高频旁路电容不能带引线。在焊接时，去耦电容的引脚要尽量短，长的引脚会使去耦电容本身发生自共振。

（6）当印制电路板上有开关、继电器、按钮等组件时，操作它们时均会产生火花放电，必须采用 RC 电路来吸收放电电流。一般 R 取 1～2kΩ，C 取 2.2～47μF。

8．印制电路板的尺寸

印制电路板大小要适中，过大时印制线条长，阻抗增加，不仅抗噪声能力下降，成本也高；过小，则散热不好，同时易受临近线路干扰。

9．热设计

从有利于散热的角度出发，印制电路板最好是直立安装，板与板之间的距离一般不应小于2cm，而且组件在印制电路板上的排列方式应遵循一定的规则。

对于采用自由对流空气冷却的设备，最好是将集成电路（或其他组件）按纵长方式排列，如图 8-15 所示。

对于采用强制空气冷却的设备，最好是将集成电路（或其他组件）按横长方式排列，如图 8-16 所示。

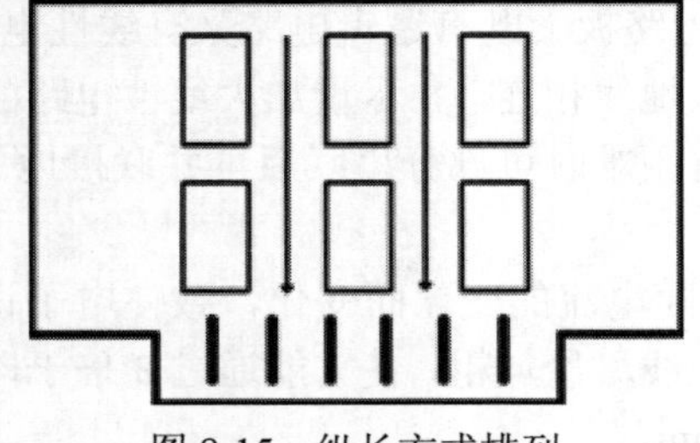

图 8-15　纵长方式排列

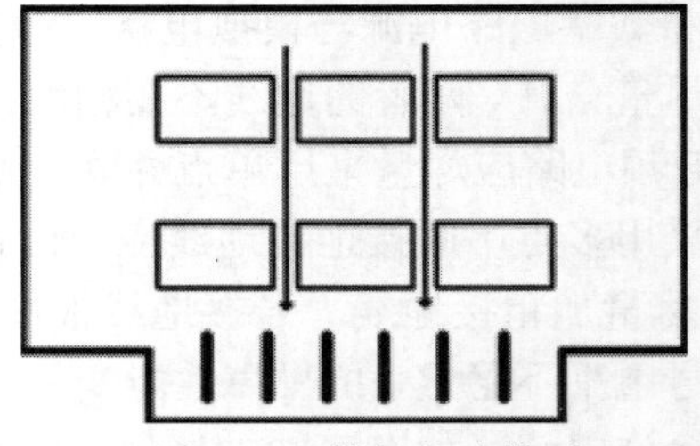

图 8-16　横长方式排列

同一块印制板上的组件应尽可能按其发热量大小及散热程度分区排列，发热量小或耐热性差的组件（如小信号晶体管、小规模集成电路、电解电容等）放在冷却气流的最上流（入口处），发热量大或耐热性好的组件（如功率场效应管、大规模集成电路等）放在冷却气流的最下方。在水平方向上，大功率组件尽量靠近印制板边缘布置，以便缩短传热路径；在垂直方向上，大功率组件尽量靠近印制板上方布置，以便减少这些组件工作时对其他组件温度的影响。对温度比较敏感的组件最好安置在温度最低的区域（如设备的底部），千万不要将它们放在发热组件的正上方。多个组件最好在水平面上交错布局。

以上所述只是印制电路板可能性设计的一些通用原则，印制电路板的可靠性与具体电路有着密切的关系，在设计中必须根据具体电路进行相应处理，才能最大程度上保证印制电路板的可靠性。

8.2.2　PCB 的抗干扰设计原则

在电子系统设计中，为了少走弯路和节省时间，应充分考虑并满足抗干扰性的要求，避免在设计完成后再去进行抗干扰的补救工作。印制电路板的抗干扰设计的一般原则如下。

1．抑制干扰源

抑制干扰源就是尽可能地减小干扰源的 du/dt，di/dt。这是抗干扰设计中最优先考虑和最重要的原则，常常会起到事半功倍的效果。减小干扰源的 du/dt 主要是通过在干扰源两端并联电容来实现的，减小干扰源的 di/dt 则是在干扰源回路串联电感或电阻及增加续流二极管来实现的。常用措施如下：

（1）继电器线圈增加续流二极管，消除断开线圈时产生的反电动势干扰。

（2）在继电器接点两端并接火花抑制电路（一般是 RC 串联电路，电阻一般选几千欧到几十千欧，电容选 0.01μF），减小电火花影响。

（3）给电机加滤波电路，注意电容、电感引线要尽量短。

（4）布线时避免 90° 折线，减小高频噪声发射。

（5）晶闸管两端并接 RC 抑制电路，减小晶闸管产生的噪声（这个噪声严重时可能会把晶闸管击穿）。

2．切断干扰传播路径

按干扰的传播路径可分为传导干扰和辐射干扰两类。所谓传导干扰是指通过导线传播到敏感元件的干扰，所谓辐射干扰是指通过空间辐射传播到敏感元件的干扰。一般的解决方法是增加干扰源与敏感元件的距离，用地线把它们隔离和在敏感元件上加屏蔽罩。常用措施如下：

（1）充分考虑电源对单片机的影响。许多单片机对电源噪声很敏感，要给单片机电源加滤波电路或稳压器，以减小电源噪声对单片机的干扰。可以利用磁珠和电容组成 π 形滤波电路，当然条件要求不高时也可用 100Ω电阻代替磁珠。

（2）如果单片机的 I/O 口用来控制电机等，在 I/O 口与噪声源之间就应加隔离（增加 π 形滤波电路）。

（3）注意晶振布线。晶振与单片机引脚尽量靠近，用地线把时钟区隔离开，晶振外壳接地并固定。

（4）印制电路板合理分区，如强、弱信号，数字、模拟信号，尽可能把干扰源（如电机、继电器）与敏感元件（如单片机）远离。

3．提高敏感元件的抗干扰性能

提高敏感元件的抗干扰性能是指从敏感元件方面考虑尽量较小对干扰噪声的拾取，以及从不正常状态尽快恢复的方法。常用措施如下：

（1）布线时尽量减少回路环的面积，以降低感应噪声。

（2）布线时，电源线和地线要尽量粗。除减小压降外，更重要的是降低耦合噪声。

（3）对于单片机闲置的 I/O 口，不要悬空，要接地或接电源。其他集成电路的闲置端在不改变系统逻辑的情况下应接地或接电源。

8.2.3　PCB 可测性设计

可测性设计是指一起能使测试生成和故障诊断变得容易的设计，是电路本身的一种设计特性，是提高可靠性和维护性的重要保证。对于 PCB 的可测性要求是在系统中实现易检测和故障诊断，我们使用 ATE 测试。

PCB 可测性设计包括两个方面的内容：结构的标准化设计和应用新的测试技术。

1．结构的标准化设计

PCB 接口的标准化和信号的规范化是实现 ATE 对其检测和测试的前提和基础，有利于实现测试总线的连接、测试系统的组织及测试系统中的层次化测试。

（1）进行模块划分。在印制电路板上进行模块划分是一种容易实现和行之有效的可测性设计方法，通常可按以下方法进行划分：①根据功能划分（功能划分）；②根据电路划分（物理划分）；③根据逻辑系列划分；④按电源电压的分隔划分。不同的 PCB 在设计时，可根据其具体情况选择适合的划分方法。

（2）测试点和控制点的选取。测试点和控制点是故障检测、隔离和诊断的基础，测试点和控制点选取的好坏将直接影响到其可测性和维修性。提高 PCB 可测性的一种最简单的方法是提供更多的测试点和控制点，而且这些点分布越合理，其故障检测率就越高。

（3）尽可能减少外部电路和反馈电路。外部电路和反馈电路的使用虽然能使 PCB 的设计简便、性能稳定，却不利于测试和维修。因此，从可测性的角度考虑应尽可能不使用外部电路和反馈电路，若必须使用，则需注明外接元件的类型、参数和作用；对于反馈电路，必须采取必要的可测性措施，如开关、三态器件等，在测试和检测时断开反馈电路，并设计测试点和控制点。

2．应用新的测试技术

常用的可测性设计技术有扫描通道、电平敏感扫描设计、边界扫描等。

8.3　PCB 编辑器的启动

进入印制电路板的设计，首先需要创建一个空白的 PCB 文件，在 Altium Designer 系统中，创建一个新的 PCB 文件的方式有多种。但是，对于使用 Altium Designer 系统的新用户来说，最简单的方法是利用 Altium Designer 新电路板生成向导。在利用新电路板生成向导生成 PCB 文件的过程中，可以选择标准的模板，也可以自定义 PCB 的参数。为此，本节详细介绍利用新电路板生成向导启动 PCB 编辑器的步骤，然后再介绍其他的启动方法。

8.3.1　利用新电路板生成向导启动 PCB 编辑器

具体步骤如下：

（1）启动 Altium Designer 系统，在主界面（见图 8-17）的 Pick a task 栏内选择【Printed Circuit Board Design】命令，系统进入 PCB 设计界面，如图 8-18 所示。

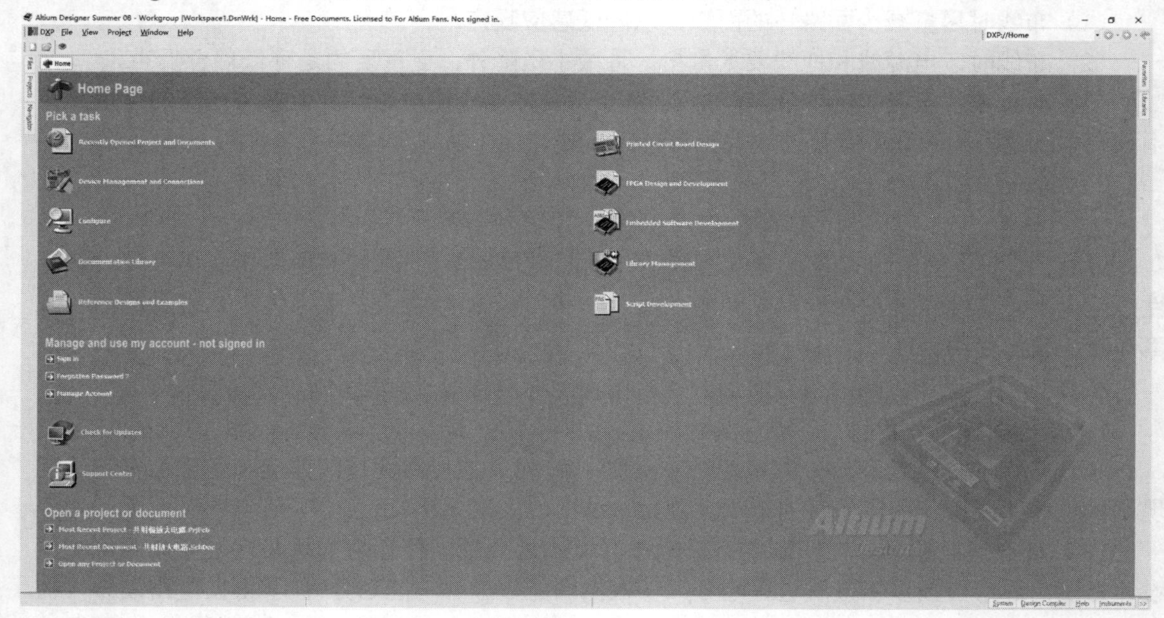

图 8-17　Altium Designer 主界面

（2）在图 8-18 中，单击 PCB Documents 栏最下部的【PCB Board Wizard】命令，即可打开新电路板生成向导对话框，如图 8-19 所示。

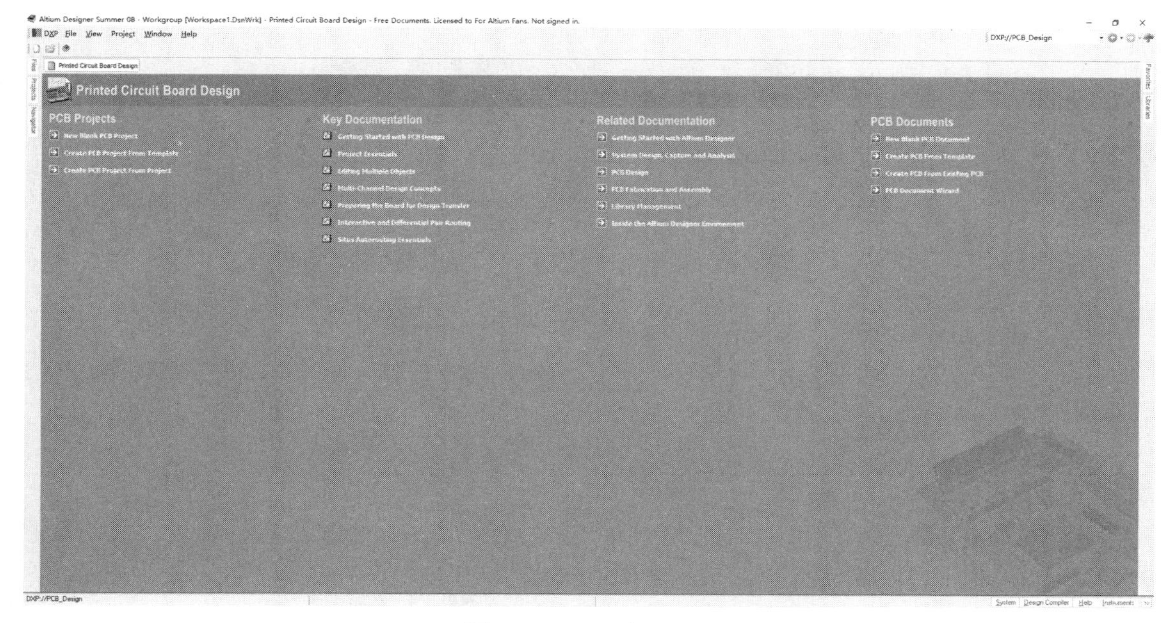

图 8-18　PCB 设计界面

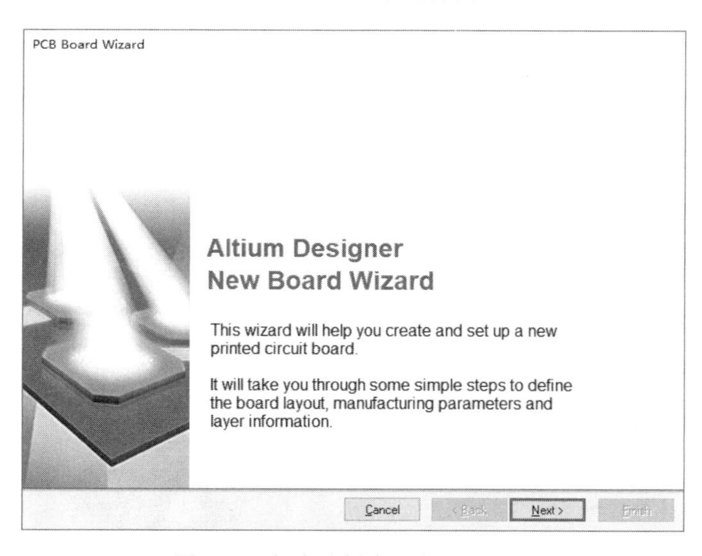

图 8-19　新电路板生成向导对话框

（3）单击 Next > 按钮，在弹出的对话框里可以设置 PCB 尺寸的使用单位，如图 8-20 所示。选中“Imperial”前的单选框，系统尺寸为英制单位“mil”；选中“Metric”前的单选框，系统尺寸为公制单位“mm”（毫米）。

（4）单击 Next > 按钮，弹出 PCB 模板的选择对话框如图 8-21 所示。在该对话框中，可以从 Altium Designer 提供的 PCB 模板库中为正在创建的 PCB 文件选择一种标准模板。

（5）也可以根据用户的需要输入自定义尺寸，即选择“[Custom]”选项。单击 Next > 按钮，弹出 PCB 外形尺寸设定对话框，如图 8-22 所示，在此可以设定 PCB 的一些参数。

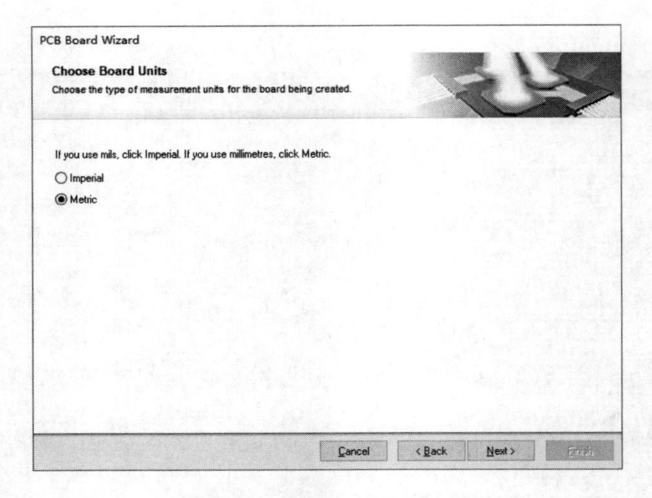

PCB Board Wizard
Choose Board Units
Choose the type of measurement units for the board being created.
If you use mils, click Imperial. If you use millimetres, click Metric.
Imperial
Metric
Cancel
< Back
Next >
Finish

图 8-20　度量单位设置对话框

PCB Board Wizard
Choose Board Profiles
Select a specific board type from the predefined standard profiles or choose custom.
[Custom]
A
A0
A1
A2
A3
A4
AT long bus (13.3 x 4.2 inches)
AT long bus (13.3 x 4.5 inches)
AT long bus (13.3 x 4.8 inches)
AT long bus with break-away tab (13.3 x 4.2 inches)
AT long bus with break-away tab (13.3 x 4.5 inches)
AT long bus with break-away tab (13.3 x 4.8 inches)
AT short bus (7 x 4.2 inches)
AT short bus (7 x 4.5 inches)
AT short bus (7 x 4.8 inches)
AT short bus with break-away tab (7 x 4.2 inches)
AT short bus with break-away tab (7 x 4.5 inches)
AT short bus with break-away tab (7 x 4.8 inches)
B
Cancel
< Back
Next >
Finish

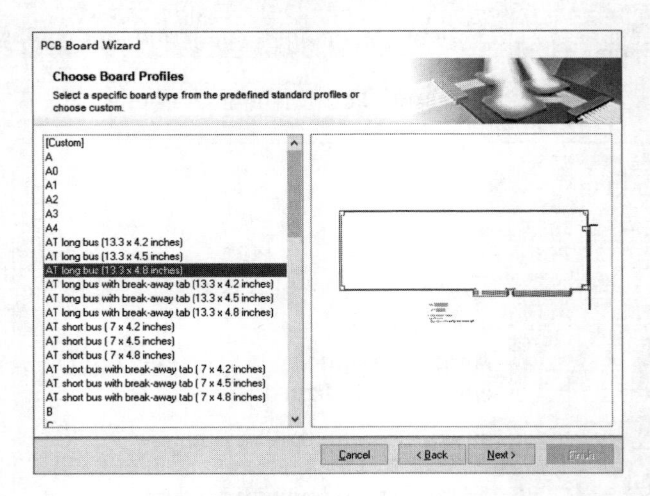

图 8-21　PCB 模板的选择对话框

PCB Board Wizard
Choose Board Details
Choose Board Details
Outline Shape:
Rectangular
Circular
Custom
Board Size:
Width
127.0 mm
Height
101.6 mm
Dimension Layer
Mechanical Layer 1
Boundary Track Width
0.3 mm
Dimension Line Width
0.3 mm
Keep Out Distance From Board Edge
1.3 mm
Title Block and Scale
Legend String
Dimension Lines
Corner Cutoff
Inner CutOff
Cancel
< Back
Next >
Finish

图 8-22　PCB 外形尺寸设定对话框

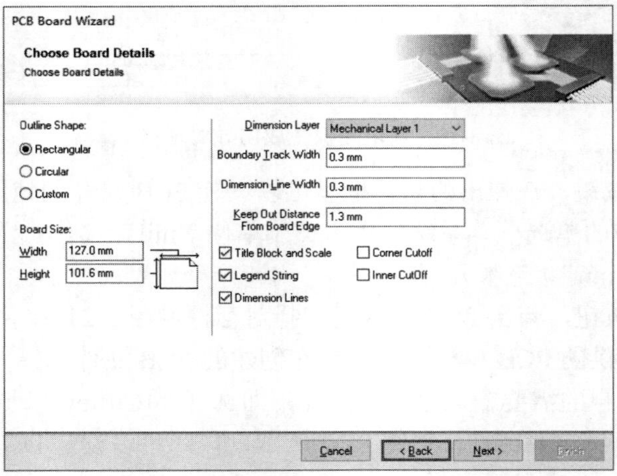

（6）单击 Next > 按钮，进入 PCB 的结构（层数）设置对话框，如图 8-23 所示。在该对话框中，用户可以根据设计的需要设定信号层（Signal Layers）和电源层（Power Planes）的数目。此例为双面板，将信号层的数目设为“2”，电源层的数目设为“0”。

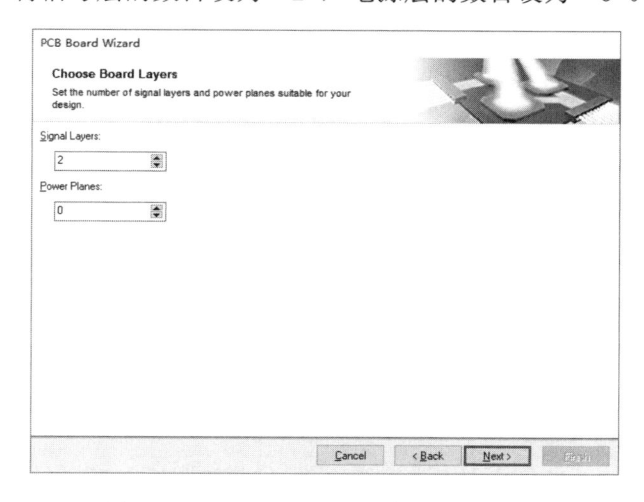

图 8-23　PCB 的结构（层数）设置对话框

（7）单击 Next > 按钮，弹出如图 8-24 所示的导孔样式设置对话框。用户根据设计的需要，可以将导孔设定为通孔（Thruhole Vias only）或盲孔和深埋导孔（Blind and Buried Vias only）。

图 8-24　导孔样式设置对话框

（8）单击 Next > 按钮，弹出如图 8-25 所示的 PCB 上元件放置形式设置对话框。此图选用针脚式元件，电路板单面放置元件。

如果选用表贴式元件，则 PCB 设置对话框如图 8-26 所示。

（9）单击 Next > 按钮，弹出如图 8-27 所示的导线和导孔属性设置对话框。在该对话框中,可以设置导线和导孔的尺寸，以及最小线间距等参数。用户右击对话框中相应选项后的数字，即可改变相应的设置。

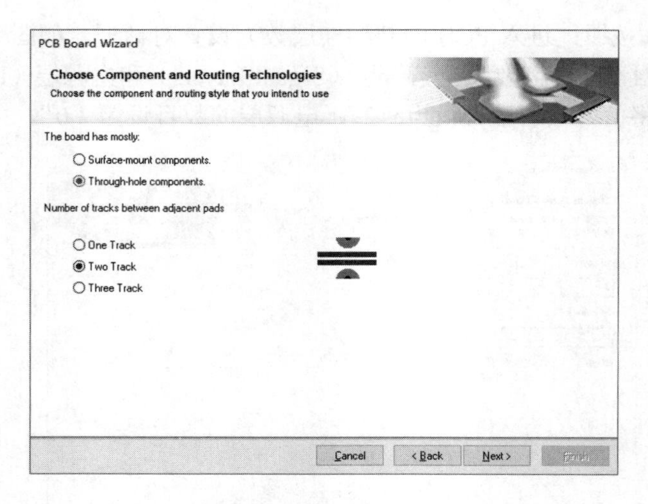

图 8-25　元件放置形式设置对话框（针脚式）

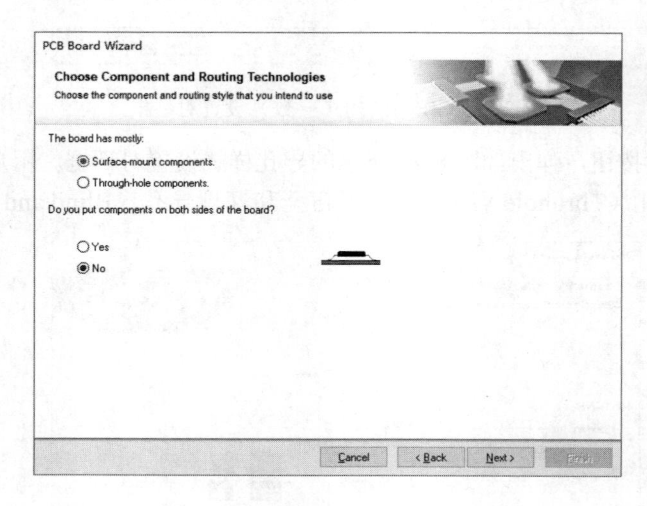

图 8-26　表贴式元件设置对话框

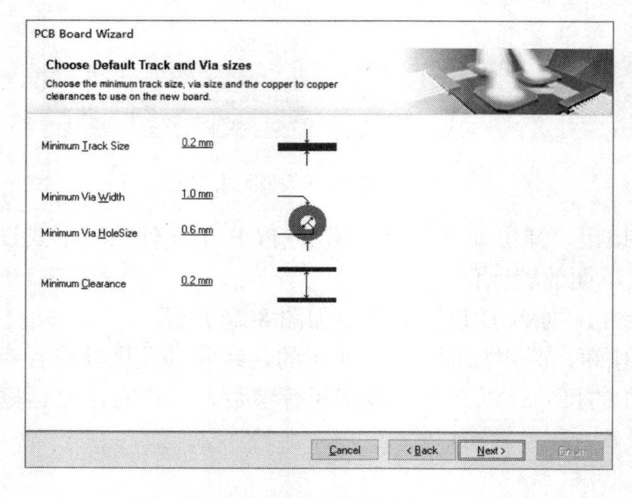

图 8-27　导线和导孔属性设置对话框

（10）单击Next >按钮，弹出如图 8-28 所示的 PCB 生成向导设置完成对话框。如果用户对已经设置的参数不满意，则在任意步骤中都可以单击< Back按钮，重新设置参数。

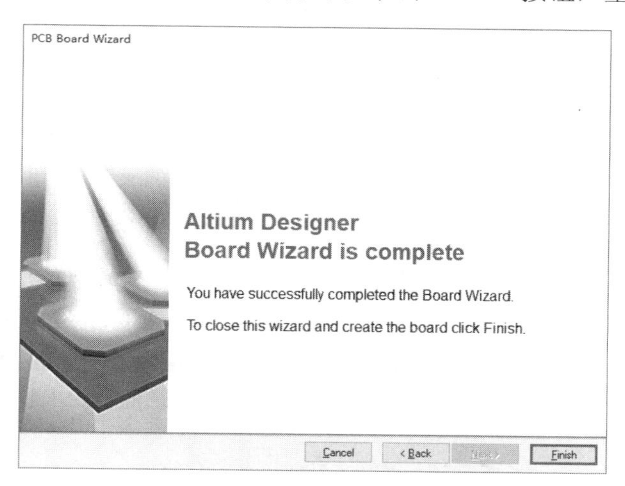

图 8-28　PCB 生成向导设置完成对话框

（11）单击Finish按钮，弹出如图 8-29 所示的画面。即完成 PCB 文件的创建并启动 PCB 编辑器，同时自动将该文件保存为“*.PcbDoc”，其默认的名字为“PCB1”。生成的 PCB 文件会自动地加载到当前的文件中，并且列在项目（Projects）面板工作区的列表下。

图 8-29　生成 PCB1 文件

（12）PCB 文件的保存与文件名的更改。执行菜单命令【File】/【Save As】，将文件的保存路径定位到指定的文件夹，然后在文件名栏中输入“接触式防盗报警电路”，单击保存(S)按钮即可，如图 8-30 所示。

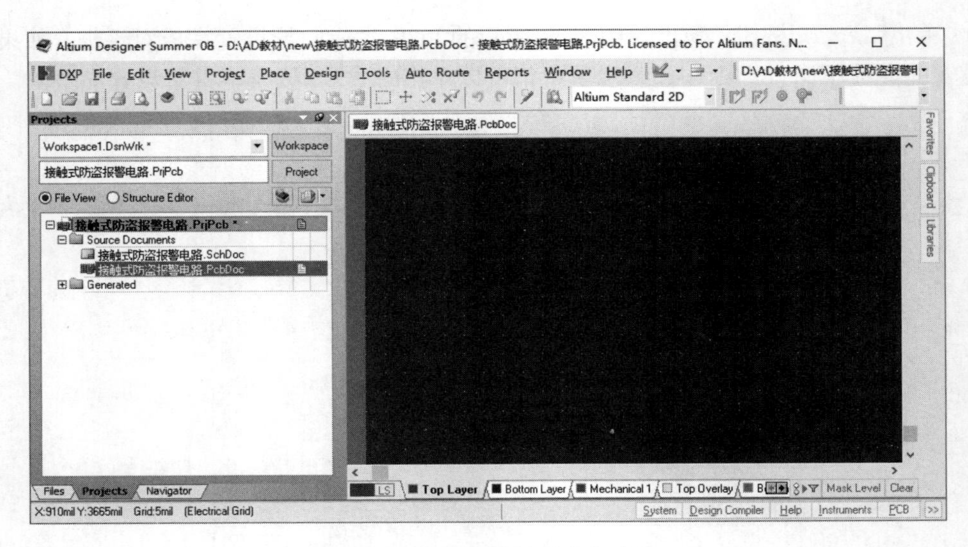

图 8-30 PCB 文件的改名与存储

8.3.2 其他方法启动 PCB 编辑器

可以在 Altium Designer 主界面中，执行【File】/【New】/【PCB】命令，或单击（Files）面板下部的 New 栏中的选项“PCB File”，都可以创建 PCB 文件并启动 PCB 编辑器。这样创建的 PCB 文件，其各项参数均采用了系统默认值。在具体设计时，还需要用户采用其他方法进行修改创建新的 PCB 文件。

习 题 8

1．简述元件封装的分类，并回答元件封装的含义。

2．简述 PCB 设计的基本原则。

3．创建一个 PCB 文件并更名为“MyPCB.PcbDoc”。

第 9 章　PCB 编辑器及参数

印制电路板（PCB）的设计在 Altium Designer 系统的 PCB 编辑器中进行，在使用 PCB 编辑器前，用户需要对 PCB 编辑器进行设置。PCB 编辑器中集中了许多参数，如各种选项、工作层面等。通过对这些参数的合理设置，可有效提高 PCB 设计的效率和效果。本章将较为详细地介绍这些参数的设置方法。

PCB 编辑器的参数设置主要设定编辑操作的意义、显示颜色、显示精度等项目。执行菜单命令【Tools】/【Preferences】，弹出系统参数对话框，如图 9-1 所示。在该对话框中，左侧有 PCB 编辑器（PCB Editor）文件夹，打开该文件夹，可以看到有关 PCB 编辑器的 13 个选项。限于篇幅，本章选取其中几个较为重要的选项来介绍其含义和设置、选取的方法。

9.1　常规（General）参数设置

常规参数设置主要用于 PCB 设计中的各类操作模式的选取。在图 9-1 中单击“General”选项，弹出的对话框如图 9-1 右侧所示。

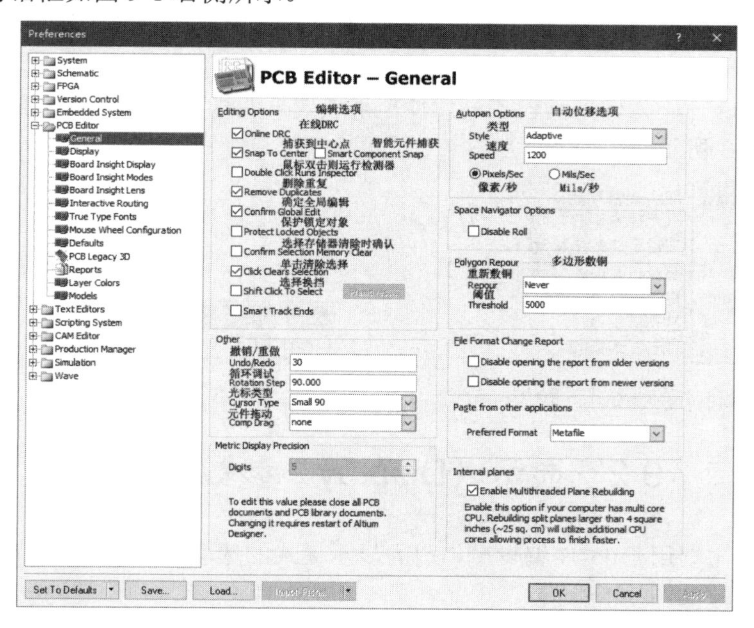

图 9-1　常规参数（General）设置对话框

1．编辑选项（Editing Options）

（1）Online DRC——在线检查：选择该项，在手工布线和调整过程中实时进行 DRC 检查，并在第一时间对违反设计规则的错误给出报警。

（2）Snap To Center——捕获到中心：选择该项，则用光标选择某个元件时，光标自动跳到该元件的中心点，也称基准点，通常为该元件的第一脚。

（3）Click Clears Selection——单击清除选择：选择该项，单击图件时，原来选择的图件会被取消选择，如果不选择该项，单击其他图件时，原来的图件仍被保持选择状态。

（4）Double Click Runs Inspector——双击启动检查器：选择该项，双击某图件时，即可启动该图件的检查器工作面板。

（5）Remove Duplicates——删除标号重复的图件：选择该项，自动删除标号重复的图件。

（6）Confirm Global Edit——确定全局编辑：选择该项，在全局修改操作对象前给出提示信息，以确认是否选择了所有需要修改的对象。

（7）Protect Locked Object——保护锁定对象：选择该项，对于设为“Locked”的对象，在移动该对象或修改其属性时给出警告信息，以确认是不是误操作。

2. 自动位移功能（Autopan Options）

（1）Style——移动类型：屏幕自动移动方式。即在布线或移动元件的操作过程中，光标到达屏幕边缘时屏幕如何移动的方式，共有 7 种，单击其右侧的下拉箭头按钮，弹出的菜单如图 9-2 所示。用户可以根据需要选择一种，目的是方便 PCB 的编辑。

（2）Step Size——移动步长：屏幕移动的每一次的间距。

（3）Shift Step——快速移动步长：按 Shift 键，屏幕快速移动的每一次的间距。

3. 多边形敷铜（Polygon Repour）

系统的多边形敷铜共有 3 种约束方式，可根据需要选择。

4. 其他选项（Other）

（1）Cursor Type——光标类型：光标的形状有 3 种，分别为小“十”字、大“十”字和“×”号。

（2）Comp Drag——元件拖动模式：元件拖动模式有两种。单击其右侧的下拉箭头按钮，弹出的菜单如图 9-3 所示。

图 9-2　屏幕自动移动方式的种类

图 9-3　元件拖动模式

9.2　显示（Display）参数设置

显示参数设置主要用于 PCB 编辑窗口内的显示模式的选取。在图 9-1 中单击“Display”选项，弹出的对话框如图 9-4 所示。

1. 高亮选项（Highlighting Options）

主要用于设置 PCB 区中以高亮显示的内容，详见图 9-4 中的中文标注。

2. 显示选项（Display Options）

（1）Redraw Layers——重绘层：用于设置是否在每次切换板层时自动重绘板层内容。

（2）Use Alpha Blending——使用字母混合：用于是否显示重叠图件。

3. 显示精度（Draft Thresholds）

主要用于设置显示导线和字符串的精度。

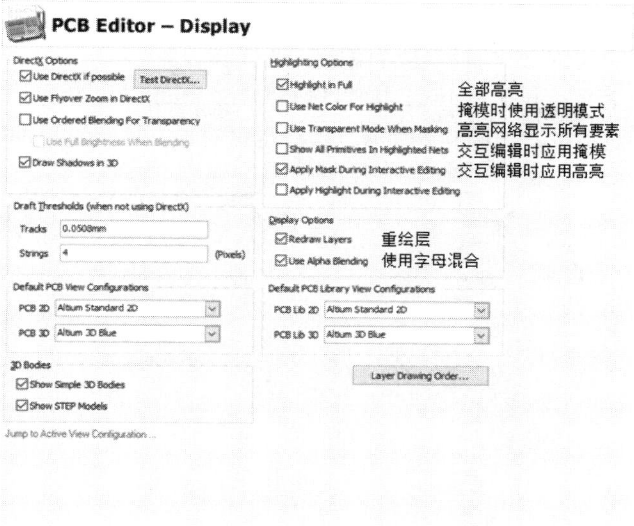

图 9-4　显示参数（Display）设置对话框

9.3　交互式布线（Interactive Routing）参数设置

交互式参数设置主要用于布线操作时模式的选取。在图 9-1 中单击“Interactive Routing”选项，弹出的对话框如图 9-5 所示。

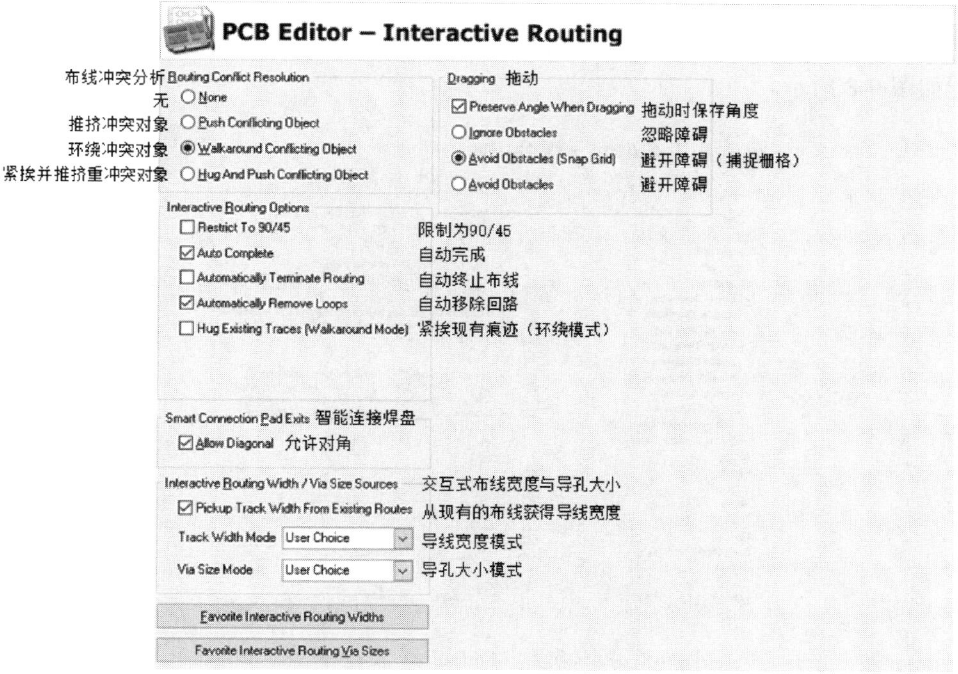

图 9-5　交互式布线参数（Interactive Routing）设置对话框

交互式布线参数设置有 5 栏选项，图 9-5 中各选项的中文标注意思明确，这里不再赘述。图 9-5 中底部有两个按钮，一是习惯的交互式布线宽度 Favorite Interactive Routing Widths 按钮，用于设置用户习惯的交互式布线线宽，单击该按钮，即可弹出用户习惯的交互式布线线宽收藏夹对话框，如图 9-6 所示。用户可对该文件夹进行编辑、选择和设置。

同样，单击习惯的交互式导孔大小 Favorite Interactive Routing Via Sizes 按钮，即可弹出用户习惯的交互式导孔大小收藏夹对话框，如图 9-7 所示。用户也可对该文件夹进行编辑、选择和设置。

Favorite Interactive Routing Widths

Imperial		Metric		System Units
Width	Units	Width	Units	Units
5	mil	0.127	mm	Imperial
6	mil	0.1524	mm	Imperial
8	mil	0.2032	mm	Imperial
10	mil	0.254	mm	Imperial
12	mil	0.3048	mm	Imperial
20	mil	0.508	mm	Imperial
25	mil	0.635	mm	Imperial
50	mil	1.27	mm	Imperial
100	mil	2.54	mm	Imperial
3.937	mil	0.1	mm	Metric
7.874	mil	0.2	mm	Metric
11.811	mil	0.3	mm	Metric
19.685	mil	0.5	mm	Metric
29.528	mil	0.75	mm	Metric
39.37	mil	1	mm	Metric

Add... Delete Edit... OK Cancel

图 9-6　习惯的交互式布线线宽收藏夹对话框

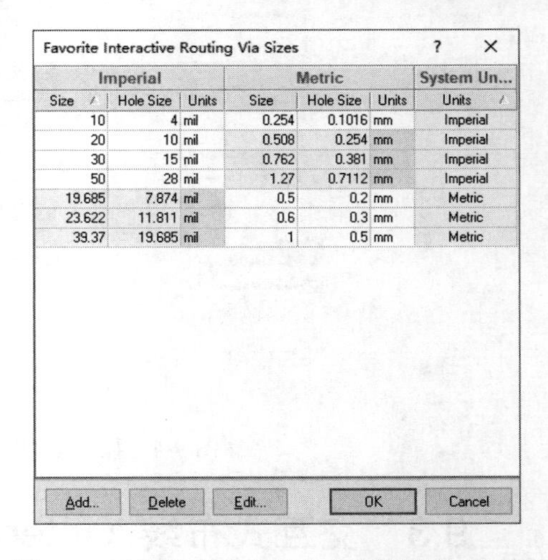
Favorite Interactive Routing Via Sizes

Imperial			Metric			System Un...
Size	Hole Size	Units	Size	Hole Size	Units	Units
10	4	mil	0.254	0.1016	mm	Imperial
20	10	mil	0.508	0.254	mm	Imperial
30	15	mil	0.762	0.381	mm	Imperial
50	28	mil	1.27	0.7112	mm	Imperial
19.685	7.874	mil	0.5	0.2	mm	Metric
23.622	11.811	mil	0.6	0.3	mm	Metric
39.37	19.685	mil	1	0.5	mm	Metric

Add... Delete Edit... OK Cancel

图 9-7　习惯的交互式导孔大小收藏夹对话框

9.4　默认（Defaults）参数设置

默认参数主要用于设置各种类型图件的默认值。在图 9-1 中单击“Defaults”选项，弹出的对话框如图 9-8 所示。

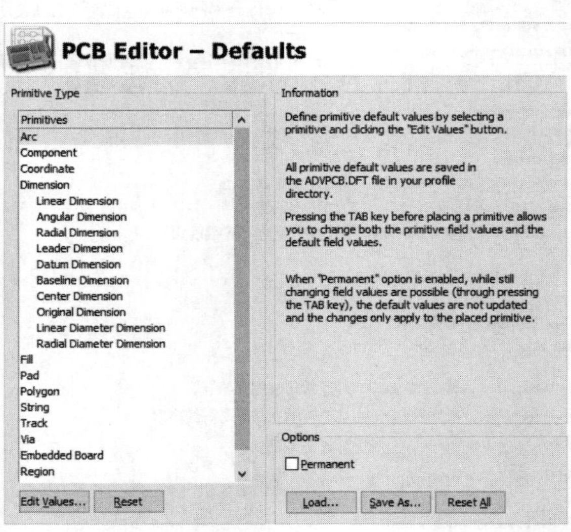

图 9-8　默认参数（Defaults）设置对话框

关于默认设置的说明：

（1）默认设置主要设置电气符号放置到 PCB 图编辑区时的初始状态，用户可以将目前使用最多的值设置为默认值。例如，当给数字电子电路布线时，基本上所有的导线宽度都为 10mil，因此可以将当前导线宽度默认值设为10mil。这样，只调整少数不是10mil的导线宽度就可以了。

（2）系统的默认属性设置的结果存放在安装路径\system\ADVPCB.DFT的文件中。

（3）用户在修改完成某（些）项属性之后，可以自己指定路径，单击Save As...按钮，将这些设置存放到*.DFT文件中；在下一次启动Altium Designer系统时，单击Load...按钮，选择上一次存盘的文件，便可以读出上次设定的默认值。

（4）单击Reset All按钮，则恢复系统默认值。

（5）对某一种电气符号的属性进行修订，可以先在列表框中选择该电气符号，然后单击Edit Values...按钮，则可弹出该电气符号的设置属性对话框，这样就可以修改其设置了。

（6）要恢复某一种电气符号以前的默认值，先在列表框中选择该电气符号，再单击Reset按钮即可完成。

9.5 工作层颜色（Layer Colors）参数设置

工作层颜色参数主要用于设置PCB设计窗口内工作层面的颜色。在图9-1中单击“Layer Colors”选项，弹出的对话框如图9-9所示。

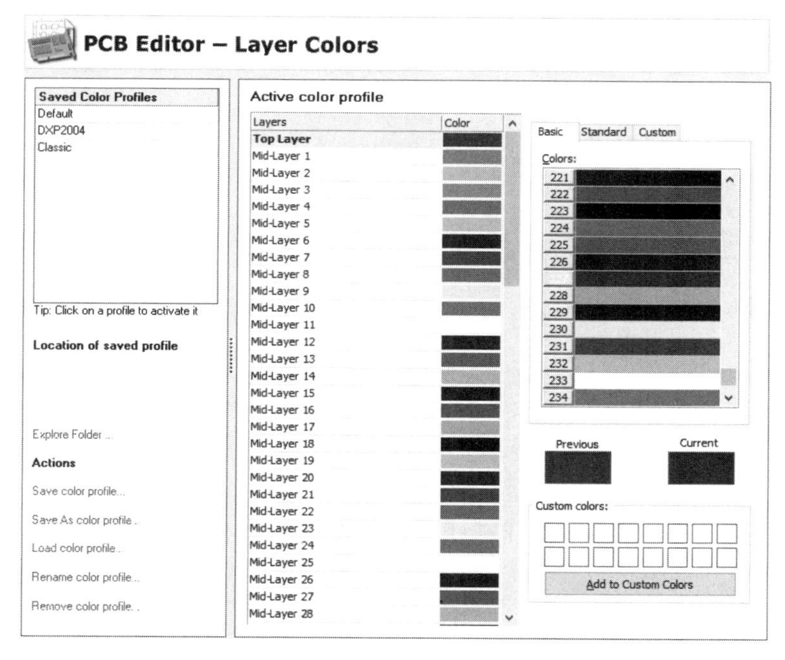

图9-9 工作层颜色参数（Layer Colors）设置对话框

Altium Designer系统的PCB编辑器为用户提供了多达89层的工作层面，这些工作层面分为若干种不同类型，包括信号层、内电层、机械层等。在设计印制电路板时，用户对于不同的工作层面需要进行不同的操作，因此，必须根据需要和习惯来设置工作层面，这样才能对工作层面进行管理。

9.5.1 工作层面的类型

在设计印制电路板前，用户必须熟悉PCB编辑器工作层面的类型。下面将分别介绍工作层面的几种主要类型。

1．信号层

PCB 编辑器共有 32 个信号层，如图 9-10 所示。

信号层主要是用来放置元件和布线的工作层。通常，顶层和底层为敷铜布线层面，它们都可用于放置元件和布线；中间布线层，用于多层板，可布信号线等。

2．内电层

PCB 编辑器提供了 16 个内电层，如图 9-11（a）所示。内电层布置电源线和地线。

3．机械层

PCB 编辑器提供了 16 个机械层，如图 9-11（b）所示。机械层用于放置与印制电路板的机械特性有关的标注尺寸信息和定位孔。

Top Layer	Mid-Layer 16
Mid-Layer 1	Mid-Layer 17
Mid-Layer 2	Mid-Layer 18
Mid-Layer 3	Mid-Layer 19
Mid-Layer 4	Mid-Layer 20
Mid-Layer 5	Mid-Layer 21
Mid-Layer 6	Mid-Layer 22
Mid-Layer 7	Mid-Layer 23
Mid-Layer 8	Mid-Layer 24
Mid-Layer 9	Mid-Layer 25
Mid-Layer 10	Mid-Layer 26
Mid-Layer 11	Mid-Layer 27
Mid-Layer 12	Mid-Layer 28
Mid-Layer 13	Mid-Layer 29
Mid-Layer 14	Mid-Layer 30
Mid-Layer 15	Bottom Layer

图 9-10　信号层

(a) 内电层	(b) 机械层
Internal Plane 1	Mechanical 1
Internal Plane 2	Mechanical 2
Internal Plane 3	Mechanical 3
Internal Plane 4	Mechanical 4
Internal Plane 5	Mechanical 5
Internal Plane 6	Mechanical 6
Internal Plane 7	Mechanical 7
Internal Plane 8	Mechanical 8
Internal Plane 9	Mechanical 9
Internal Plane 10	Mechanical 10
Internal Plane 11	Mechanical 11
Internal Plane 12	Mechanical 12
Internal Plane 13	Mechanical 13
Internal Plane 14	Mechanical 14
Internal Plane 15	Mechanical 15
Internal Plane 16	Mechanical 16

图 9-11　内电层与机械层

4．防护层

PCB 编辑器提供的防护层有两种：一是阻焊层，二是锡膏防护层，如图 9-12 所示。防护层主要用于阻止电路板上不希望被镀上锡的地方镀上锡。

5．丝印层

PCB 编辑器提供了顶层和底层两个丝印层，如图 9-13 所示。丝印层主要用于绘制元件的外形轮廓、元件标号和说明文字等。

6．其他工作层面

PCB 编辑器还提供了其他工作层面，如图 9-14 所示。禁止布线层用于绘制印制板的边框；多层用于观察焊盘或导孔这样每层都可见的电气符号。

Top Paste	顶层阻焊层
Bottom Paste	底层阻焊层
Top Solder	顶层锡膏防护层
Bottom Solder	底层锡膏防护层

图 9-12　防护层

Top Overlay	顶层丝印层
Bottom Overlay	底层丝印层

图 9-13　丝印层

Drill Guide	钻孔位置
Keep-Out Layer	禁止布线层
Drill Drawing	钻孔图
Multi-Layer	多层

图 9-14　其他工作层面

7．必备工作层

PCB 编辑器除提供上述的可选择的工作层面外，还有 PCB 编辑时必须具备的工作层，简称为“必备工作层”，如图 9-15 所示。

Connections and From Tos	网络连接预拉线
Background	背景
DRC Error Markers	DRC错误标志
Selections	选中的物体
Visible Grid 1	可视光栅1
Visible Grid 2	可视光栅2
Pad Holes	焊盘孔
Via Holes	导孔孔
Highlight Color	高亮颜色
Board Line Color	板边框颜色
Board Area Color	板区颜色
Sheet Line Color	图纸边框线颜色
Sheet Area Color	图纸区颜色
Workspace Start Color	工作窗口起始颜色
Workspace End Color	工作窗口结束颜色

图 9-15　必备工作层

9.5.2　工作层设置

工作层虽然有 89 层之多，在 PCB 设计中并不都使用。其中，信号层、内电层和机械层的层数应根据需要而设定。信号层和内电层的层数设置将在 9.6 节介绍。下面以双面 PCB 编辑为例就其他工作层面的层数和显示颜色设置介绍如下。

执行菜单命令【Design】/【Board Layers & Colors】，弹出 PCB 编辑窗口配置对话框，如图 9-16 所示。

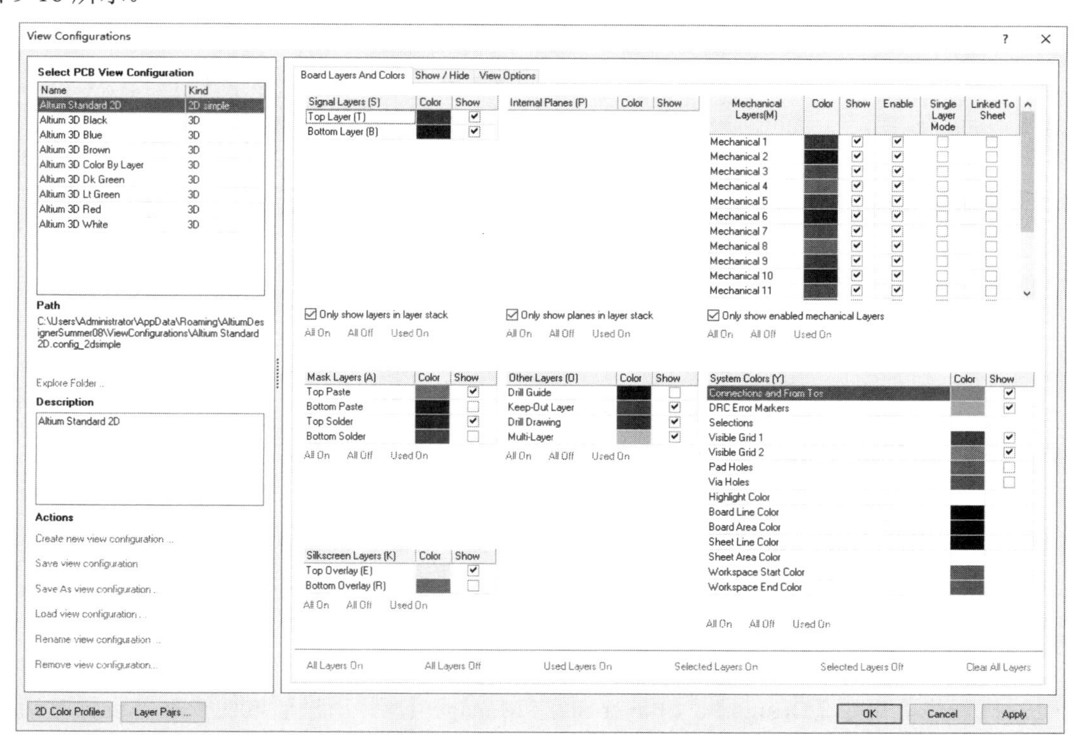

图 9-16　PCB 编辑窗口配置对话框

（1）机械层的层数设置：只要在机械层的“Enable”栏中，勾选某一层的复选框，该层即被设置启用，同样的方法选择其他机械层；取消勾选即撤销该层的启用。

（2）防护层、丝印层、其他层和颜色体系栏中的某些层，只有勾选该项右侧“Show”栏中相应的复选框，则该层被启用；否则的话该层不被启用。

（3）各层显示颜色的设置：观察图 9-16 可以知道，每层层名的右侧都有“Color”栏，单击该颜色框，即可弹出如图 9-17 所示的显示颜色设置对话框，选中某一合适颜色，确认后，即可达到设置相应层显示颜色的目的。

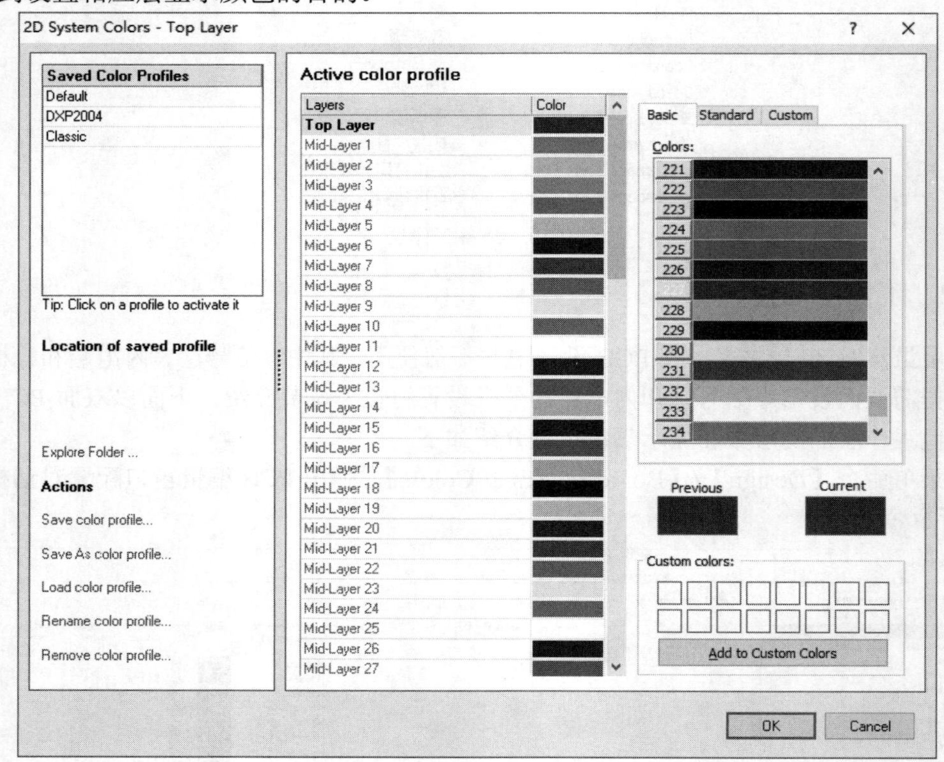

图 9-17　显示颜色设置对话框

9.6　板层的设置

印制电路板（PCB）的板层，从绘制 PCB 的角度讲，是重要的工作层面。也可以说，信号层和内电层是特殊的板层。

在 PCB 编辑器中，为用户提供了功能强大的板层堆栈管理器。在板层堆栈管理器内可以进行添加、删除工作层面（板层），还可以更改各个工作层面（板层）的顺序。可以说，信号层和内电层的添加、删除也必须在板层堆栈管理器内进行。下面首先介绍板层堆栈管理器。

9.6.1　板层堆栈管理器

（1）执行菜单命令【Design】/【Layer Stack Manager】，弹出板层堆栈管理器设置对话框（系统默认），如图 9-18 所示。

（2）单击左下角的 Menu 按钮，弹出一个板层管理菜单，如图 9-19 所示。

（3）执行图 9-19 中的【Example Layer Stacks】命令，弹出如图 9-20 所示的电路板模板菜单，为用户提供了多种不同结构的电路板模板，可按需选取。

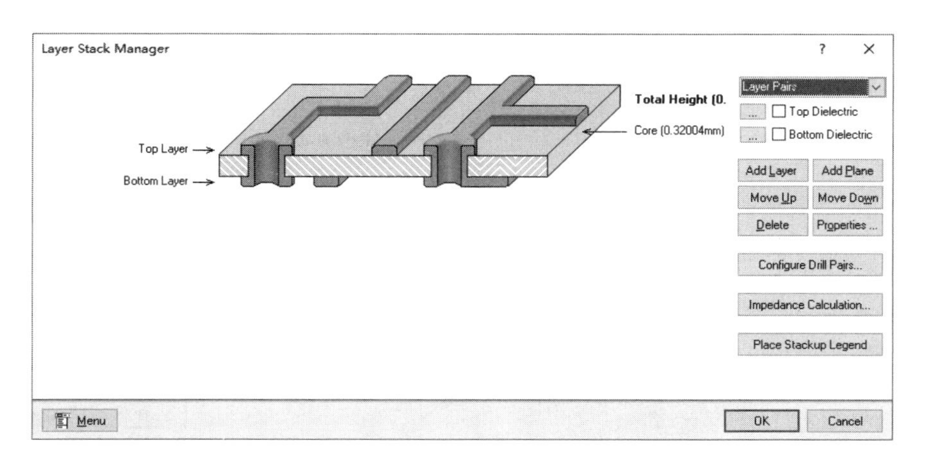

图 9-18　板层堆栈管理器设置对话框

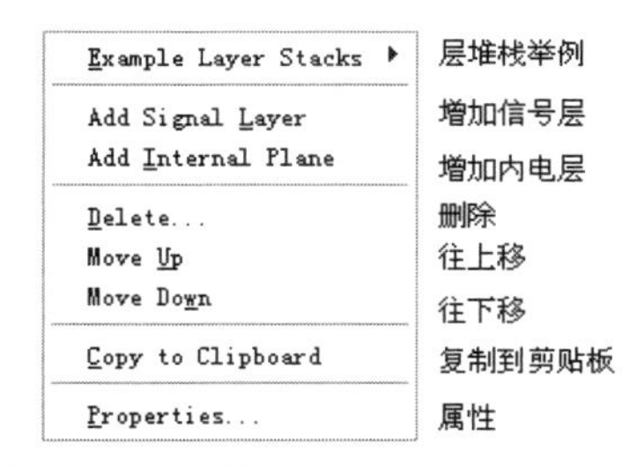

图 9-19　子菜单按钮（Menu）选项

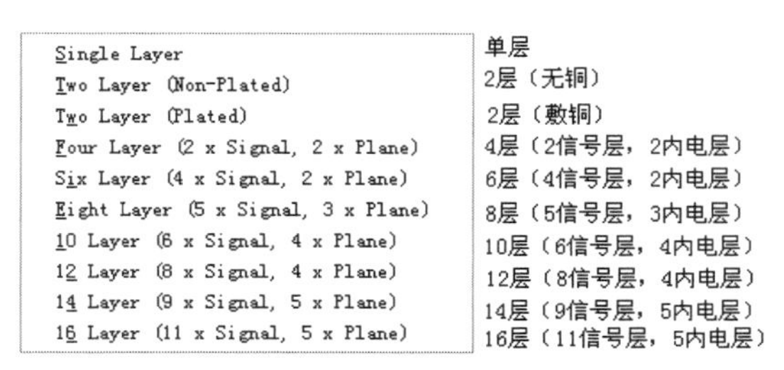

图 9-20　电路板模板菜单

9.6.2　板层设置

图 9-18 中，设置菜单按钮（Menu）的各选项命令，在图 9-18 右上区域都有相应的设置按钮，用户可以执行设置菜单按钮（Menu）的相应命令，也可以单击对话框中的相应设置按钮，其效果是一样的。

下面介绍板层的设置，以四层板为例。具体操作如下：

（1）执行菜单命令【Design】/【Layer Stack Manager】，弹出板层堆栈管理器对话框（系统默认），如图 9-18 所示。

（2）选中顶层或底层，单击 Add Plane 按钮，电路板即增加一内电层。

（3）单击 Add Plane 按钮，电路板又增加一内电层，如图 9-21 所示。

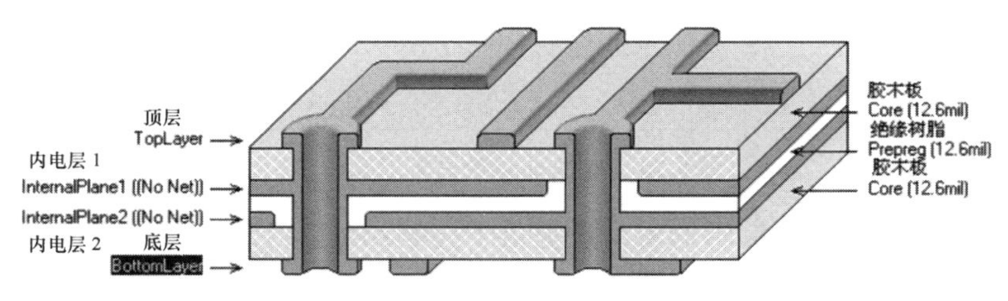

图 9-21　四层电路板图

（4）信号层的设置与内电层相似，只是改为单击 Add Layer 按钮罢了。

（5）材料属性设置：双击某一层面材料后，弹出材料属性对话框，如图 9-22 所示。在该对话框中，可以设定该层的名字、材料、厚度、介电常数等，为制板厂商提供所需的制板信息。

（6）板层属性设置：双击某一层面后，弹出板层属性对话框，如图 9-23 所示。在该对话框中，可以对该层的名字、网络、厚度等进行设置。

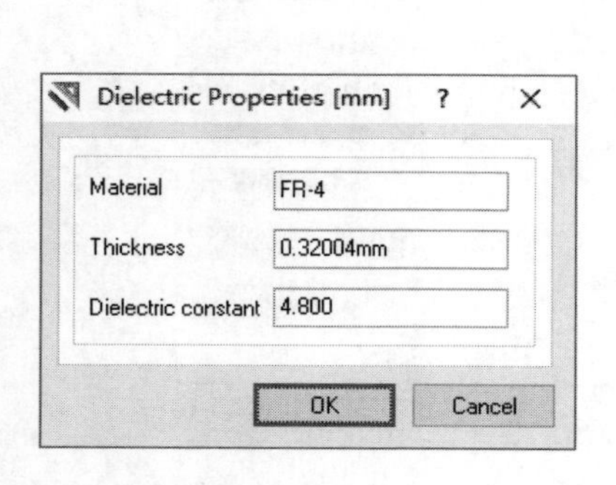

图 9-22　材料属性对话框

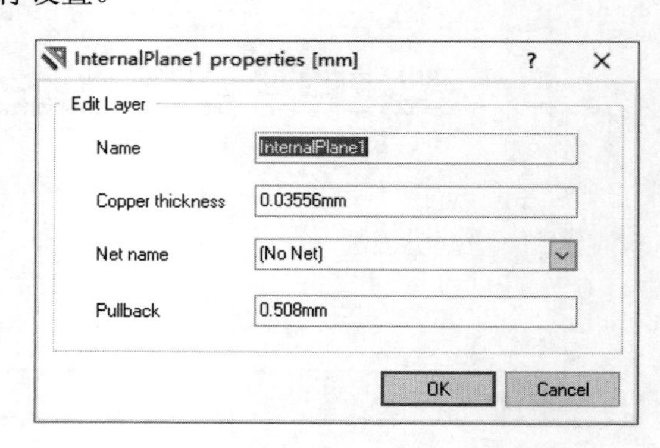

图 9-23　板层属性对话框

9.7　板选项参数设置

该参数的设定对我们的设计操作是十分重要的，它直接影响到绘制 PCB 的工作效率，因此应当引起足够的重视。

执行菜单命令【Design】/【Board Option】，即可进入板选项参数设置对话框，如图 9-24 所示。在该对话框中，可以对测量单位、光标捕获栅格、元件放置的捕获栅格、电气栅格、可视栅格和图纸参数进行设定，还可以对显示图纸和锁定原始图纸等选项进行选择。具体功能说明如下：

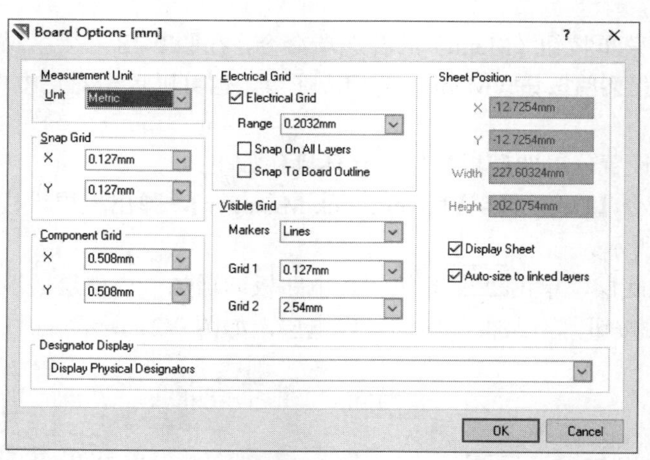

图 9-24　板选项参数设置对话框

（1）测量单位设定：PCB 编辑器为用户提供了公制和英制两种度量单位，单击“Unit”后的下拉箭头按钮，弹出的下拉菜单如图 9-25 所示。

用户可根据自己的画图习惯，选择英制（Imperial），系统尺寸单位为 “mil”（1000mil= 1 英寸）；也可以选择公制（Metric），系统尺寸单位为“mm”（毫米）。

（2）栅格标识设定：PCB 编辑器为用户提供了两种栅格标识——点和线。单击“Markers”选项后的下拉箭头按钮，弹出的下拉菜单如图 9-26 所示。用户可以根据需要和爱好进行选择。

图 9-25　测量单位设定菜单

图 9-26　栅格标识设定菜单

（3）捕获栅格：指的是光标捕获图件时跳跃的最小间隔。

（4）可视栅格：在该选项里可以选择栅格的线形（Lines/Dots），设定可视栅格 1 和可视栅格 2。

（5）图纸位置：在该选项里可以设定图纸的大小和位置。除此以外，用户还可以选中显示图纸等相关参数。

习　题　9

1．简述一般情况下应如何设置 PCB 编辑器参数。

2．简述板层堆栈管理器的作用。

3．简述可视栅格、捕获栅格和电气栅格的区别。

第 10 章　PCB 设计基本操作

Altium Designer 系统的 PCB 编辑器为用户提供了多种编辑工具和命令，其中最常用的是图件放置、移动、查找和编辑等操作方法，将在本章加以介绍；同时，还要介绍元件封装的自制方法。

10.1　PCB 编辑器界面

PCB 编辑器是编辑 PCB 文件的操作界面。只有熟悉了这个界面之后，才能进行印制电路板的设计操作。

在 Altium Designer 系统窗口上，执行菜单命令【File】/【Open Project】，会弹出一个对话窗口，按提示操作可以打开已有的印制电路板文件。例如，第 9 章新建的“接触式防盗报警电路.PcbDoc”，可获得如图 10-1 所示典型的 PCB 编辑器界面。

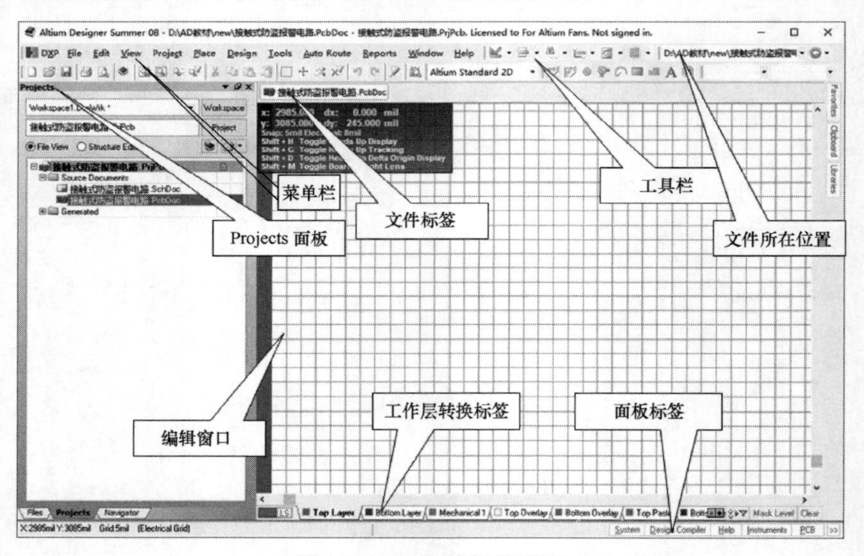

图 10-1　PCB 编辑器界面

（1）菜单栏：PCB 的菜单栏与 SCH 编辑器的菜单栏类似，包含系统所有的操作命令，菜单中有下画线字母的为热键。

（2）工具栏：主要用于 PCB 的编辑操作，与 Windows 工具栏的使用方法相同。

（3）文件标签：激活的每个文件都会在编辑窗口顶部有相应的标签，单击标签可以对文件进行管理。

（4）面板标签栏：单击面板标签，可以激活其相应的工作面板。

（5）编辑窗口：各类文件显示、编辑的地方。与 SCH 相同，PCB 编辑区的形式也以图纸的方式出现，其大小也可以设置。

（6）工作层转换标签：单击标签改变 PCB 设计时的当前工作层面。

10.2 PCB 编辑器工具栏

在 PCB 编辑器中，将常用的一些绘图或元件工具集放在工具栏（Tool bars）中，使用时将其打开，不用时将其关闭。下面先了解工具栏的管理。

在 PCB 编辑器中，执行菜单命令【View】/【Toolbars】，即可打开工具栏的下拉菜单，如图 10-2 所示。

工具栏类型名称前有“√”的表示该工具栏激活，在编辑器中显示，否则没有显示。工具栏的激活习惯上称为打开工具栏，单击【Toolbars】命令，切换工具栏的打开和关闭状态。

图 10-2　工具栏的下拉菜单

PCB 编辑器的工具栏图标如图 10-3 所示。

图 10-3　工具栏的下拉菜单分类工具的图标

PCB 编辑器的工具栏从属性上大致可分为 4 类：过滤栏（Filter）——分类显示类，布线栏（Wiring）——电路图件绘制类，辅助栏（Utilities）——图形、标识绘制类，导航栏（Navigation）和标准栏（PCB Standard）——窗口文件管理或文本编辑类。

过滤栏（Filter）的操作类似于利用导航器在编辑区中查找图件，导航栏（Navigation）和标准栏（PCB Standard）已经在原理图编辑器中做过介绍，布线栏（Wiring）和辅助栏（Utilities）的操作方法将在本章后面结合 PCB 中图件的绘制或放置予以介绍。

此外，在 PCB 编辑器中，布线栏（Wiring）和辅助栏（Utilities）中的功能，可以通过执行菜单放置命令（Place）的下拉菜单中相应的命令来实现。

10.3 放置图件方法

在 PCB 编辑器中，虽然有自动布局和自动布线，但是手工放置图件是避免不了的。如自动布局后的手工调整、自动布线后的手工调整等。因此，图件的放置和绘制方法用户必须掌握。

10.3.1 绘制导线

PCB 编辑器中绘制导线和 SCH 编辑器布线类似，只是操作命令有所不同。具体操作如下：

（1）绘制导线：单击工具栏放置（Place）下拉菜单中的按钮，或执行菜单命令【Place】/【Interactive Routing】，光标变成十字形状，即可进入绘制导线的命令状态。将光标移动到所需绘制导线的起始位置，单击确定导线的起点，然后移动光标，在导线的终点处单击，并在终点处右击，即可绘制出一段直导线。

（2）绘制折线：如果绘制的导线为折线，则需在导线的每个转折点处单击确认，重复上述步骤，即可完成折线的绘制。

（3）结束绘制：绘制完一条导线后，系统仍处于绘制导线的命令状态，可以按上述方法继续绘制其他导线，最后右击或按Esc键，即可退出绘制导线命令状态。

（4）修改导线：在导线绘制完后，如果用户对导线不是十分满意，则可以做适当的调整。调整方法为：单击工具栏编辑（Edit）下拉菜单中移动（Move）子菜单中的【Move】或【Drag】命令，可修改导线。执行【Move】命令后，单击待修改的导线使其出现操控点，然后将光标放到导线上，出现十字箭头光标后可以拉动导线，与之相连的导线随着移动；执行【Drag】命令后，单击待修改的导线使其出现操控点，然后将光标放到导线上，出现十字箭头光标后可以拉动导线移动，与之相连的导线也随着变形。这时如果将光标放到导线的一端，出现双箭头光标后，就可以拉长和缩短导线。

（5）设定导线的属性：系统处于绘制导线的命令状态时按Tab键，则弹出导线属性设置对话框，如图 10-4 所示。

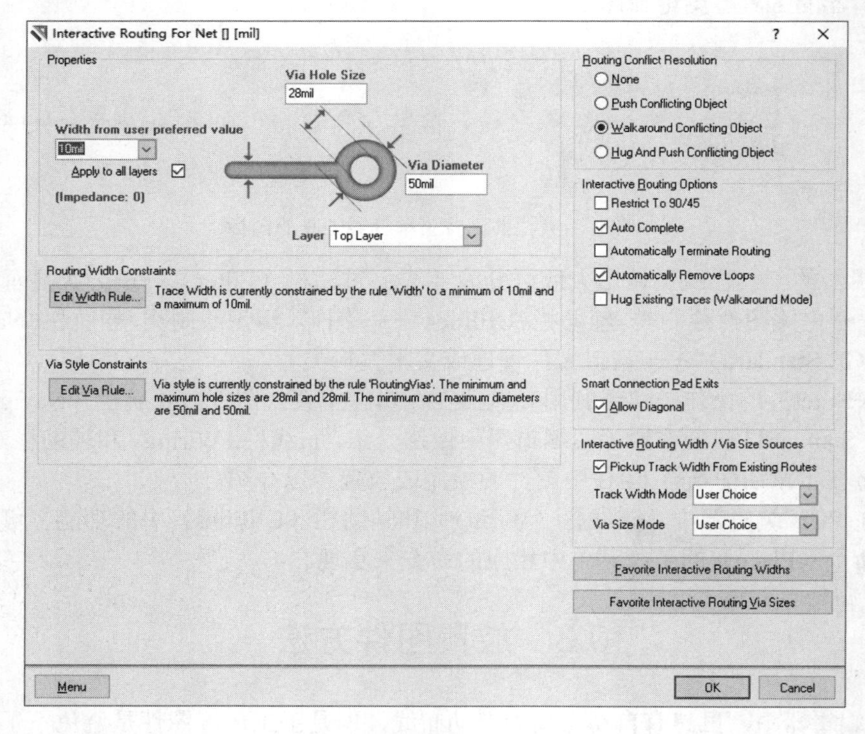

图 10-4　导线属性设置对话框

在该对话框中可以对导线的宽度、导孔尺寸和导线所处的层等进行设定，用户对线宽和导孔尺寸的设定必须满足设计规则的要求。在本例中，设计规则规定最大线宽和最小线宽均为“10mil”，如果设定值超出规则的范围，则本次设定将不会生效，并且系统会提醒用户该设定值不符合设计规则，如图 10-5 所示。

（6）编辑和添加导线设计规则：单击图 10-4 左下角的Menu按钮，弹出如图 10-6 所示下拉菜单。

单击某一选项，可以对相应的设计规则进行修改。修改方法可参照第 12 章中的相关内容。

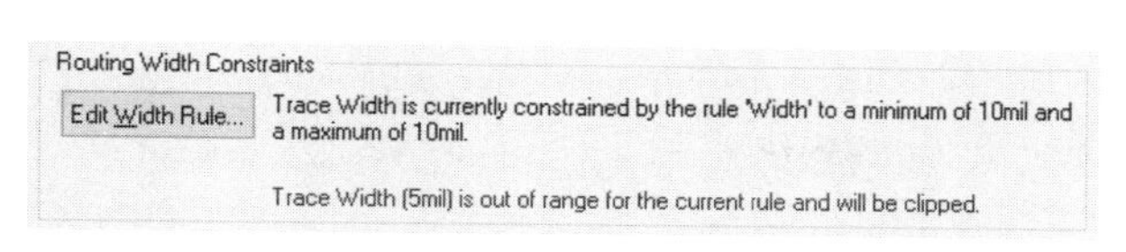

图 10-5 设定值不符合设计规则提示框

Edit Width Rule...	编辑导线宽度规则
Edit Via Rule...	编辑导孔尺寸规则
Add Width Rule...	添加导线宽度规则
Add Via Rule...	添加导孔尺寸规则
Net Properties...	网络属性

图 10-6 编辑和添加导线设计规则菜单

10.3.2 放置焊盘

具体操作如下：

（1）执行菜单命令【Place】/【Pad】。

（2）此时光标在 PCB 编辑窗口中变成十字形状，并带有一个焊盘，如图 10-7 所示。移动光标到需要放置焊盘的位置处单击，即可将一个焊盘放置在光标所在位置。图 10-7 中已经放置了两个焊盘，第三个焊盘正在放置中。

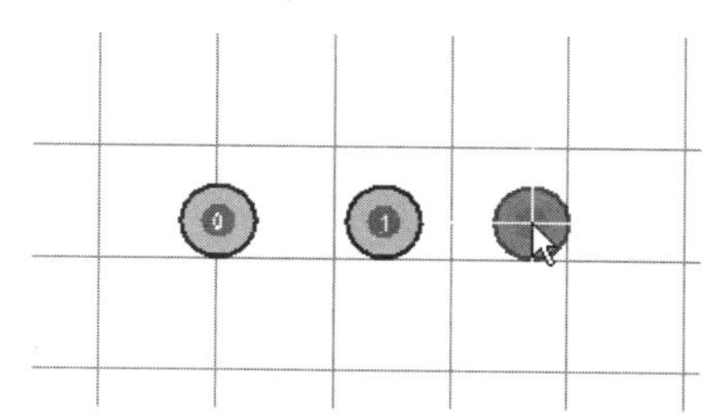

图 10-7 放置焊盘的光标状态

（3）按 Tab 键，则会弹出焊盘设置对话框，如图 10-8 所示。在该对话框中，用户可以对焊盘的孔径大小、旋转角度、位置坐标、焊盘标号、工作层面、网络标号、电气类型、测试点、锁定、镀锡、焊盘形状、尺寸与形状、锡膏防护层和阻焊层尺寸等属性参数进行设定和选择。需要注意的是，设定的导孔尺寸必须满足设计规则的要求。

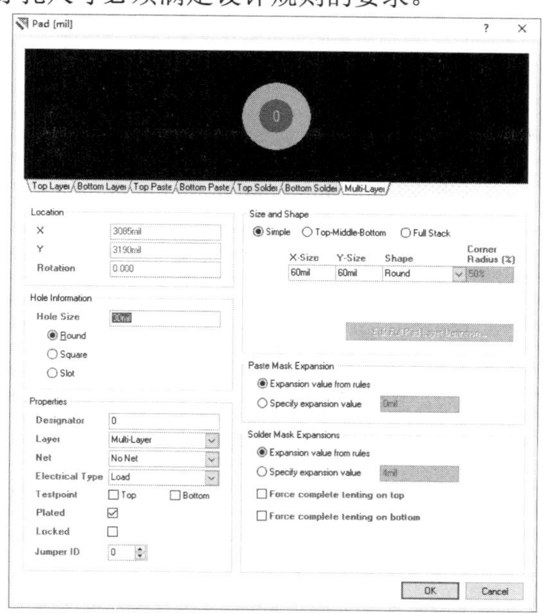

图 10-8 焊盘设置对话框

（4）重复上面的操作，即可在工作平面上放置更多的焊盘，直到右击退出放置焊盘的命令状态。

10.3.3　放置导孔

具体操作如下：

（1）执行菜单命令【Place】/【Via】。

（2）此时光标变成十字形状，并带有一个导孔出现在工作区，如图 10-9 所示。将光标移动到需要放置导孔的位置单击，即可将一个导孔放置在光标当前所在的位置。图 10-9 中已经放置了两个导孔，第三个导孔正在放置中。

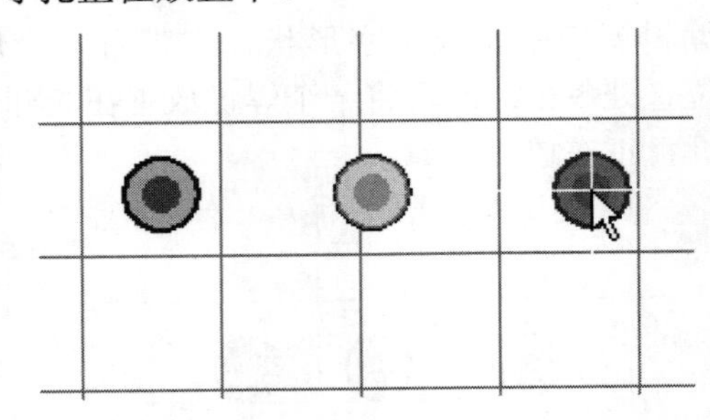

图 10-9　放置导孔的光标状态

（3）按 Tab 键，则弹出导孔属性设置对话框，如图 10-10 所示。在该对话框中，可以对导孔的直径、孔径大小、位置坐标、起始工作层面、结束工作层面、网络标号（Net）、测试点、锁定和阻焊层尺寸等属性参数进行设定和选择。

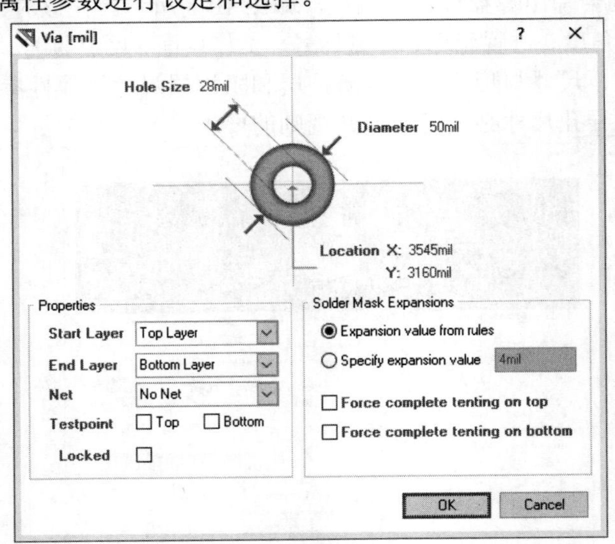

图 10-10　导孔属性设置对话框

（4）重复上面的操作，即可在工作平面上放置更多的导孔，直到右击退出放置导孔的命令状态。

10.3.4　放置字符串

PCB 编辑器中提供了用于文字标注的放置字符串的命令。字符串是不具有任何电气特性的图件，对电路的电气连接关系没有任何影响，它只是起到一种标识的作用。

放置字符串的具体操作如下：

（1）执行菜单命令【Place】/【String】，光标变成十字形状，并带有一个默认的字符串出现在编辑窗口，如图 10-11 所示。

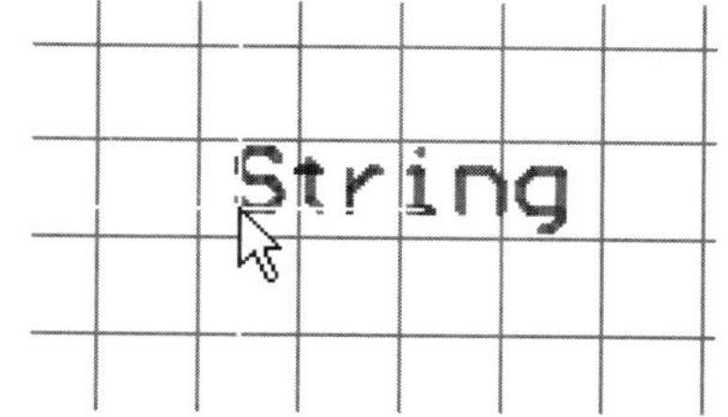

图 10-11　放置字符串的光标

（2）按 Tab 键，则弹出字符串设置对话框，如图 10-12 所示。

在该对话框中，可以对字符串的内容、高度、宽度、字体、所处工作层面、放置角度、放置位置坐标、镜像、锁定等进行选择或设定。字符串的内容既可以从下拉列表中选择，也可以直接输入。在这里输入的字符串为“2018-10-18”，所处的工作层面设定为“Top Layer”，字体设定为“Sans Serif”，放置角度设定为水平，其他选项采用系统默认设置。

（3）设置字符串属性后，单击图 10-12 中的 OK 按钮确认，将光标移动到所需位置单击，即可将当前字符串放置在光标所处位置。如图 10-13 所示。

（4）此时，系统仍处于放置相同内容字符串的命令状态，可以继续放置该字符串，也可以重复上面的操作改变字符串的属性。还可以通过按空格键来调整字符串的放置方向。放置结束后，右击或按 Esc 键即可退出当前的命令状态。

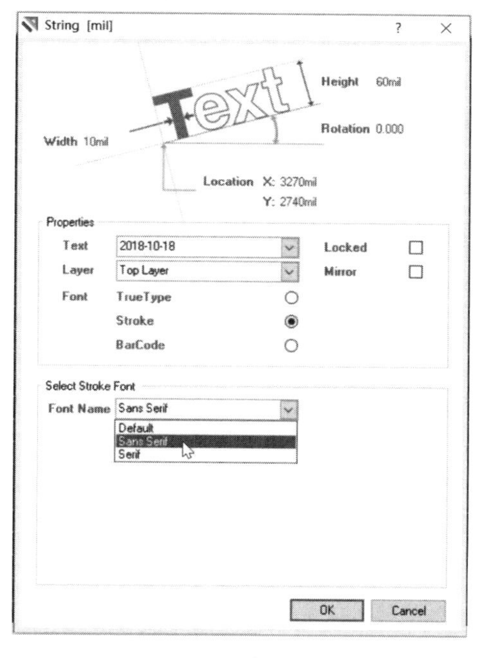

图 10-12　字符串设置对话框

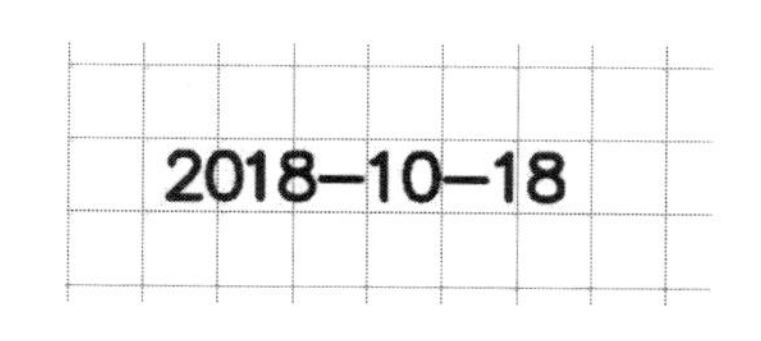

图 10-13　设置图 10-12 后的结果

10.3.5　放置位置坐标

用户可以在编辑窗口中的任意位置放置位置坐标，它不具有任何电气特性，只是提示用户当前的鼠标指针所在的位置与坐标原点之间的距离。

放置位置坐标的具体操作如下：

（1）执行菜单命令【Place】/【Coordinate】，光标变成十字形状，并带着当前位置的坐标出现在编辑窗口，如图 10-14 所示。随着光标的移动，坐标值也相应地改变。

（2）按Tab键，则弹出位置坐标设置对话框，如图 10-15 所示。

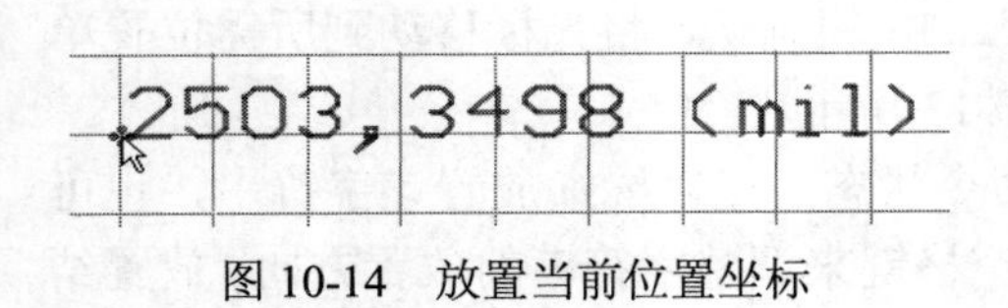

图 10-14　放置当前位置坐标

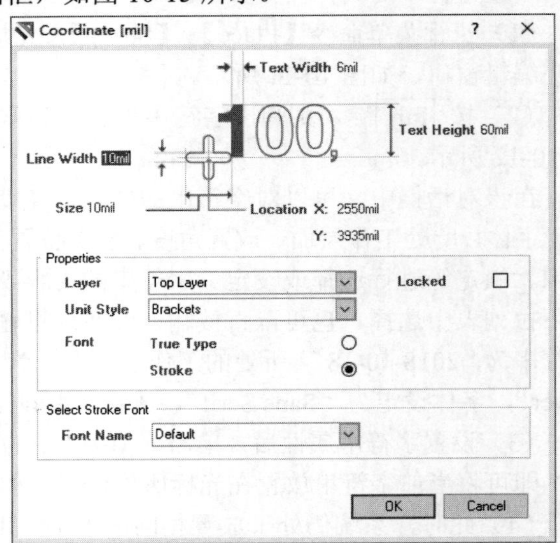

图 10-15　位置坐标设置对话框

在该对话框中，可以设置位置坐标的有关属性，包括字体的宽度、高度、线宽、尺寸、字体、所处工作层面等。

（3）设置好位置坐标属性后，单击OK按钮，即可进入放置命令状态，将光标移动到所需位置单击，即可将当前位置的坐标放置在编辑窗口内。

10.3.6　放置尺寸标注

在印制电路板设计过程中，为了方便制板过程的考虑，通常需要标注某些图件尺寸参数。标注尺寸不具有电气特性，只是起到提示用户的作用。PCB 编辑器提供了 10 种尺寸标注方式，执行菜单命令【Place】/【Dimension】，即可从打开的下拉菜单中看到尺寸标注的各种方式，如图 10-16 所示。

10 种标注尺寸方法的操作方式大致一样，下面仅以线性标注尺寸为例介绍尺寸的标注方法。具体操作如下：

（1）执行菜单命令【Place】/【Dimension】/【Linear】，光标变成十字形状，并带着一个当前所测线间尺寸数值出现在编辑窗口，如图 10-17 所示。

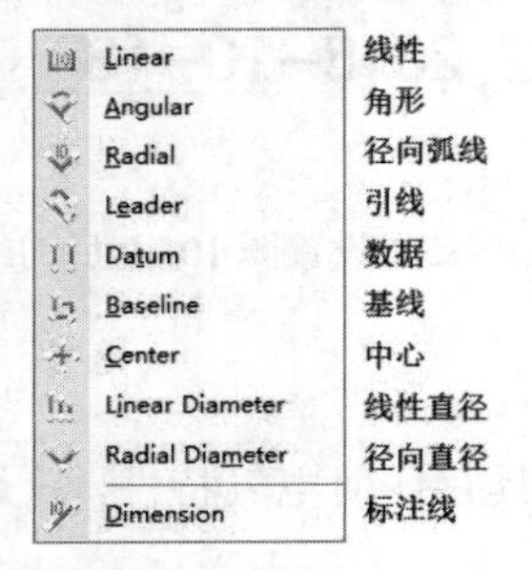

图 10-16　尺寸标注类型

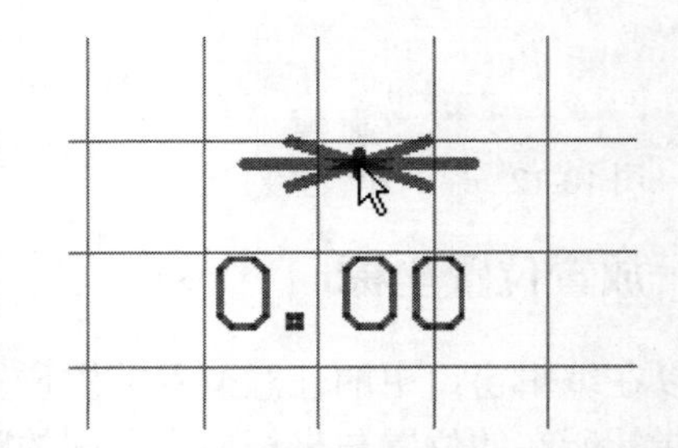

图 10-17　执行放置尺寸标注命令后的光标状态

（2）按Tab键，则弹出尺寸标注属性设置对话框，如图 10-18 所示。

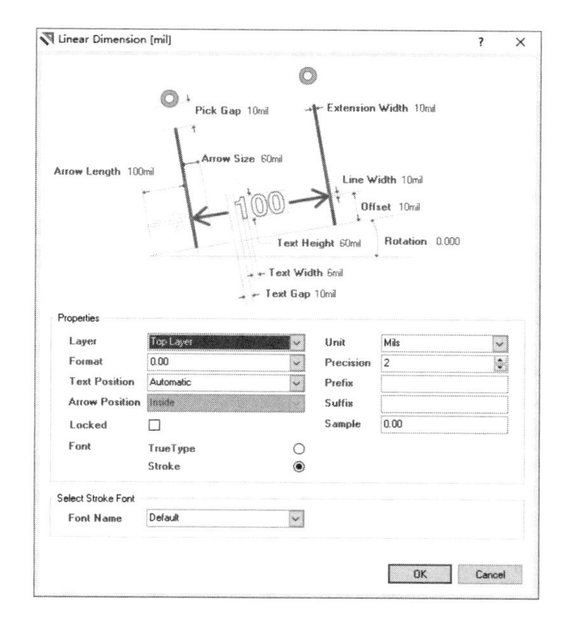

图 10-18　尺寸标注属性设置对话框

在该对话框中，可以设置尺寸标注的有关属性，包括标注的起止点、字体的宽度、高度、线宽、尺寸、字体、所处工作层面等。

（3）设置好尺寸标注属性后，将光标移动到被测图件的起点处单击，然后移动光标，在光标的移动过程中，标注线上显示的尺寸会随着光标的移动而变化，在尺寸的终点处单击，即可完成一次放置尺寸标注的操作。如图 10-19 所示。

（4）重复上述操作，可以继续放置其他的尺寸标注。右击或按 Esc 键可退出当前命令状态。

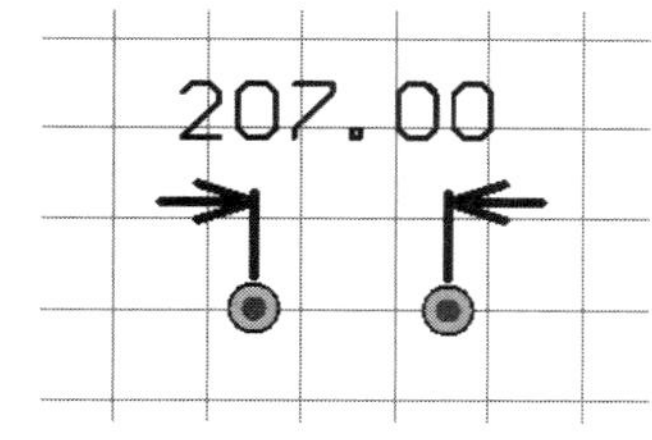

图 10-19　线性尺寸标注

10.3.7　放置元件

PCB 编辑器除可以自动装入元件外，还可以通过手工将元件放置到编辑窗口内。放置元件的具体操作步骤如下：

（1）执行菜单命令【Place】/【Component】。

（2）执行上述命令后，弹出放置元件对话框，如图 10-20 所示。在该对话框的放置类型（Placement Type）中，可以选择放置封装，即可以输入元件的封装形式、序号和注释等参数。

在此举例放置元件三极管。选中“Component”，输入在元件库中的名称“2N3904”；输入该三极管在电路中的标识符 VT1。再选中“Footprint”，系统立即配制该元件的封装。

（3）单击 OK 按钮，光标即变成十字形状，并带着选定的元件出现在编辑窗口内，如图 10-21 所示。

（4）在此状态下，按 Tab 键，可以进入元件设置对话框，如图 10-22 所示。在该对话框中，可以设定元件的属性（包括封装形式、所处工作层面、坐标位置、旋转方向和锁定等参数）、元件序号、元件注释和元件库等参数。

（5）设定好元件属性后，单击 OK 按钮确认。

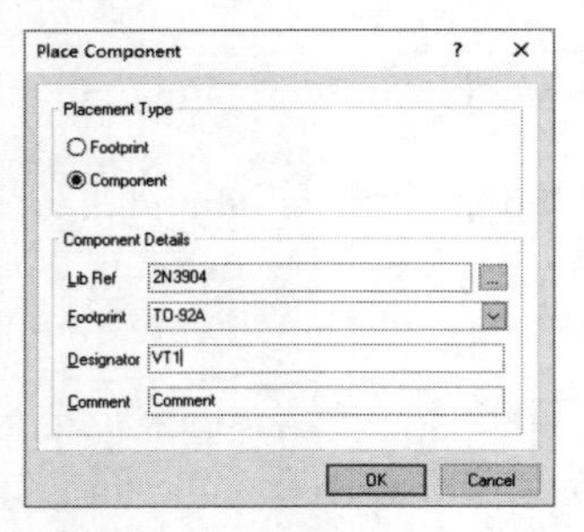

图 10-20　放置元件对话框

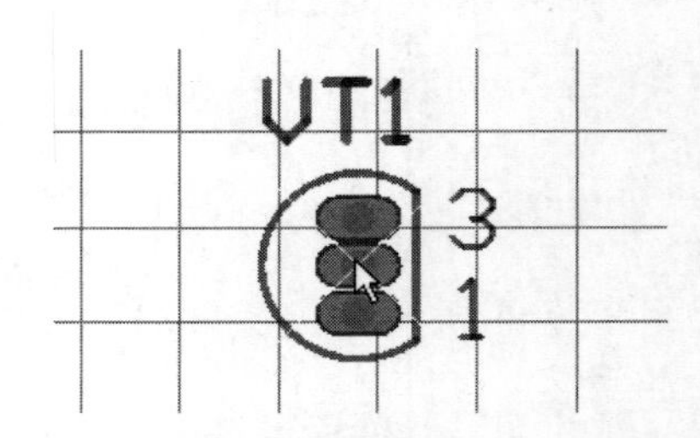

图 10-21　放置元件

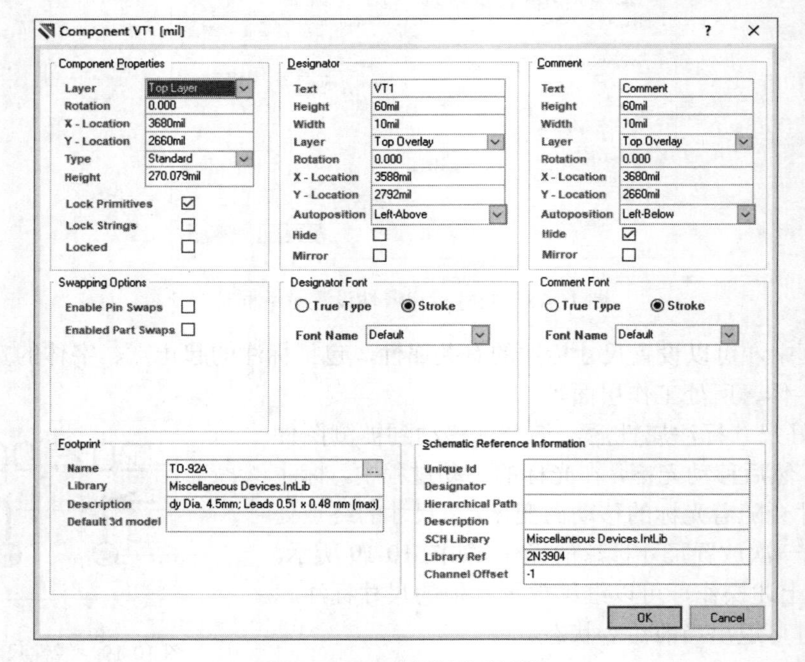

图 10-22　元件设置对话框

（6）在编辑窗口上移动光标，即移动元件的放置位置，也可以按空格键调整元件的放置方向，最后单击，即可将元件放置在当前光标所在的位置。

上面介绍的放置元件是从已装入的元件库中查询、选择所需的元件封装形式。如果在已有的元件库中没有找到合适的元件封装，就要添加元件库。具体方法可以参照第 3 章中添加/删除元件库相关的内容。

10.3.8　放置填充

在印制电路板设计过程中，为了提高系统的抗干扰能力和考虑通过大电流等因素，通常需要放置大面积的电源/接地区域。PCB 编辑器为用户提供了填充这一功能。通常填充的方式有两种：矩形填充（Fill）和多边形填充（Polygon Plane），放置的方法类似。这里只介绍矩形填充，具体步骤如下：

（1）执行菜单命令【Place】/【Fill】，立即进入放置状态。

（2）移动光标，依次确定矩形区域对角线的两个顶点，即可完成对该区域的填充，如图 10-23 所示。

（3）按 Tab 键，弹出矩形填充设置对话框，如图 10-24 所示。

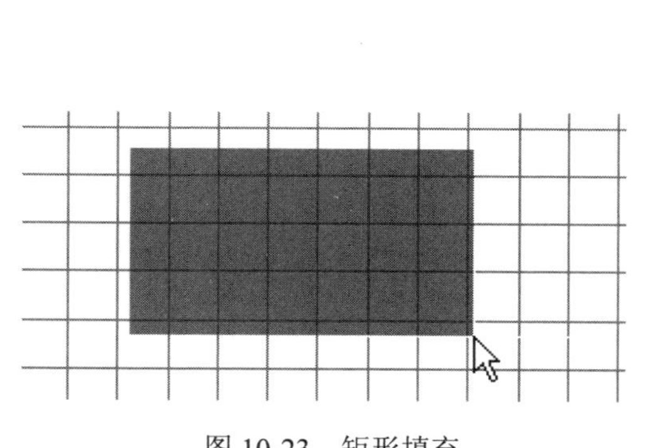

图 10-23　矩形填充

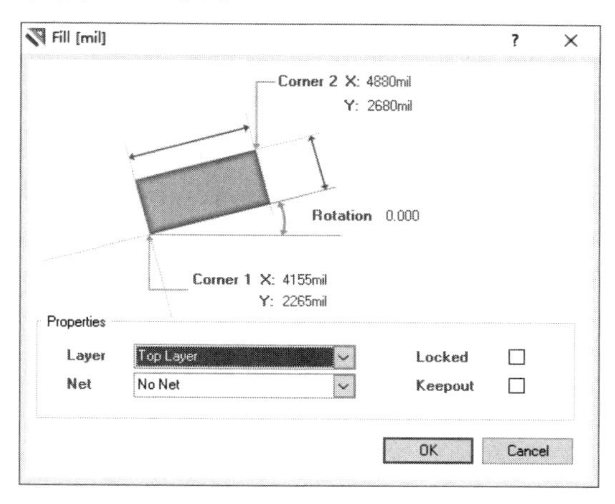

图 10-24　矩形填充设置对话框

在该对话框中，可以对矩形填充所处工作层面、连接的网络、放置角度、两个对角的坐标、锁定和禁止布线等参数进行设定。设定完毕后，单击 OK 按钮确认即可。

（4）右击或按 Esc 键可退出当前命令状态。

10.4　图件的选取/取消选择

PCB 编辑器为用户提供了丰富而强大的编辑功能，包括对图件进行选取/取消选择、删除、更改属性和移动等操作，利用这些编辑功能可以非常方便地对印制电路板中的图件进行修改和调整。下面先介绍图件的选取/取消选择。

10.4.1　选择方式的种类与功能

执行菜单命令【Edit】/【Select】，弹出选择方式子菜单，其中各选项功能如图 10-25 所示。

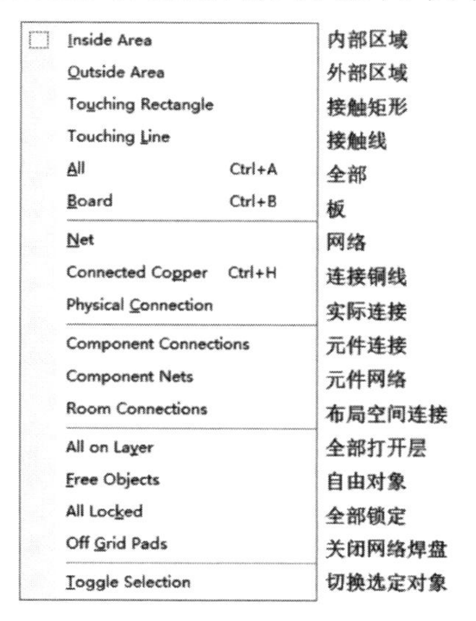

图 10-25　选择方式的种类与功能

10.4.2 图件的选取操作

常用的区域选取所有图件的命令有【Inside Area】、【Outside Area】、【All】和【Board】，其中，命令【Outside Area】和【Inside Area】的操作过程几乎完全一样，不同之处在于【Inside Area】选中的是区域内的所有图件，【Outside Area】选中的是区域外的所有图件；命令的作用范围仅限于显示状态工作层面上的图件。【All】和【Board】命令则适用于所有的工作层面，无论这些工作层面是否设置了显示状态；不同之处在于【All】选中的是当前编辑窗口内的所有图件，【Board】选中的是当前编辑窗口中的印制板中的所有图件。

具体操作步骤以选择内部区域的所有图件【Inside Area】命令为例介绍：

（1）执行菜单命令【Edit】/【Select】/【Inside Area】，光标变成十字形状。将光标移动到工作平面的适当位置单击，确定待选区域对角线的一个顶点。

（2）在编辑窗口内移动光标，此时随着光标的移动，会拖出一个矩形虚线框，该矩形虚线框即代表所选中区域的范围。当矩形虚线框包含所要选择的所有图件后，在适当位置单击，确定指定区域对角线的另一个顶点，这样该区域内的所有图件即可被选中。

10.4.3 选择指定的网络

具体操作步骤如下：

（1）执行菜单命令【Edit】/【Select】/【Net】，光标变成十字形状。

（2）将光标移动到所要选择的网络中的线段或焊盘上，然后单击确认即可选中整个网络。

（3）如果在执行该命令时没有选中所要选择的网络，则弹出如图 10-26 所示的对话框。

（4）单击 OK 按钮，弹出如图 10-27 所示的当前编辑 PCB 的网络对话框，在该对话框中选中相应的网络或在图 10-26 中直接输入所要选择的网络名称，然后单击 OK 按钮即可选中该网络。

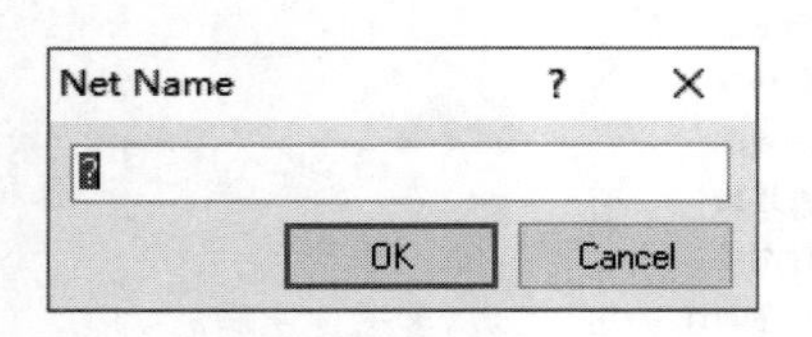

图 10-26 询问网络名对话框

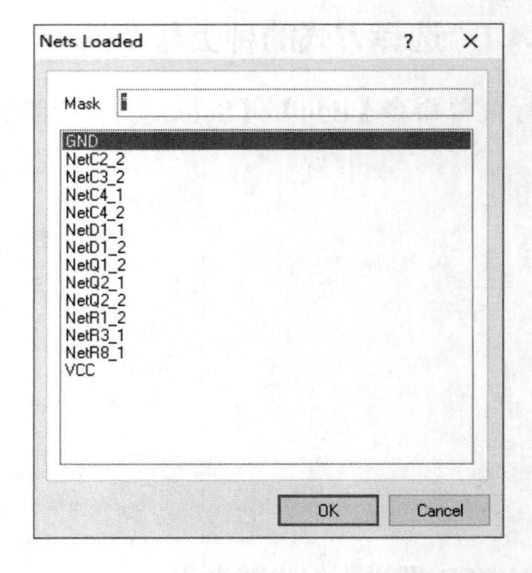

图 10-27 当前编辑 PCB 的网络对话框

（5）右击即可退出该命令状态。

10.4.4 切换图件的选取状态

在该命令状态下，可以用光标逐个选中用户需要的多个图件。该命令具有开关特性，即对某个图件重复执行该命令，可以切换图件的选中状态。

（1）执行菜单命令【Edit】/【Select】/【Toggle Selection】，光标变成十字形状。

（2）将光标移动到所要选择的图件上单击，即可选中该图件。

（3）重复执行第（2）步的操作，即可选中其他图件。如果想要撤销某个图件的选中状态，则只要对该图件再次执行第（2）步操作即可。

（4）右击即可退出该命令状态。

10.4.5 图件的取消选择

（1）PCB 编辑器为用户提供了多种取消选中图件的方式。执行菜单【Edit】/【DeSelect】下的相应命令，即可弹出如图 10-28 所示的几种取消选择方式。

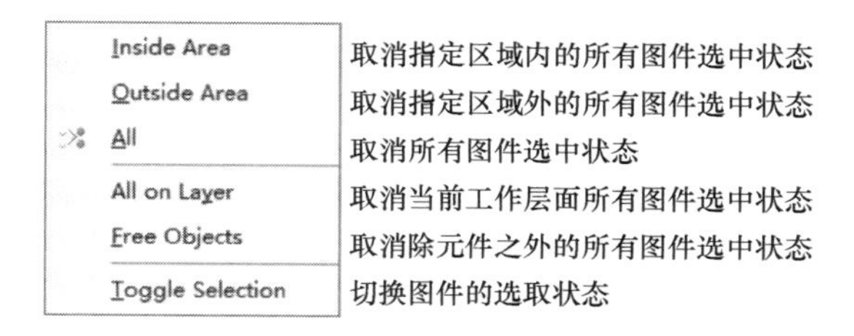

图 10-28 图件取消选择方式的种类和功能

（2）撤销选择图件的操作方法与选择图件的方法类似，读者不妨试一试。

10.5 删除图件

在印制电路板的设计过程中，经常在编辑窗口内有某些不必要的图件，这时用户就可以利用 PCB 编辑器提供的删除功能来删除图件。

1．利用菜单命令删除图件

具体操作如下：

（1）执行菜单命令【Edit】/【Delete】，光标变成十字形状。

（2）将光标移动到想要删除的图件上单击，则该图件就会被删除。

（3）重复上一步的操作，可以继续删除其他图件，直到用户右击退出命令状态为止。

2．利用快捷键删除图件

要删除某一（些）图件，首先可以单击该图件，使其处于激活状态，然后按 Del 键即可。

10.6 移动图件

在对 PCB 图进行编辑的过程中，有时要求手工布局或手工调整。这时，移动图件是用户在设计过程中常用的操作。

10.6.1 移动图件的方式

执行菜单命令【Edit】/【Move】，弹出移动命令菜单，如图 10-29 所示。

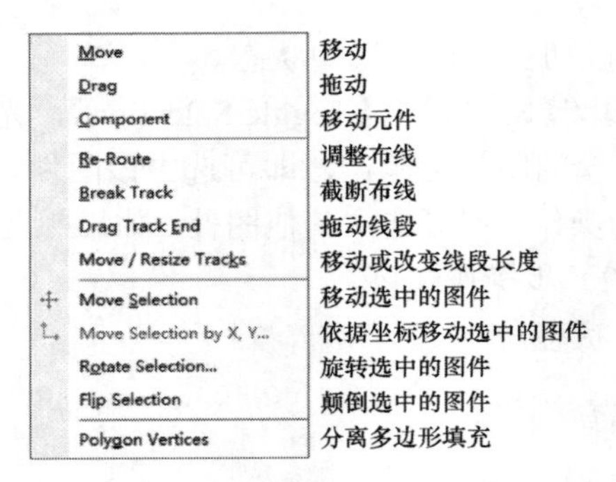

图 10-29　移动方式的种类与功能

10.6.2　移动图件的操作方法

下面将在 PCB 设计过程中常用的几种命令的功能和操作方法，分别进行介绍。

1．移动图件

该命令只移动单一的图件，而与该图件相连的其他图件不会随着移动，仍留在原来的位置。操作步骤如下：

（1）执行菜单命令【Edit】/【Move】/【Move】，光标变成十字形状。

（2）将光标移动到需要移动的图件上单击，并按住鼠标左键拖动，此时该图件将会随着光标的移动而移动。移动光标将图件拖动到适当的位置，这时图件与原来连接的导线之间已断开。

（3）右击即可退出该命令状态。

2．拖动图件

拖动一个图件【Drag】命令与移动一个图件【Move】命令的功能基本类似但有差别，主要取决于 PCB 编辑器的参数设置。执行菜单命令【Tools】/【Preferences】，弹出系统参数设置对话框，如图 10-30 所示。单击图 10-30 中“Other”分组框的元件拖动选项（Comp Drag）右侧的下拉箭头按钮，在弹出的下拉列表中可对拖动方式进行设置，如选取“Connected Tracks”选项，则拖动图件时，与图件相连接的导线等也随之移动。

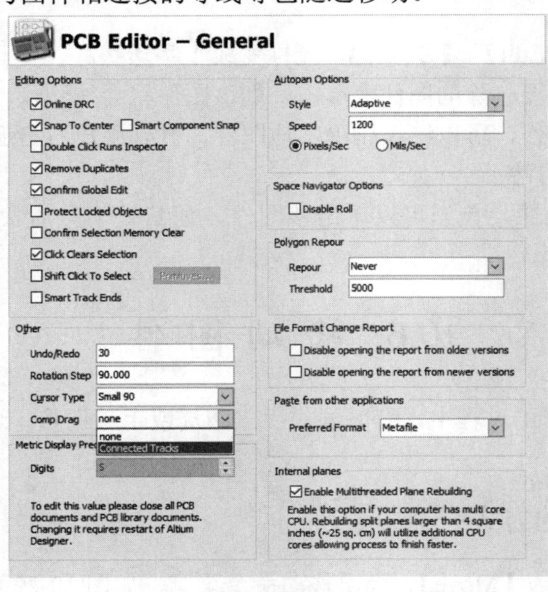

图 10-30　PCB 编辑器参数设置对话框

操作步骤如下：

（1）执行菜单命令【Edit】/【Move】/【Drag】，光标变成十字形状。

（2）将光标移动到需要移动的图件上单击，并按住鼠标左键拖动，此时该图件将会随着光标的移动而移动。移动光标将图件拖动到适当的位置，然后单击图件即可将图件移动到当前的位置。

（3）右击即可退出该命令状态。

3．移动元件

操作步骤如下：

（1）执行菜单命令【Edit】/【Move】/【Component】，光标变成十字形状。

（2）将光标移动到需要移动的元件上单击，并按住鼠标左键拖动，此时该元件将会随着光标的移动而移动，移动光标将元件拖动到适当的位置后单击，即可将元件移动到当前的位置。

（3）右击即可退出该命令状态。

4．拖动线段

执行该命令时，线段的两个端点固定不动，其他部分随着光标移动，当拖动线段到达新位置，单击确定线段的新位置后，线段处于放置状态。

操作步骤如下：

（1）执行菜单命令【Edit】/【Move】/【Break Track】，光标变成十字形状。

（2）将光标移动到需要拖动的线段上单击，选中该段导线。

（3）拖动鼠标，此时该线段的两个端点固定不动，其他部分随着光标的移动而移动。移动光标将线段拖动到适当的位置后单击，即可将线段移动到新的位置。

（4）右击即可退出该命令状态。

5．拖动

该命令的功能在拖动图件时与拖动一个图件【Drag】命令中“图件与同时移动”方式相同；在拖动导线时与拖动线段【Break Track】命令相同。操作步骤与拖动线段类似。

6．移动已选中的图件

操作步骤如下：

（1）选择图件。

（2）执行菜单命令【Edit】/【Move】/【Move Selection】，光标变成十字形状。

（3）光标移动到需要移动的图件上单击，并按住鼠标左键拖动，此时该图件将会随着光标的移动而移动。移动光标将图件拖动到适当的位置后单击，即可将图件移动到当前的位置。

（4）右击即可退出该命令状态。

7．旋转选中的图件

操作步骤如下：

（1）选择图件。

（2）执行菜单命令【Edit】/【Move】/【Rotate Selection】，即可弹出如图 10-31 所示的对话框。在该对话框中可以输入所要旋转的角度，然后单击 OK 按钮，即可将所选择的图件按输入角度旋转。

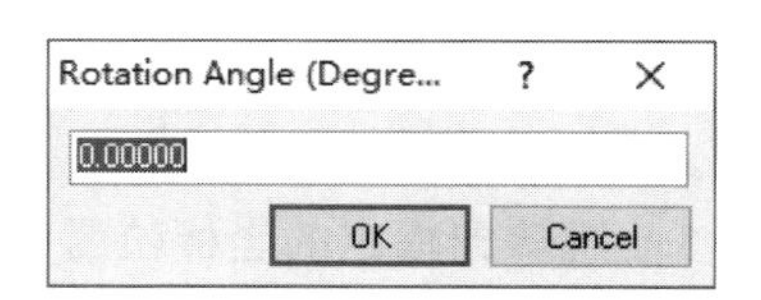

图 10-31　输入旋转角度对话框

（3）确定旋转中心位置。将光标移动到适当位置单击，确定旋转中心，则图件将以该点为中心旋转指定的角度。

8. 分离多边形填充

该命令可将多边形填充从电路板上分离出来显示，以方便编辑多边形填充。操作步骤如下：

（1）执行菜单命令【Edit】/【Move】/【Polygon Vertices】，光标变成十字形状。

（2）将光标移动到所要编辑的多边形填充上单击，即可将多边形填充分离出来显示。

（3）单击可弹出多边形填充编辑对话框，编辑后确认即可退出命令状态。

10.7 跳转查找图件

在 PCB 设计过程中，往往需要快速定位某个特定位置和查找某个图件，这时可以利用 PCB 编辑器的跳转功能来实现。

10.7.1 跳转查找方式

1. 跳转方式的种类和功能

执行菜单命令【Edit】/【Jump】，即可弹出跳转方式子菜单，如图 10-32 所示。

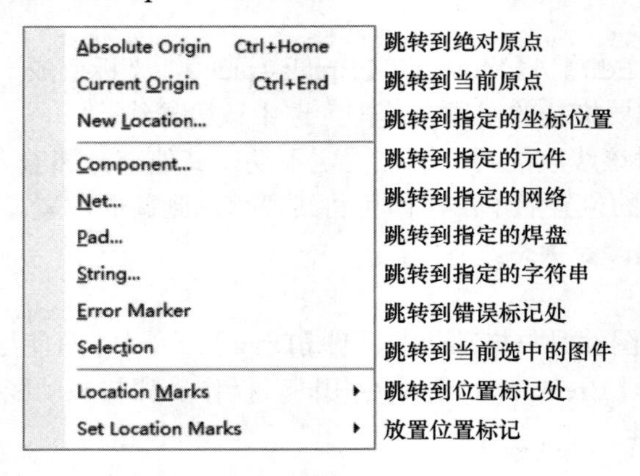

图 10-32 跳转方式种类和功能

2. 一些说明

（1）跳转到绝对原点：所谓的绝对原点即系统坐标系的原点。

（2）跳转到当前原点：所谓的当前原点有两种情况。若用户设置了自定义坐标系的原点，则指的是该原点；若用户没有设置自定义坐标系的原点，则指的是绝对原点。

（3）跳转到错误标记处：所谓的错误标记是指由 DRC 检测而产生的标记。

（4）放置位置标记和跳转到位置标记处：所谓的位置标记是用数字表示的记号。这两个命令应配合使用，即先设置位置标记后，才能使用跳转到位置标记处命令。

10.7.2 跳转查找的操作方法

跳转命令的操作都很简单，这里只举几个例子给予介绍，其他类似。

1. 跳转到指定的坐标位置

（1）执行菜单命令【Edit】/【Jump】/【New Location】，弹出如图 10-33 所示的对话框。

（2）输入所要跳转到位置的坐标值，单击 OK 按钮，光标即可跳转到指定位置。

2．跳转到指定的元件

（1）执行菜单命令【Edit】/【Jump】/【Component】，弹出如图 10-34 所示的对话框。

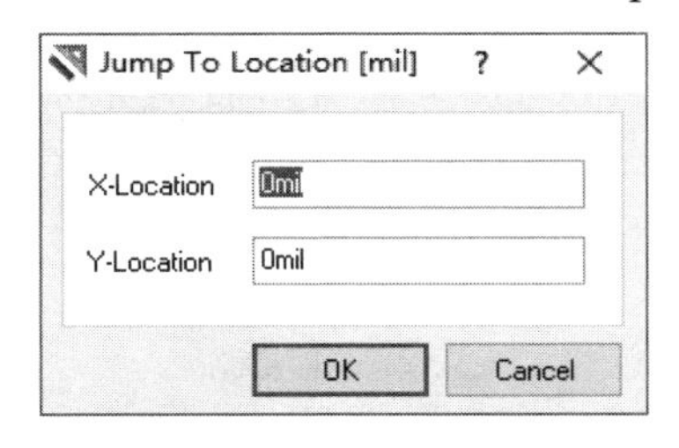

图 10-33　输入坐标位置对话框

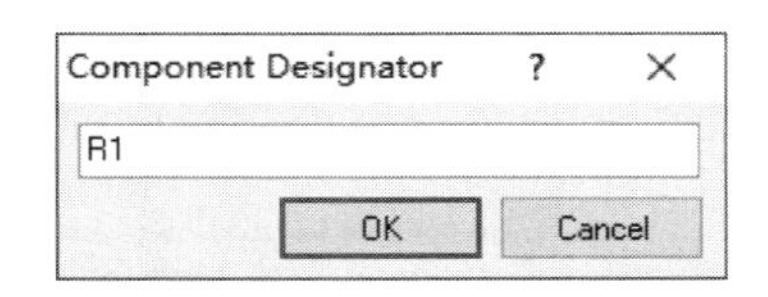

图 10-34　输入元件序号对话框

（2）输入所要跳转到的元件序号后，单击 OK 按钮，光标即可跳转到指定元件。

3．放置位置标记

（1）执行菜单命令【Edit】/【Jump】/【Set Location Marks】后，会弹出一列数字单，如图 10-35 所示。

（2）选定某一数字后，单击确认该数字为位置标记后，光标变为十字形状。

（3）移动光标选定放置位置标记的地方，单击确认该地方为放置位置标记处。

4．跳转到位置标记处

（1）执行菜单命令【Edit】/【Jump】/【Location Marks】后，也会弹出一列数字单，如图 10-36 所示。

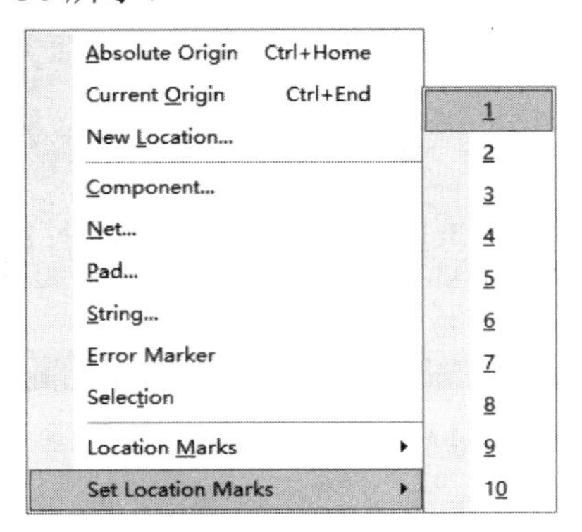

图 10-35　选定位置标记的数字单

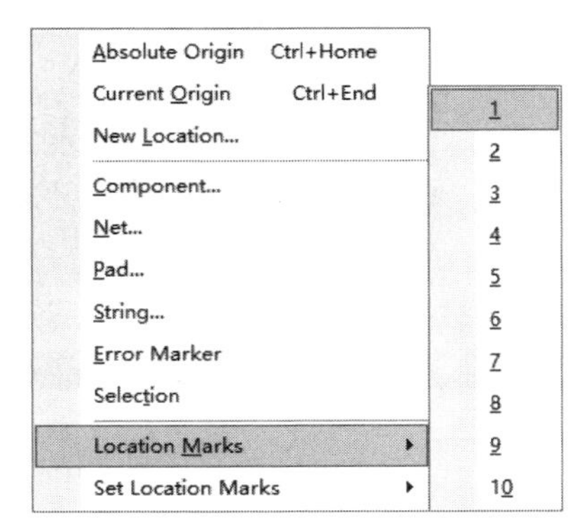

图 10-36　选定跳转位置标记数字单

（2）选择已经选定的作为位置标记的某个数字后，单击确认所选的位置，光标即可指向该数字所标识的位置。

10.8　批量修改图件

在电子产品装配过程中，需将实体元件焊接到电路板上，PCB 图布线后，往往有局部内容需要做出修改。如果是简单电路，只有少量几个元件和铜膜导线，则逐个修改图件封装和导线等方式是可以的，但是针对复杂电路，其图件和导线数量较多情况下，逐个修改的方法就比较麻烦。查找到需要修改图件的相似属性，包括设置导孔、信号线、丝印等，针对这些属性进行批量修改可大大提高效率，而图件中最常需要调整的部分，数量最多的往往是焊盘和导线。

10.8.1　图件相似属性的查找及修改

批量修改图件，首先要查找图件的相似属性，如图 10-37 所示。打开“接触式防盗报警电路单面板.PcbDoc”文件，执行菜单命令【Edit】/【Find Similar Objects】，此时光标由箭头变成十字形状，单击需要修改的目标图件，弹出“Find Similar Objects”对话框（见图 10-38），或直接在目标图件上右击，在弹出的菜单中选择“Find Similar Objects”选项。也可按 Shift+F 快捷键来启动查找图件相似属性功能。

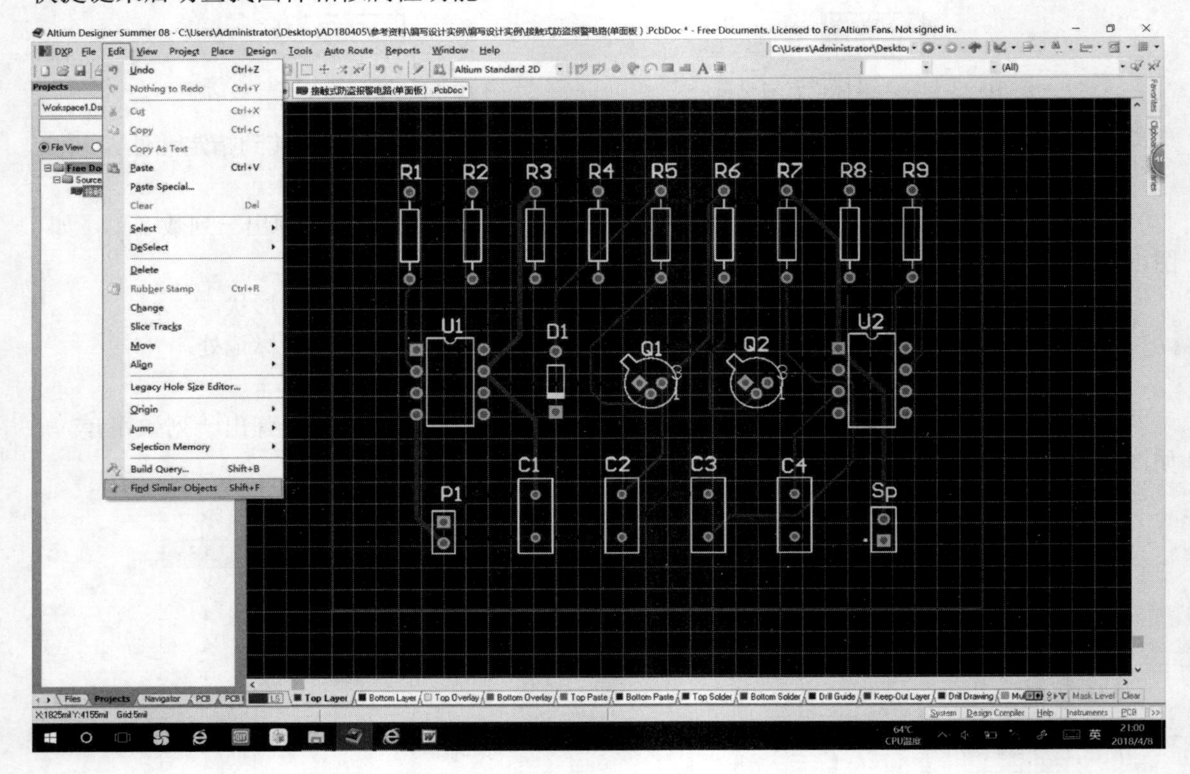

图 10-37　打开查找图件相似属性对话框

图 10-38 中有图件名称、封装、锁定、所在层等选项，可根据这些选项筛选到所需要的图件属性。例如，要批量修改电阻所在层，则在 R1 电阻上右击，选择“Find Similar Objects”命令，弹出如图 10-39 所示窗口，显示与 R1 相关的属性。

在图 10-39 中，单击“Component Comment”选项最右侧的下拉箭头按钮，选取“Same”，再单击 OK 按钮确定。PCB 图中的电阻均被选取，如图 10-40 所示，并弹出“PCB Inspector”对话框，如图 10-41 所示。若选取“Different”，则除电阻之外的图件均会被选中。

在图 10-41 中可以对多个图件的信息，如信号线、导孔、丝印等进行设置操作。单击“Layer”选项后面的第一项，将“Top Layer”更改为“Bottom Layer”，关闭对话框。单击图 10-40 中的空白处，则所有电阻都被移到了底层。

10.8.2　焊盘的批量修改

打开需要修改的 PCB 图文件，执行菜单命令【Edit】/【Find Similar Objects】，或者按 Shift+F 快捷键。光标由箭头变成十字形状，单击需要修改的目标焊盘，如图 10-42 所示，弹出“Find

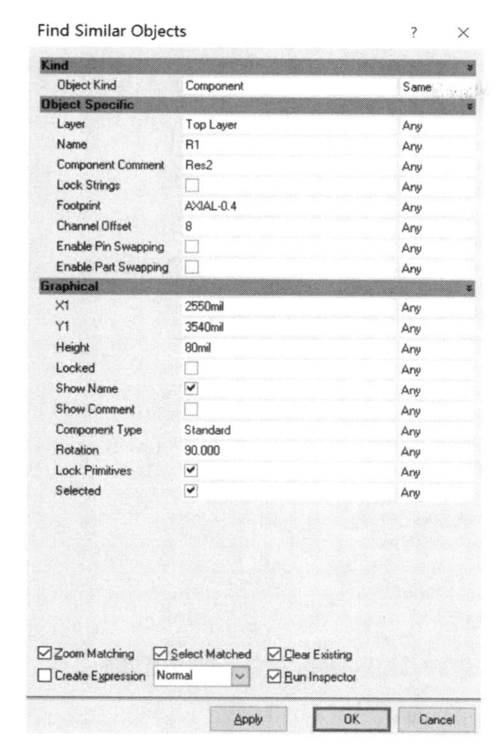

图 10-38 “Find Similar Objects”对话框

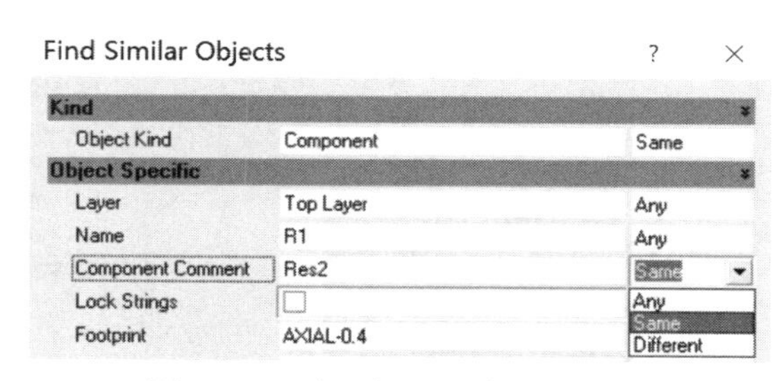

图 10-39 选取与 R1 相似属性图件

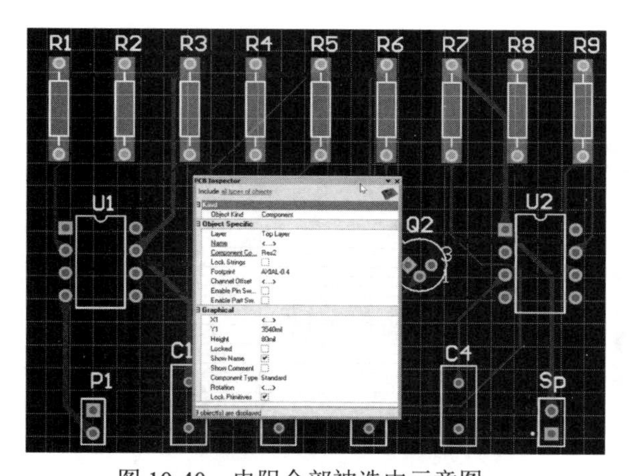

图 10-40 电阻全部被选中示意图

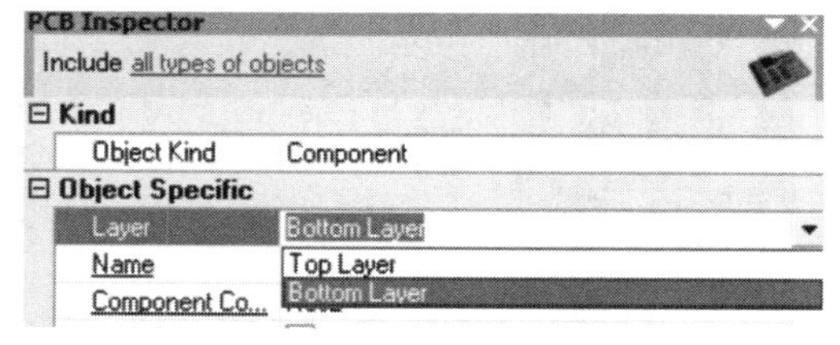

图 10-41 “PCB Inspector”对话框

Similar Objects”对话框，在“Object Specific”分组框中选取要修改的参数，如图 10-43 所示。单击“Hole Size”选项，可见焊盘孔径为 35.433mil，单击其右侧的下拉箭头按钮，选取“Same”，单击 OK 按钮，则与 35.433mil 相同孔径的焊盘都会被选中。若选取“Different”，则会选中所有不同孔径的焊盘。

修改“Hole Size”中孔径参数为所需要数值，关闭对话框，单击图 10-42 中的空白处，则更改完成。还可选择“Hole Type”，更改焊盘孔形状。图 10-44 为焊盘修改前、后对照图。

图 10-42　选中目标焊盘

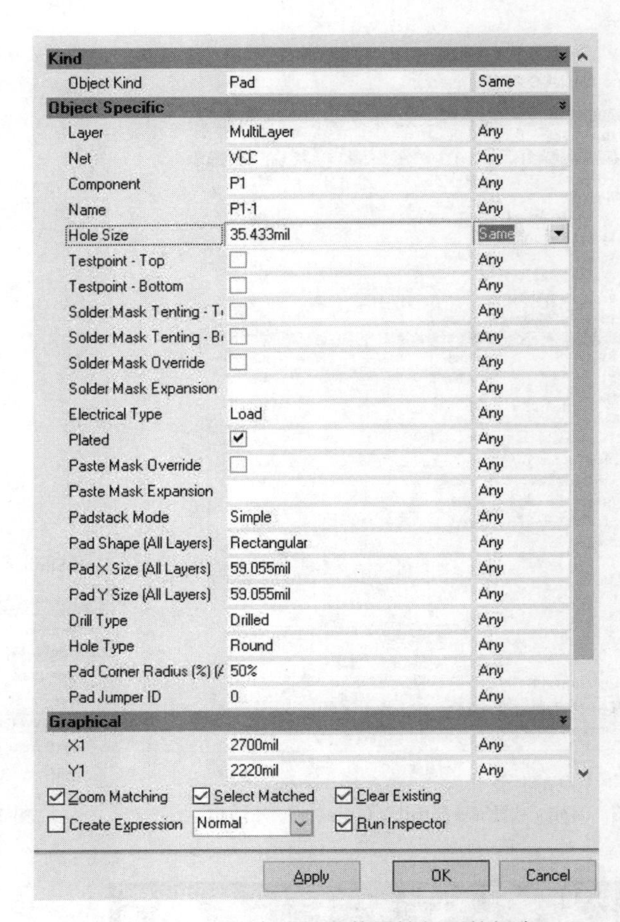

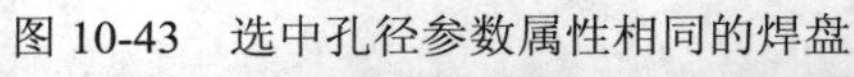
图 10-43　选中孔径参数属性相同的焊盘

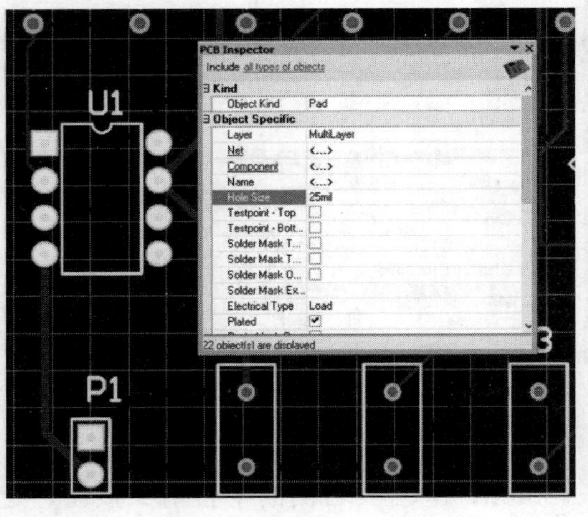

（a）　焊盘修改前

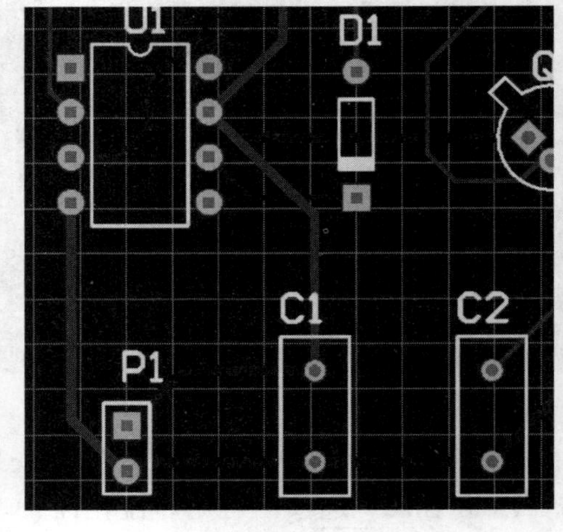

（b）　焊盘修改后

图 10-44　焊盘修改前后对照图

10.8.3　导线的批量修改

打开 PCB 图文件，在一条需要修改的导线上右击，弹出“Find Similar Objects”对话框，在“Graphical”分组框中选取“Width”，将其设置为“Same”，单击OK按钮，则相同宽度导线均被选取，如图 10-45 所示。

单击“Width”选项后面的第一项，设置更改所需导线宽度参数，如图 10-46 所示。关闭对话框，单击图 10-45 空白处，则导线宽度批量修改完成。

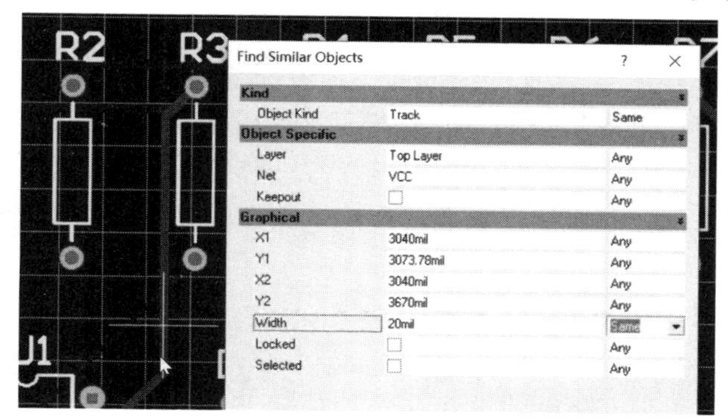

图 10-45　选取目标导线

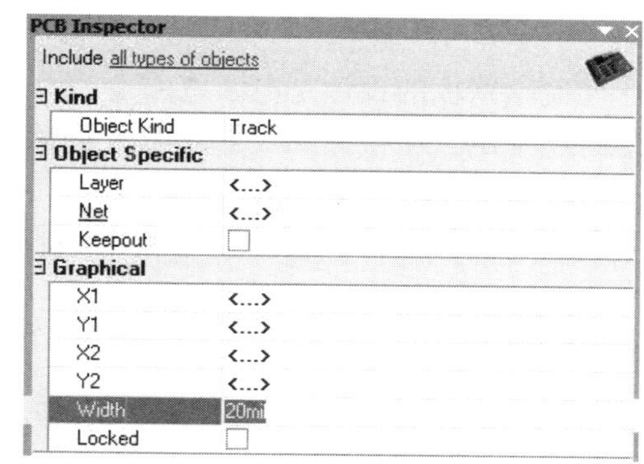

图 10-46　修改导线宽度对话框

【编者说明】此方法同样适合原理图批量修改图件，可以灵活应用。

习　题　10

1. 练习 PCB 图件的放置和属性的编辑等操作。
2. 练习 PCB 图件在编辑窗口中位置的调整。

第 11 章 PCB 设计实例

印制电路板的设计是电子电路设计中的重要环节。前面介绍的原理图设计等工作只是从原理上给出了电气连接关系，其功能的最后实现还是依赖于 PCB 的设计，因为制板时只需要向制板厂商送去 PCB 图而不是原理图。本章先介绍印制电路板的设计流程，然后以双面印制电路板设计为例详细讲解设计过程，最后介绍单面印制电路板和多层印制电路板的设计方法。

11.1 PCB 的设计流程

在进行印制电路板设计之前，有必要了解印制电路板的设计过程。通常，先设计好了原理图，然后创建一个空白的 PCB 文件，再设置 PCB 的外形、尺寸；根据自己的习惯设置环境参数，接着向空白的 PCB 文件导入网络表及元件的封装等数据，然后设置工作参数，通常包括板层的设定和布线规则的设定。在上述准备工作完成后，就可以对元件进行布局了。接下来的工作是自动布线，手工调整不合理的图件，对电源和接地线进行敷铜，最后进行设计校验。在印制电路板设计完成后，应将与该设计有关的文件进行导出、存盘。

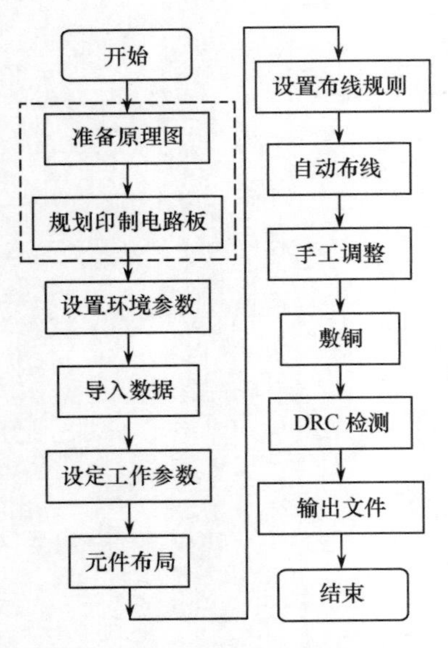

图 11-1　设计印制电路板流程

总的来说，设计印制电路板可分为十几个步骤，其具体设计流程如图 11-1 所示。

其中准备原理图和规划印制电路板为印制电路板设计的前期工作，其他步骤才是设计印制电路板的工作，现将各步骤具体内容介绍如下。

（1）准备原理图：印制电路板设计的前期工作——绘制原理图。这方面的内容前面已经介绍过。当然，有些特殊情况下，例如电路比较简单，可以不进行原理图设计而直接进入印制电路板设计，即手工布局、布线；或者利用网络管理器创建网络表后进行半自动布线。虽然不绘制原理图也能设计 PCB 图，但是无法自动整理文件，这会给以后的维护带来极大的麻烦，况且对于比较复杂的电路，这样做几乎是不可能的。笔者建议，在设计 PCB 图前，一定要设计其原理图。

（2）规划印制电路板：印制电路板设计的前期工作——规划印制电路板。这里包括根据电路的复杂程度、应用场合等因素，选择电路板是单面板、双面板还是多面板，选取电路板的尺寸，电路板与外界的接口形式，以及接插件的安装位置和电路板的安装方式等。

（3）设置环境参数：这是印制电路板设计中非常重要的步骤。主要内容有设定电路板的结构及其尺寸、板层参数等。

（4）导入数据：主要是将由原理图形成的网络表、元件封装等参数装入 PCB 空白文件中。Altium Designer 系统提供一种不通过网络表而直接将原理图内容传输到 PCB 文件的方法。当然，这种方法看起来虽然没有直接通过网络表文件，其实这些工作由 Altium Designer 系统内部自动完成了。

（5）设定工作参数：设置电气栅格、可视栅格的大小和形状，公制与英制的转换，工作层面的显示和颜色等。大多数参数可以用系统的默认值。

（6）元件布局：元件的布局分为自动布局和手工布局。一般情况下，自动布局很难满足要求。元件布局应当从机械结构、散热、电磁干扰、将来布线的方便性等方面进行综合考虑。

（7）设置布线规则：布线规则设置也是印制电路板设计的关键之一。布线规则是设置布线时的各种规范，如安全间距、导线宽度等，这是自动布线的依据。

（8）自动布线：Altium Designer 系统自动布线的功能比较完善，也比较强大，如果参数设置合理、布局妥当，一般都会很成功地完成自动布线。

（9）手工调整：很多情况下，自动布线往往很难满足设计要求，如拐弯太多等问题，这时就需要进行手工调整，以满足设计要求。自动布线后我们会发现布线不尽合理，这时必须进行手工调整。

（10）敷铜：对各布线层中放置地线网络进行敷铜，以增强设计电路的抗干扰能力。另外，需要大电流的地方也可采用敷铜的方法来加大通过电流的能力。

（11）DRC 检验：对布线完毕后的电路板做 DRC 检验，以确保印制电路板符合设计规则，所有的网络均已正确连接。

（12）输出文件：在印制电路板设计完成后，还有一些重要的工作需要完成，比如保存设计的各种文件，并打印输出或文件输出，包括 PCB 文件等。

11.2 双面 PCB 设计

下面就以第 3 章中的设计项目“接触式防盗报警电路.PrjPcb”为例，介绍双面 PCB 设计方法。

11.2.1 文件链接与命名

所谓的链接是将一个空白的 PCB 文件加到一个设计项目里。在 Altium Designer 系统中，一个设计项目包含所有设计文件的链接和有关设置，只有在设计项目里的 PCB 设计，才能使得设计与验证同步进行成为可能。所以，一般情况下总是将 PCB 文件与原理图文件放在同一个设计项目中。具体步骤如下：

1. 引入设计项目

在 Altium Designer 系统中，执行菜单命令【File】/【Open Project...】，弹出“Choose Project to Open”对话框，在其引导下，打开第 3 章所创建的“接触式防盗报警电路.PrjPcb”设计项目，其中“接触式防盗报警电路.SchDoc”文件如图 3-29 所示。从项目（Projects）面板上可以看到，“接触式防盗报警电路.PrjPcb”设计项目仅包含原理图文件“接触式防盗报警电路.SchDoc”，如图 11-2 所示。

2. 建立空白 PCB 文件

执行菜单命令【File】/【New】/【PCB】，即可完成空白 PCB 文件的建立。

如果在项目中创建 PCB 文件，当 PCB 文件创建完成后，该文件将会自动添加到项目中，并列表在“Projects”标签中紧靠项目名称的.PrjPcb 工程文件下面。否则创建或打开的文件将以自由文件的形式出现在项目（Projects）面板上，如图 11-3 所示上述所创建的就是一个 PCB 自由文件。

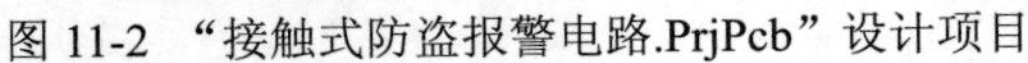
图 11-2 “接触式防盗报警电路.PrjPcb”设计项目

图 11-3 一个 PCB 自由文件

将鼠标指针指向项目（Projects）面板工作区中“PCB1.PcbDoc”文件名称上，按住鼠标左键拖动，“PCB1.PcbDoc”文件名称将随鼠标移动，拖至“接触式防盗报警电路.PrjPcb”项目名称上时，放开鼠标左键，如图 11-4 所示，即完成了将“PCB1.PcbDoc”文件到“接触式防盗报警电路.PrjPcb”项目的链接。

3. 命名 PCB 文件

在 PCB 编辑器中，执行菜单命令【File】/【Save As…】，将“PCB1”更名为“接触式防盗报警电路”，则“接触式防盗报警电路. PcbDoc”文件就列表在该项目的.PrjPcb 工程文件下面，如图 11-5 所示。

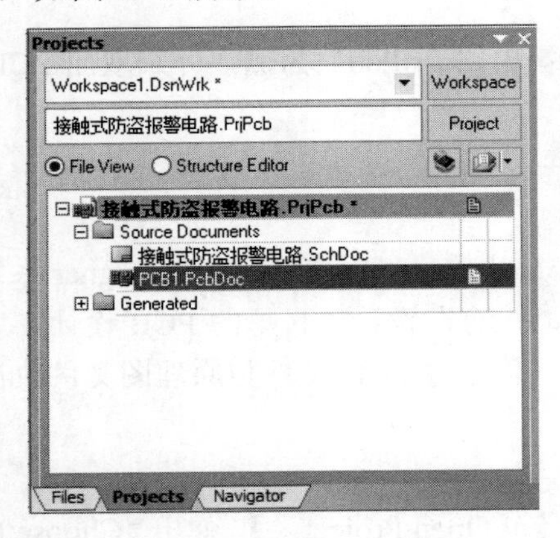

图 11-4 文件到项目的链接

图 11-5 “接触式防盗报警电路.PrjPcb”设计项目

至此，完成了将 PCB 文件的命名和与设计项目链接。启动后的 PCB 编辑器如图 11-6 所示。

4. 移出文件

如果将某个文件从项目中移出，则在项目（Projects）面板的工作区中右击该文件名称，即可弹出一菜单，选择并执行【Remove from Project…】命令，可将该关联文件形式转换为自由文件的形式。

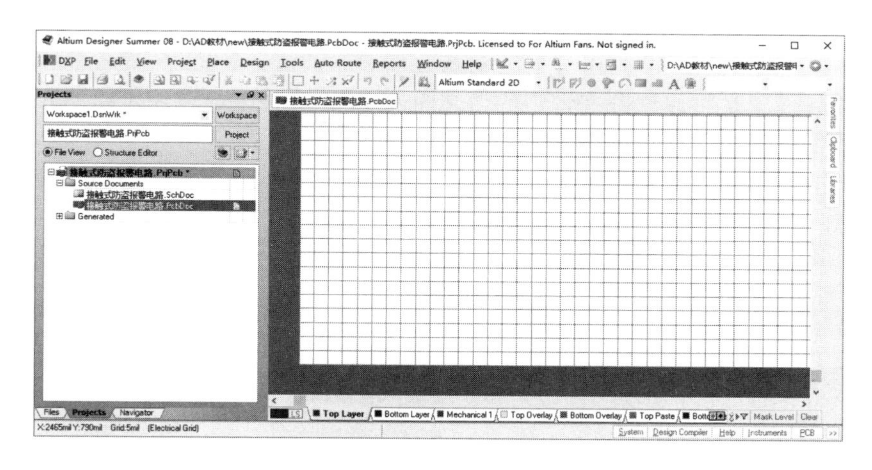

图 11-6　PCB 编辑器

11.2.2　电路板禁止布线区的设置

设置电路板禁止布线区就是确定电路板的电气边界。

电气边界用来限定布线和元件放置的范围，它是通过在禁止布线层上绘制边界来实现的。禁止布线层（Keep-Out Layer）是 PCB 编辑器中一个用来确定有效放置和布线区域的特殊工作层。在 PCB 的自动编辑中，所有信号层的目标对象（如焊盘、导孔、元件等）和走线都将被限制在电气边界内，即禁止布线区内才可以放置元件和导线；在手工布局和布线时，可以不画出禁止布线区，但是自动布局时是必须有禁止布线区的。所以作为一种好习惯，编辑 PCB 时应先设置禁止布线区。设置布线区的具体步骤如下：

（1）在 PCB 编辑器工作状态下，设定当前的工作层面为“Keep-Out Layer”。单击编辑窗口下方的 Keep-Out Layer 标签，即可将当前的工作平面切换到“Keep-Out Layer”层面。

（2）确定电路板的电气边界。执行菜单命令【Place】/【Line】，光标变成十字形状。

（3）将光标移动到编辑窗口中的适当位置单击，确定一边界的起点。然后拖动光标至某一点，再单击确定电气边界的终点。用同样的操作方式可确定电路板其他三边的电气边界，绘制好的电路板的电气边界如图 11-7 所示。

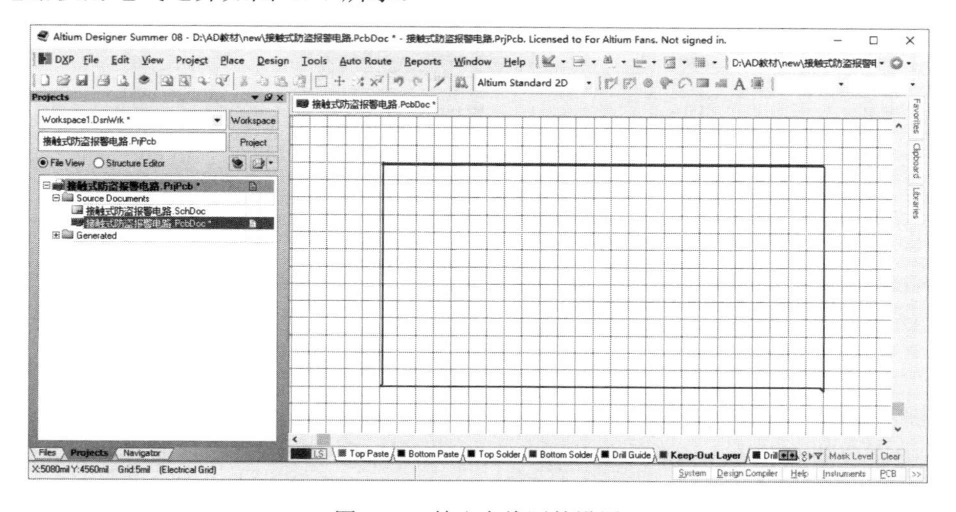

图 11-7　禁止布线区的设置

11.2.3 数据的导入

所谓数据的导入就是将原理图文件中的信息引入 PCB 文件中，以便于绘制印制电路板，即为布局和布线做准备。具体步骤如下：

（1）在原理图编辑器中，选择菜单命令【Design】/【Import Changes From[接触式防盗报警电路.PrjPcb]】，弹出如图 11-8 所示的设计项目修改对话框。

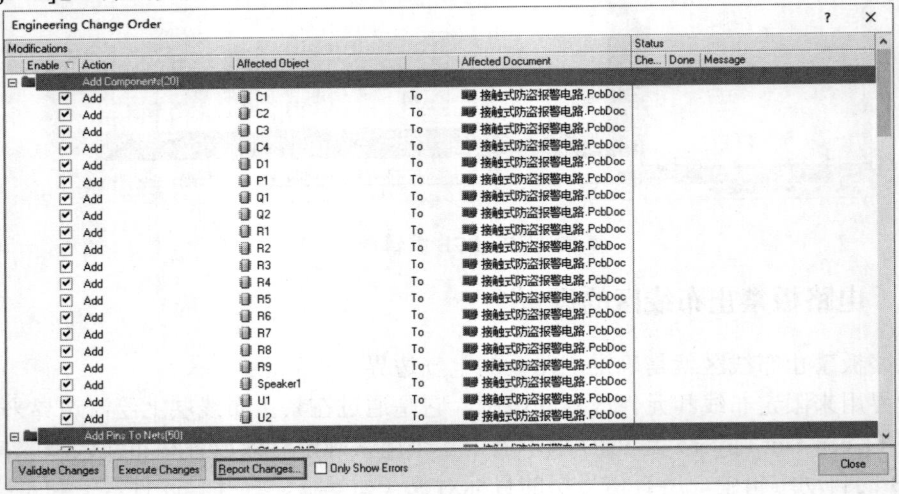

Engineering Change Order

Enable	Action	Affected Object		Affected Document	Che...	Done	Message
	Add Components(20)						
☑	Add	C1	To	接触式防盗报警电路.PcbDoc			
☑	Add	C2	To	接触式防盗报警电路.PcbDoc			
☑	Add	C3	To	接触式防盗报警电路.PcbDoc			
☑	Add	C4	To	接触式防盗报警电路.PcbDoc			
☑	Add	D1	To	接触式防盗报警电路.PcbDoc			
☑	Add	P1	To	接触式防盗报警电路.PcbDoc			
☑	Add	Q1	To	接触式防盗报警电路.PcbDoc			
☑	Add	Q2	To	接触式防盗报警电路.PcbDoc			
☑	Add	R1	To	接触式防盗报警电路.PcbDoc			
☑	Add	R2	To	接触式防盗报警电路.PcbDoc			
☑	Add	R3	To	接触式防盗报警电路.PcbDoc			
☑	Add	R4	To	接触式防盗报警电路.PcbDoc			
☑	Add	R5	To	接触式防盗报警电路.PcbDoc			
☑	Add	R6	To	接触式防盗报警电路.PcbDoc			
☑	Add	R7	To	接触式防盗报警电路.PcbDoc			
☑	Add	R8	To	接触式防盗报警电路.PcbDoc			
☑	Add	R9	To	接触式防盗报警电路.PcbDoc			
☑	Add	Speaker1	To	接触式防盗报警电路.PcbDoc			
☑	Add	U1	To	接触式防盗报警电路.PcbDoc			
☑	Add	U2	To	接触式防盗报警电路.PcbDoc			
	Add Pins To Nets(50)						

Validate Changes　Execute Changes　Report Changes...　☐ Only Show Errors　Close

图 11-8 设计项目修改对话框

（2）单击 Validate Changes 校验改变按钮，系统对所有的元件信息和网络信息进行检查，注意状态（Status）一栏中 Check 的变化。如果所有的改变有效，则 Check 状态列出现勾选，说明网络表中没有错误，如图 11-9 所示。例子中的电路没有电气错误，否则在信息（Messages）面板中给出原理图中的错误信息。

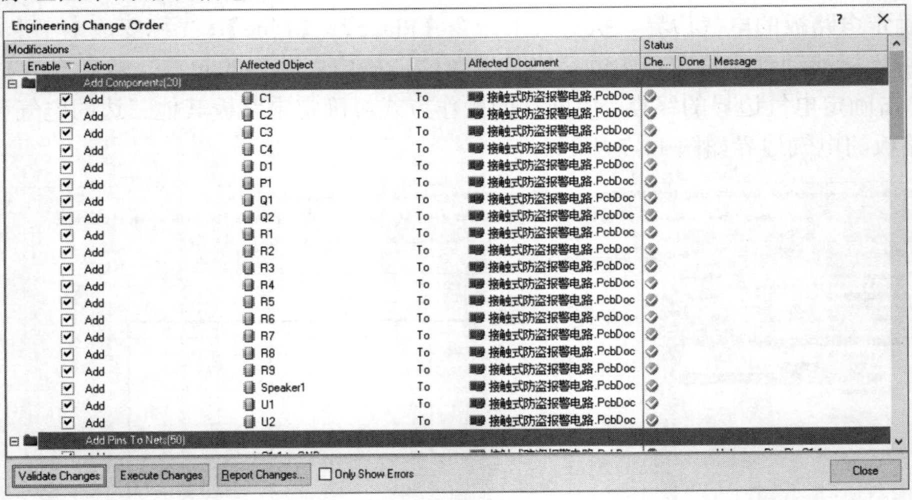

Engineering Change Order

Enable	Action	Affected Object		Affected Document	Che...	Done	Message
	Add Components(20)						
☑	Add	C1	To	接触式防盗报警电路.PcbDoc	✔		
☑	Add	C2	To	接触式防盗报警电路.PcbDoc	✔		
☑	Add	C3	To	接触式防盗报警电路.PcbDoc	✔		
☑	Add	C4	To	接触式防盗报警电路.PcbDoc	✔		
☑	Add	D1	To	接触式防盗报警电路.PcbDoc	✔		
☑	Add	P1	To	接触式防盗报警电路.PcbDoc	✔		
☑	Add	Q1	To	接触式防盗报警电路.PcbDoc	✔		
☑	Add	Q2	To	接触式防盗报警电路.PcbDoc	✔		
☑	Add	R1	To	接触式防盗报警电路.PcbDoc	✔		
☑	Add	R2	To	接触式防盗报警电路.PcbDoc	✔		
☑	Add	R3	To	接触式防盗报警电路.PcbDoc	✔		
☑	Add	R4	To	接触式防盗报警电路.PcbDoc	✔		
☑	Add	R5	To	接触式防盗报警电路.PcbDoc	✔		
☑	Add	R6	To	接触式防盗报警电路.PcbDoc	✔		
☑	Add	R7	To	接触式防盗报警电路.PcbDoc	✔		
☑	Add	R8	To	接触式防盗报警电路.PcbDoc	✔		
☑	Add	R9	To	接触式防盗报警电路.PcbDoc	✔		
☑	Add	Speaker1	To	接触式防盗报警电路.PcbDoc	✔		
☑	Add	U1	To	接触式防盗报警电路.PcbDoc	✔		
☑	Add	U2	To	接触式防盗报警电路.PcbDoc	✔		
	Add Pins To Nets(50)						

Validate Changes　Execute Changes　Report Changes...　☐ Only Show Errors　Close

图 11-9 设计项目修改对话框检查报告

【编者提示】用户在导入数据前，应该检查所用的原理图中的元件封装库是否全部装入，尤其是所用的原理图，不是在当前系统中绘制的，或者说所用的原理图是调入其他系统的，填装元件封装库的工作可能更为必要。这是因为，当前系统在绘制原理图时，已经将元件的封装库填装好了，否则的话也画不出来原理图；而调入的原理图就另当别论了，其中可能有一些元件的封装库没有装入当前系统，这样就会出现没有封装的错误。

（3）双击错误信息，自动回到原理图中的位置上，就可以修改错误。直到没有错误信息，单击 Execute Changes 执行改变按钮，系统开始执行将所有的元件信息和网络信息的传送，完成后如图 11-10 所示。若无错误，勾选 Done 状态。

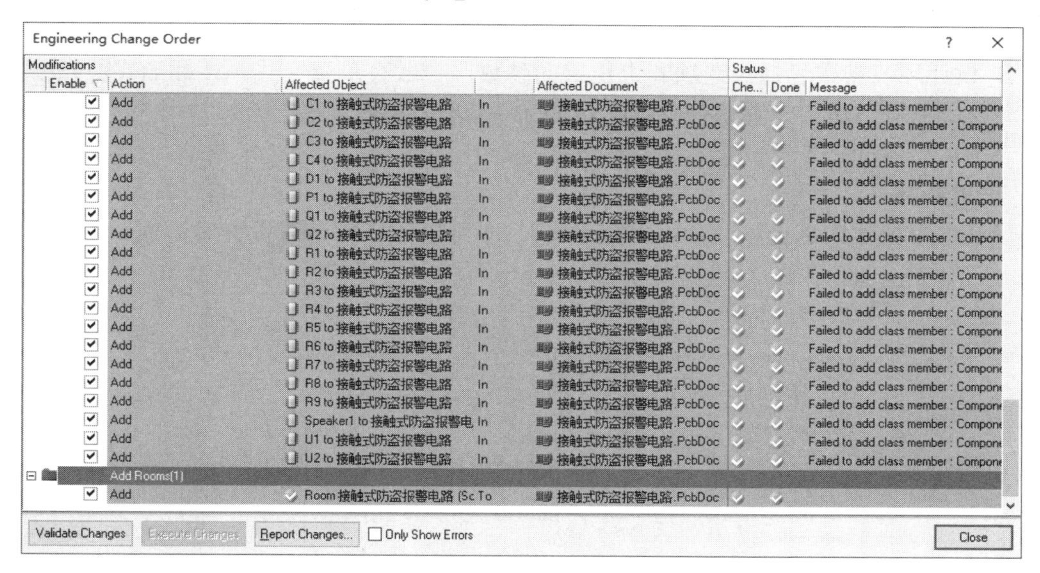

图 11-10　设计项目修改对话框传送报告

（4）单击【Close】按钮，关闭对话框。所有的元件和飞线已经出现在 PCB 文件中所谓的元件盒“Room”（也称元件空间）内，如图 11-11 所示。

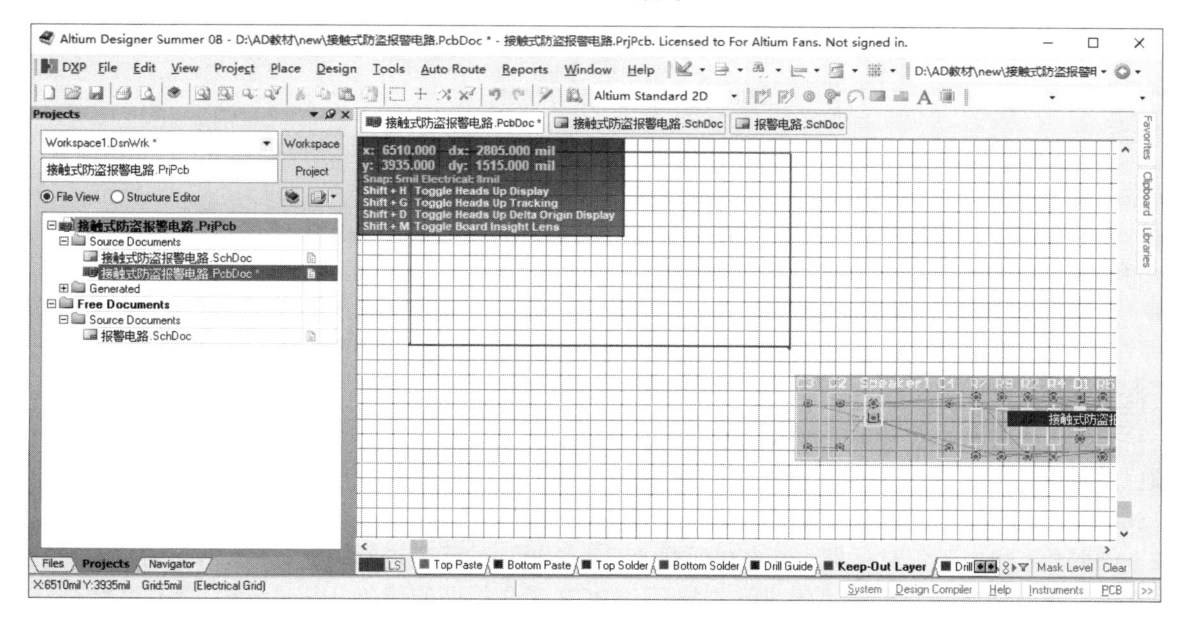

图 11-11　拥有数据的 PCB 文件

元件盒“Room”不是一个实际的物理器件，只是一个区域。可以将印制电路板上的元件归到不同的“Room”中去，实现元件分组的目的。“Room”的编辑可参阅第11章中的相关内容。在简单的设计中“Room”不是必要的，在此笔者建议将其删除，方法是执行菜单命令【Edit】/【Delete】后，若元件盒“Room”为非锁定状态，单击元件盒“Room”所在区域，即可将其删除。

11.2.4 PCB设计环境参数的设置

PCB设计环境参数包括板选项和工作层面参数，一般有单位制式、光标形式、光栅样式和工作面层颜色等。适当设置这些参数，对PCB电路板的设计非常重要，用户应当引起足够重视。

1．设置参数

执行菜单命令【Design】/【Board Option】，即可进入环境参数设置对话框，如图11-12所示。

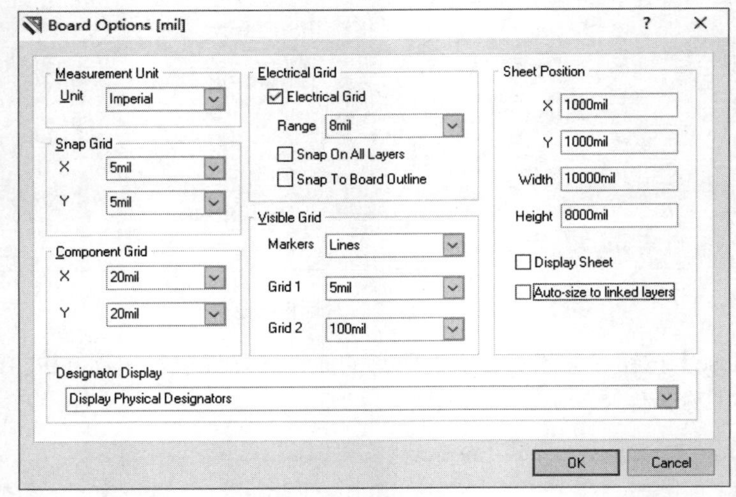

图11-12　环境参数设置对话框

关于环境参数的意义详见第10章中的相关内容。在该对话框中，可以对图纸单位、捕获栅格、元件栅格、电气栅格、可视栅格和图纸参数等进行设定。

一般情况下，将捕获栅格、电气栅格设成相近值。如果捕获栅格和电气栅格相差过大，手工布线时光标将很难捕获到用户所需要的电气连接点。

2. 设置工作层面显示/颜色

执行菜单命令【Design】/【Board Layers & Colors】，即可进入工作层面显示/颜色设置对话框，如图11-13所示。

关于工作层面的含义详见第9章中的相关内容。在该对话框中，可以进行工作层面的显示/颜色的设置，有6个区域分别设置在PCB编辑区要显示的层及其颜色。在每个区域中有一个“Show”复选框，单击选中（即勾选），该层在PCB编辑区中将显示该层标签页；单击“Color”栏下的颜色，弹出颜色对话框，在该对话框中对电路板层的颜色进行编辑；在“System Colors”区域中，设置包含可见栅格、焊盘孔、导孔和PCB工作层面的颜色及其显示等。编者建议，初学Altium Designer的用户最好使用默认选项。

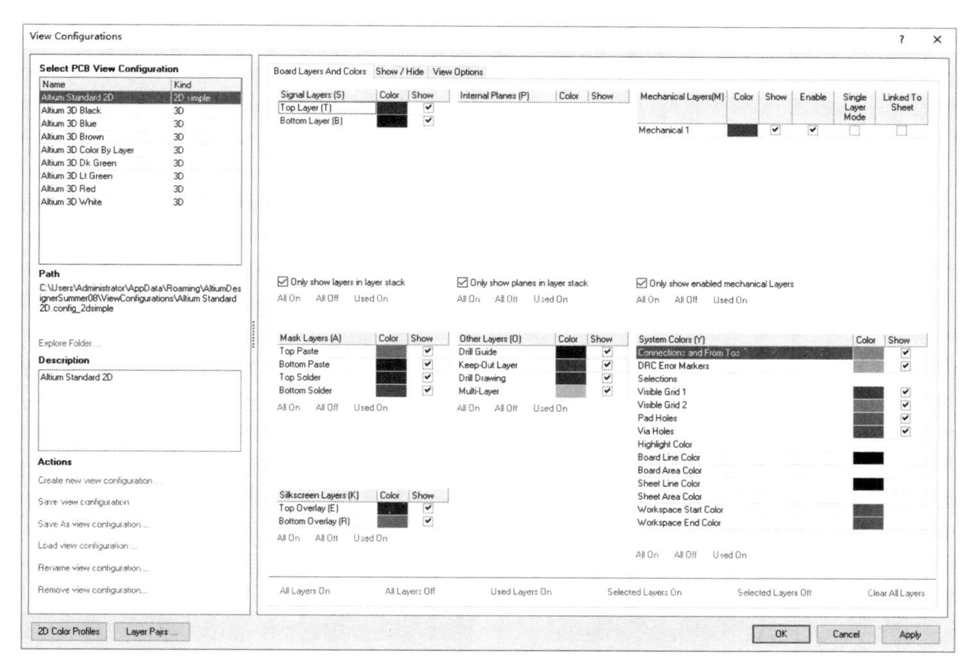

图 11-13　工作层面显示/颜色设置对话框

11.2.5　元件的自动布局

元件的布局有自动布局和手工布局两种方式，用户根据自己的习惯和设计需要可以选择自动布局，也可以选择手工布局。一般情况下，需要两者结合才能达到很好的效果。这是因为自动布局的效果往往不能令人满意，还需要进行手工调整。

在 Altium Designer 系统中，用户对元件进行手工布局时，可以先利用 Altium Designer 的 PCB 编辑器所提供的自动布局功能自动布局，在自动布局完成后，再进行手工调整，这样可以更加快速、便捷地完成元件的布局工作。下面将介绍 Altium Designer 提供的自动布局功能。其具体操作方法如下：

（1）在 PCB 编辑器中，执行菜单命令【Tools】/【Comment Placement】，弹出自动布局菜单，如图 11-14 所示。

部分选项功能的含义说明如下。

● Shove——推挤元件：执行此命令，光标变成十字形状，单击进行推挤的基准元件，如果基准元件与周围元件之间的距离小于允许距离，则以基准元件为中心，向四周推挤其他元件。但是当元件之间的距离大于安全距离时，则不执行推挤过程。

● Set Shove Depth——设置推挤元件深度：执行此命令后，弹出如图 11-15 所示对话框。如果在对话框中设置参数为“x”（x 为整数），在此例中，设定“x”的值为“5”，则在执行推挤命令时，将会连续向四周推挤 5 次。

（2）执行命令【Auto Placer】，将弹出元件自动布局对话框，在该对话框中可以选择元件自动布局的方式，如图 11-16 所示。

图 11-16 中各选项的含义如下。

● Cluster Placer——成组布局方式：这种基于“组”的元件自动布局方式，将根据连接关系将元件划分成组，然后按照几何关系放置元件组，该方式比较适合元件较少的电路。

图 11-14　自动布局菜单选项功能

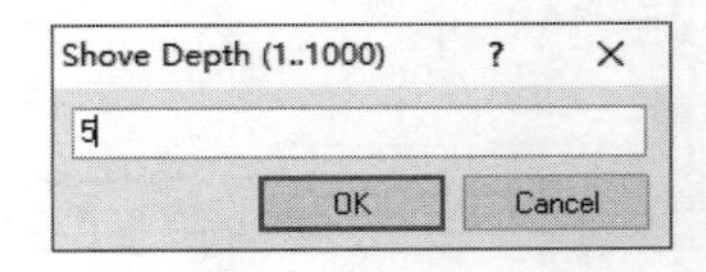

图 11-15　设置推挤深度

● Statistical Placer——统计布局方式：这种基于“统计”的元件自动布局方式，将根据统计算法放置元件，以使元件之间的连线长度最短，该方式比较适合元件较多的电路。

● Quick Component Placement——设置快速元件布局：快速元件布局。该选项只有在选择成组布局方式时选中才有效。

（3）当选中统计布局方式选项前的单选框时，图 11-16 发生变化，如图 11-17 所示。

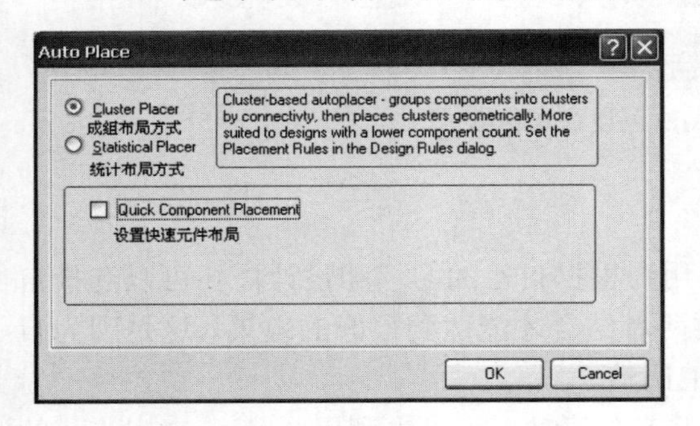

图 11-16　元件自动布局对话框

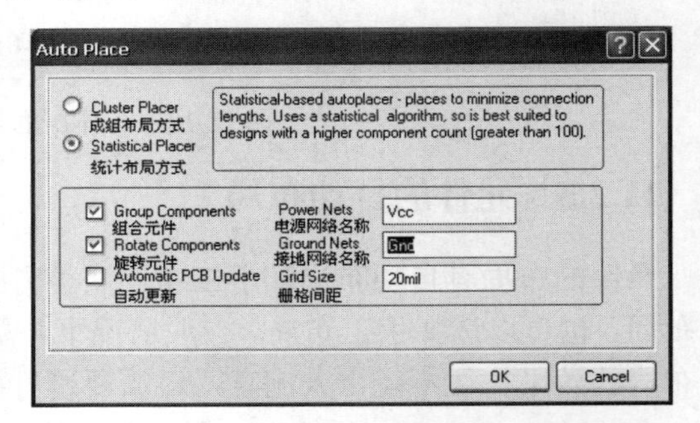

图 11-17　统计元件自动布局对话框

图 11-17 中部分选项功能的含义说明如下。

● Group Components——组合元件：该选项的功能是将当前 PCB 设计中网络连接密切的元件归为一组。排列时该组的元件将作为整体考虑，默认状态为选中。

● Rotate Components——旋转元件：该选项的功能是根据当前网络连接与排列的需要使元件或元件组旋转方向。若没有选中该选项，则元件将按原始位置放置，默认状态为选中。

● Grid Size——栅格间距：设置元件自动布局时格点的间距大小。如果格点的间距设置过大，则自动布局时有些元件可能会被挤出电路板的边界。这里，将栅格距离设为“20mil”。

（4）设置好元件自动布局参数后，清除图 11-11 中的元件盒“Room”，单击 OK 按钮，元件自动布局完成后的效果如图 11-18 所示。即使是同一电路，每次执行元件布局的结果都是不同的。用户可以根据 PCB 的设计要求，经过多次布局得到不同的结果，选出自己较为满意的布局。

11.2.6　元件封装的调换

在 Altium Designer 系统中，进行电路板的设计时，元件封装的选配或更换，无论是在原理图还是在 PCB 的编辑过程中，均可进行。但是，在 PCB 的编辑过程中选配或更换元件封装，比较方便。下面结合图 11-18 中三极管 Q1 和 Q2 封装的更换介绍元件封装的调换。具体步骤如下：

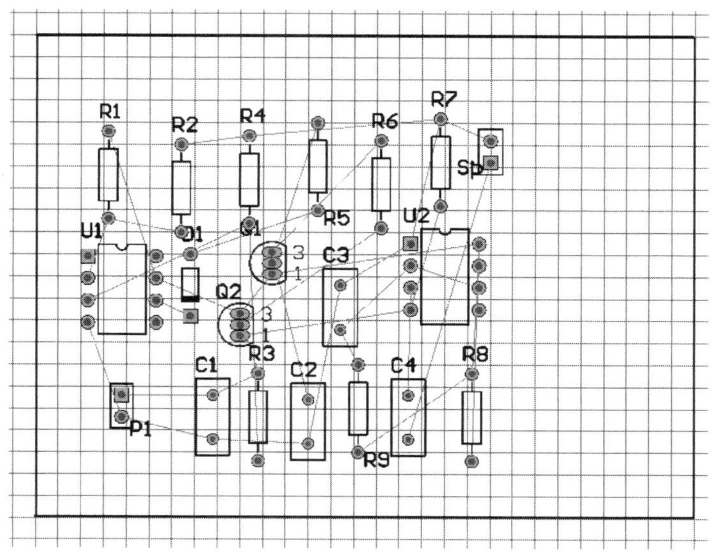

图 11-18　元件自动布局的效果图

（1）双击需要调换封装的元件，如 Q1，弹出元件参数对话框，如图 11-19 所示。

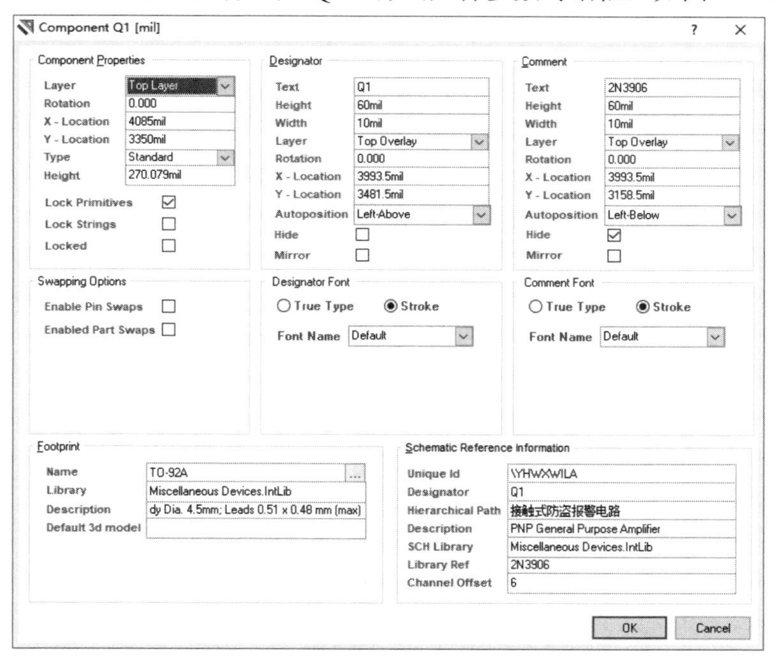

图 11-19　元件参数对话框

（2）单击图 11-19 中封装（Footprint）分组框下元件名称（Name）后的浏览按钮，弹出如图 11-20 所示的浏览库对话框。

（3）单击图 11-20 中的封装名称，就可以浏览其相关的封装。此处选中 TO-18，弹出如图 11-21 所示的浏览库对话框。

（4）单击 OK 按钮，回到图 11-19，单击 OK 按钮，图 11-18 中 Q1 的封装发生了改变，其效果如图 11-22 所示。

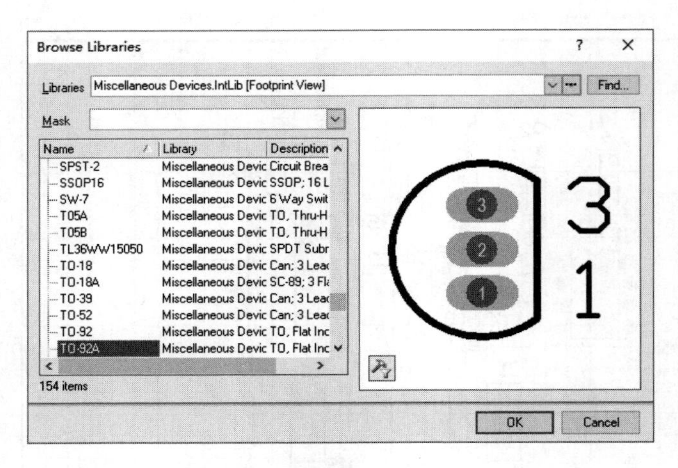

图 11-20　元件封装浏览库对话框

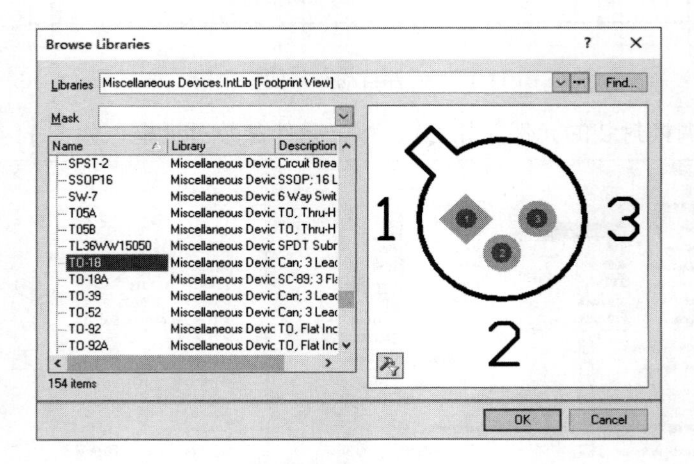

图 11-21　TO-18 元件封装浏览库对话框

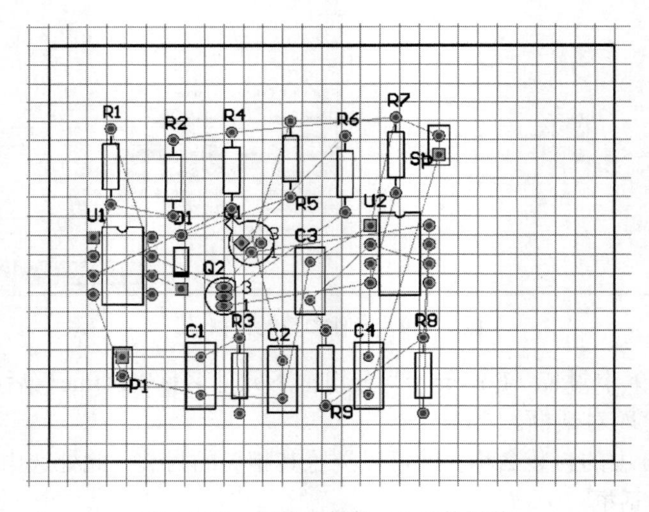

图 11-22　调换三极管 Q1 元件封装

（5）用同样的操作方式，将三极管 Q2 的封装 TO-92A 调换为 TO-18。调换后的图 11-22 改变为如图 11-23 所示。

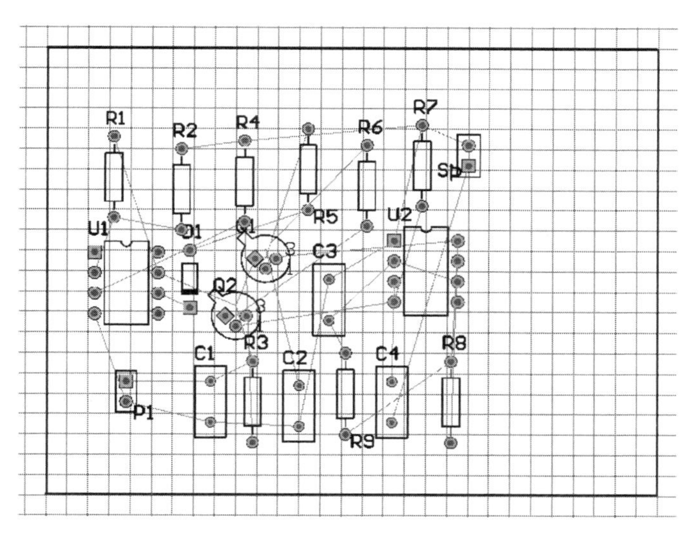

图 11-23　调换三极管 Q2 元件封装

11.2.7　元件封装的解锁与修改

在 PCB 设计过程中，从元件库中调取元件后，其封装是固定的。在布线或电子元件焊接装配过程中，往往由于实际工况，需对其封装进行微调，如引脚位置、焊盘形态、孔径大小等，此时可解锁元件封装，在原基础上进行修改。下面以接触式防盗报警电路中的一个 8 引脚集成芯片为例进行详细说明。

1．解锁元件封装

选定目标元件 8 引脚集成芯片 U1 并双击，或在该芯片上右击，弹出快捷菜单，执行【Properties】命令，弹出参数设置对话框，去除“Component Properties”分组框下“Lock Primitives”选项的勾选状态“√”，解锁元件封装，如图 11-24 所示。

Component U1 [mil]

Component Properties
Layer: Top Layer
Rotation: 270.000
X - Location: 2730mil
Y - Location: 2863.779mil
Type: Standard
Height: 175.197mil
Lock Primitives
Lock Strings
Locked

Designator
Text: U1
Height: 60mil
Width: 10mil
Layer: Top Overlay
Rotation: 0.000
X - Location: 2700mil
Y - Location: 3093.779mil
Autoposition: Manual
Hide
Mirror

Comment
Text: LF356N8
Height: 60mil
Width: 10mil
Layer: Top Overlay
Rotation: 0.000
X - Location: 2533.5mil
Y - Location: 2590.279mil
Autoposition: Left-Below
Hide
Mirror

Swapping Options
Enable Pin Swaps
Enabled Part Swaps

Designator Font
True Type　Stroke
Font Name: Default

Comment Font
True Type　Stroke
Font Name: Default

Footprint
Name: N8
Library: LT Operational Amplifier.IntLib
Description: ads; Row Spacing 7.62 mm; Pitch 2.54 mm
Default 3d model

Schematic Reference Information
Unique Id: VAOWFHRPQ
Designator: U1
Hierarchical Path: 接触式防盗报警电路
Description: JFET-Input High-Speed Operational Amplifier
SCH Library: LT Operational Amplifier.IntLib
Library Ref: LF356N8
Channel Offset: 18

OK　Cancel

图 11-24　解锁元件封装

2．修改元件封装

元件封装解锁后，其焊盘、外轮廓线等可自由移动，此时可单击具体需更改目标，并可结合 10.8 节批量修改图件的步骤对其进行重新编辑修改，包括焊盘位置、形状及大小，外轮廓线长短及线宽等，如图 11-25 所示。

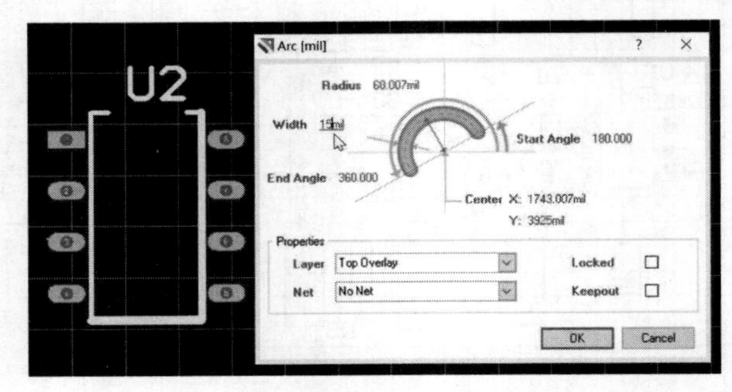

图 11-25　修改元件封装

3．重新锁定元件封装

修改好所需元件后，单击并按住鼠标左键向外拖动，出现复选框，将图件构成的所有要素全部选取，然后在复选框上右击，弹出参数设置对话框，重新勾选“Component Properties”分组栏下的“Lock Primitives”选项，锁定其封装，如图 11-26 所示。图 11-27 所示为芯片修改前后对照图。

注意：图件封装修改后务必重新锁定，否则再次移动图件时，焊盘等元素就会离散。

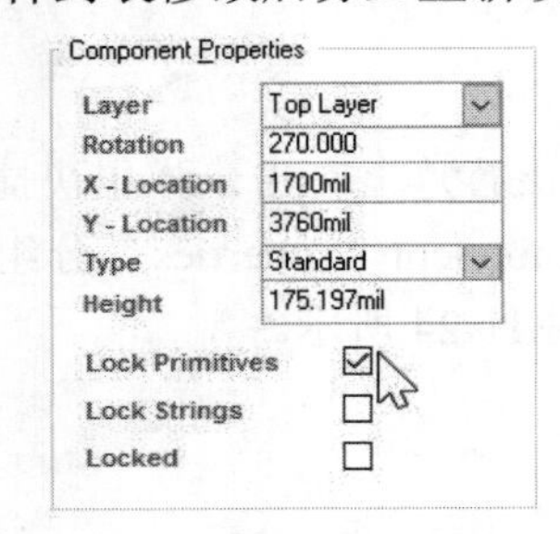

图 11-26　重新锁定元件封装

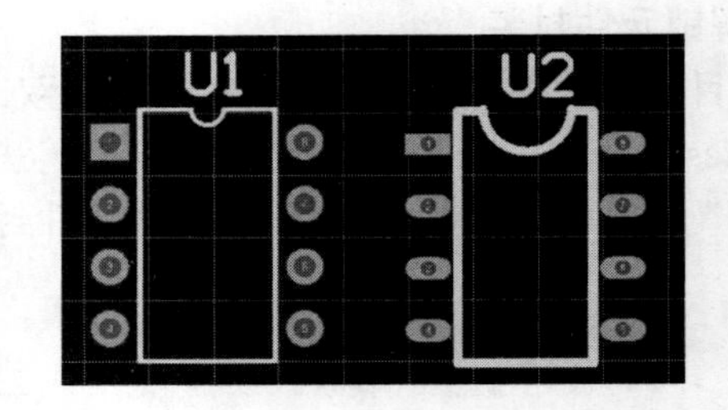

图 11-27　集成芯片封装修改前后对照图

11.2.8　PCB 文件与原理图文件的双向更新

在项目设计过程中，用户有时要对原理图或印制电路板中的某些参数进行修改，如元件的标号、封装等，并希望将修改情况同时反映到印制电路板或原理图中。Altium Designer 系统提供了这方面的功能，使用户很方便地由 PCB 文件更新原理图文件，或由原理图文件更新 PCB 文件。下面介绍相互更新的操作步骤。

1．由 PCB 文件更新原理图文件

11.1 节在 PCB 编辑窗口中对某些元件封装的调换，就是对接触式防盗报警电路 PCB 文件的局部修改。修改后有时要更新接触式防盗报警电路原理图文件。具体操作如下：

（1）在 PCB 的编辑窗口内，修改后的 PCB 如图 11-23 所示，执行菜单命令【Design】/【Update Schematic in [接触式防盗报警电路.PrjPcb]】，启动更改确认对话框，如图 11-28 所示。

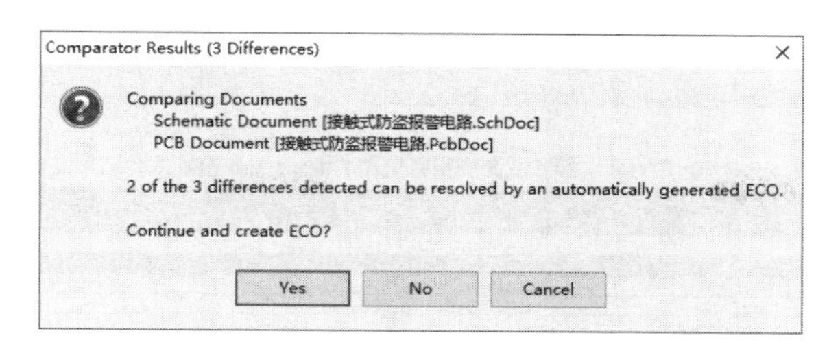

图 11-28　更改确认对话框

（2）单击 Yes 按钮确认，弹出更改文件 ECO（Engineering Change Order）对话框，如图 11-29 所示。在 ECO 对话框中列出了所有的更改内容。

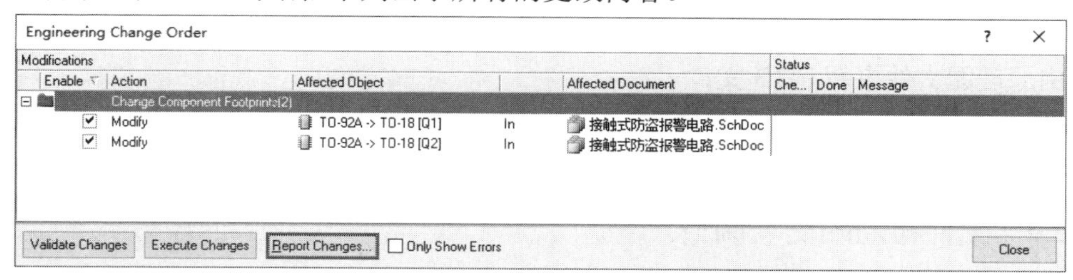

图 11-29　ECO 对话框

（3）单击 Validate Changes 校验改变按钮，检查改变是否有效。如果所有的改变均有效，则“Status”栏中的“Check”列出现“√”号，否则出现错误符号，如图 11-30 所示。

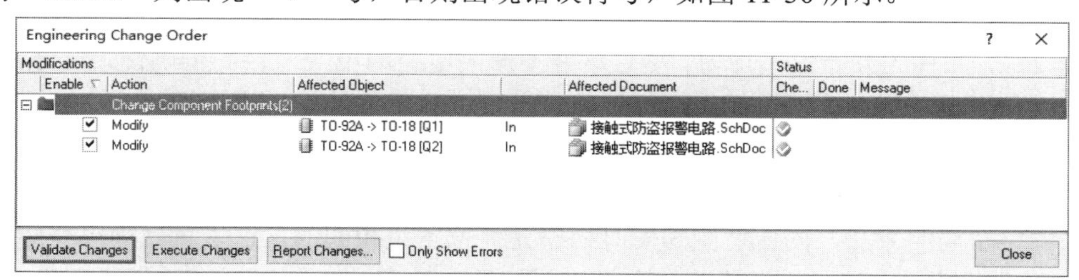

图 11-30　校验后 ECO 对话框

（4）单击 Execute Changes 执行改变按钮，将有效的修改发送至原理图，完成后，“Done”列出完成状态显示，如图 11-31 所示。

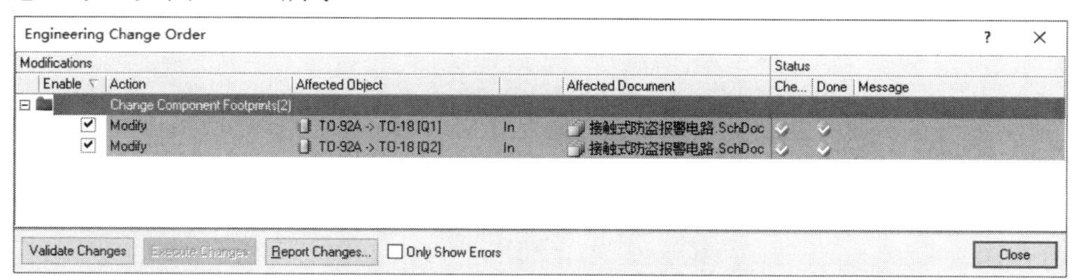

图 11-31　执行后 ECO 对话框

（5）单击 Report Changes... 按钮，系统生成更改报告文件，如图 11-32 所示。

（6）完成以上操作后，单击 Close 按钮关闭 ECO 对话框，实现了由 PCB 文件到 SCH 文件的更新。

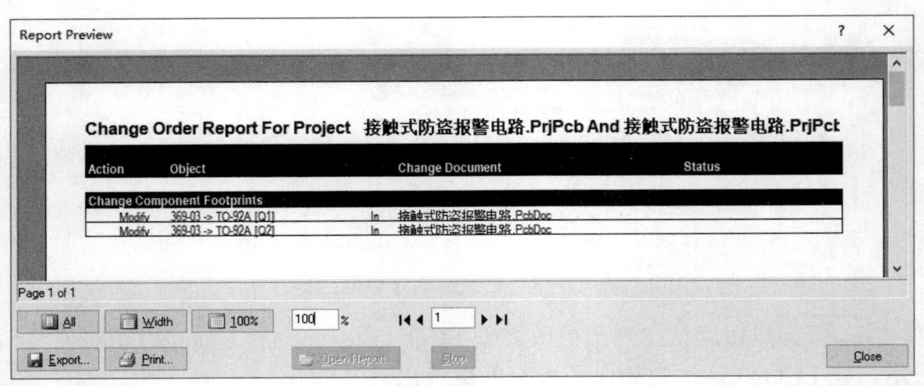

图 11-32 更改报告

2．由原理图文件更新 PCB 文件

由原理图文件更新 PCB 文件的操作方法同 11.2.3 节“数据的导入”的操作步骤。读者可参考 11.2.3 节的内容，在电路设计中进行由原理图文件更新 PCB 文件的操作。

11.2.9 元件布局的交互调整

所谓的交互调整就是手工调整布局与自动排列。用户先用手工方法大致调整一下布局，再利用 Altium Designer 系统提供的元件自动排列功能，按照需要对元件的布局进行调整。很多情况下，利用元件的自动排列功能，还可以收到意想不到的功效。尤其是在元件的排列整齐和美观方面，是十分快捷有效的。观察图 11-23，读者还会发现在完成元件自动布局后，除了元件放置比较乱，元件的分布也不均匀。尽管这并不影响电路的电气连接的正确性，但会影响电路板的布线和美观，所以需要对元件进行调整，也可以对元件的标注进行调整。

下面在图 11-23 的基础之上，先手工调整，再自动排列。具体步骤如下：

1．手工调整

手工调整布局的方法，同原理图编辑时调整元件位置是相同的，这里只做简单介绍。

（1）移动元件的方法：执行菜单命令【Edit】/【Move】/【Move】，单击选中元件，此时光标变为十字形状，然后按住鼠标左键并拖动，则所选中的元件会被光标带着移动。先将元件移动到适当的位置右击，即可将元件放置在当前位置；或执行菜单命令【Edit】/【Move】/【Drag】，单击选中元件，同时按住鼠标左键不放，此时光标变为十字形状，然后拖动鼠标，则所选中的元件会被光标带着移动，先将元件移动到适当的位置，放开鼠标左键，即可将元件放置在当前位置。

（2）旋转元件的方法：执行菜单命令【Edit】/【Move】。单击选中元件，此时光标变为十字形状，元件被选中，按空格键，每次可使该元件逆时针旋转 90°。

（3）元件标注的调整方法：双击待编辑的元件标注，将弹出如图 11-33 所示的编辑文字标注对话框。

在该对话框中可以对文字标注的内容、字体的高度、字体的宽度、字体的类型等参数进行设定。移动文字标注和移动元件的操作相同。

如图 11-23 所示的布局经过手工调整后如图 11-34 所示。

2．自动排列

具体方法如下：

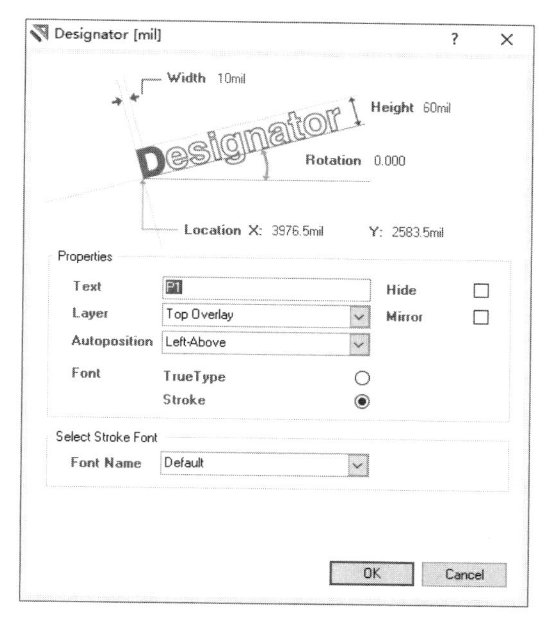

图 11-33　编辑文字标注对话框

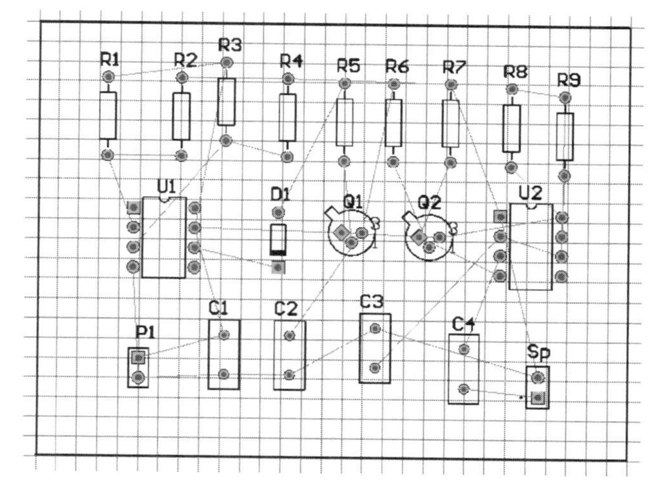

图 11-34　手工调整后布局

（1）选择待排列的元件。执行菜单命令【Edit】/【Select】/【Inside Area】或单击工具栏中的按钮。

（2）执行菜单命令后，光标变成十字形状，移动光标到待选区域的适当位置，拖动光标拉开一个虚线框到对角，使待选元件处于该虚线框中，最后单击 OK 按钮确定即可。

（3）执行菜单命令【Edit】/【Align】，弹出如图 11-35 所示下拉菜单。

根据实际需要，选择元件自动排列菜单中不同的元件排列方式，调整元件排列。用户可以根据元件相对位置的不同，选择相应的排列功能。前面已经介绍过原理图的排列功能，PCB 图的排列方法和步骤基本与其相似。所以操作方法这里不再介绍，只列出排列命令的功能。

（4）执行【Edit】/【Align】/【Align】命令。按照不同的对齐方式排列选取元件，其选择对话框如图 11-36 所示。

Menu item	Shortcut	功能
Align...		排列
Position Component Text...		定位元件标识
Align Left	Shift+Ctrl+L	左对齐
Align Right	Shift+Ctrl+R	右对齐
Align Left (maintain spacing)	Shift+Alt+L	向左集中
Align Right (maintain spacing)	Shift+Alt+G	向右集中
Align Horizontal Centers		水平中心排列
Distribute Horizontally	Shift+Ctrl+H	水平等间距排列
Increase Horizontal Spacing		增加水平等间距排列
Decrease Horizontal Spacing		减少水平等间距排列
Align Top	Shift+Ctrl+T	顶部对齐
Align Bottom	Shift+Ctrl+B	底部对齐
Align Top (maintain spacing)	Shift+Alt+I	向上集中
Align Bottom (maintain spacing)	Shift+Alt+N	向下集中
Align Vertical Centers		垂直中心排列
Distribute Vertically	Shift+Ctrl+V	垂直等间距排列
Increase Vertical Spacing		增加垂直等间距排列
Decrease Vertical Spacing		减少垂直等间距排列
Align To Grid	Shift+Ctrl+D	移动元件到栅格
Move All Components Origin To Grid		移动布局空间到栅格

图 11-35　元件自动排列菜单与功能

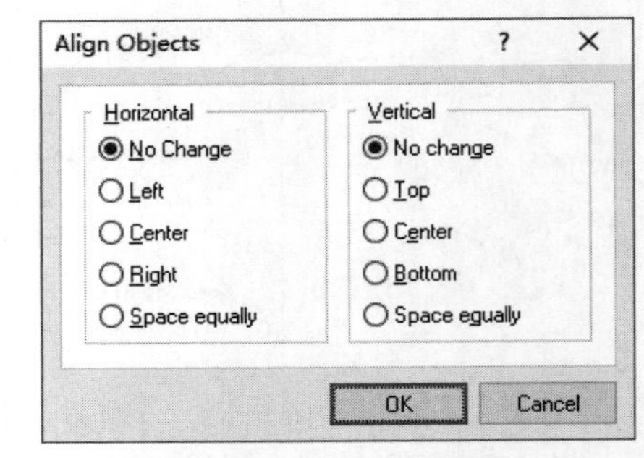

图 11-36　排列对话框

在排列对话框中，排列元件的方式分为水平和垂直两种方式，即水平方向上的对齐和垂直方向的对齐，两种方式可以单独使用，也可以复合使用，根据用户的需要可以任意配置。排列命令是排列元件中相当重要的命令，使用的方法与原理图编辑中元件的排列方法类似。用户应反复练习才能更好地掌握其使用方法。

（5）执行菜单命令【Edit】/【Align】/【Position Component Text】，弹出文本注释排列设置对话框，如图 11-37 所示。

在该对话框中，可以按 9 种方式将文本注释（包括元件的标号和注释）排列在元件的上方、中间、下方、左方、右方、左上方、左下方、右上方、右下方和不改变。操作步骤和自动排列元件一样。图 11-34 所示的布局经自动排列后如图 11-38 所示。

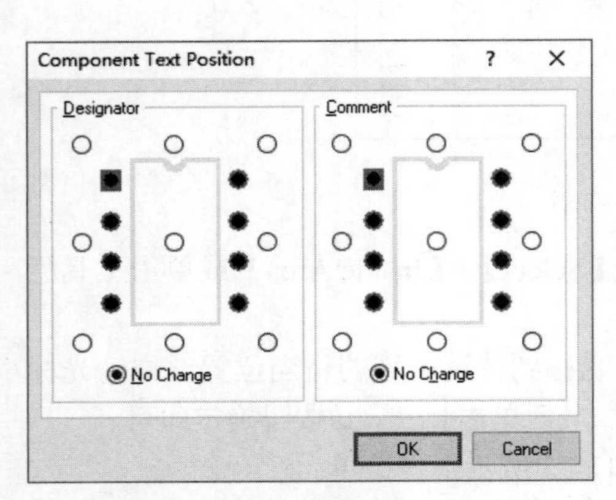

图 11-37　文本注释排列设置对话框

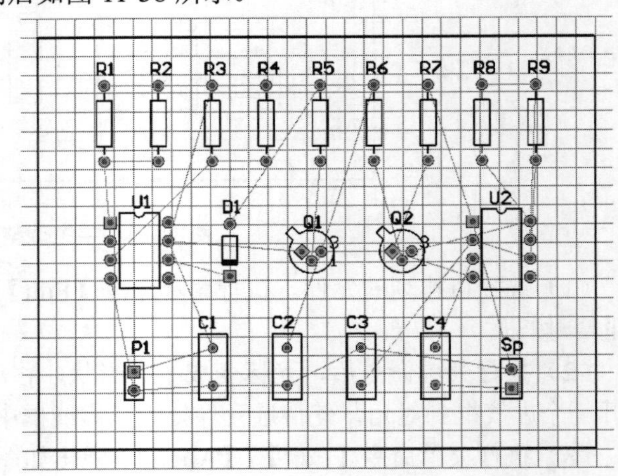

图 11-38　自动排列后的布局

11.2.10　电路板的 3D 效果图

用户可以通过 3D 效果图看到 PCB 的实际效果和全貌。

执行菜单命令【View】/【Board to 3D】，PCB 编辑器内的编辑窗口变成 3D 仿真图形，如

图 11-39 所示。用户在编辑窗口中可以看到制成后的 PCB 的仿真图，这样就可以在设计阶段把一些错误改正过来，从而降低成本并缩短设计周期。

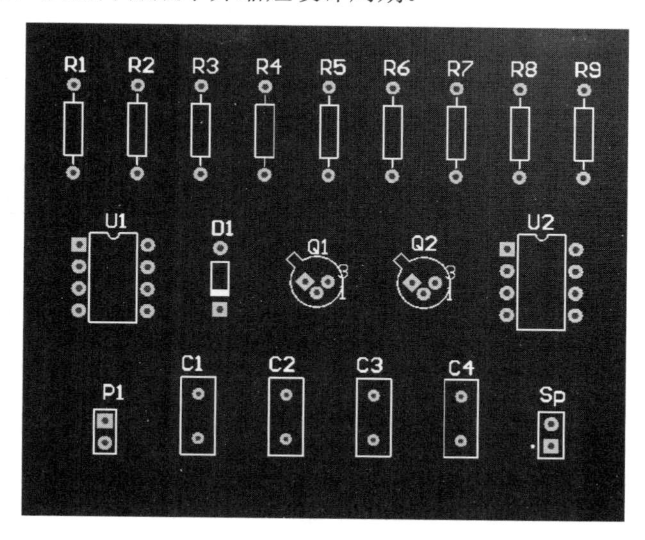

图 11-39 电路的 3D 效果图

11.2.11 设置布线规则

在 Altium Designer 系统中，设计规则有 10 个类别，覆盖了电气、布线、制造、放置、信号完整性要求等，但其中大部分都可以采用系统默认的设置，而用户真正需要设置的规则并不多。各个规则的含义将在第 12 章中做详细讲解，这里只对本例涉及的布线规则予以介绍。

1. 设置双面板布线方式

如果要求设计一般的双面印制电路板，就没有必要去设置布线板层规则了，因为系统对于布线板层规则的默认值就是双面布线。但是作为例子，还是要进行详细介绍。具体步骤如下：

在 PCB 编辑器中，执行菜单命令【Design】/【Rules...】，即可启动 PCB 规则和约束编辑对话框，如图 11-40 所示。所有的设计规则和约束都在这里设置，界面的左侧显示设计规则的类别，右侧显示对应规则的设置属性。

（1）布线层的查看：在图 11-40 中，单击左侧设计规则（Design Rules）中的布线（Routing）类，该类所包含的布线规则以树形结构展开，单击布线层（Routing Layers）规则，界面如图 11-41 所示。

图 11-41 右侧顶部区域显示所设置的规则使用范围，底部区域显示规则的约束特性。因为双面板为默认的状态，所以在约束特性（Constraints）区域中的有效层（Enabled Layers）中，给出了顶层（Top Layer）和底层（Bottom Layer），允许布线（Allow Routing）已被勾选。

（2）走线方式的设置：在图 11-40 中，单击左侧设计规则（Design Rules）中的布线（Routing）类，该类所包含的布线规则以树形结构展开，单击布线层（Routing Topology）规则，如图 11-42 所示。在约束特性（Constraints）区域中，单击右边的下拉按钮，对布线层和走线方式进行设置。在此将双面印制电路板顶层设置为水平走线方式（Horizontal），然后确认。

以同样的方法将双面印制电路板的底层设置为垂直走线方式（Vertical）。

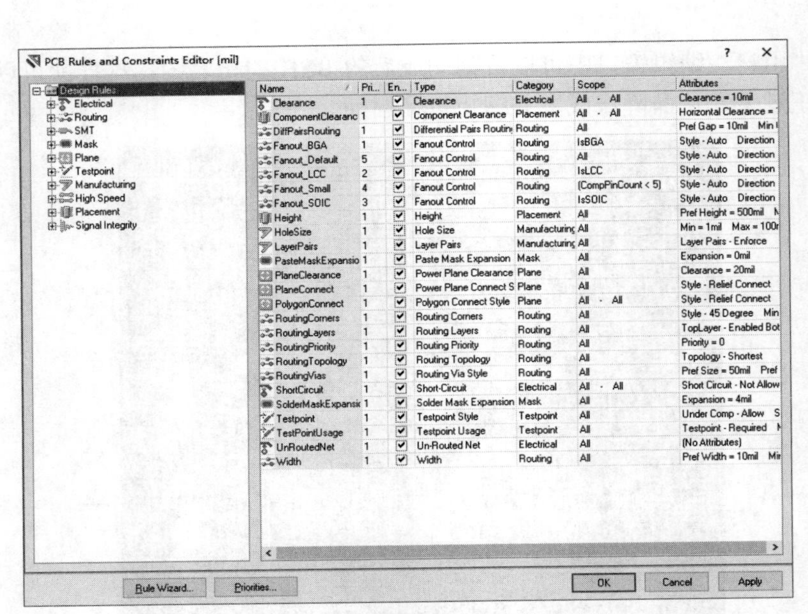

图 11-40　PCB 规则和约束编辑对话框

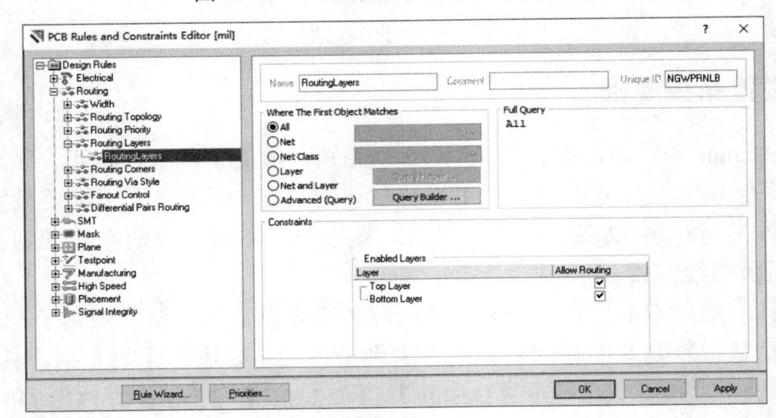

图 11-41　查看布线层

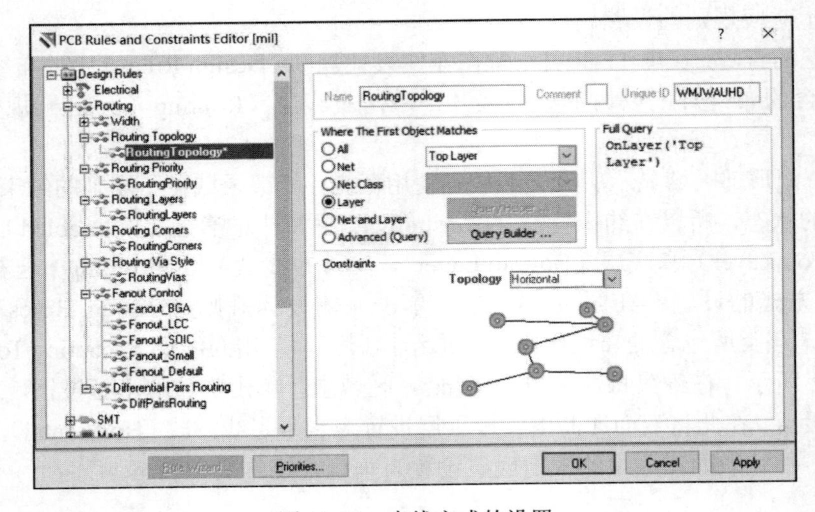

图 11-42　走线方式的设置

2．设置一般导线宽度

所谓的一般导线是指流过电流较小的信号线。在图 11-40 中，单击左侧设计规则（Design Rules）中的布线宽度（Width）类，显示了布线宽度约束特性和范围，如图 11-43 所示，这个规则应用到整个电路板。将一般导线的最佳（Preferred）、最小（Min）和最大（Max）宽度都设定为 10mil；单击该项输入数据可修改宽度约束。在修改最小尺寸之前，先设置最大尺寸。

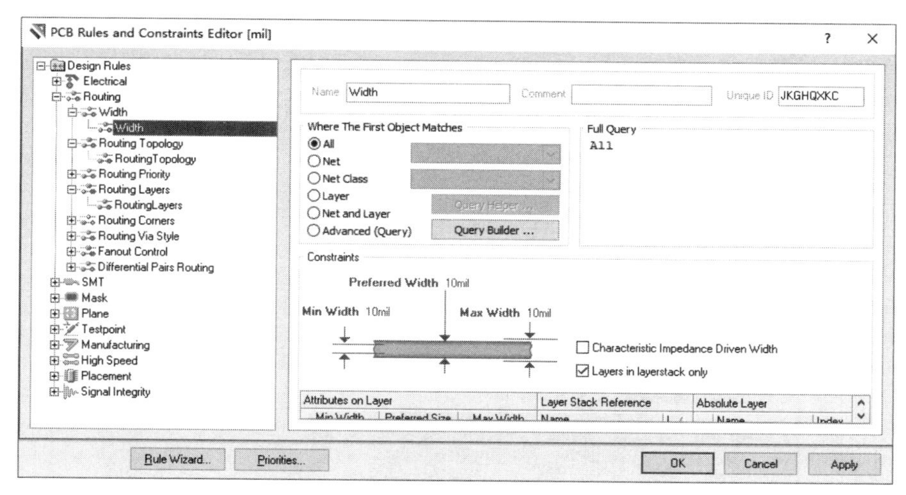

图 11-43　布线宽度范围设置对话框

3．设置电源线的宽度

所谓的电源线指的是电源线（VCC）和地线（GND）。Altium Designer 系统设计规则的一个强大功能是：可以定义同类型的多重规则，而每个目标对象各不相同。这里设定电源线的宽度为 20mil，具体步骤如下：

（1）增加新规则：在图 11-43 中，选定布线宽度（Width）右击，弹出图 11-44 所示的菜单，选择新规则（New Rule）命令，在“Width”中添加了一个名为“Width_1”的规则。

（2）设置布线宽度：单击“Width_1”，在图 11-43 右侧顶部的名称（Name）栏里输入网络名称“Power”，在底部的约束特性区域中最佳（Preferred）、最小（Min）和最大（Max）宽度都设定为 20mil，如图 11-45 所示。

（3）设置约束范围 VCC 项：在图 11-41 中，单击选中“Where The First Object Matches”分组框下的“Net”，在“Full Query”分组框里出现“InNet( )”。单击“All”右侧的下拉按钮，从显示的有效网络列表中选择 VCC，“Full Query”分组框里更新为“InNet('VCC')”。此时表明布线宽度为 10～20mil 的约束应用到了电源网络 VCC，如图 11-46 所示。

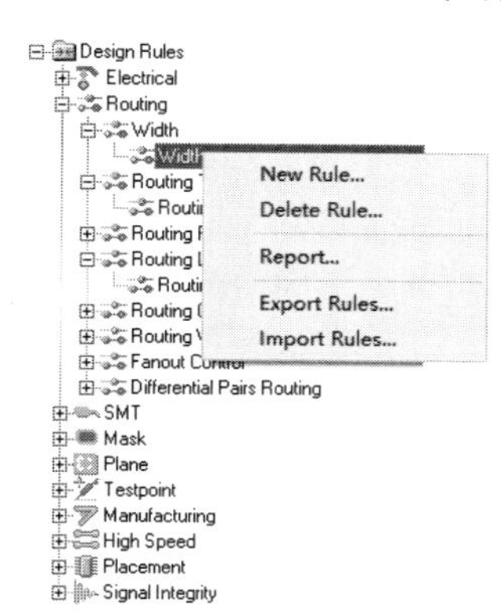

图 11-44　设计规则编辑菜单

（4）扩大约束范围 GND 项：在图 11-41 中，单击选中“Where The First Object Matches”分组框下的“Advanced（Query）”，然后单击“Query Helper”按钮，弹出如图 11-47 所示的对话框。

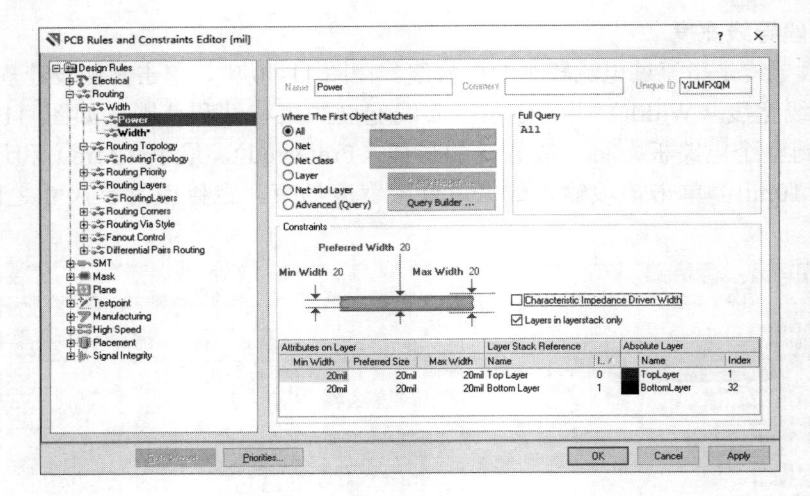

图 11-45 Power 布线宽度对话框

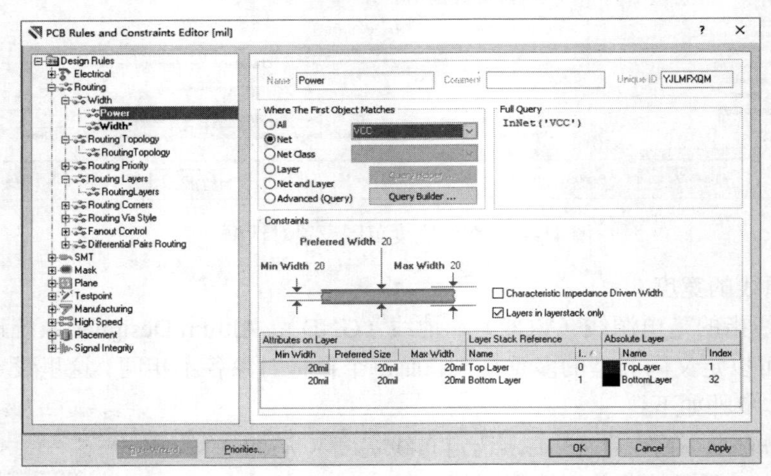

图 11-46 VCC 布线宽度设置对话框

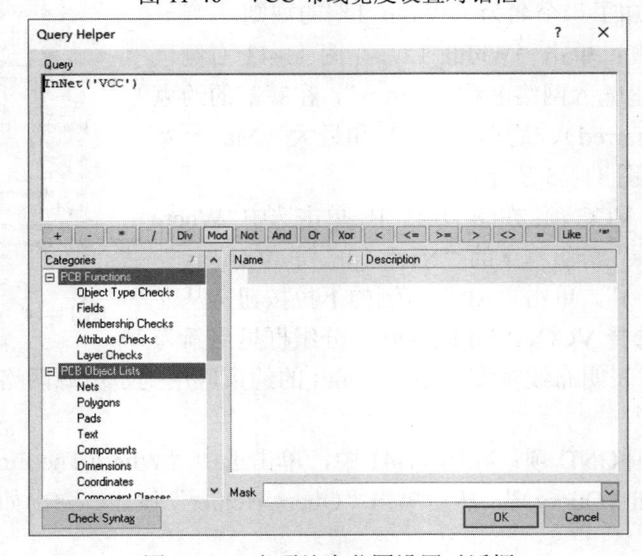

图 11-47 多项约束范围设置对话框

（5）在对话框的上部是网络之间的关系设置栏，将光标移到 InNet('VCC')的右边，然后单击下面的 Or 按钮，此时 Query 框的内容为 InNet('VCC')Or；单击“Categories”框下的“PCB Functions”类的“Membership Checks”选项，再双击“Name”框中的“InNet”，此时“Query”框的内容为“InNet('VCC') Or InNet()”，同时出现一个有效的网络列表，选择 GND 网络，此时“Query”框的内容更新为“InNet ('VCC') Or InNet(GND)”，如图 11-48 所示。

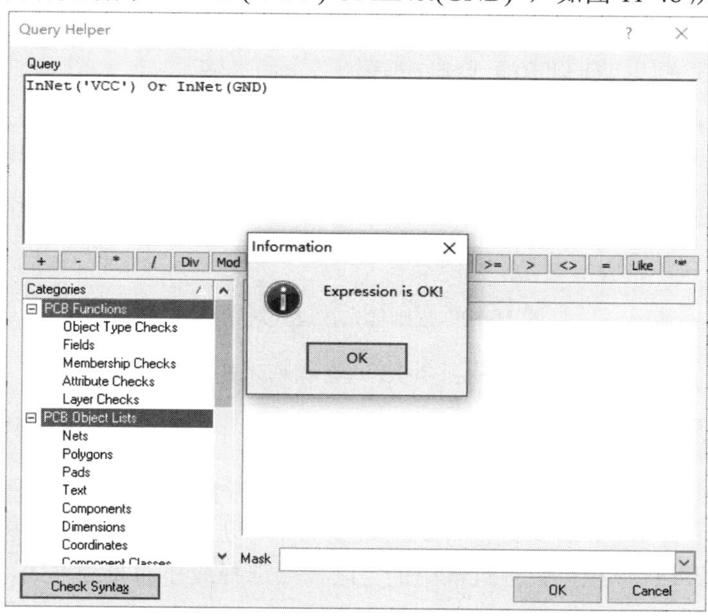

图 11-48　设置约束项通过报告对话框

（6）单击语法检查 Check Syntax 按钮，弹出如图 11-48 所示的信息框。如果没有错误，单击 OK 按钮关闭结果信息，否则系统给予提示，应予修改。

（7）结束约束选项设置：单击图 11-47 中的 OK 按钮，关闭“Query Helper”对话框，“Full Query”框中的范围更新为如图 11-49 所示的新内容。

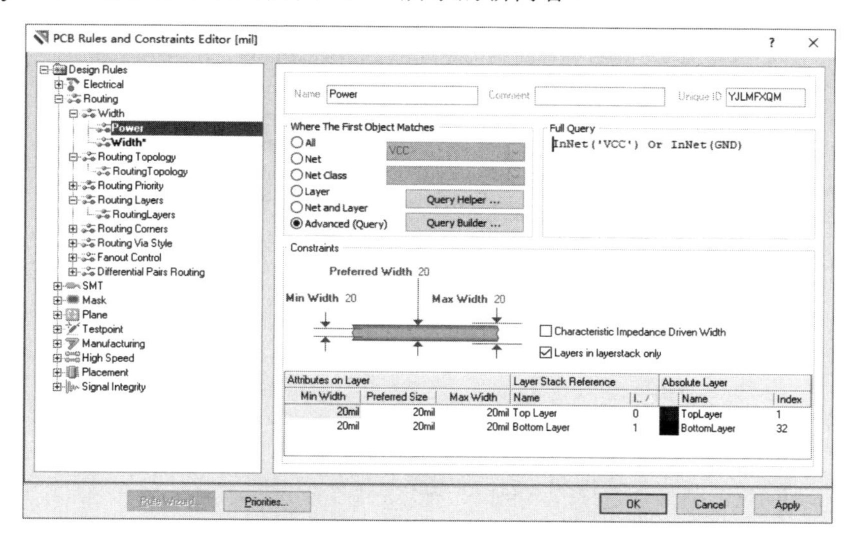

图 11-49　电源布线宽度设置对话框

（8）设置优先权：通过以上的规则设置，在对整个电路板进行布线时，就有名称分别为Power和Width的两个约束规则，因此，必须设置二者的优先权，以决定布线时约束规则使用的顺序。

单击图11-49中左下角的优先权 Priorities... 按钮，弹出如图11-50所示的规则优先权设置对话框。对话框中显示了规则类型（Rule Type）、规则优先权、范围和属性等，优先权的设置通过提高优先权（Increase Priorities）按钮和降低优先权（Decrease Priorities）按钮实现。一般来说，导线较宽的先布线，所以电源线排在前面。

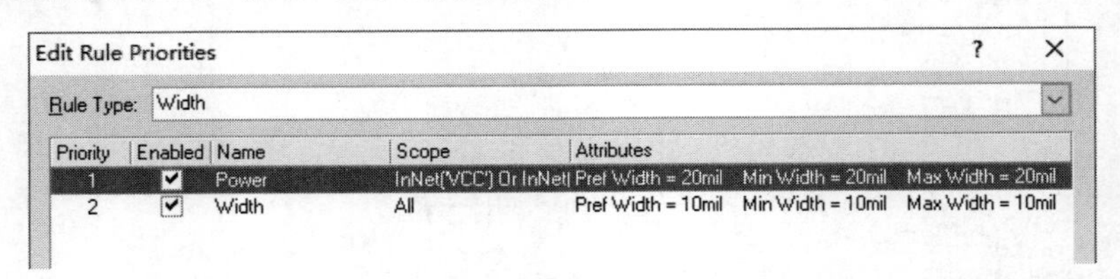

图11-50 规则优先权设置对话框

至此，布线宽度设计规则设置结束，其他布线规则采用默认值。

11.2.12 自动布线

布线参数设定完毕后，就可以开始自动布线了。Altium Designer系统中自动布线的方式有多种，根据用户布线的需要，既可以进行全局布线，也可以对用户指定的区域、网络、元件甚至连接进行布线，因此可以根据设计过程中的实际需要选择最佳的布线方式。下面将对各种布线方式做简单介绍。

1. 自动布线方式

执行菜单命令【Auto Route】，弹出自动布线菜单，各项功能如图11-51所示。

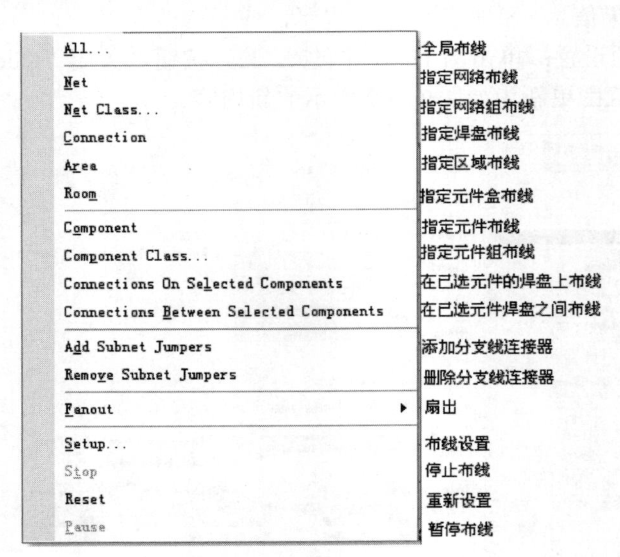

图11-51 自动布线菜单选项与功能

2. 自动布线的实现

因为接触式防盗报警电路没有特殊要求，所以直接对整个电路板进行布线，即所谓的全局布线。具体步骤如下：

（1）执行菜单命令【Auto Route】/【All】，弹出布线策略对话框，以便让用户确定布线的报告内容和确认所选的布线策略，如图 11-52 所示。

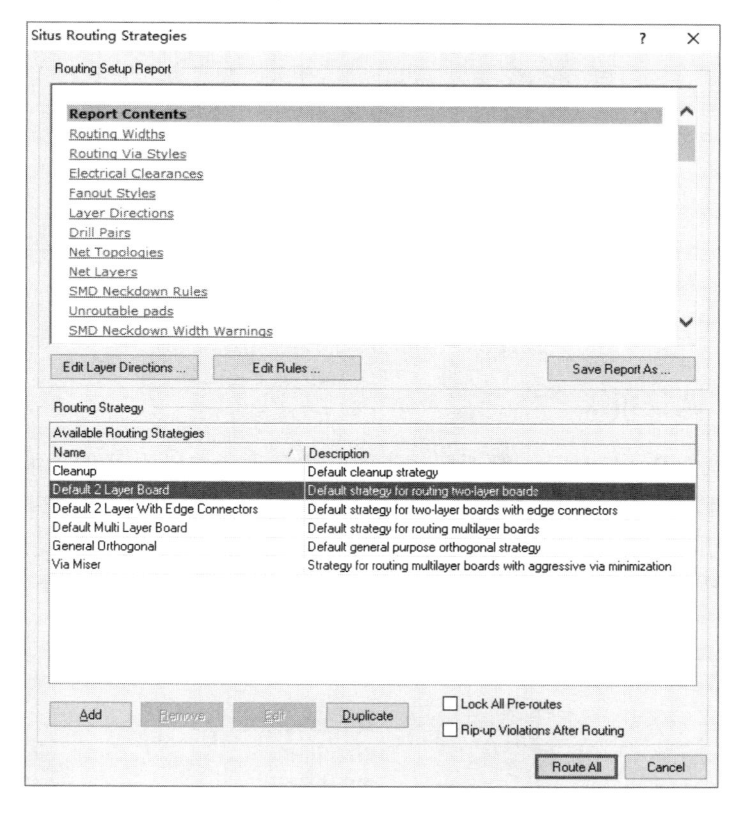

图 11-52　布线策略对话框

（2）如果所选的是默认双层电路板布线，单击 Route All 按钮，即可进入自动布线状态。可以看到 PCB 上开始了自动布线，同时给出信息显示框，如图 11-53 所示。

Messages

Class	Document	Source	Message	Time	Date	No.
Situs E...	接触式防盗报警...	Situs	Routing Started	20:40:55	2018/3/28	1
Routing...	接触式防盗报警...	Situs	Creating topology map	20:40:55	2018/3/28	2
Situs E...	接触式防盗报警...	Situs	Starting Fan out to Plane	20:40:55	2018/3/28	3
Situs E...	接触式防盗报警...	Situs	Completed Fan out to Plane in 0 Seconds	20:40:55	2018/3/28	4
Situs E...	接触式防盗报警...	Situs	Starting Memory	20:40:55	2018/3/28	5
Situs E...	接触式防盗报警...	Situs	Completed Memory in 0 Seconds	20:40:55	2018/3/28	6
Situs E...	接触式防盗报警...	Situs	Starting Layer Patterns	20:40:55	2018/3/28	7
Routing...	接触式防盗报警...	Situs	Calculating Board Density	20:40:55	2018/3/28	8
Situs E...	接触式防盗报警...	Situs	Completed Layer Patterns in 0 Seconds	20:40:55	2018/3/28	9
Situs E...	接触式防盗报警...	Situs	Starting Main	20:40:55	2018/3/28	10
Routing...	接触式防盗报警...	Situs	Calculating Board Density	20:40:55	2018/3/28	11
Situs E...	接触式防盗报警...	Situs	Completed Main in 0 Seconds	20:40:55	2018/3/28	12
Situs E...	接触式防盗报警...	Situs	Starting Completion	20:40:55	2018/3/28	13
Situs E...	接触式防盗报警...	Situs	Completed Completion in 0 Seconds	20:40:55	2018/3/28	14
Situs E...	接触式防盗报警...	Situs	Starting Straighten	20:40:55	2018/3/28	15
Situs E...	接触式防盗报警...	Situs	Completed Straighten in 0 Seconds	20:40:55	2018/3/28	16
Routing...	接触式防盗报警...	Situs	36 of 36 connections routed (100.00%) in 0 Seconds	20:40:55	2018/3/28	17
Situs E...	接触式防盗报警...	Situs	Routing finished with 0 contentions(s). Failed to complete 0 connection(s) in 0 Secon...	20:40:55	2018/3/28	18

图 11-53　全局自动布线进程图

（3）自动布线完成后，按 End 键重绘 PCB，结果如图 11-54 所示。

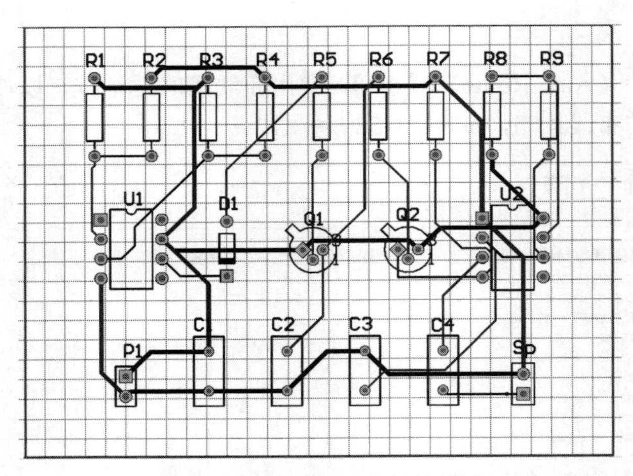

图 11-54　全局自动布线结果图

11.2.13　手工调整布线

自动布线效率虽然高，但是，一般不尽如人意。这是因为自动布线的功能主要是实现电气网络间的连接，在自动布线的实施过程中，很少考虑到特殊的电气、物理和散热等要求，所以必须通过手工来进行调整，使印制电路板既能实现正确的电气连接，又能满足用户的设计要求。手工调整布线最简便的方法是对不合理的布线采取先拆线，后手工布线。下面分别予以介绍。

1．拆线功能

执行菜单命令【Tools】/【Un-Route】，弹出拆线功能菜单，如图 11-55 所示。

图 11-55　拆线选项功能菜单

2．手工布线

严格来说，手工调整布线的基础是手工布线。手工布线是使用飞线的引导将导线放置在印制电路板上。在 PCB 编辑器中，导线是由一系列的直线段组成的，每次方向改变时，就开始新的导线段。在默认情况下，系统会使导线走向垂直（Vertical）、水平（Horizontal）或 45°（Start45°）。手工布线的方法类似于原理图放置导线，下面介绍双面板的手工布线操作方法。

（1）启动导线放置命令：执行菜单命令【Place】/【Interactive Routing】，或单击工具栏的放置导线按钮。光标变成十字形状，表示处于导线放置模式。

（2）布线时换层的方法：双面板顶层和底层均为布线层，在布线时不退出导线放置模式仍然可以换层。方法是按小键盘上的“*”键切换到布线层，同时自动放置导孔。

（3）放置导线：接步骤（1）移动光标到要画线的位置单击，确定导线的第一个点。移动光标到合适的位置再单击，固定第一段导线。按照同样的方法继续画其他段导线。

（4）退出放置导线模式：右击或按 Esc 键取消导线放置模式。

调整布线举例：图 11-54 中 Q1 和 Q2 两只三极管的 2 脚由于封装较小，其引出线在 1 脚和 3 脚之间引出，距离太近，容易短路，因此可做如图 11-56 所示的调整。

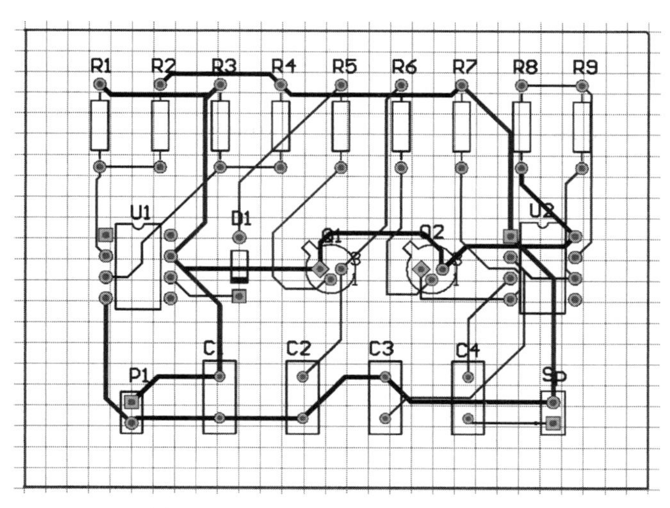

图 11-56　Q1 和 Q2 调整布线结果图

11.2.14　加补泪滴

在导线与焊盘或导孔的连接处有一过渡段，使过渡的地方变成泪滴状，形象地称为加补泪滴。加补泪滴的主要作用是在钻孔时，避免在导线与焊盘的接触点处出现应力集中而使接触处断裂的情况。

加补泪滴的操作步骤如下：

（1）执行菜单命令【Tools】/【Teardrops…】，弹出加补泪滴操作对话框，如图 11-57 所示。

（2）设置完成后，单击 OK 按钮，即可进行加补泪滴操作。双面 PCB 接触式防盗报警电路布局图（见图 11-56）加补泪滴后如图 11-58 所示。

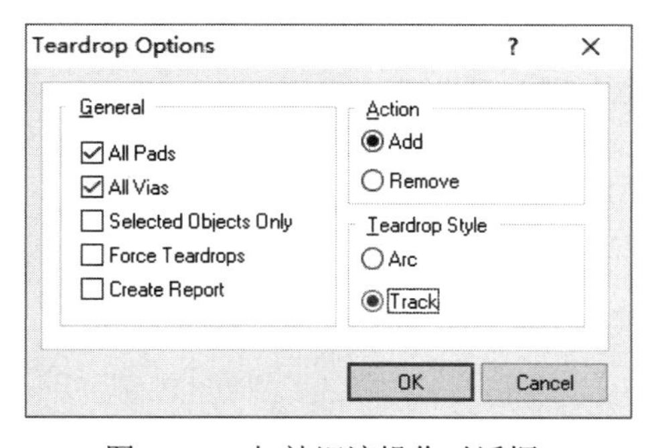

图 11-57　加补泪滴操作对话框

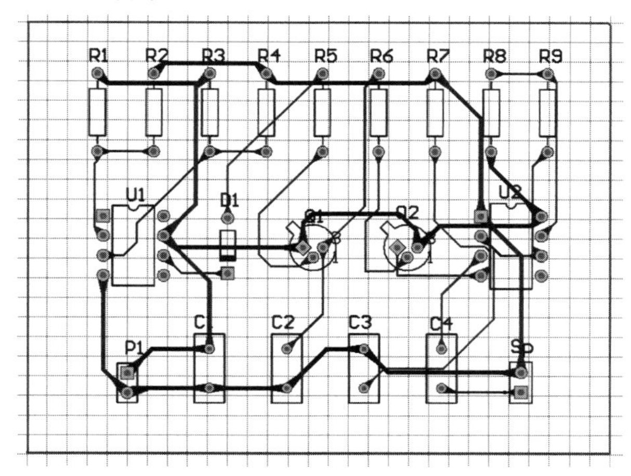

图 11-58　加补泪滴后接触式防盗报警电路双面 PCB

11.2.15　放置敷铜

放置敷铜是将电路板空白的地方用铜膜铺满，主要目的是提高电路板的抗干扰能力。通常将铜膜与地相接，这样电路板中空白的地方就铺满了接地的铜膜，电路板的抗干扰能力就会大大提高。放置敷铜的操作方法主要有 3 种：

（1）从主菜单执行【Place】/【Polygon Pour…】命令。

（2）通过快捷键 P+G 实现。

（3）通过元件放置工具栏中的“Place Polygon Pour”按钮来实现。

进入敷铜的状态后，系统将会弹出“Polygon Pour”对话框，设置好敷铜属性，并单击选取敷铜区域，再在图纸空白处单击，则敷铜完成。敷铜层的连接方式请参阅第 12.5.3 节中的相关内容。

11.2.16 设计规则 DRC 检查

对布线完毕后的电路板做 DRC（Design Rule Check）检验，可以确保 PCB 完全符合设计者的要求，即所有的网络均已正确连接。这一步对 Altium Designer 的初学者来说，尤为重要；即使有着丰富经验的设计人员，在 PCB 比较复杂时也是很容易出错的。笔者建议初学者在完成 PCB 的布线后，千万不要遗漏这一步。DRC 检验的具体步骤如下：

（1）执行菜单命令【Tools】/【Design Rule Check...】，即可启动设计规则检查对话框，如图 11-59 所示。

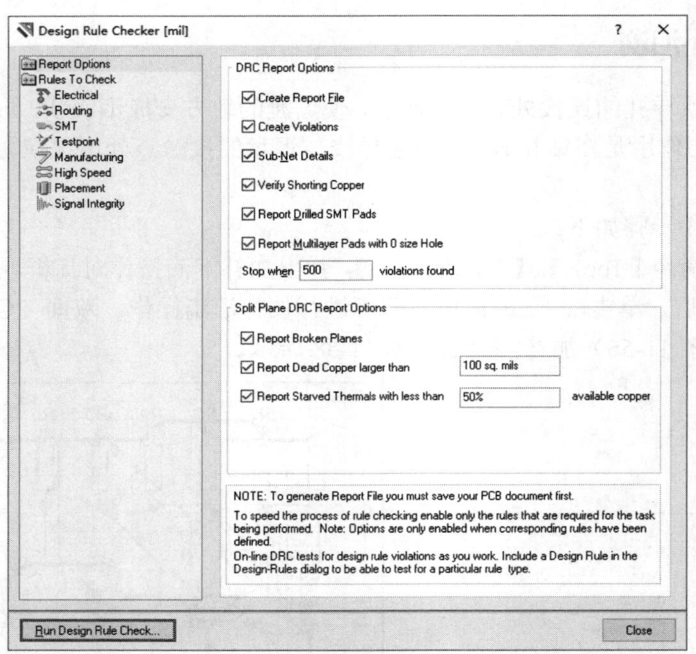

图 11-59 设计规则检查对话框

（2）单击“Electrical”选项，弹出在线检查或一并检查对话框，如图 11-60 所示。

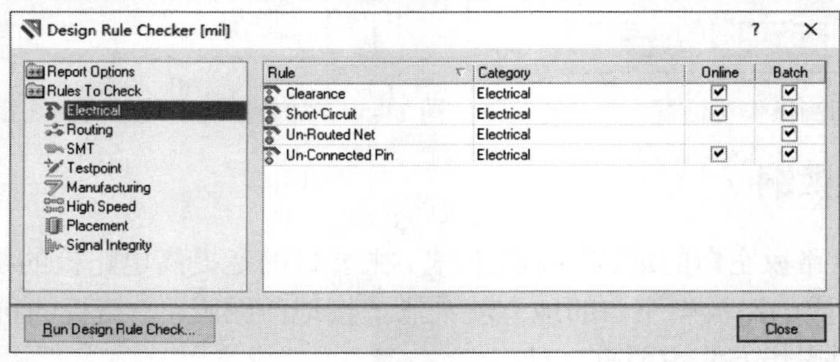

图 11-60 在线检查或一并检查对话框

（3）图 11-60 中左侧框中的具体内容将在第 12 章中介绍，右侧框可以勾选是否在线进行设计规则的检查，或在设计规则检查时一并检查。勾选右侧框中的选项，单击 Run Design Rule Check... 按钮，系统开始运行 DRC 检查，其结果显示在信息面板中。

在信息面板中显示了违反设计规则的类别、位置等信息（如果布线没有违背所设定规则，则信息面板是空的），同时在设计的 PCB 中以绿色标记标出违反规则的位置。双击信息面板中的错误信息，系统会自动跳转到 PCB 中违反规则的位置，分析查看当前的设计规则并对其进行合理的修改，直到不违反设计规则为止，才能结束 PCB 的设计任务。

如果选中了生成报告文件，设计规则检查结束后，就会生成一个有关短路检测、断路检测、安全间距检测、一般线宽检测、导孔内径检测、电源线宽检测等项目情况报表，系统的报告形式和部分报告内容如图 11-61 所示。

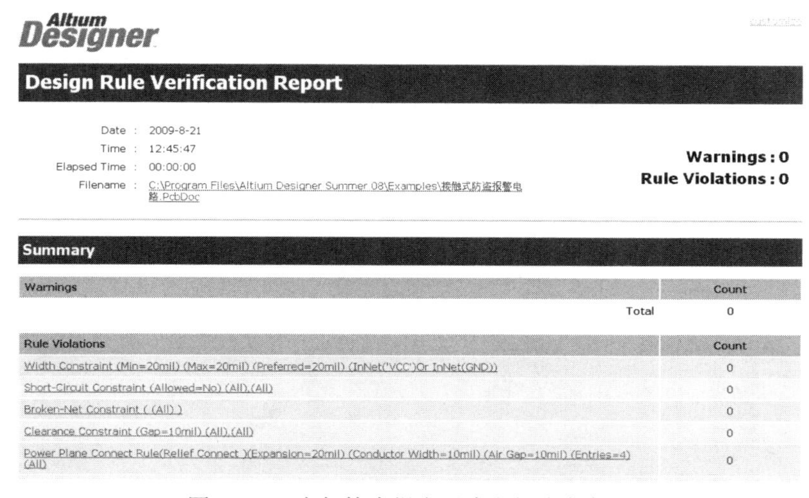
Altium Designer

Design Rule Verification Report

Date : 2009-8-21
Time : 12:45:47
Elapsed Time : 00:00:00
Filename : C:\Program Files\Altium Designer Summer 08\Examples\接触式防盗报警电路.PcbDoc

Warnings : 0
Rule Violations : 0

Summary

Warnings	Count
Total	0

Rule Violations	Count
Width Constraint (Min=20mil) (Max=20mil) (Preferred=20mil) (InNet('VCC')Or InNet(GND))	0
Short-Circuit Constraint (Allowed=No) (All),(All)	0
Broken-Net Constraint ((All))	0
Clearance Constraint (Gap=10mil) (All),(All)	0
Power Plane Connect Rule(Relief Connect)(Expansion=20mil) (Conductor Width=10mil) (Air Gap=10mil) (Entries=4) (All)	0

图 11-61　电气检查报告形式和部分内容图

11.3　单面 PCB 设计

单面电路板的工作层面包括元件面、焊接面和丝印面。元件面上无铜膜线，一般为顶层；焊接面有铜膜线，一般为底层。单面电路板也是电子设备中常用的一种板型。前面已经完整地介绍了双面电路板设计的过程，在此基础上，下面简单介绍单面电路板的设计。

下面仍以第 3 章中的设计项目“接触式防盗报警电路.PrjPcb”为例，介绍单面板设计方法。

单面电路板的设计过程与双面电路板的设计过程基本上一样，所不同的是布线规则的设置有所区别。项目的建立、原理图绘制、PCB 文档的建立及文件的导入和 PCB 元件的排布与双面板设计操作一样，所不同的是布线规则不同。

单面电路板布线规则设置的具体方法是：

（1）撤销顶层布线允许。执行菜单命令【Design】/【Rules...】，即可启动布线规则编辑对话框，单击布线层（Routing Layers），在约束特性（Constraints）栏中，去掉顶层（Top Layer）允许布线的勾选，如图 11-62 所示。

（2）底层布线方式的设置。在布线规则编辑对话框中，单击布线方式（Routing Topology），在约束特性栏中，将底层（Bottom Layer）中的走线模式设置为最短（Shortest），如图 11-63 所示。

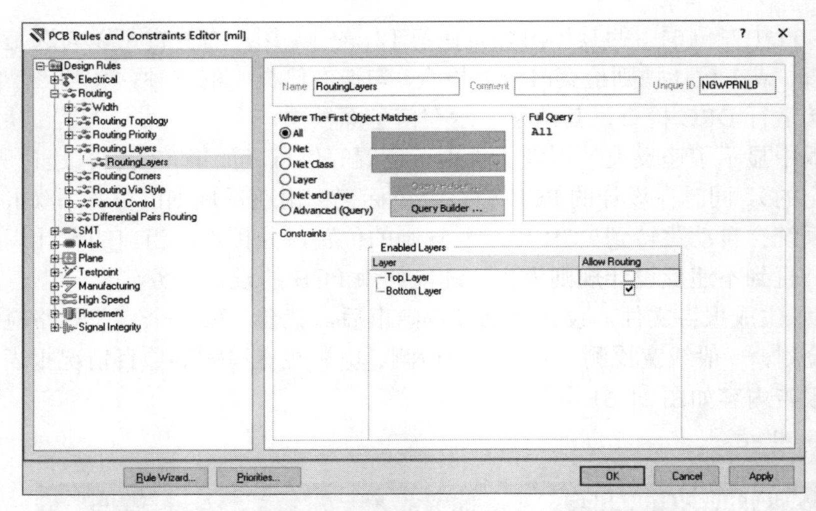

图 11-62 顶层（Top Layer）不允许布线设置

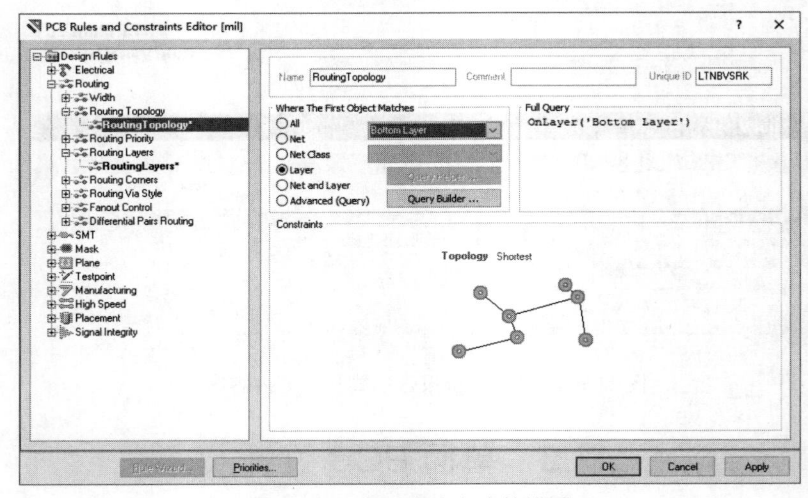

图 11-63 底层布线方式的设置

（3）关闭对话框，其他设为默认值，余下的操作与双面板布线步骤相同。对接触式防盗报警电路进行单面布线后，如图 11-64 所示。

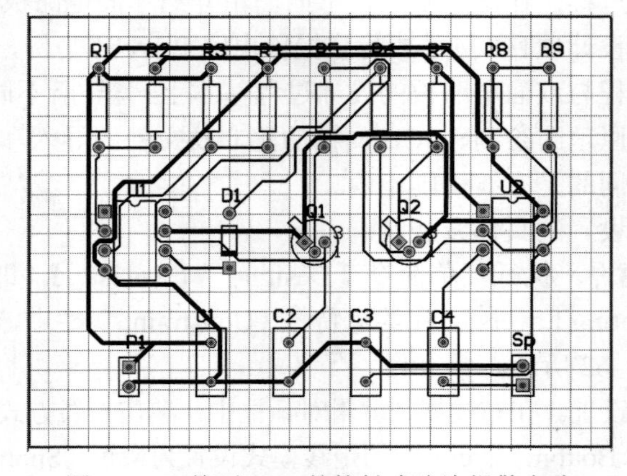

图 11-64 单面 PCB 的接触式防盗报警电路

11.4　多层 PCB 设计

Altium Designer 系统除了顶层和底层，还提供了 30 个信号层、16 个电源/地线层，所以满足了多层电路板设计的需要。但随着电路板层的增加，制作工艺更复杂，废品率也越来越高，因此在一些高级设备中，有的用到了四层板、六层板等。本节以四层电路板设计为例介绍多层电路板的设计。

四层电路板是在双面电路板的基础上，增加电源层和地线层。其中，电源层和地线层用一个敷铜层面连通，而不是用铜膜线。由于增加了两个层面，因此布线更加容易。

设计方法和步骤与前面设计双面电路板和单面电路板相类似，所不同的是在电路板层规划中必须增加两个内电层。具体步骤如下：

（1）在接触式防盗报警电路 PCB 编辑过程中，在图 11-38 的基础上，执行菜单命令【Design】/【Layer Stack Manager…】，即可启动板层管理器，如图 11-65 所示。

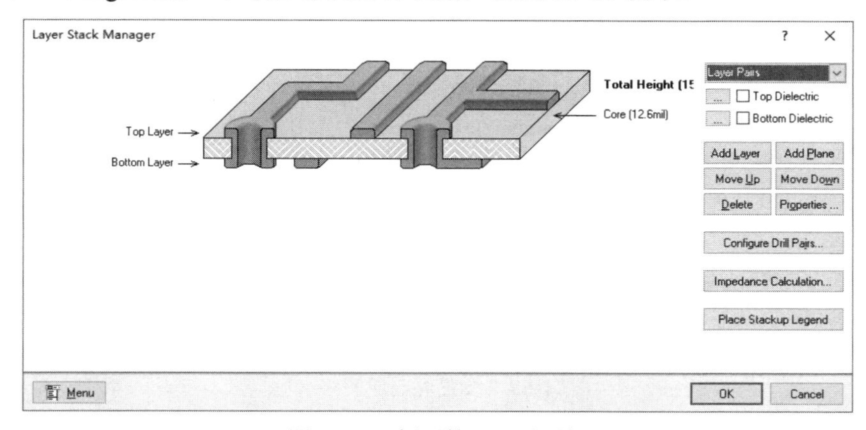

图 11-65　板层管理器对话框

（2）选取 Top Layer 后，连续单击两次“Add Plane”按钮，增加两个电源层 InternalPlane1(No Net)和 InternalPlane2(No Net)，如图 11-66 所示。

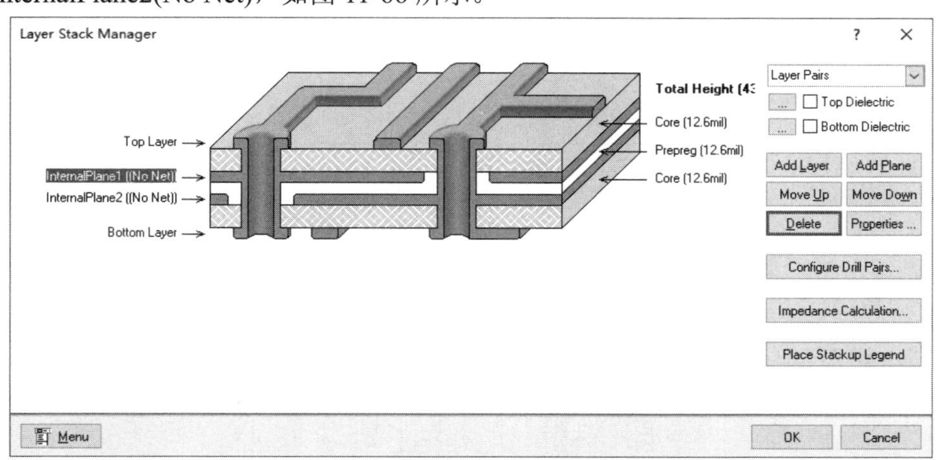

图 11-66　添加电源层对话框

（3）双击 InternalPlane1(No Net)，弹出电源层属性编辑对话框，如图 11-67 所示。

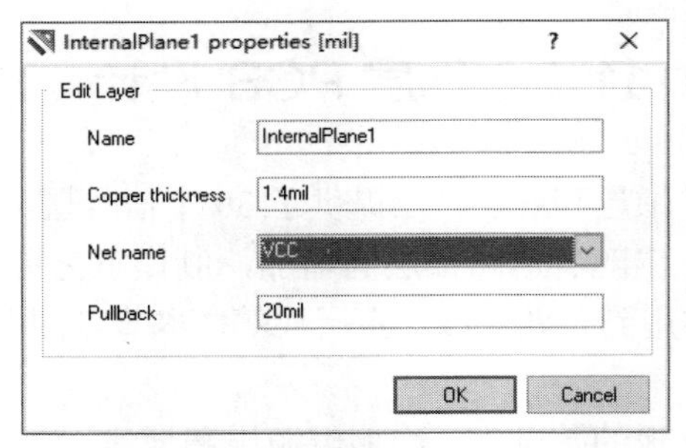

图 11-67　电源层属性编辑对话框

（4）单击“Net name”栏右边的下拉箭头按钮，在弹出的有效网络列表中选择 VCC，即将电源层 1（InternalPlane1）定义为电源 VCC。设置结束后，单击 OK 按钮，关闭对话框。按照同样的操作将电源层 2（InternalPlane2）定义为电源 GND，如图 11-68 所示。

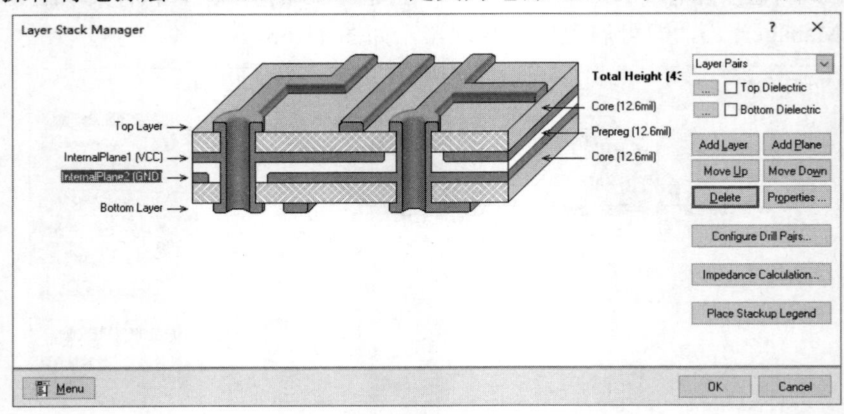

图 11-68　设置内电层网络

（5）设置结束后，单击 OK 按钮，关闭板层管理器对话框。

（6）复原在图 11-38 所示的双层 PCB 的布线规则。

（7）执行菜单命令【Auto Route】/【All...】，对其进行重新自动布线。

（8）自动布线完成后，执行菜单命令【Design】/【Board Layers & Colors】，弹出工作层面显示/颜色设置对话框（见图 11-13），勾选内电层显示（Show）。这时其四层 PCB 结果如图 11-69 所示。

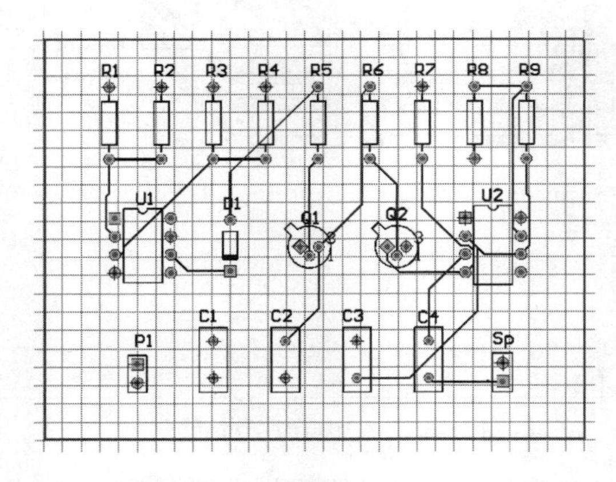

图 11-69　接触式防盗报警电路四层 PCB

将图 11-69 与图 11-54 比较，读者会发现图 11-69 中减少了两条较粗的电源网络线，取而代之的是在电源网络的每个焊盘上出现了十字形状标记，表明该焊盘与内层电源相连接。

11.5 PCB 图纸的打印输出

PCB 图纸设计完成后，往往需要将其打印输出，根据需求不同，打印时可进行比例、颜色等基本打印设置。也可以通过高级设置，需要的信息将 PCB 图纸分层打印或只打印一部分内容。此外，采用热转印法制作印制电路板时，打印转印纸也有些事项需要注意，并需特殊设置。

11.5.1 基本打印设置

PCB 图纸的打印设置，可先执行【File】/【Page Setup】命令，弹出打印设置对话框，设置好参数后进行预览、打印；也可先执行【File】/【Print Preview】命令进行预览，然后再进行参数设置。具体操作如下：启动 Altium Designer 软件，打开接触式防盗报警电路 PCB 文件，该板采用双面布线形式，执行【File】/【Print Preview】命令，显示打印预览界面如图 11-70 所示。

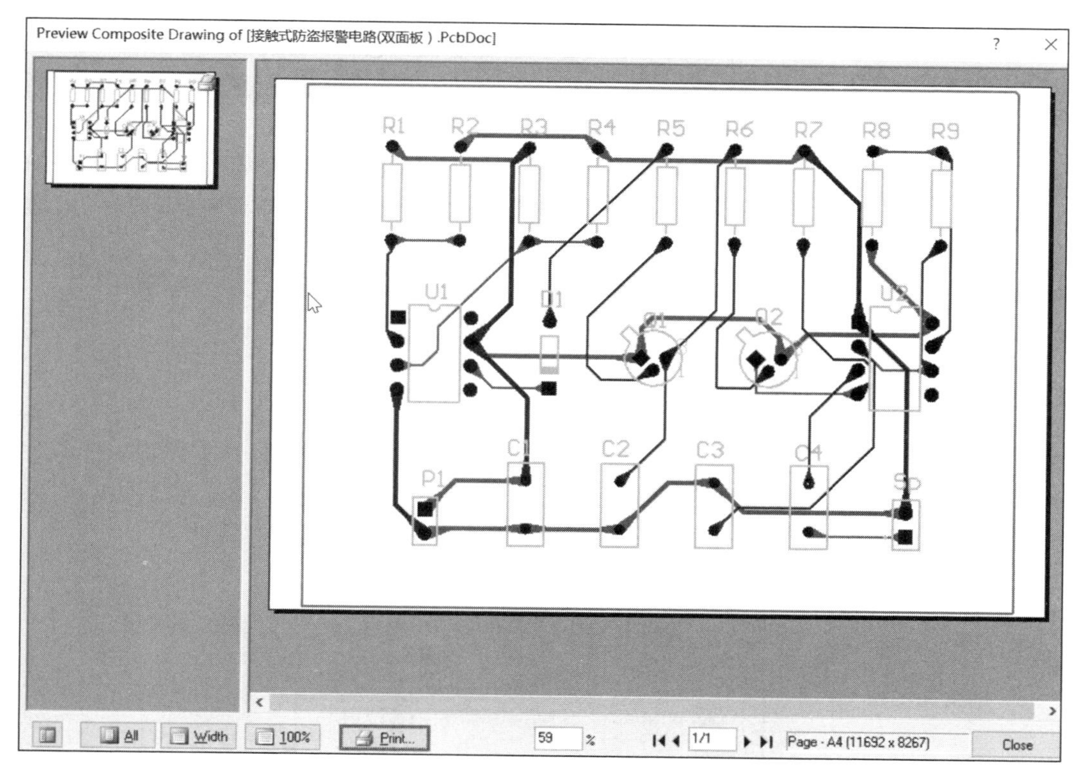

图 11-70 基本设置打印预览界面

连接好打印机，单击 Print... 按钮进行打印。如果不符合我们的要求，则需更改参数选项，则在预览图纸上右击，选择【Page Setup】命令，弹出基本打印参数设置对话框，如图 11-71 所示，分别为纸张类型、打印比例、缩放比例、打印位置、颜色等参数设置。

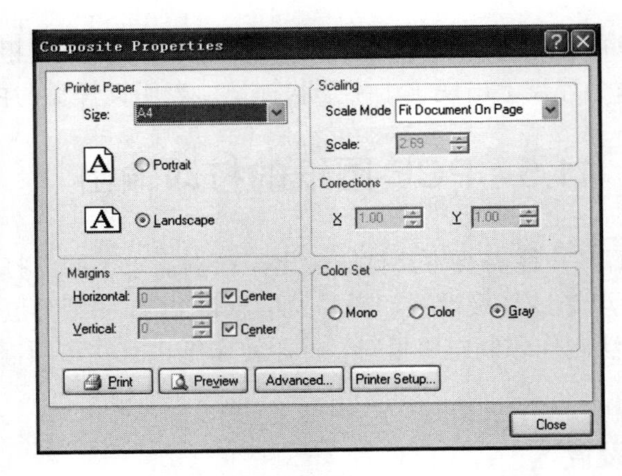

图 11-71　基本打印参数设置对话框

部分参数功能的含义及设置方法说明如下：

● Printer Paper——纸张设置，单击“Size”右侧的下拉箭头按钮，可选取打印页面的版面大小，“Portrait”选项设置页面为纵向，“Landscape”选项设置页面为横向。

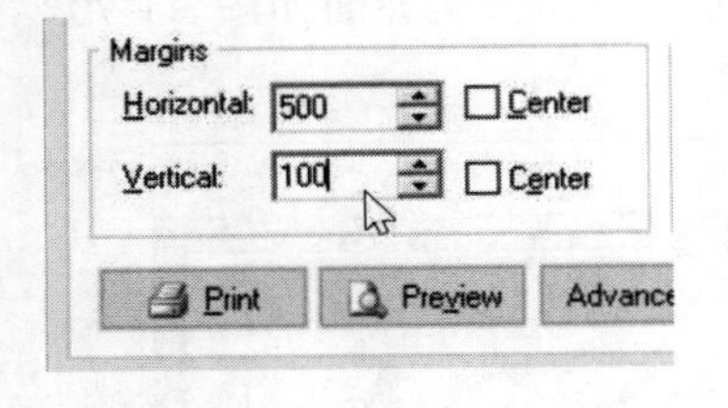

图 11-72　设置页边距

● Margins——图形打印页面边距设置，默认为图形分布在页面中心位置，若需更改，去掉“Center”前面的“√”，输入数值，如图 11-72 所示。单击 Close 按钮关闭对话框，可以看到页面边距改变，图形移位。

● Scaling——打印比例设置，默认为“Fit Document On Page”，为一固定值，单击下拉箭头按钮，更换选项，可输入数值，选择比例系数。

● Corrections——缩放比例设置，调整 X、Y 参数，分别设置横轴及纵轴缩放比例。

● Color Set——颜色设置，分别为单色、彩色、灰度。

11.5.2　高级打印设置

PCB 图纸有其特有属性，焊盘、丝印等分布在不同层中，仅仅进行基本设置，打印时就会显示所有的信息，只提取其中一部分信息的话，就要进行高级设置。设置方法为：在 PCB 编辑器中，执行菜单命令【File】/【Page Setup】，弹出如图 11-73 所示对话框。

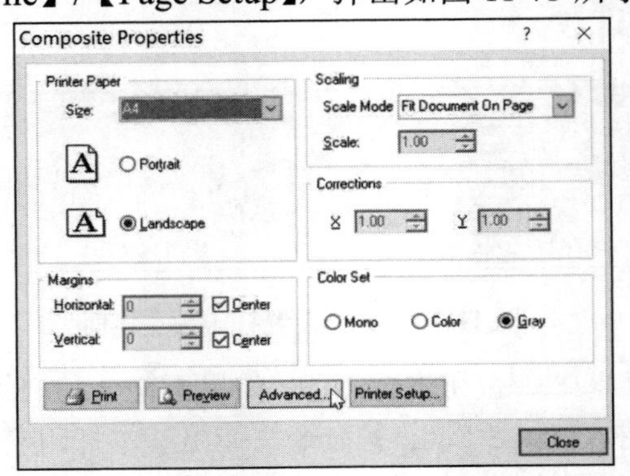

图 11-73　高级打印设置对话框

单击Advanced...按钮，弹出 PCB 打印输出特性设置对话框，如图 11-74 所示，即可进行高级设置。选择要打印输出的层、包括的组件以及其他相关选项进行设置，单击OK按钮，自动回到 PCB 编辑窗口，执行菜单命令【File】/【Print】进行打印。

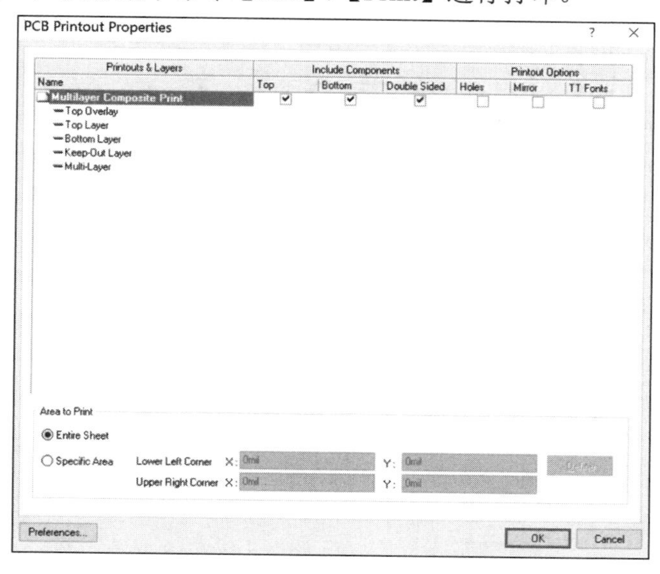

图 11-74　打印输出特性设置对话框

这里需要注意和说明的是，设置完成后，可执行菜单命令【File】/【Print Preview】，进行打印预览，查看情况，适时做出调整。图 11-70 所示为双面板打印效果图，可见顶层和底层信息都会显现，且有的导线交叉重叠了。如果分别打印顶层或底层，就要在打印预览高级选项中设置 PCB 分层打印输出。下面就双面板接触式防盗报警电路打印其底层为例进行具体介绍。

（1）首先删除 PCB 图纸的顶层。打开 PCB 文件，进入图 11-74 所示的“PCB Printout Properties”对话框，选中“Top Layer”选项并右击，在弹出的菜单中选择“Delete”选项，再单击OK按钮，即可将其删除，如图 11-75 所示。

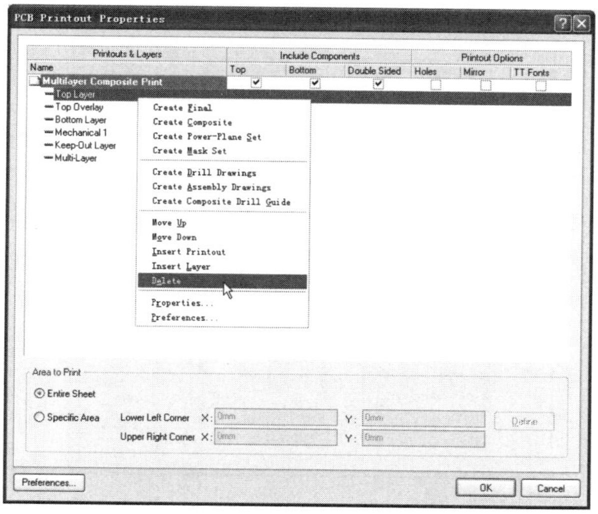

图 11-75　删除顶层

（2）保留“Bottom Layer”设置不动，结合预览功能查看打印结果，如图 11-76 所示。与图 11-70 相比较，可见打印的只有底层信息。

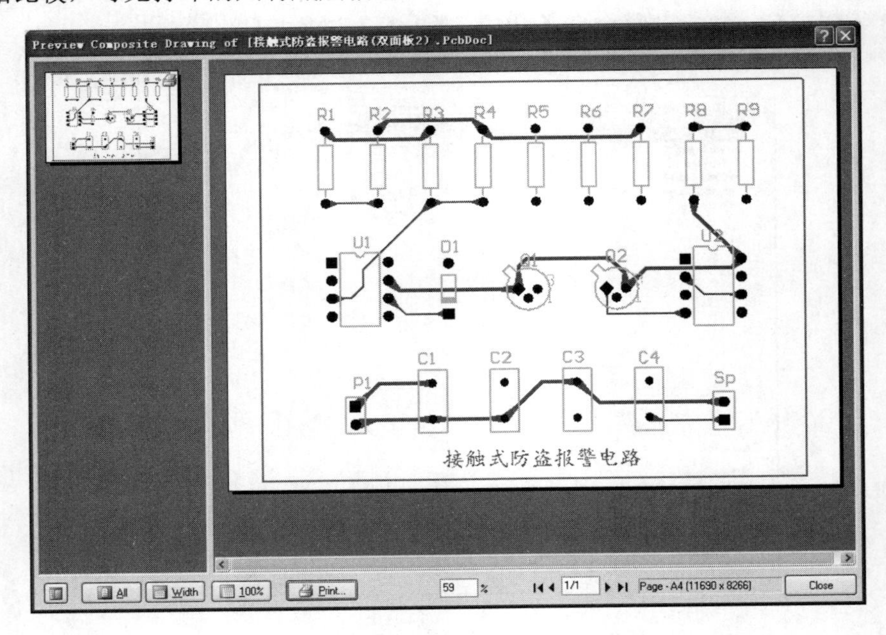

图 11-76　底层打印预览图

如果需要恢复删除的顶层，只需在图 11-74 的空白处右击，在弹出的右键菜单中选择“Insert Layer”选项，在弹出的对话框中单击“Print Layer Type”分组框下的下拉列表框，选中“Top Layer”，单击 OK 按钮，即可恢复插入顶层，如图 11-77 所示。

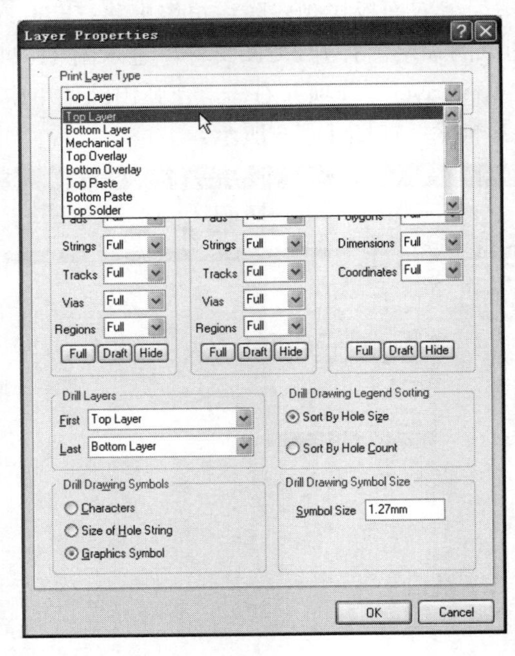

图 11-77　恢复被删除的顶层

11.5.3 热转印法制板及转印纸打印注意事项

电子产品从方案设计到实物装配制作完成，需要经过一系列的工艺过程，PCB 图设计只是其中的一个环节，还需将设计好的 PCB 图加工成成品电路板。热转印法是制作印制电路板的常用方法之一，简单易行。热转印法就是使用激光打印机，将设计好的 PCB 图打印到热转印纸上，然后将转印纸包覆到覆铜板上，放入热转印机中，转印纸上原先打印上去的碳粉就会受热熔化，并转移到覆铜板上面，形成耐腐蚀的保护层。放入三氯化铁等腐蚀液中蚀刻后，将设计好的电路走线及焊盘等转印到覆铜板上面，从而得到印制电路板，其流程如图 11-78 所示。

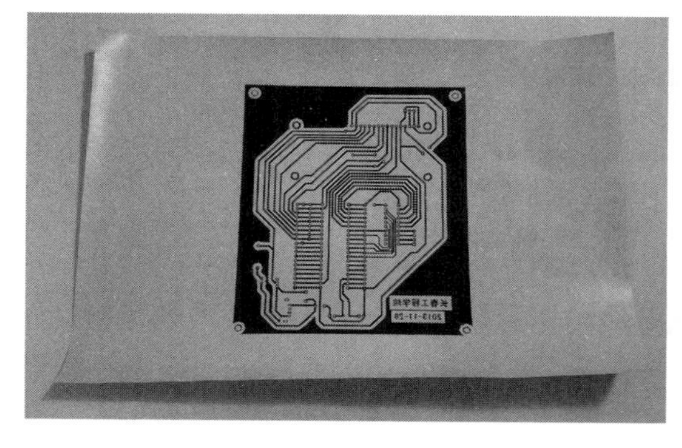

（a）打印好的转印纸

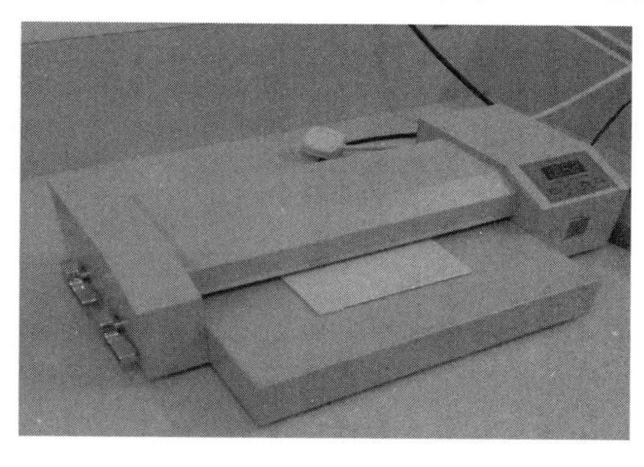

（b）热转印机

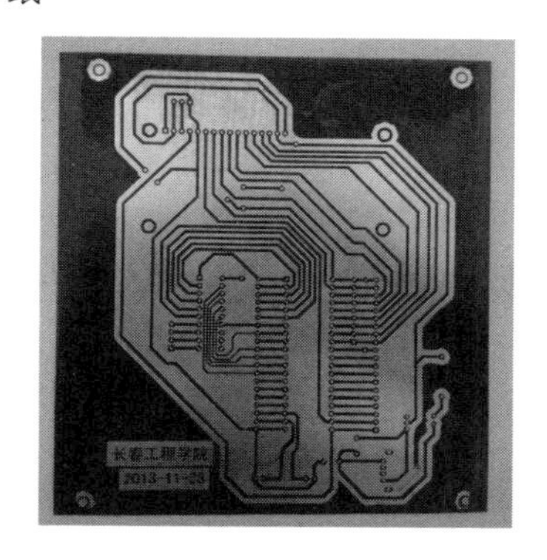

（c）转印后的覆铜板

图 11-78　热转印流程

采用热转印法需注意一些事项。转印纸一般为 A4 幅面，与普通打印纸规格相同，但其一面有光滑薄膜，打印时需将图纸打印到光滑面上。此外，喷墨打印机不适合，因为蚀刻时水溶性的墨水会溶于腐蚀液中，所以一定要用激光打印机，碳粉不溶于水。此外，在颜色、比例、层等打印设置方面有些事项也要注意。

1. 基本打印设置

如图 11-79 所示，打印比例选择“Scaled Print”，将其设置为 1，这样打印到转印纸上的图为 1∶1 的，制板后与实物走线、元件封装大小及焊盘位置、孔距等参数相吻合。此外，打印颜色需设置为“Mono”（单色打印），若选彩色或灰度，打印后墨粉浓度不够，转印到覆铜板铜箔上的墨粉覆盖不够好，进行蚀刻时，部分铜箔可能会被蚀刻掉，引起断路或虚连，影响电路性能。具体设置方法可参看 11.5.1 节内容。

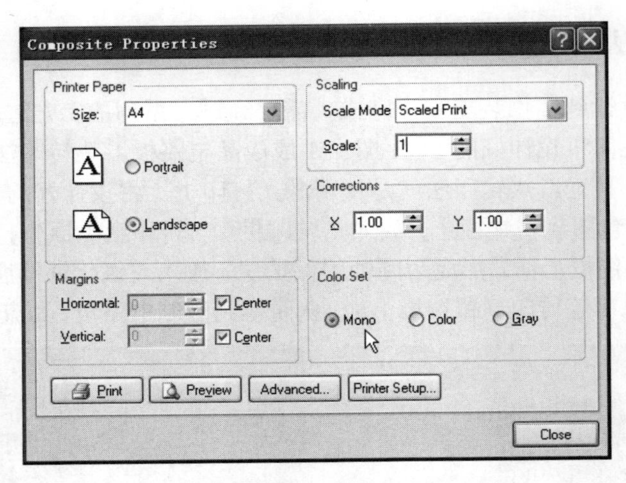

图 11-79　热转印基本打印设置

2. 高级打印设置

采用热转印法制作印制电路板时，覆铜板上只需要留有铜箔走线、焊盘或覆铜即可。打印时，元件丝印层删除或关闭，禁止布线层视需要而定。下面仍以双面电路板——接触式防盗报警电路为例进一步说明打印设置问题，本次打印其顶层。

单击 Advanced... 按钮进入高级设置，弹出“PCB Printout Properties”对话框，勾选“Multilayer Composite Print”打印输出特性中的“Holes”，可打印焊盘孔。勾选“Mirror”，将图纸镜像，如图 11-80 所示。本例勾选镜像是因为输出打印到转印纸上的图形要翻过来转印到覆铜板上，该图形和覆铜板铜箔面是相对镜像的关系，这样转印后覆铜板上的图形就是正的了。一般来说，转印纸打印顶层需镜像，打印底层不需镜像，可结合打印预览功能来判定后再打印。

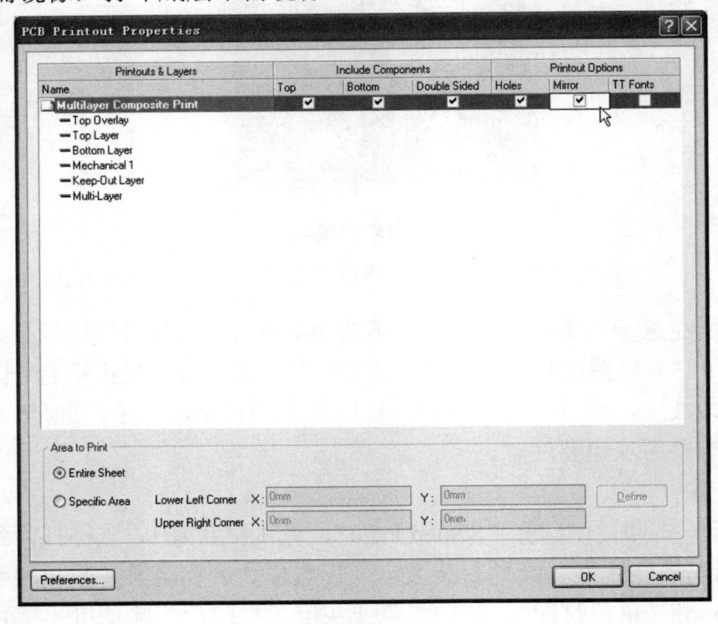

图 11-80　热转印高级打印设置

将图 11-80 中的“Top Overlay”（顶部丝印层）及“Bottom Layer”（底层）删除。或双击“Top Overlay”，弹出打印层设置窗口，在“Free Primitives”、“Component Primitives”及“Others”

分组框下面均单击 Hide 按钮，将所有选项设置为“Off”，如图 11-81 所示，单击 OK 按钮，关闭隐藏所有顶部丝印层信息，再隐藏所有底层信息后，进行打印预览输出。

图 11-82 为热转印纸顶层打印效果图，可见图中仅有铜箔走线、焊盘及边框等，且为镜像的。若不需要外部边框、文字等，可将其所在层删除或隐藏。

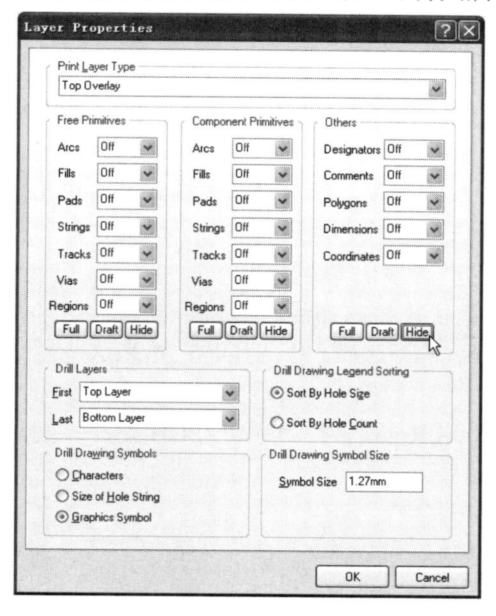

图 11-81　隐藏顶部丝印层和底层信息

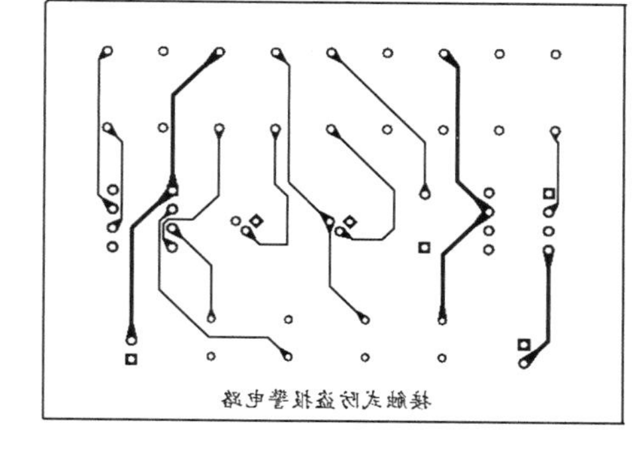

图 11-82　热转印纸 PCB 打印效果图

也可在图 11-81 中进行个性化设置，只提取某一单一信息，如只打印焊盘，即在上述对话框中选中所要打印的顶层，再将所有选项设为“Off”，仅将“Pads”焊盘项设置为“Full”，确认后即可只打印焊盘。

习　题　11

1．简述 PCB 设计的流程。
2．练习文件链接的方法。
3．上机练习设计双面印制电路板的全过程。
4．简述多层印制电路板的设计过程。
5．简述单面板与双面板的异同。

第 12 章　PCB 的设计规则

Altium Designer 系统的 PCB 编辑器在电路板的设计过程中执行任何一个操作，如放置导线、移动元件、自动布线或手动布线等，都是在设计规则允许的情况下进行的，设计规则是否合理将直接影响布线的质量和成功率。

自动布线的参数包括布线层面、布线优先级、导线的宽度、布线的拐角模式、导孔孔径类型和尺寸等。一旦这些参数设定后，自动布线器就会依据这些参数进行布线。因此，自动布线的好坏在很大程度上取决于自动布线参数的设定，用户必须认真考虑。

Altium Designer 系统的 PCB 编辑器设计规则覆盖了电气、布线、制造、放置、信号完整性要求等，但其中大部分都可以采用系统默认的设置。尽管这样，作为用户，熟悉这些规则是必要的。

在 PCB 的编辑环境中，执行菜单命令【Design】/【Rules…】，可弹出 PCB 设计规则与约束编辑对话框，如图 12-1 所示。

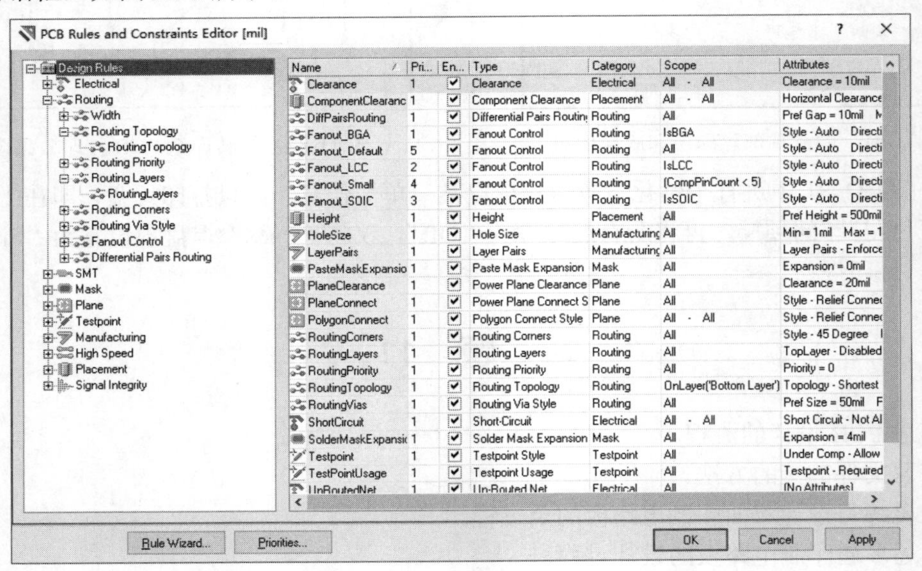

图 12-1　PCB 设计规则与约束编辑对话框

在该对话框中，PCB 编辑器将设计规则分成 10 大类，图 12-1 左侧显示设计规则的类别，右侧显示对应规则的设置属性，包括设计规则中的电气特性、布线和测试等参数。

考虑到用户的实际需要，本书将对经常用到的设计规则做较详细的介绍，设计规则的类别标注、列表如图 12-2 所示。

Design Rules	设计规则
Electrical	电气相关的
Routing	布线相关的
SMT	表贴式元件相关的
Mask	焊盘收缩量相关的
Plane	内电层相关的
Testpoint	测试点相关的
Manufacturing	电路板制造相关的
High Speed	高频电路相关的
Placement	元件布置相关的
Signal Integrity	信号完整性分析相关的

图 12-2　设计规则的类别

下面分类介绍设计规则中约束特性的含义和设置方法。

12.1 电气相关的设计规则

"Electrical（电气）"设计规则是在电路板布线过程中所遵循的电气方面的规则，包括 4 个方面，如图 12-3 所示。

图 12-3　与电气相关的设计规则

12.1.1　安全间距设计规则

Clearance——安全间距设计规则用于设定在 PCB 的设计中导线、导孔、焊盘、矩形敷铜填充等组件相互之间的安全距离。

单击"Clearance"规则，安全距离的各项规则名称以树形结构形式展开。系统默认的只有一个名称为"Clearance"的安全距离规则设置，单击这个规则名称，对话框的右侧区域将显示该规则使用的范围和规则的约束特性，如图 12-4 所示。从图中可以看出，默认情况下整个电路板上的安全距离为 10mil。

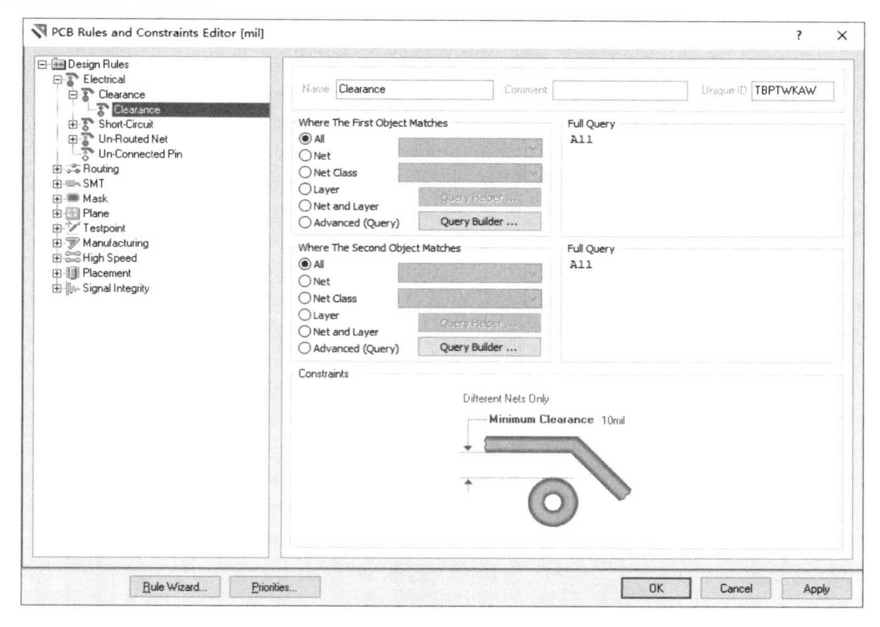

图 12-4　安全距离设置对话框

下面以 VCC 网络和 GND 网络之间的安全间距设置 20mil 为例，说明新规则的建立方法。其他规则的添加和删除方法与此类似，限于篇幅，不一一介绍。

具体步骤如下：

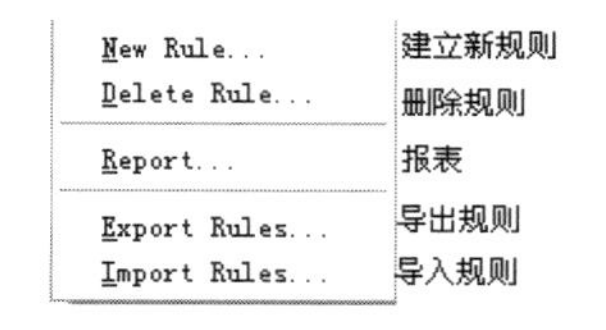

图 12-5　修改规则命令菜单

（1）在图 12-4 左侧的"Clearance"选项上右击，弹出修改规则命令菜单，如图 12-5 所示。

（2）单击"【New Rule...】"命令，则系统自动在"Clearance"

的上面增加一个名称为“Clearance_1”的规则，单击“Clearance_1”，弹出建立新规则设置对话框，如图 12-6 所示。

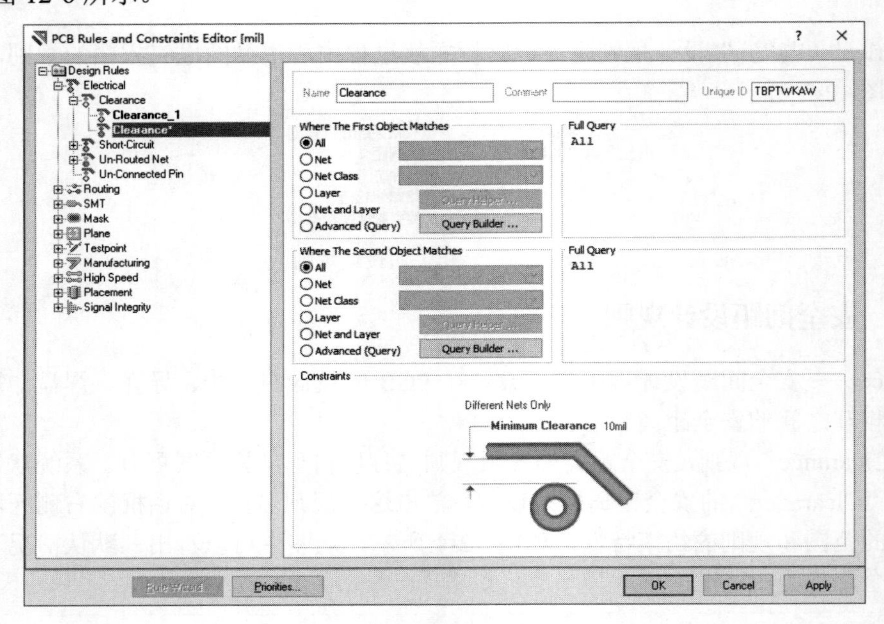

图 12-6　建立新规则设置对话框

（3）在“Where The First Object Matches”分组框中选中“Net”（网络），在“Full Query”分组框中出现 InNet( )。单击“All”右侧的下拉箭头按钮，从网络表中选择“VCC”。此时，“Full Query”分组框会更新为 InNet('VCC')；按照同样的操作在“Where The Second Object Matches”分组框中设置网络“GND”；将光标定位到“Constraints”分组框中，将“Minimum Clearance”改为 20mil，如图 12-7 所示。

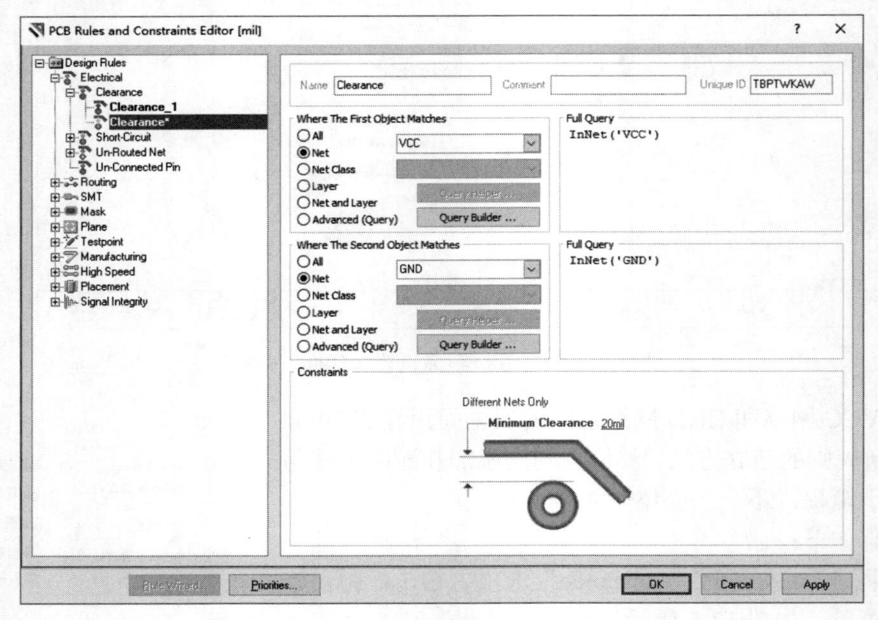

图 12-7　建立新规则设定范围和约束

（4）此时在 PCB 的设计中同时有两个电气安全距离规则，因此必须设置它们的优先权。单击图 12-7 左下角的优先权设置 Priorities... 按钮，系统弹出规则优先权编辑对话框，如图 12-8 所示。

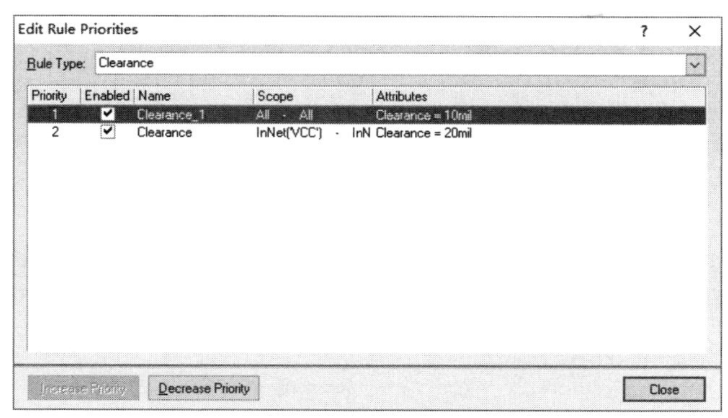

图 12-8　规则优先权编辑对话框

（5）使用 Increase Priority 和 Decrease Priority 这两个按钮，就可以改变布线中规则的优先次序。设置完毕后，依次关闭设置对话框，新的规则和设置自动被保存并在布线时起到约束作用。

12.1.2　短路许可设计规则

Short-Circuit——短路许可设计规则设定电路板上的导线是否允许短路。在“Constraints”分组框中，勾选“Allow Short Circuit”复选框，允许短路；默认设置为不允许短路，如图 12-9 所示。

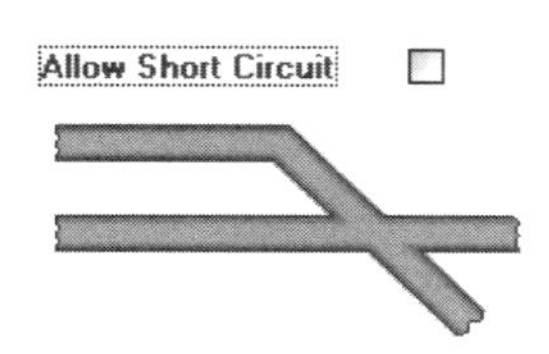

图 12-9　短路许可设置

12.1.3　网络布线检查设计规则

Un-Routed Net——网络布线检查设计规则用于检查指定范围内的网络是否布线成功，如果网络中有布线不成功的，该网络上已经布的导线将保留，没有成功布线的将保持飞线。

12.1.4　元件引脚连接检查设计规则

Un-Connected Pin——元件引脚连接检查设计规则用于检查指定范围内的元件封装的引脚是否连接成功。

12.2　布线相关的设计规则

此类规则主要是与布线参数设置有关的规则，共分为 8 类，如图 12-10 所示。

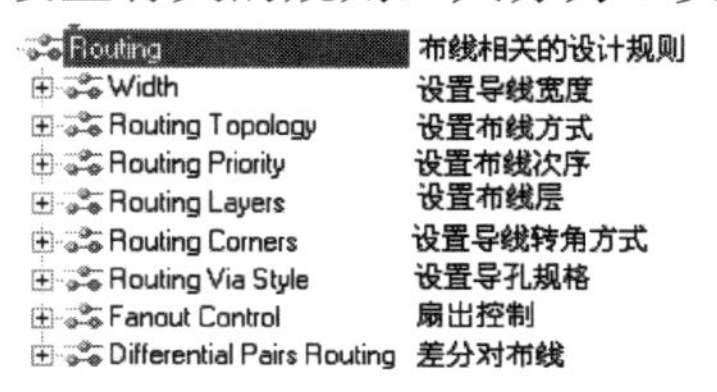

图 12-10　布线相关的设计规则

12.2.1 设置导线宽度

Width——设置导线宽度设计规则用于布线时的导线宽度设定。如图 12-11 所示为设置导线宽度的“Constraints”分组框。

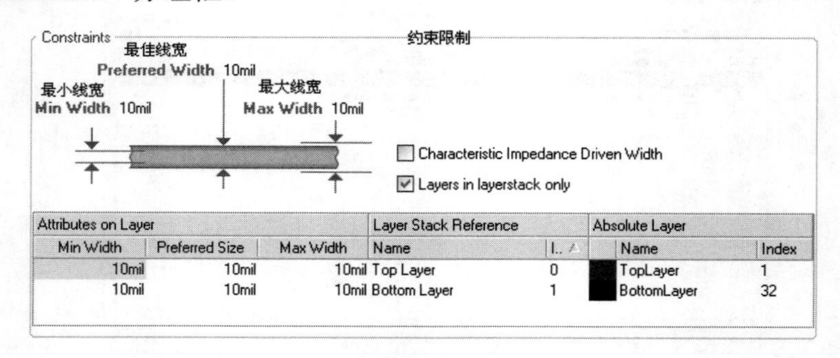

图 12-11 导线宽度设定

在分组框中标出了导线的 3 个线宽约束，即“最小线宽”、“最佳线宽”和“最大线宽”，单击每个宽度栏并输入数值，即可对其进行修改。

注意：在修改“最小线宽”值之前必须先设置“最大线宽”值。

12.2.2 设置布线方式

Routing Topology——设置布线方式设计规则用于定义引脚到引脚之间的布线规则。此规则含 7 种方式。执行此命令后，在“Constraints”分组框中，再单击“Topology”栏的下拉箭头按钮，弹出布线方式种类如图 12-12 所示。

（1）Shortest——连线最短（默认）方式是系统默认使用的拓扑规则，如图 12-13 所示。

它的含义是生成一组飞线能够连通网络上的所有节点，并且使连线最短。

（2）Horizontal——水平方向连线最短方式，如图 12-14 所示。

它的含义是生成一组飞线能够连通网络上的所有节点，并且使连线在水平方向上最短。

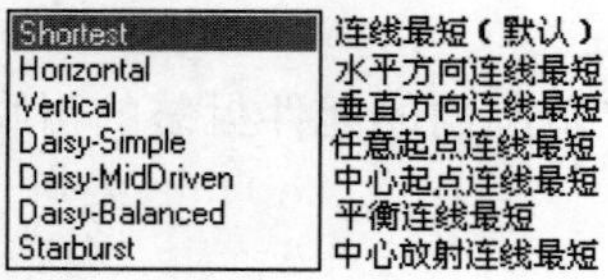

图 12-12 布线方式的种类

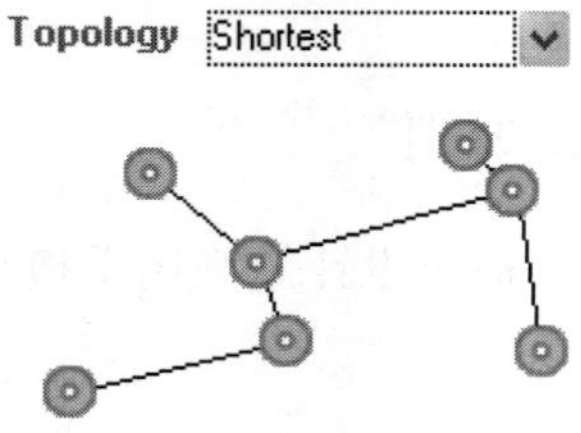

图 12-13 连线最短（默认）方式

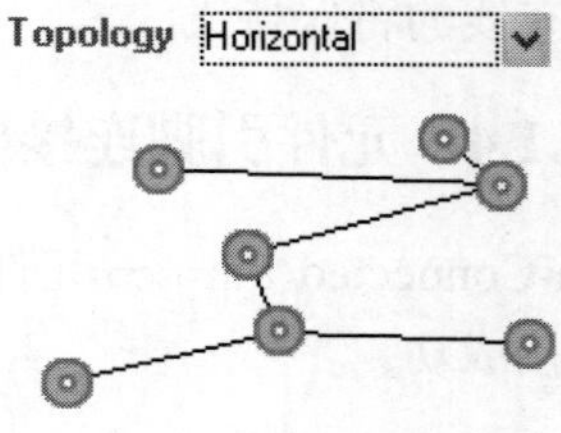

图 12-14 水平方向连线最短方式

（3）Vertical——垂直方向连线最短方式，如图 12-15 所示。

它的含义是生成一组飞线能够连通网络上的所有节点，并且使连线在垂直方向上最短。

（4）Daisy-Simple——任意起点连线最短方式，如图 12-16 所示。

该方式需要指定起点和终点，其含义是在起点和终点之间连通网络上的各个节点，并且使连线最短。如果设计者没有指定起点和终点，则此方式和“Shortest”方式生成的飞线是相同的。

（5）Daisy-MidDriven——中心起点连线最短方式，如图 12-17 所示。

该方式也需要指定起点和终点，其含义是以起点为中心向两边的终点连通网络上的各个节点，起点两边的中间节点数目不一定要相同，但要使连线最短。如果设计者没有指定起点和两个终点，系统将采用“Shortest”方式生成飞线。

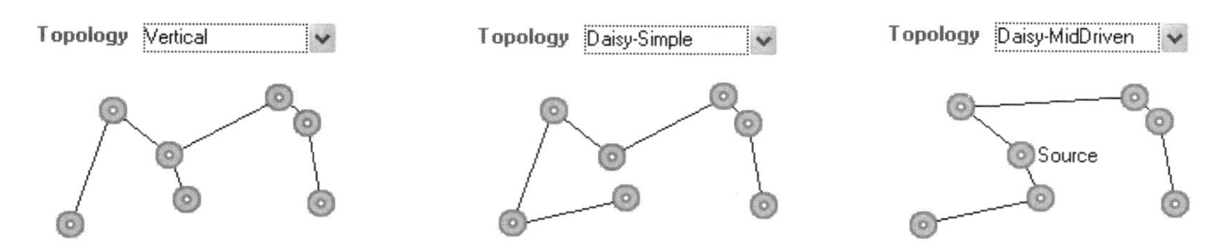

图 12-15　垂直方向连线最短方式　　图 12-16　任意起点连线最短方式　　图 12-17　中心起点连线最短方式

（6）Daisy-Balanced——平衡连线最短方式，如图 12-18 所示。

该方式也需要指定起点和终点，其含义是将中间节点数平均分配成组，所有的组都连接在同一个起点上，起点间用串联的方法连接，并且使连线最短。如果设计者没有指定起点和终点，系统将采用“Shortest”方式生成飞线。

（7）Starburst——中心放射连线最短方式，如图 12-19 所示。

该方式是指网络中的每个节点都直接和起点相连接。如果设计者指定了终点，那么终点不直接和起点连接；如果没有指定起点，那么系统将试着轮流以每个节点作为起点去连接其他各个节点，找出连线最短的一组连接作为网络的飞线。

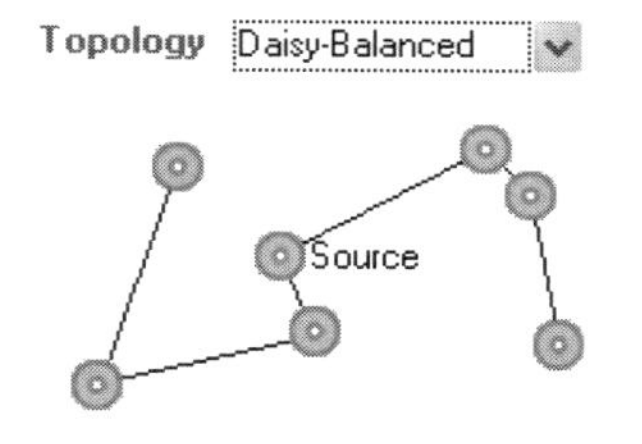

图 12-18　平衡连线最短方式

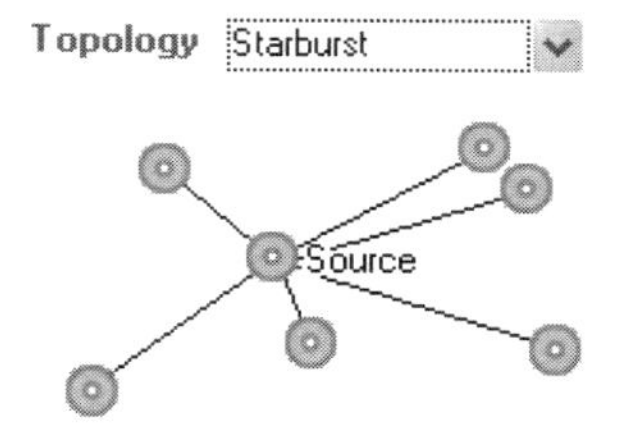

图 12-19　中心放射连线最短方式

12.2.3　设置布线次序

Routing Priority——设置布线次序规则用于设置布线的优先次序。设置布线次序规则的添加、删除和规则使用范围的设置等操作方法与前述相似，不再重复。其“Constraints”分组框如图 12-20 所示。

Routing Priority　100

图 12-20　布线的优先次序设置

在“Routing Priority”栏里指定其布线的优先次序，其设定值范围是 0～100，0 的优先次序最低，100 最高。

12.2.4　设置布线层

Routing Layers——设置布线层规则用于设置布线层。布线层规则的添加、删除和规则使用范围的设置等操作方法与前述布线层设置相同，不再重复。

12.2.5　设置导线转角方式

Routing Corners——设置导线转角方式规则用于设置导线的转角方式。转角方式规则的添加、删除和规则使用范围的设置等操作方法与前述相同，不再重复。在此介绍设置导线转角方式的系统参数设置方法和转角形式，如图 12-21 所示。

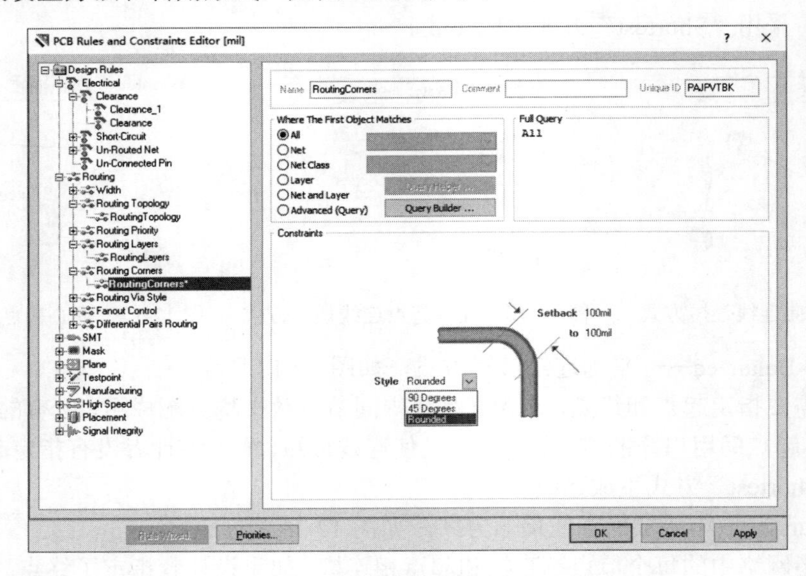

图 12-21 导线转角方式的系统参数设置对话框

系统提供 3 种转角形式，其他形式是 45 Degrees（45° 转角）和 90 Degrees（90° 转角），分别如图 12-22 和图 12-23 所示。

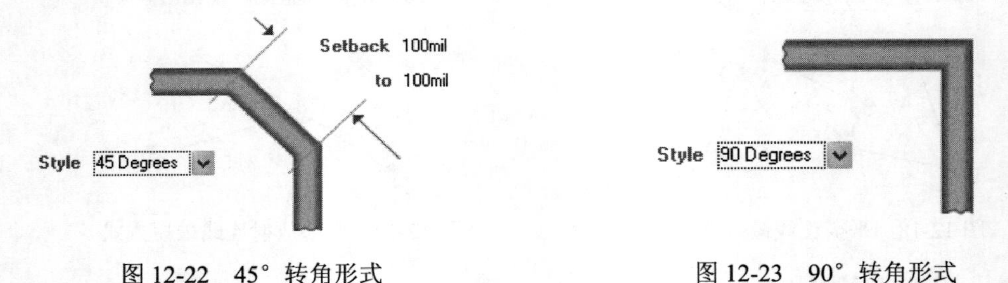

图 12-22 45° 转角形式

图 12-23 90° 转角形式

12.2.6 设置导孔规格

Routing Via Style——设置导孔规格规则用于设置布线中导孔的尺寸。导孔形式规则的添加、删除和规则使用范围的设置等操作方法与前述相同，不再重复。在“Constraints”分组框中，需要设置导孔直径和导孔的通孔直径，如图 12-24 所示。

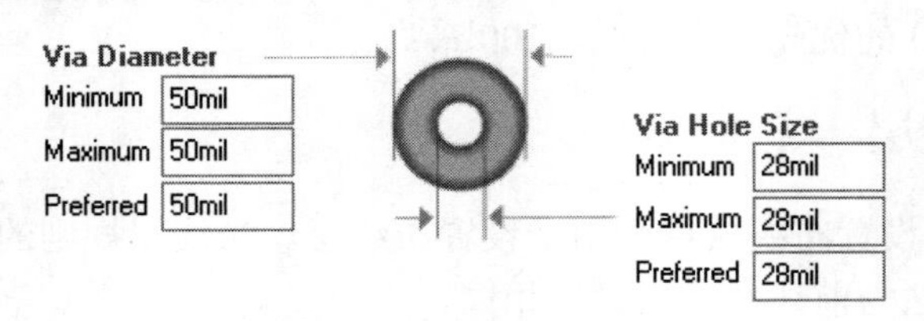

图 12-24 设置导孔规格

12.2.7 扇出控制布线设置

Fanout Control——扇出控制布线设置规则，主要用于“球栅阵列”、“无引线芯片座”等4类特殊器件布线控制。

系统参数设置单元中有扇出导线的形状、方向及焊盘、导孔的设定等，大多情况下可以采用默认设置。规则的添加、删除和规则使用范围的设置等操作方法与前述相同，下面仅以球栅阵列为例给出其布线参数设置，如图12-25所示。

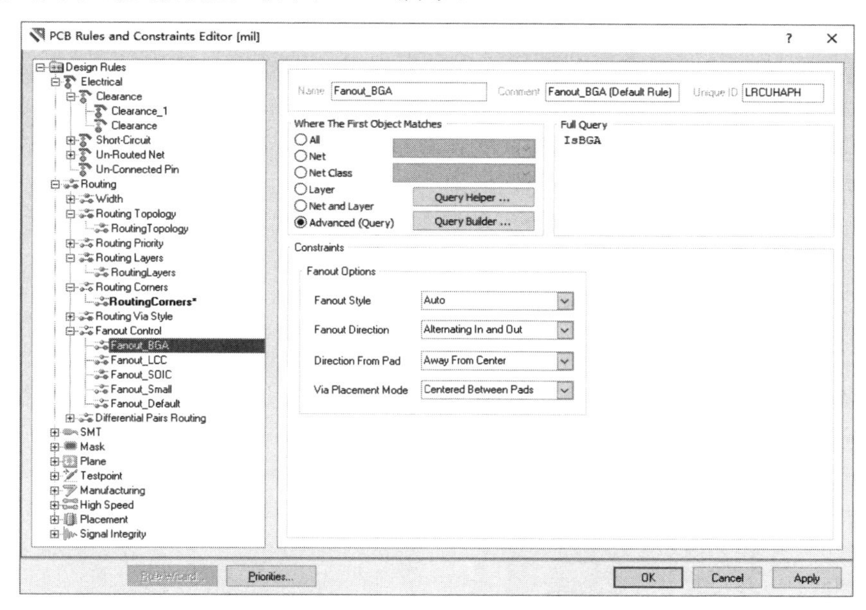

图12-25 球栅阵列布线参数设置

12.2.8 差分对布线设置

Differential Pairs Routing——差分对布线设置规则，主要用于设置一组差分对约束的各种规则。布线次序规则的添加、删除和规则使用范围的设置等操作方法与前述相似，不再重复。其规则内容如图12-26所示。

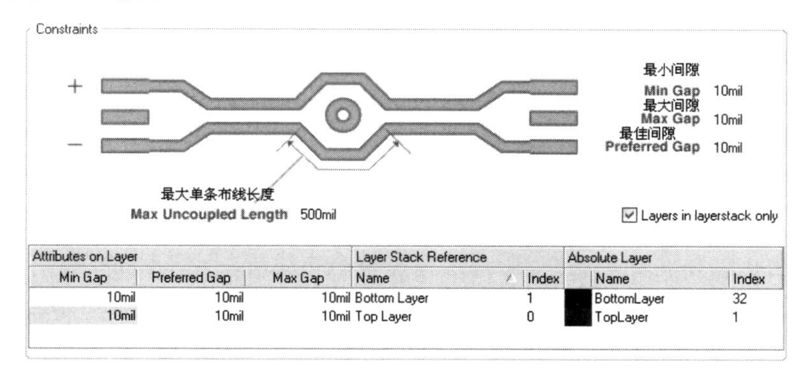

Attributes on Layer			Layer Stack Reference		Absolute Layer	
Min Gap	Preferred Gap	Max Gap	Name	Index	Name	Index
10mil	10mil	10mil	Bottom Layer	1	BottomLayer	32
10mil	10mil	10mil	Top Layer	0	TopLayer	1

图12-26 差分对布线设置选项

12.3 SMD 布线相关的设计规则

此类规则主要是设置 SMD 与布线之间的规则，共有 3 种，如图 12-27 所示。

（1）SMD To Corner——表贴式焊盘引线长度规则，用于设置 SMD 元件焊盘与导线拐角之间的最小距离。表贴式焊盘的引出导线一般都是引出一段长度后才开始拐弯，这样就不会出现和相邻焊盘太近的情况。

（2）SMD To Plane——表贴式焊盘与内电层的连接间距规则，用于设置 SMD 与内电层（Plane）的焊盘或导孔之间的距离。表贴式焊盘与内电层的连接只能用导孔来实现，该设置指出要离焊盘中心多远才能使用导孔与内电层连接。默认值为“0mil”。

（3）SMD Neck-Down——表贴式焊盘引出导线宽度规则，用于设置 SMD 引出导线宽度与 SMD 元件焊盘宽度之间的比值关系。默认值为 50%。

这些规则的添加、删除和规则使用范围的设置等操作方法与前述相同，不再重复。在此只介绍 SMD To Corner 规则的“Constraints”分组框中的“Distance”栏，用于设置 SMD 与导线拐角处的长度，这里设定长度为“30mil”。其他两种规则的操作与此类似。

右击“SMD To Corner”，在弹出的快捷菜单中选择添加新规则命令，系统在“SMD To Corner”下出现一个名称为“SMD To Corner”的新规则，单击新规则，弹出规则设置对话框，此对话框中的“Constraints”分组框参数设置如图 12-28 所示。

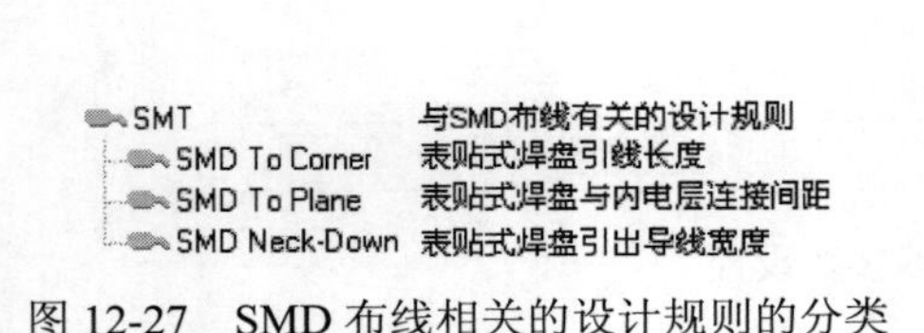

图 12-27 SMD 布线相关的设计规则的分类

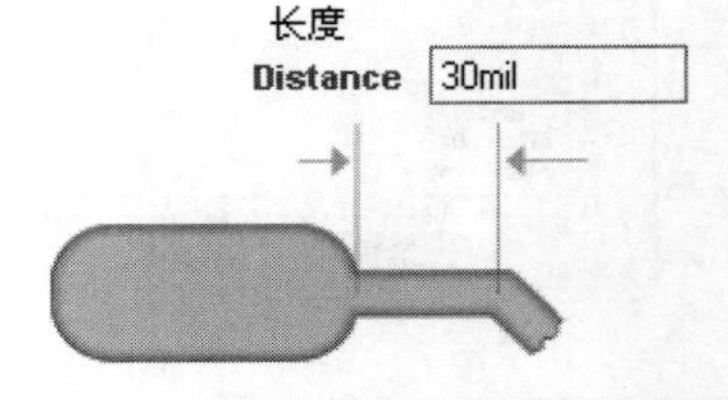

图 12-28 表贴式焊盘引线长度设置

12.4 焊盘收缩量相关的设计规则

此类规则用于设置焊盘周围的收缩量，共有 2 种，如图 12-29 所示。

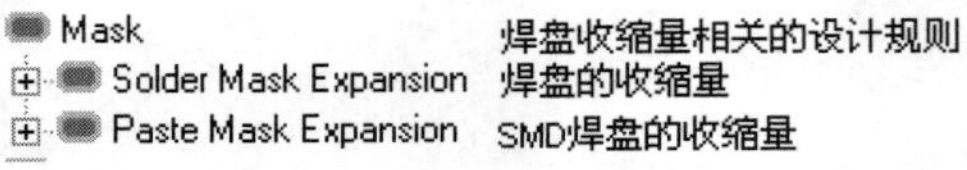

Mask 焊盘收缩量相关的设计规则
Solder Mask Expansion 焊盘的收缩量
Paste Mask Expansion SMD焊盘的收缩量

图 12-29 焊盘收缩量相关的设计规则的种类

12.4.1 焊盘的收缩量

Solder Mask Expansion——焊盘的收缩量规则，用于设置阻焊层中焊盘的收缩量，或者说是阻焊层中的焊盘孔比焊盘要大多少。阻焊层覆盖整个布线层，但它上面要留出用于焊接引脚的焊盘预留孔，这个收缩量就是指焊盘预留孔和焊盘的半径之差。该规则的添加、删除和规则使用范围的设置等操作方法与前述相同，不再重复。其规则的“Constraints”分组框中的“Expansion”栏用于设置收缩量的大小。默认值为“4mil”，这里设定为“6mil”，如图 12-30 所示。

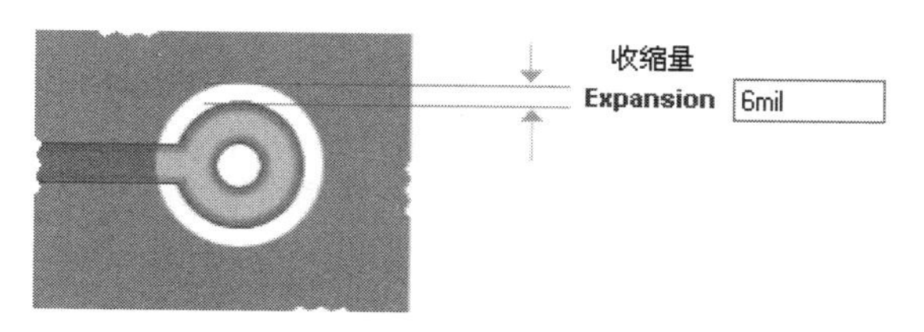

图 12-30　一般焊盘的收缩量的设置

12.4.2　SMD 焊盘的收缩量

Paste Mask Expansion——焊盘的收缩量规则，用于设置 SMD 焊盘的收缩量，该收缩量是 SMD 焊盘与钢模板（锡膏板）焊盘孔之间的距离。该规则的添加、删除和规则使用范围的设置等操作方法与前述相同，不再重复。其规则的“Constraints”分组框中的“Expansion”栏用于设置收缩量的大小。默认值为“0mil”，这里设定为“2mil”，如图 12-31 所示。

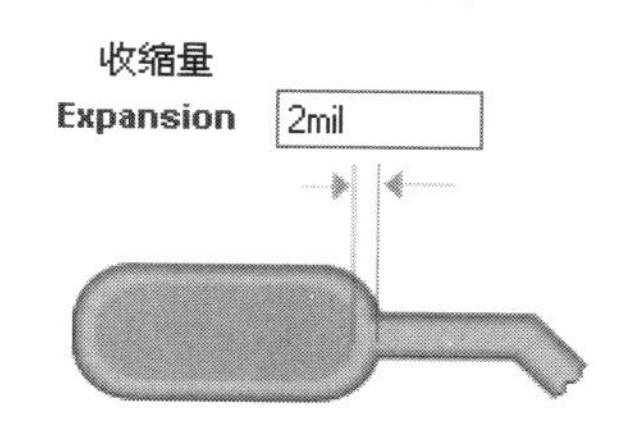

图 12-31　SMD 焊盘的收缩量设置

12.5　内电层相关的设计规则

此类规则用于设置电源层和敷铜层的布线规则，共有 3 种，如图 12-32 所示。

图 12-32　内电层有关的设计规则的种类

12.5.1　电源层的连接方式

Power Plane Connect Style——电源层的连接方式规则，用于设置导孔或焊盘与电源层连接的方法。该规则的添加、删除和规则使用范围的设置等操作方法与前述相同，不再重复，其“Constraints”分组框如图 12-33 所示。

在电源层的连接方式的参数设置单元中，连接铜膜的数量有“2”和“4”两种设置；电源层与导孔或焊盘的连接方式有 3 种，单击连接方式的下拉按钮，弹出如图 12-34 所示下拉列表。

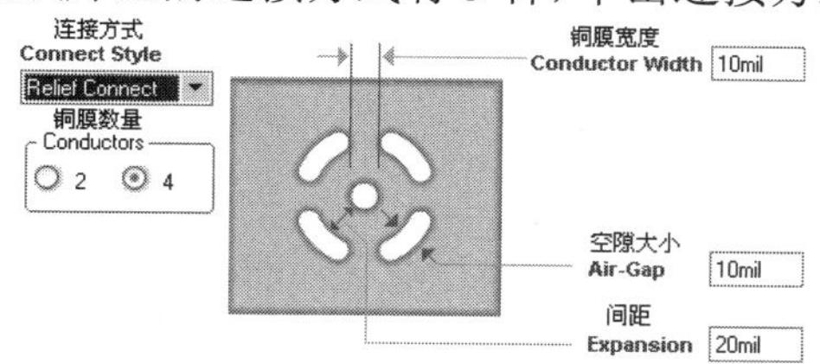

图 12-33　电源层的连接方式设置

图 12-34　连接方式的种类

12.5.2 电源层的安全间距

Power Plane Clearance——电源层的安全间距规则，用于设置电源层与穿过它的焊盘或导孔间的安全距离。该规则的添加、删除和规则使用范围的设置等操作方法与前述相同，不再重复。“Constraints”分组框中的“Clearance”栏用于设置安全距离。系统的默认值为“20mil”，这里设定为“30mil”，如图 12-35 所示。

12.5.3 敷铜层的连接方式

Polygon Connect Style——敷铜层的连接方式规则，用于设置敷铜层与焊盘之间的连接方法。该规则的添加、删除和规则使用范围的设置等操作方法与前述相同，不再重复。其“Constraints”分组框的参数设置如图 12-36 所示。

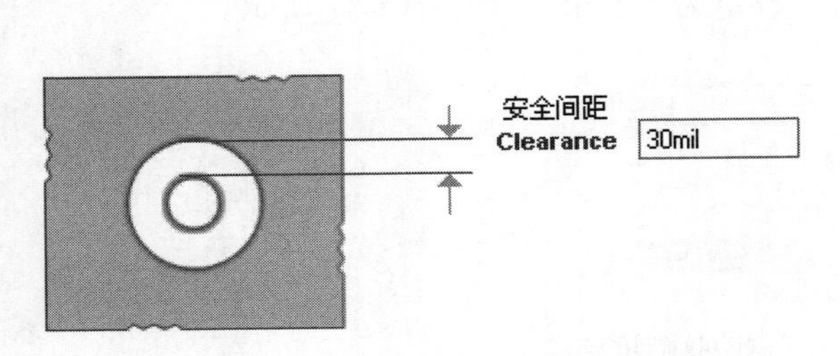

图 12-35 电源层的安全间距的设置

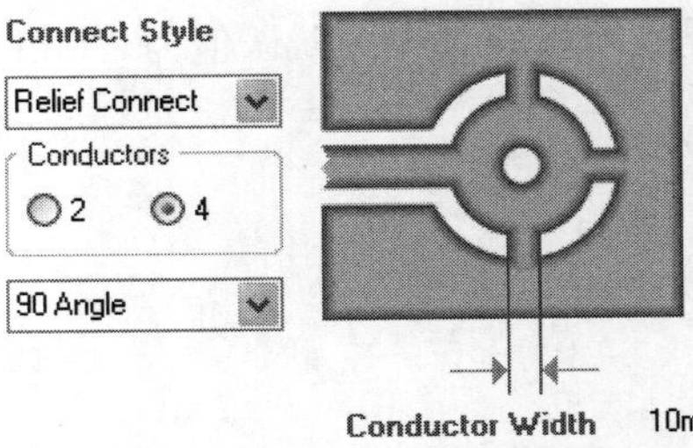

Connect Style
Relief Connect
Conductors
2
4
90 Angle
Conductor Width
10mil

图 12-36 敷铜层的连接方式设置

在其“Constraints”分组框中，有 3 种连接方式，并且与电源层连接方式相同，即“放射状连接”、“直接连接”和“不连接”。连接角度有 90°（90 Angle）连接和 45°（45 Angle）连接两种。

12.6 测试点相关的设计规则

此类规则用于设置测试点的形状大小及其使用方法，如图 12-37 所示。

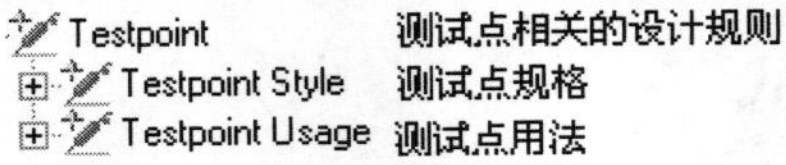

Testpoint 测试点相关的设计规则
Testpoint Style 测试点规格
Testpoint Usage 测试点用法

图 12-37 测试点相关的设计规则

12.6.1 测试点规格

Testpoint Style——测试点规格规则，用于设置测试点的形状和大小。该规则的添加、删除和规则使用范围的设置等操作方法与前述相同，不再重复。其“Constraints”分组框的参数设置如图 12-38 所示。

12.6.2 测试点用法

Testpoint Usage——测试点用法规则用于设置测试点的用法。该规则的添加、删除和规则使用范围的设置等操作方法与前述相同，不再重复。其“Constraints”分组框的参数设置如图 12-39 所示。

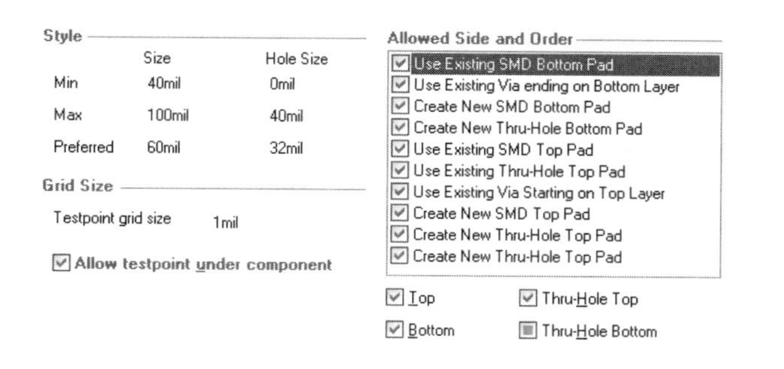

图 12-38　测试点规格设置

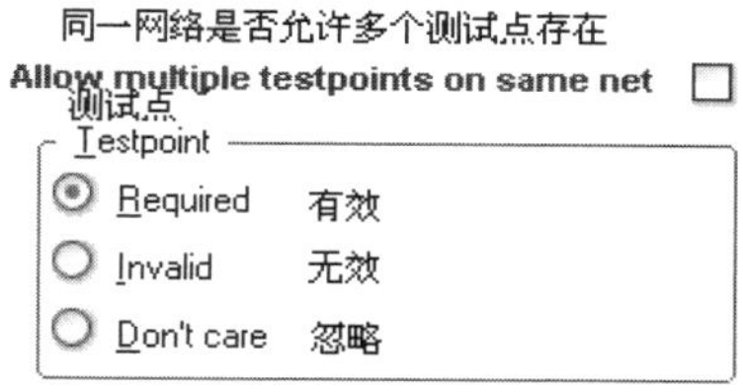

图 12-39　测试点用法设置

12.7　电路板制造相关的设计规则

此类规则主要设置与电路板制造有关的设置规则，共有 4 种，如图 12-40 所示。

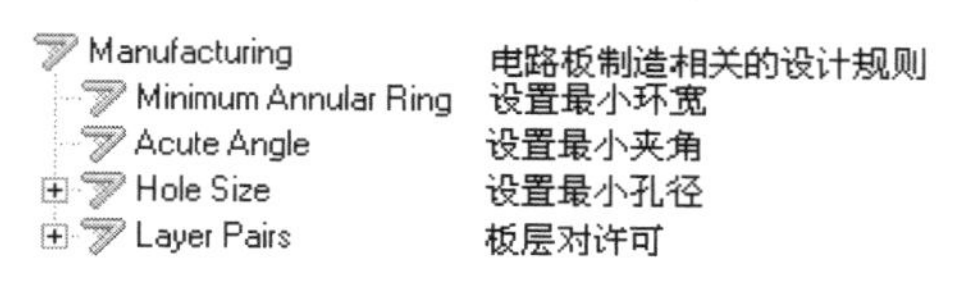

图 12-40　电路板制造相关的设计规则的种类

12.7.1　设置最小环宽

Minimum Annular Ring——设置最小环宽规则用于设置最小环宽，即焊盘或导孔与其通孔之间的直径之差。该规则的添加、删除和规则使用范围的设置等操作方法与前述相同，不再重复。其“Constraints”分组框中的“Minimum Annular Ring(x-y)”栏用于设置最小环宽，如图 12-41 所示。

12.7.2　设置最小夹角

Acute Angle——设置最小夹角规则用于设置具有电气特性的导线与导线之间的最小夹角。最小夹角应该不小于 90°，否则将会在蚀刻后残留药物，导致过度蚀刻。该规则的添加、删除和规则使用范围的设置等操作方法与前述相同，不再重复。其“Constraints”分组框中“Minimum Angle”栏用于设置最小夹角，如图 12-42 所示。

图 12-41　设置最小环宽

图 12-42　设置最小夹角

12.7.3　设置最小孔径

Hole Size——设置最小孔径规则用于孔径尺寸的设置。该规则的添加、删除和规则使用范围的设置等操作方法与前述相同，不再重复，其“Constraints”分组框的参数设置如图 12-43 所示。

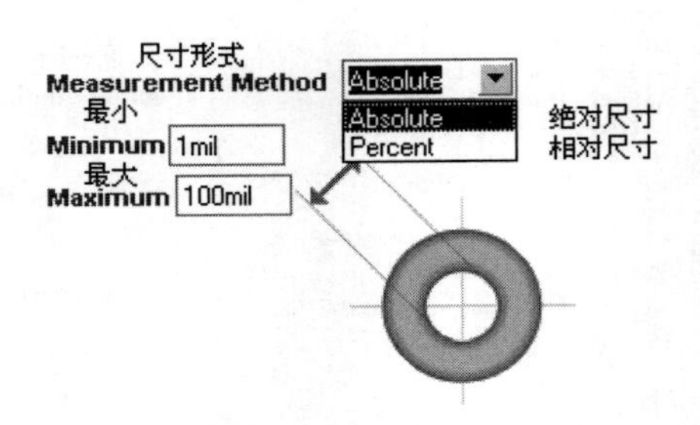

图 12-43　设置最小孔径

12.7.4　板层对许可

Layer Pairs——板层对许可规则用于设置是否允许使用板层对。该规则的添加、删除和规则使用范围的设置等操作方法，以及“Constraints”分组框中的设置与前述相同，不再重复。

12.8　高频电路设计相关的规则

此规则用于设置与高频电路设计有关的规则，共有 6 种，如图 12-44 所示。

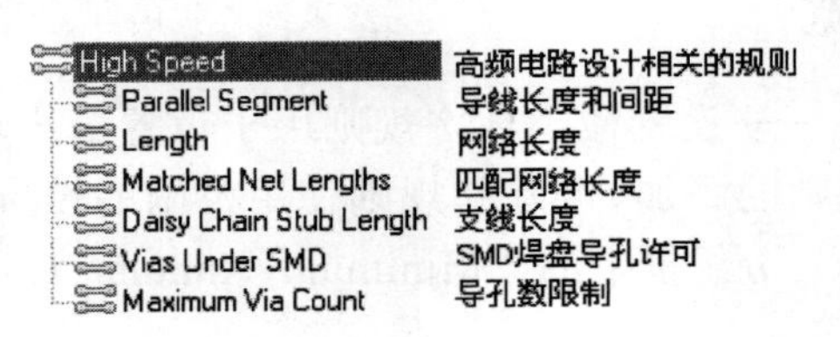

图 12-44　高频电路设计相关规则的种类

12.8.1　导线长度和间距

Parallel Segment——导线长度和间距规则用于设置并行导线的长度和距离。该规则的添加、删除和规则使用范围的设置等操作方法与前述相同，不再重复，其“Constraints”分组框中的参数设置如图 12-45 所示。

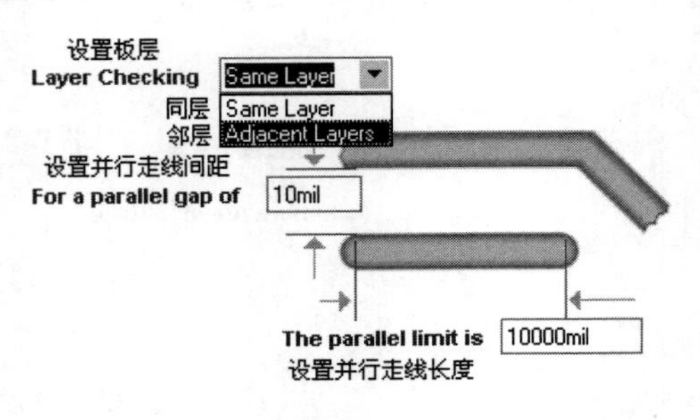

图 12-45　设置导线长度和间距

12.8.2　网络长度

Length——网络长度规则用于设置网络的长度。该规则的添加、删除和规则使用范围的设置等操作方法与前述相同，不再重复。其“Constraints”分组框中的参数设置如图 12-46 所示。

12.8.3　匹配网络长度

Matched Net Lengths——匹配网络长度规则用于设置网络等长走线。该规则以规定范围中的最长网络为基准，使其他网络通过调整操作，在设定的公差范围内和它等长。该规则的添加、删除和规则使用范围的设置等操作方法与前述相同，不再重复。其“Constraints”分组框中的参数设置如图 12-47 所示。

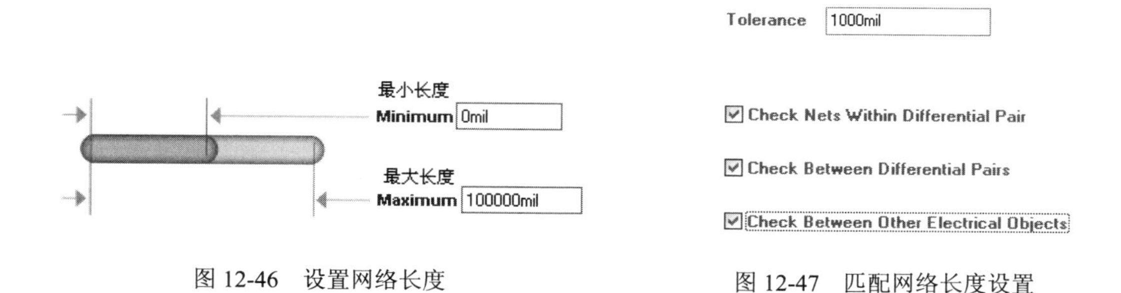

图 12-46　设置网络长度　　图 12-47　匹配网络长度设置

12.8.4　支线长度

Daisy Chain Stub Length——支线长度规则用于设置用菊花链走线时支线的最大长度。该规则的添加、删除和规则使用范围的设置等操作方法与前述相同，不再重复。其“Constraints”分组框中的参数设置如图 12-48 所示。

12.8.5　SMD 焊盘导孔许可

Vias Under SMD——SMD 焊盘导孔许可规则用于设置是否允许在 SMD 焊盘下放置导孔。该规则的添加、删除和规则使用范围的设置等操作方法与前述相同，不再重复。其“Constraints”分组框中的“Allow Vias under SMD Pads”复选框用于是否允许在 SMD 焊盘下放置导孔的设置，如图 12-49 所示。

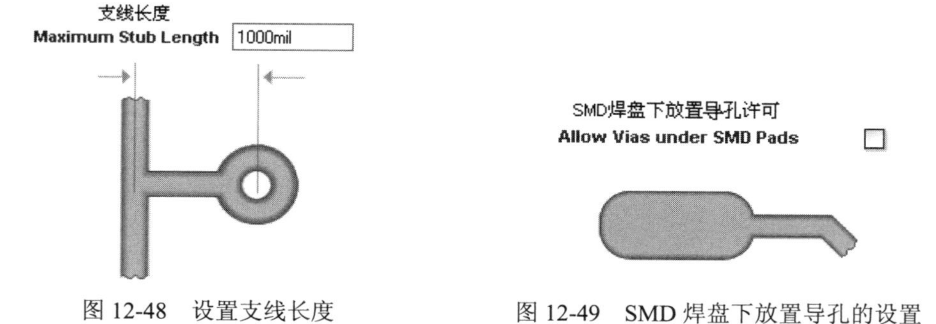

图 12-48　设置支线长度　　图 12-49　SMD 焊盘下放置导孔的设置

12.8.6　导孔数限制

Maximum Via Count——导孔数限制规则。该规则的添加、删除和规则使用范围的设置等操作方法与前述相同，不再重复。其“Constraints”分组框中的参数设置如图 12-50 所示。

设置最大导孔数

Maximum Via Count 1000

图 12-50　设置电路板上允许的导孔数

12.9　元件布置相关规则

此规则与元件的布置有关，共有 6 种，如图 12-51 所示。

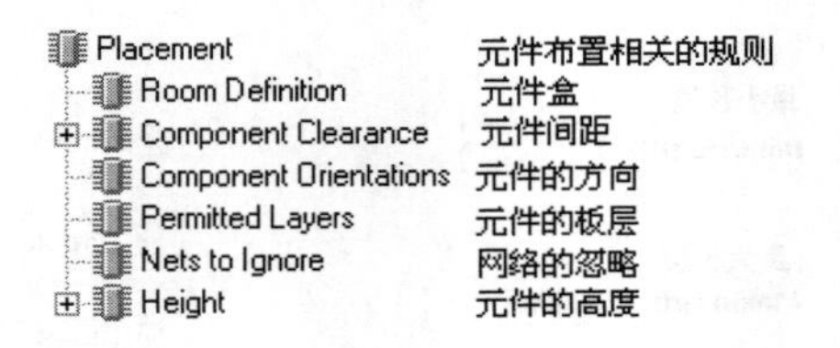

图 12-51　元件布置相关规则的种类

12.9.1　元件盒

Room Definition——元件盒规则用于定义元件盒的尺寸及其所在的板层。该规则的添加、删除和规则使用范围的设置等操作方法与前述相同，不再重复。其“Constraints”分组框中的参数设置如图 12-52 所示。

（1）用鼠标指针定义元件盒的大小。单击 Define... 按钮，鼠标指针变成十字形状并激活 PCB 编辑区，可用鼠标指针确定元件盒的大小。

（2）元件盒所在的板层和元件所在区域栏均有下拉列表，如图 12-53 所示。

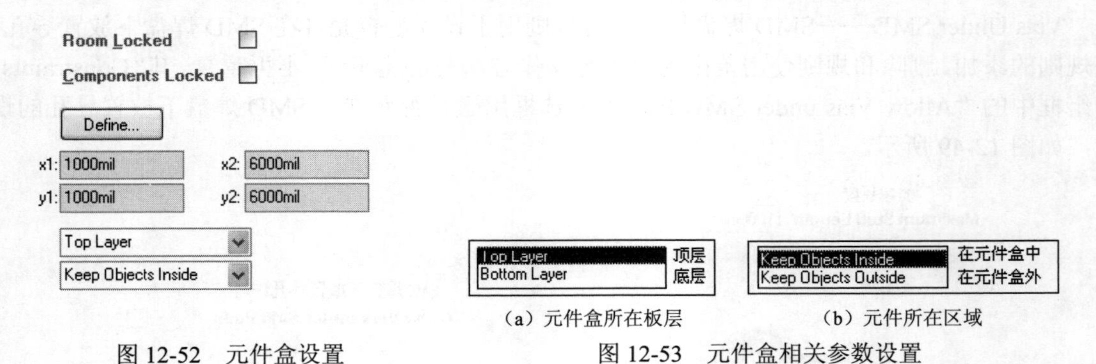

（a）元件盒所在板层　　（b）元件所在区域

图 12-52　元件盒设置　　图 12-53　元件盒相关参数设置

12.9.2　元件间距

Component Clearance——元件间距规则用于设置元件封装间的最小距离。该规则的添加、删除和规则使用范围的设置等操作方法与前述相同，不再重复。其“Constraints”分组框中的参数设置如图 12-54 所示。

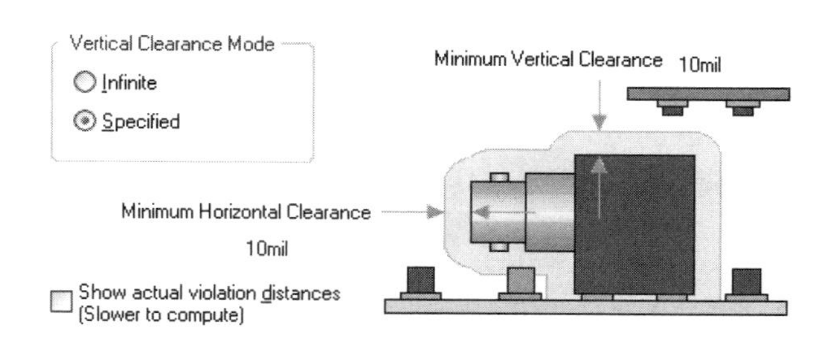

图 12-54 元件封装间距设置

12.9.3 元件的方向

Component Orientations——元件的方向规则用于设置元件封装的放置方向。该规则的添加、删除和规则使用范围的设置等操作方法与前述相同，不再重复。其“Constraints”分组框中的参数设置如图 12-55 所示。

12.9.4 元件的板层

Permitted Layers——元件的板层规则用于设置自动布局时元件封装的放置板层。该规则的添加、删除和规则使用范围的设置等操作方法与前述相同，不再重复。其“Constraints”分组框中的参数设置如图 12-56 所示。

可设置方向
Allowed Orientations

0° 0 Degrees ☑
90° 90 Degrees ☐
180° 180 Degrees ☐
270° 270 Degrees ☐
全方位 All Orientations ☐

图 12-55 元件封装的放置方向的设置

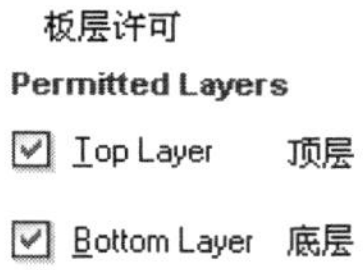

板层许可
Permitted Layers
☑ Top Layer 顶层
☑ Bottom Layer 底层

图 12-56 元件封装的放置板层的设置

12.9.5 网络的忽略

Nets to Ignore——网络的忽略规则用于设置自动布局时忽略的网络。使用组群式自动布局时，忽略电源网络可以使得布局速度和质量有所提高。

该规则的添加、删除和规则使用范围的设置等操作方法与前述相同，不再重复。

12.9.6 元件的高度

Height——元件的高度规则用于设置布局的元件高度。该规则的添加、删除和规则使用范围的设置等操作方法与前述相同，不再重复。其“Constraints”分组框中的参数设置如图 12-57 所示。

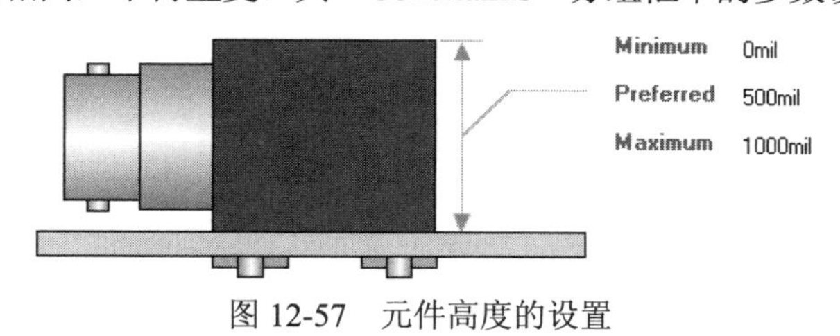

图 12-57 元件高度的设置

12.10 信号完整性分析相关的设计规则

此规则用于信号完整性分析规则设置，共有 13 种，如图 12-58 所示。

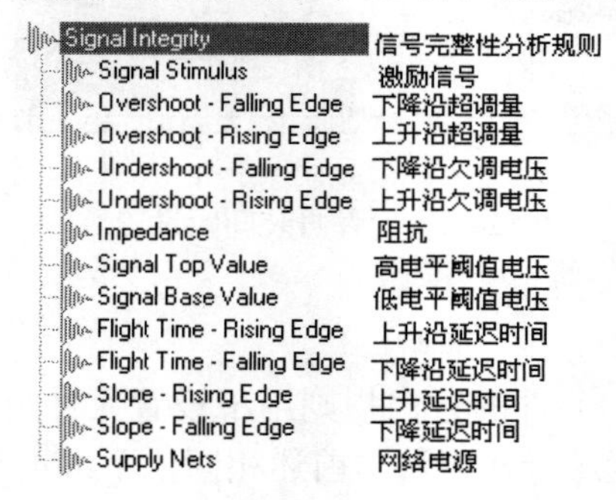

图 12-58　信号完整性分析规则种类

（1）Signal Stimulus——激励信号规则用于设置电路分析的激励信号。

（2）Overshoot-Falling Edge——下降沿超调量规则用于设置信号下降沿超调量。

（3）Overshoot-Rising Edge——上升沿超调量规则用于设置信号上升沿超调量。

（4）Undershoot-Falling Edge——下降沿欠调电压规则用于设置信号下降沿欠调电压的最大值。

（5）Undershoot-Rising Edge——上升沿欠调电压规则用于设置信号上升沿欠调电压的最大值。

（6）Impedance——阻抗规则用于设置电路的最大阻抗和最小阻抗。

（7）Signal Top Value——高电平阈值电压规则用于设置高电平信号的最小电压。

（8）Signal Base Value——低电平阈值电压规则用于设置信号电压基值。

（9）Flight Time-Rising Edge——上升沿延迟时间规则用于设置信号上升沿延迟时间。

（10）Flight Time-Falling Edge——下降沿延迟时间规则用于设置信号下降沿延迟时间。

（11）Slope-Rising Edge——上升延迟时间规则用于设置信号从阈值电压上升到高电平的最大延迟时间。

（12）Slope-Falling Edge——下降延迟时间规则用于设置信号下降沿从阈值电压下降到低电平的最大延迟时间。

（13）Supply Nets——网络电源规则用于设置电路板中网络的电压值。

上述规则的添加、删除和规则使用范围的设置等操作方法与前述相同，规则的参数设置也与前述类似，不再重复。

习　题　12

1．简述 PCB 设计规则的项目及其含义。

2．练习电气对象之间允许距离设计规则的设置。

第 13 章　集成库及其管理

Altium Designer 系统提供了丰富的元件库，还提供了相应的制作元件库的工具，并可以创建库。本章简单介绍集成库的组成，再通过实例详细介绍原理图元件库使用，使读者对集成库有一个充分的了解；然后简单介绍 PCB 封装库的使用和器件仿真模型的添加方法。

13.1　集成库概述

Altium Designer 系统采用了集成库的概念。所谓集成库，是把元件的各种符号模型文件集成在一起，能够代表在各种不同设计阶段所需的模型的集合体。例如，单个库包含每个元件的封装和仿真子电路。用户可以直接对原理图和 PCB 图进行操作，将其编译进集成库，该集成库为用户提供了所用元件的信息源。用户还可以附加仿真和信号完整性模型，以及元件的 3D CAD 描述。使用集成库，能够为用户提供访问所有元件必要信息的接口。

用户一旦设计完成，Altium Designer 系统即可从项目中自动提取所有元件信号，创建特定项目的集成库。这样使用者可以将完整的元件数据进行存档，确保将来需要修改设计时可以访问所有原始元件信息。

Altium Designer 系统集成库具有多功能特性和安全性，允许用户对独立元件源的参数进行设置，从而对元件数据进行管理。

13.2　元件库标准

开发 Altium Designer 系统集成库是在严格的标准下进行的，确保所有的库及其所包含的元件具有通用性和完整性。

13.2.1　PCB 封装

（1）表面贴装：表面贴装模式的 PCB 封装根据 IPC（电子工业连接协会）开发的当前标准建立。IPC 宣称这些安装模式对制造流程是透明的，但建议要对这些模式加以优化以适合焊接类型（波峰、回流）和配装（在电路板的单面或两面安装元件）。

BGA（Ball Grid Array，球栅阵列封装）器件的安装模式遵从 IPC-SM-782A 标准修订版 2（1999 年 4 月），标准的垫片由蚀刻铜而非阻焊层定义。

其他表面贴装元件的安装模式遵从 IPC-SM-782A 标准修订版 1（1996 年 10 月）中的规定。

（2）公制：所有 PCB 封装的尺寸都以公制为单位。硬件公制尺寸均根据 JEDEC JC-11“公制政策”SPP-003B（1998 年 2 月）设置。一些丝网尺寸和关键尺寸（如斜度和行空间）会与该政策不符。

（3）封装首字母：每个封装都分配了唯一的名称。名称转换与 IPC 器件名称、JEDEC 标准 JESD30-B“半导体-器件封装的描述性指定系统”相符。

13.2.2 原理图

（1）引脚名称：通常，引脚以制造商数据表提供的名称命名。对于一些较小的器件，如果引脚名称很长，则最好使用缩写，保证符号看上去清晰，如 AUX 代表辅助。然而不同制造商经常使用不同的缩写代表相同的名称或使用相同的缩写代表不同的名称，有时候相同的制造商的数据表也会有不一致。例如，GND 和 GRD 都代表 Ground。为了保证原理图符号的一致性，我们依据许多制造商常用的缩写和“逻辑电路图 IEEE 标准”ANSI/IEEE Std 991-1986 来对引脚命名。

（2）类指定字母：根据 IEEE Std 315-1975 和 IEEE Std 315-1986 绘制。

剩余器件的引脚配置应遵从原理图或器件功能框图的版图，使通用器件的符号符合标准。

13.3 元件库格式

Altium Designer 系统支持的元件库文件格式包括：

- Integrated Libraries（*.IntLib）；
- Schematic Libraries（*.SchLib）；
- Database Libraries（*.DBLib）；
- SVN Database Libraries（*.SVNDBLib）；
- Protel Footprint Libraries（*.PCB3Dlib）。

其中，*.SchLib 和*.PcbLib 为原理图元件库和 PCB 封装库，*.IntLib 为集成元件库。

Altium Designer 系统的元件库格式向下兼容，即可以使用 Protel 以前版本的元件库。

13.4 原理图元件库的使用

绘制原理图时要放置元件，而这些元件又常常保存在原理图元件库中。因此在放置元件之前，要添加元件所在的库；尽管 Altium Designer 内置的元件库已经相当完整，如果用户使用的是特殊的元件或新开发的元件，就需要自己建立新的元件及元件库。本节将介绍元件库的调用、创建以及元件符号的建立和修改。

13.4.1 元件库的调用

在 Altium Designer 元件库里有两个通用元件库，库中包含的是电阻、电容、三极管、二极管、开关、变压器及连接件等常用的分立元件，这两个库分别为 Miscellaneous Devices 和 Miscellaneous Connectors。首次运行 Altium Designer 系统时，这两个库作为系统默认库被加载，但允许操作者将其移除。

除此之外，Altium Designer 系统还包含了国内外知名半导体制造公司所生产元件的元件库，这些公司的元件库在 Altium Designer 软件包中以文件夹的形式出现，文件夹中是根据该公司元件类属进行分类后的库文件，每一子类中又包含从几只到数百只不等的元件。有些元件因为很多家公司都有生产，所以会出现在多个不同的库中，这些元件的具体命名通常会有细微差别，我们称这类元件为兼容（或可互换）元件。

这些元件库虽然种类繁多，但分类很明确，一般以元件的生产商分类，在每一类中又根据元件的功能进一步划分，在绘制原理图之前，要根据所用的元件，将相应的元件库找到并加载到系统中。

下面介绍元件库的调用。所谓元件库的调用，包括元件库的搜索、元件库的加载与卸载。

1．有效元件库的查看

加载到系统中的元件库称为有效元件库，只有存在于有效元件库中的元件在绘制原理图时才能被调用。查看有效元件库的方法如下：

（1）执行菜单命令【Design】/【Browse Library...】或单击面板标签 System，选中库文件面板 Libraries，弹出库文件（Libraries）面板，如图 13-1 所示。

（2）在库文件（Libraries）面板中，单击库（Libraries）按钮，弹出有效库文件（Available Libraries）对话框，从中可以看到 Miscellaneous Devices 和 Miscellaneous Connectors 两个默认库，还有一些其他的元件库，如图 13-2 所示。

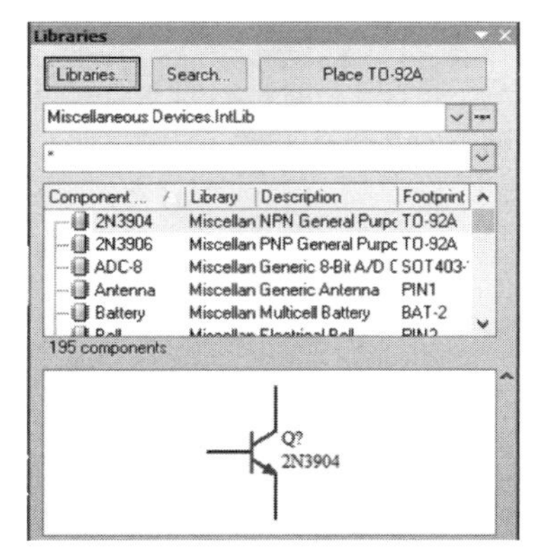

图 13-1　库文件（Libraries）面板

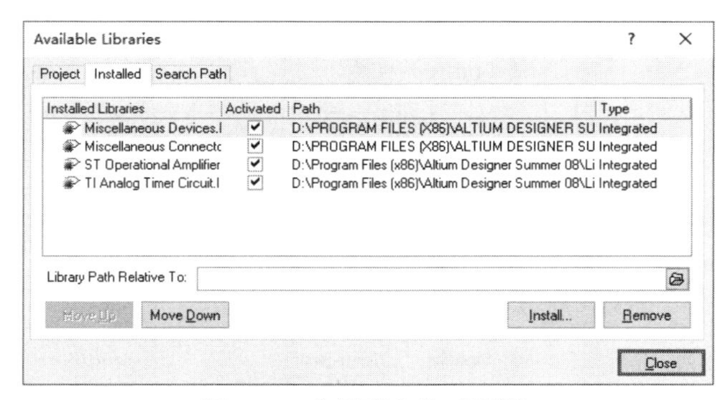

图 13-2　有效库文件对话框

2．元件库的搜索与加载

在很多情况下，用户只知道元件的名称而不知道该元件究竟在哪个原理图元件库中，元件库的搜索是指根据所用的元件名称来查找相应的元件库。

加载到系统中的元件库称为有效元件库，与有效元件库对应的元件库一般称为备用元件库。备用元件库存放在系统文件夹里，只有成为有效元件库，其中所含的元件才能被使用。

元件库的搜索和加载的步骤如下：

（1）执行菜单命令【Design】/【Browse Library...】或单击面板标签 System，选中库文件面板 Libraries，弹出库文件（Libraries）面板，如图 13-3 所示。

（2）在库文件（Libraries）面板中，单击查找（Search）按钮，弹出搜索库文件（Libraries Search）对话框，如图 13-4 所示。

“Scope”选项区中有 3 种搜索方法可供选择。若选中“Available libraries（可用库）”，则从所有可用的库文件中自动搜索含有指定元件名称的库文件；若选中“Libraries on path（路径库）”，将根据用户指定的路径来搜索相应元件的库文件，若还要搜索指定路径下的子目录，应勾选 Include Subdirectories；若选中“Refine last search（上次搜索结果）”，库文件（Libraries）面板中将显示相应元件上次的搜索结果。

（3）指定搜索方法后，再在图 13-4 上方空白文本框中输入要搜索元件的名称或名称中的部分关键字，如图 13-5 所示。

（4）单击图 13-5 左下方的 Search 按钮，自动关闭搜索库文件（Libraries Search）对话框并进行搜索，结果在库文件（Libraries）面板中显示，如图 13-6 所示。

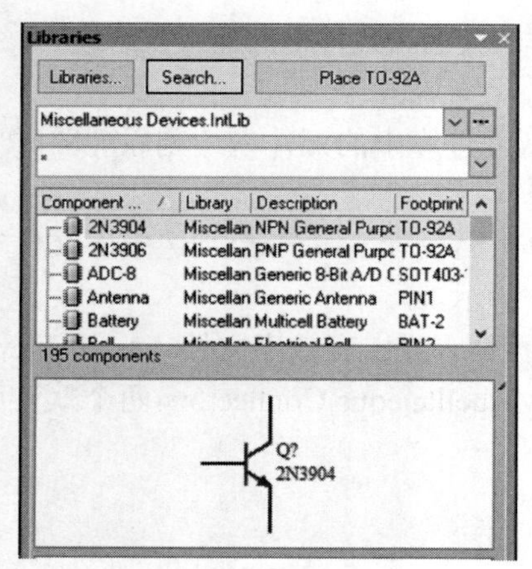

图 13-3　库文件（Libraries）面板

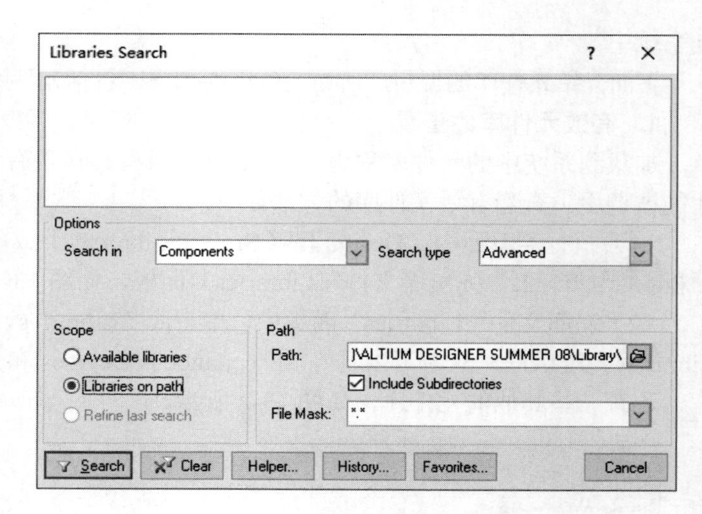

图 13-4　搜索库文件对话框

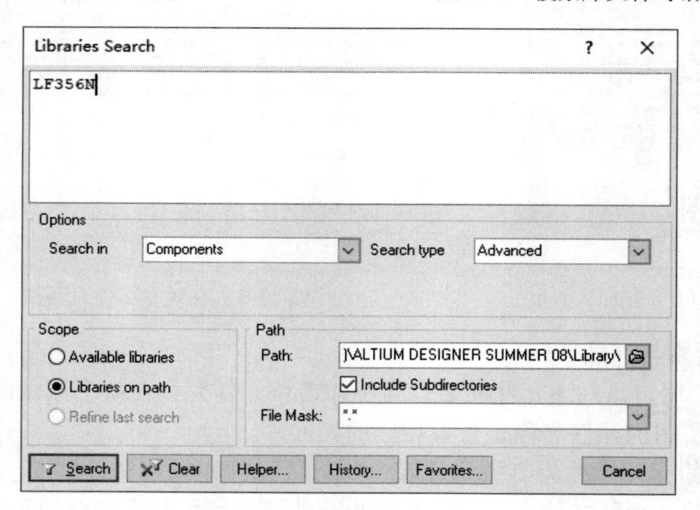

图 13-5　添加搜索内容

从中可以看到 LF356N 元件在两个文件库 NSC Operational Amplifier 和 ST Operational Amplifier 中都存在，这表明 LF356N 这种型号元件至少有两个厂家生产。

（5）单击库文件（Libraries）面板上的 Place N08E 按钮，可放置新搜索的 LF356N 元件到当前的原理图上。但是，该元件所在库没有加载，放置元件时将弹出如图 13-7 所示的加载元件库对话框，本例选用元件库 NSC Operational Amplifier 中的 LF356N。

（6）确认后，单击图 13-6 中的库（Libraries）按钮，弹出有效库文件（Available Libraries）对话框，如图 13-8 所示。与图 13-2 比较，可以看到 NSC Operational Amplifier 元件库已被加载到有效库文件对话框中。

若已经知道将要使用的元件所在的元件库和元件库的文件夹，可在图 13-2 中，单击 Install... 按钮，按提示操作，即可加载所要的元件库。

3．元件库的卸载

在图 13-8 中，单击 Move Up 或 Move Down 按钮，选中需要卸载的元件库后，单击 Remove 按钮，则可将相应的元件库卸载，在此不再详细介绍。

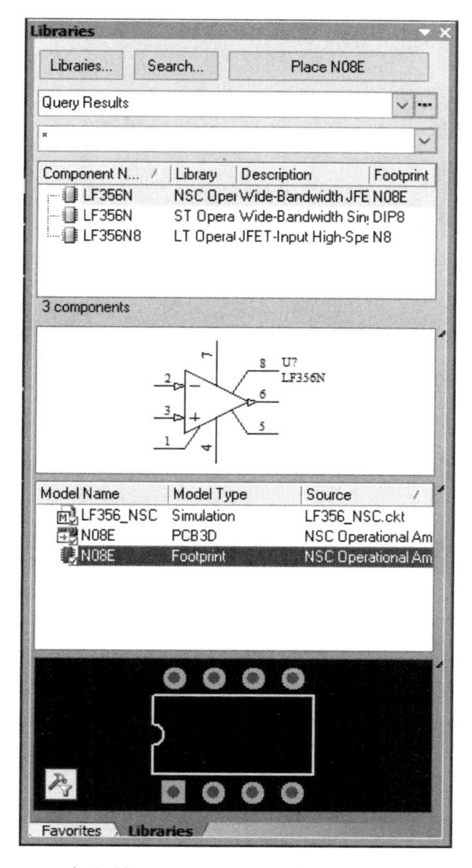

图 13-6　库文件（Libraries）面板搜索 LF356N 结果

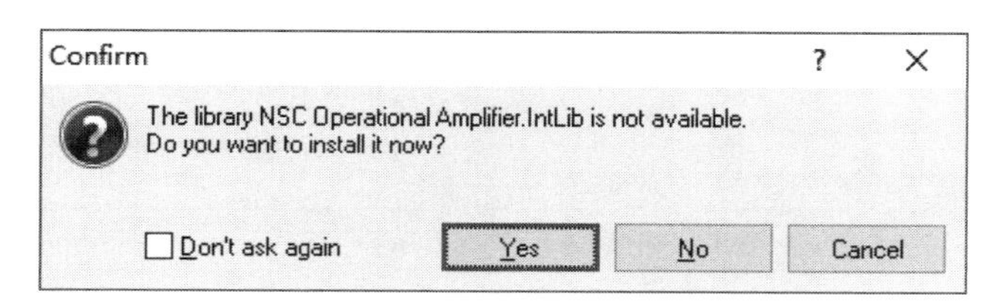

图 13-7　加载元件库对话框

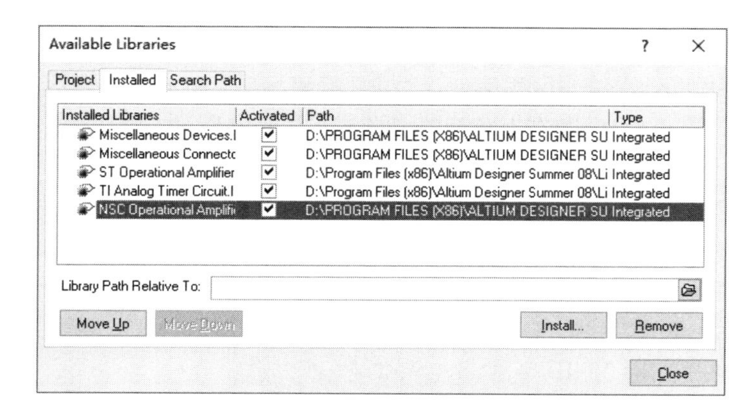

图 13-8　加载新库的有效库文件对话框

13.4.2　元件库的编辑管理

所谓元件库的编辑管理，就是进行新元件原理图符号的制作、已有元件原理图符号的修订和新的库建立等。

元件的原理图符号制作、修订和元件库的建立是使用 Altium Designer 系统的原理图元件库编辑器和元件库编辑管理器来进行的。在进行上述操作之前，应熟悉原理图元件库编辑器和元件库编辑管理器。

1．原理图元件库编辑器

1）原理图元件库编辑器启动

在当前设计环境下，执行菜单命令【File】/【New】/【Schematic Library】，新建默认文件名为“Schlib1.SchLib”的原理图库文件（保存文件时，可以更改文件名和保存路径），同时启动原理图元件库编辑器，如图 13-9 所示。

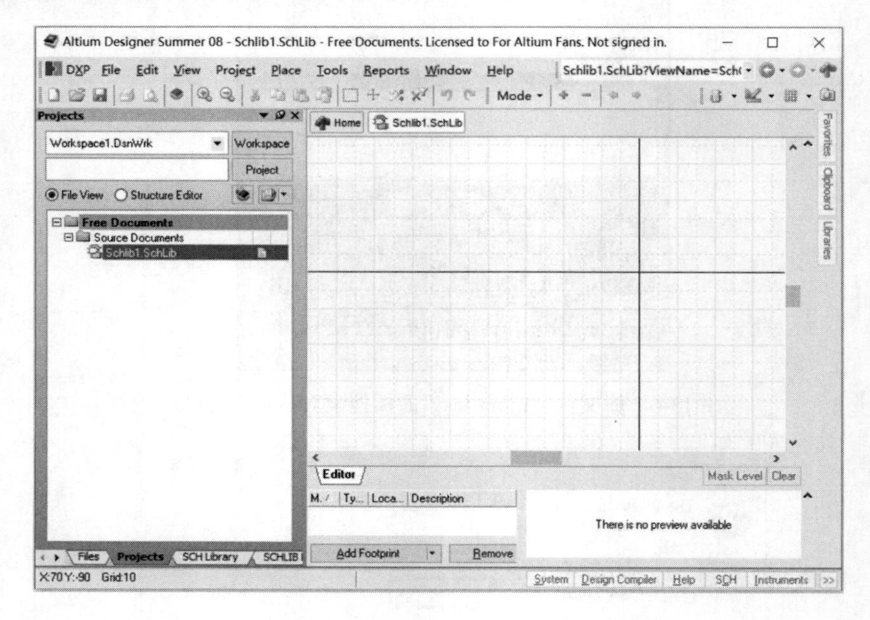

图 13-9　原理图元件库编辑器

2）原理图元件库编辑器界面

原理图元件库编辑器与原理图编辑器的界面相似，主要由工具栏、菜单栏、常用工具栏和编辑区等组成。不同的是，在编辑区里有一个“十”字坐标轴，将元件编辑区划分为 4 个象限。象限的定义和数学上是一样的，即右上角为第一象限、左上角为第二象限、左下角为第三象限、右下角为第四象限。一般用户在第四象限中进行元件的编辑工作。

除此之外，尽管 Altium Designer 系统中各种编辑器的风格是统一的，并且部分功能是相同的，但是，原理图元件库编辑器根据自身的需要，还有其独有的功能，如工具（Tools）菜单和放置（Place）菜单中的子菜单标准符号（IEEE Symbols）等，下面将分别介绍。

2．工具（Tools）菜单

工具（Tools）菜单如图 13-10 所示。

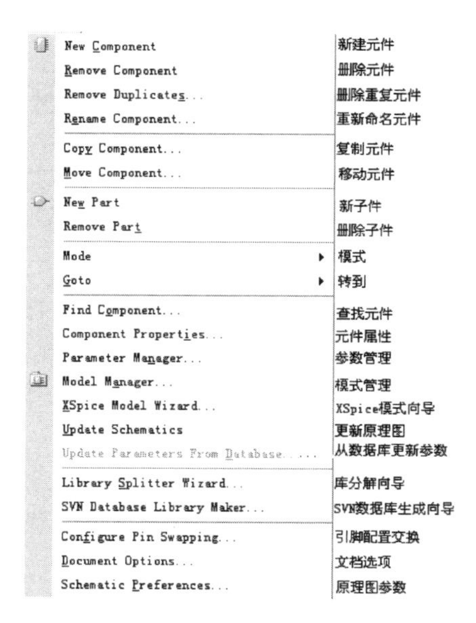

图 13-10　工具（Tools）菜单

（1）新建元件（New Component）命令用来创建一个新元件，执行该命令后，弹出新建元件命名对话框，如图 13-11 所示。命名并确认后，即可在编辑窗口中放置元件，开始创建新元件。

（2）删除元件（Remove Component）命令用来删除当前正在编辑的元件，执行该命令后，弹出如图 13-12 所示的删除元件询问框，单击 Yes 按钮确定删除。

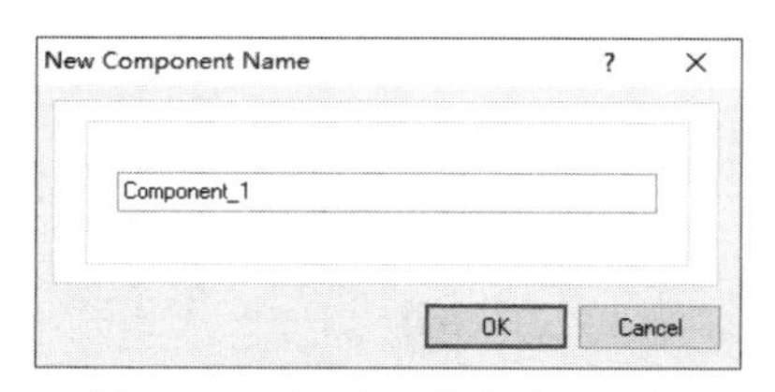

图 13-11　新建元件命名对话框

图 13-12　删除元件询问框

（3）删除重复元件（Remove Duplicates...）命令用来删除当前库文件中重复的元件，执行该命令后，弹出如图 13-13 所示的删除重复元件询问框，单击 Yes 按钮确定删除。

（4）重新命名元件（Rename Component...）命令用来重新命名当前元件，执行该命令后，弹出如图 13-14 所示的重新命名元件对话框，在文本框中输入新元件名，单击 OK 按钮确定。

图 13-13　删除重复元件询问框

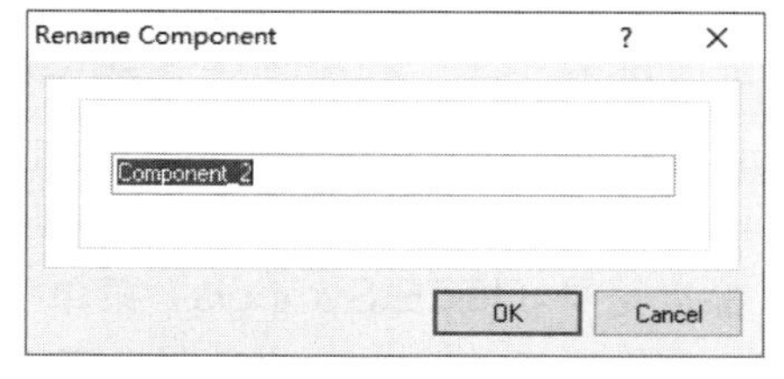

图 13-14　重新命名元件对话框

（5）复制元件（Copy Component...）命令用来将当前元件复制到指定的元件库中，执行该命令后，弹出如图 13-15 所示目标库选择对话框，选中目标元件库文件，单击 OK 按钮，或直接双击目标元件库文件，即可将当前元件复制到目标库文件中。

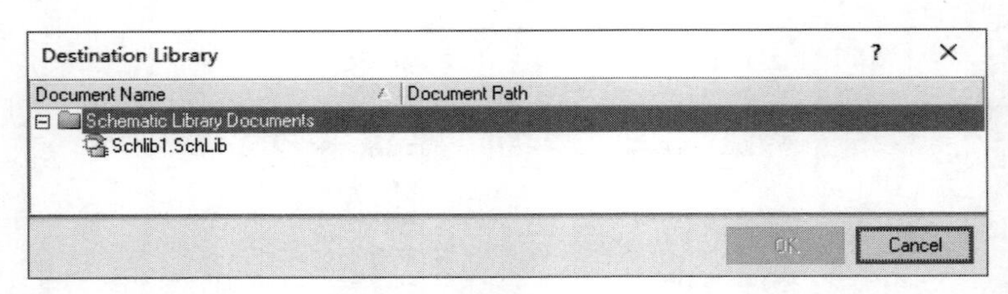

图 13-15　目标库选择对话框

（6）移动元件（Move Component...）命令用来将当前元件移动到指定的元件库中，执行该命令后，弹出目标库选择对话框，操作方式与复制元件命令类似。

（7）新子件（New Part）命令，当创建多子件元件时，该命令用来增加子件，执行该命令后开始绘制元件的新子件。

（8）删除子件（Remove Part）命令用来删除多子件元件中的子件。

（9）转到（Goto）命令用来快速定位对象。转到子菜单中包含功能命令及其解释，如图 13-16 所示。

在打开库文件时显示的是第一个元件，需要编辑其他元件时要用转到子菜单（Goto）中的命令来定位。

（10）查找元件（Find Component...）命令的功能是启动元件检索对话框（Search Libraries），该功能与原理图编辑器中的元件检索相同。

（11）更新原理图（Update Schematics）命令用来将元件库编辑器对元件所做的修改，更新到打开的原理图中。执行该命令后弹出信息对话框，如果所编辑修改的元件在打开的原理图中未用到或没有打开的原理图，则弹出的信息框如图 13-17 所示。

如果所编辑修改的元件在打开的原理图中用到，则弹出的信息框如图 13-18 所示，单击 OK 按钮，原理图中的对应元件将被更新。

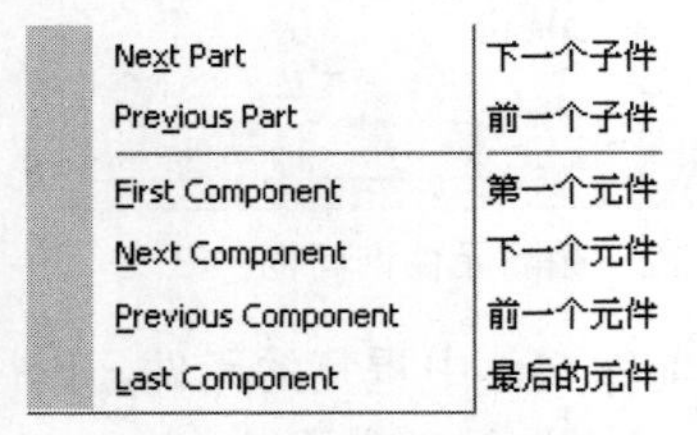

图 13-16　转到子菜单（Goto）

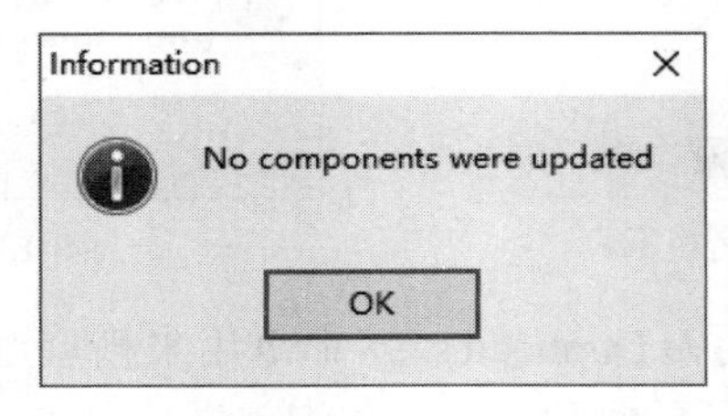

图 13-17　无更新信息框

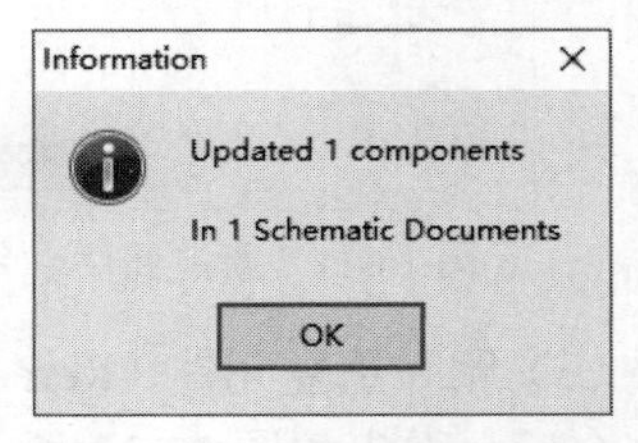

图 13-18　有更新信息框

（12）原理图参数（Schematic Preferences...）设置命令与第 2 章中参数设置方法相同。

（13）文档选项（Document Options...）命令用来打开工作环境设置对话框，如图 13-19 所示。有两种选项功能，编辑选项功能类似于在原理图编辑器中执行菜单命令【Design】/【Options...】；单位设置有两种选项：一种是英制，另一种是公制。

（14）元件属性（Component Properties...）设置命令用来编辑修改元件的属性参数。

3. 标准符号（IEEE Symbols）菜单

放置（Place）菜单中的标准符号（IEEE Symbols）子菜单的各项功能如图 13-20 所示。在制作元件时，IEEE 标准符号是很重要的，它们代表着该元件的电气特性。

IEEE 电气标准符号（IEEE Symbols）命令中的符号放置与元件放置相似。在原理图元件库编辑器中，所有符号放置时，按空格键旋转角度和按 X、Y 键镜像的功能均有效。

Library Editor Workspace

Library Editor Options | Units

Options
Style: Standard
Size: E
Orientation: Landscape
Show Border
Show Hidden Pins
Always Show Comment/Designator

Custom Size
Use Custom Size
X 2000
Y 2000

Colors
Border
Workspace

Grids
Snap 10
Visible 10

Library Description

OK Cancel

图 13-19 工作环境设置对话框

图 13-20 标准符号（IEEE Symbols）子菜单

4．元件库编辑管理器

在介绍如何制作元件和创建元件库前，应先熟悉元件库编辑管理器的使用，以便制作新元件或创建新元件库后可以进行有效的管理。下面介绍元件库编辑管理器的组成和使用方法。

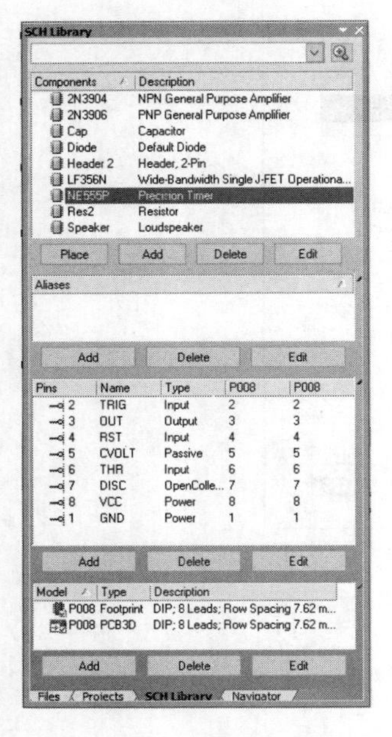
图 13-21　元件库编辑管理器

在已经建立项目元件库的原理图元件库编辑环境中，单击元件库编辑管理器的选项卡“SCH Library”，可弹出元件库编辑管理器，如图 13-21 所示。可以看到元件库编辑管理器有 5 个区域：空白文本框区域、元件（Components）区域、别名（Aliases）区域、引脚（Pins）区域和元件模式（Model）区域。

1）空白文本框区域

该区域用于筛选元件。当在该文本框中输入元件名的开始字符后，在元件列表中将会显示以这些字符开头的元件。

2）元件（Components）区域

当打开一个元件库时，该区域就会显示该元件库的元件名称和功能描述；该区域还有 4 个按钮，主要用于元件的放置、添加、删除和编辑。

（1）Place 按钮：将所选的元件放置到原理图上。操作的方法是：在元件列表中选定将要放置的元件，则该元件原理图符号在元件库编辑管理器编辑区的第四象限中显示出来；单击 Place 按钮，系统自动切换到原理图设计界面，该元件出现在原理图编辑器的编辑区中，同时原理图元件库编辑器退到后台运行。

（2）Add 按钮：添加元件，将指定的元件添加到该元件库中。单击 Add 按钮，按提示操作，可将指定元件添加到元件组中。

（3）Delete 按钮：从元件库中删除元件。操作与 Place 按钮类似。

（4）Edit 按钮：编辑元件的相关属性。单击该按钮后，弹出库元件属性对话框，如图 13-22 所示。

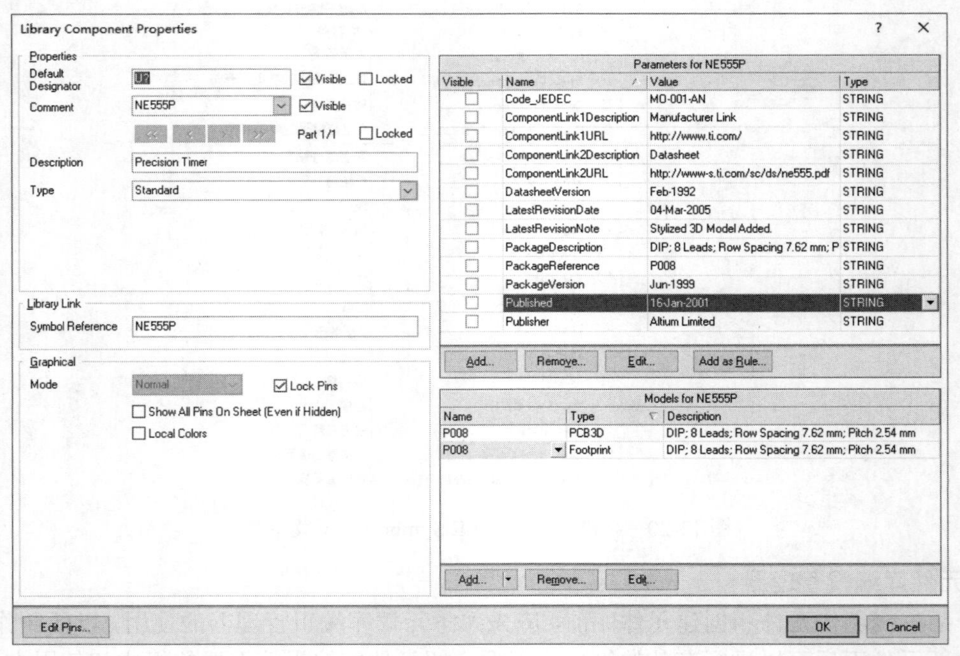
图 13-22　库元件属性对话框

库元件属性对话框中主要选项的意义如下。

- Default Designator：用于设置元件默认流水号，例如 U?。
- Comment：用于填写元件注释。
- Description：元件功能描述。
- Type：元件的分类。
- Models for：元件模型，将在后面介绍。

3）别名（Aliases）区域

该区域主要用来设置所选中元件的别名。

4）引脚（Pins）区域

该区域主要用于显示已经选中的元件引脚名称和电气特性等信息。该区域有 Add 、 Delete 和 Edit 3 个按钮。

（1） Add 按钮：向选中的元件添加新的引脚。

（2） Delete 按钮：从选中的元件中删除引脚。

（3） Edit 按钮：编辑选中元件的引脚属性。在引脚（Pins）区域用鼠标指针选定一引脚，单击 Edit 按钮，弹出引脚属性对话框。关于引脚属性参见 13.4.3 节中编辑引脚的介绍。

5）元件模式（Model）区域

该区域主要用于指定元件的 PCB 封装、信号的完整性或仿真模型等。

13.4.3 新元件原理图符号绘制

下面在原理图编辑器环境中，利用前面已经介绍的工具绘制一个元件的原理图符号。以如图 13-23 所示的 GU555 定时器为例，并将其保存在“自建原理图符号库”中。具体操作如下：

1．进入编辑模式

单击菜单命令【File】/【New】/【Schematic Library】，系统进入原理图文件库编辑工作界面，默认文件名为 Schlib1.SchLib，如图 13-24 所示。

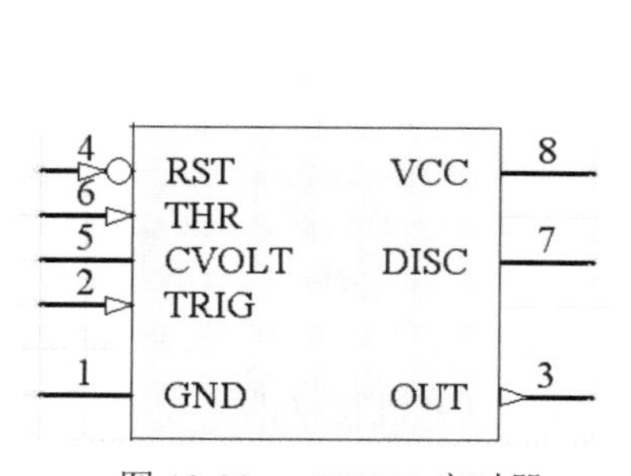

图 13-23　GU555 定时器

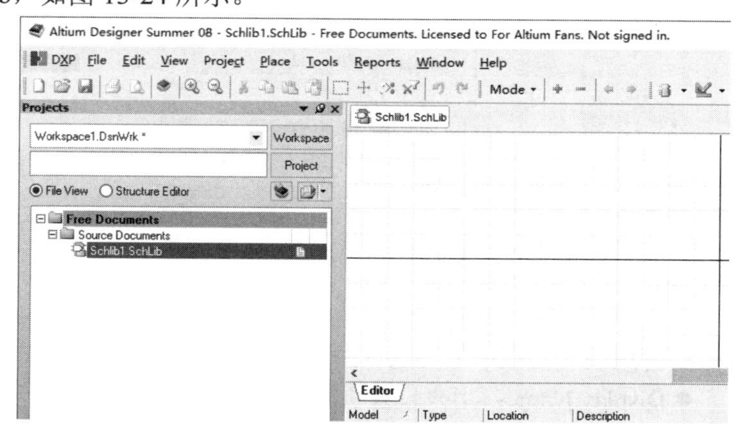

图 13-24　原理图文件库编辑工作界面

2．绘制矩形

（1）执行菜单命令【Place】/【Rectangle】，光标变成十字形状，并带有一个有色矩形框。

（2）将矩形框放到编辑窗口的第四象限中，单击确认矩形位置，如图 13-25 所示。

（3）激活矩形，可随意改变矩形框大小；在放置引脚等符号时，可根据实际情况修改矩形的宽窄或大小；右击退出放置状态。

3．绘制引脚

执行菜单命令【Place】/【Pin】，可将编辑模式切换到放置引脚模式，此时鼠标指针旁会多出一个大十字和一条短线，默认短线序号从零开始；在放置引脚时，按一次空格键，可将引脚旋转 90°。按照上述方法，绘制出 8 根引脚，如图 13-26 所示。

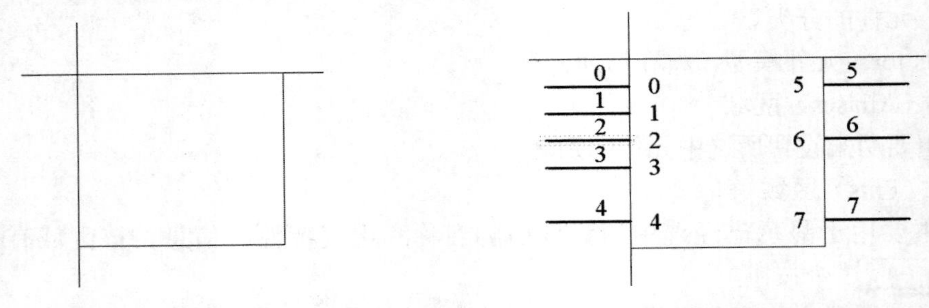

图 13-25　矩形绘制　　　　图 13-26　放置引脚后的图形

4．编辑引脚

双击需要编辑的引脚，如 0 号引脚，弹出引脚属性对话框，如图 13-27 所示。

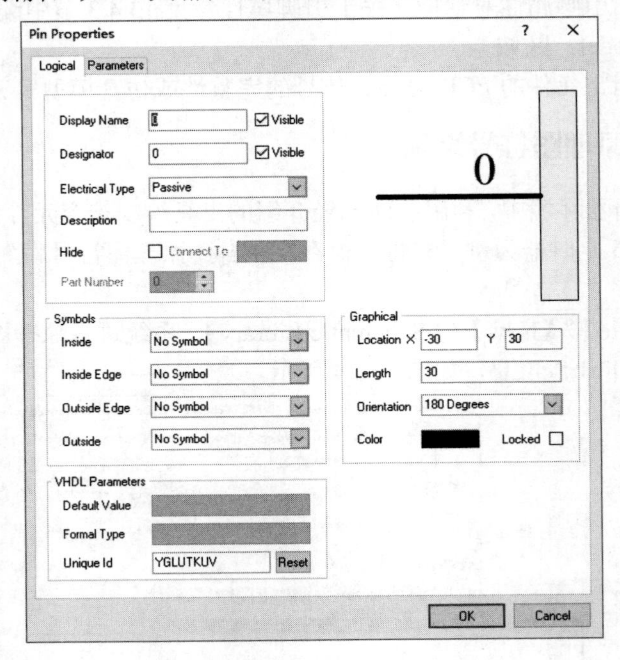

图 13-27　引脚属性对话框

引脚属性对话框中主要选项的意义如下。

- Display Name：用来设置引脚名，是引脚端的一个符号，用户可以进行修改。
- Designator：用来设置引脚号，是引脚上方的一个符号，用户可以进行修改。
- Electrical Type：用来设定引脚的电气属性。
- Description：用来设置引脚的属性描述。
- Hide：用来设置是否隐藏引脚。
- Part Number：用来设置复合元件的子元件号。例如，一块集成 74LS00 电路芯片含有 4 个子元件。

● Symbols：在该分组框中，命令是用来设置引脚的输入或输出符号的。Inside 用来设置引脚在元件内部的表示符号；Inside Edge 用来设置引脚在元件内部边框上的表示符号；Outside 用来设置引脚在元件外部的表示符号；Outside Edge 用来设置引脚在元件外部边框上的表示符号。这些符号一般是 IEEE 符号。

按照图 13-23 所示的 GU555 定时器元件引脚的功能编辑其 8 个引脚。例如，编辑图 13-26 中的 0 号引脚，将 Display Name 原内容“0”，改为“RST”；将 Designator 原内容“0”，改为“4”；将 Electrical Type 原内容“Passive”，改为“Input”；将 Outside Edge 原内容“No Symbol”，改为“Dot”；将 Outside 原内容“No Symbol”，改为“Right Left Signal Flow”。编辑后引脚属性对话框如图 13-28 所示，再单击 OK 按钮确认。与此类似，可编辑其余 7 个引脚，编辑引脚属性后的图形如图 13-29 所示。

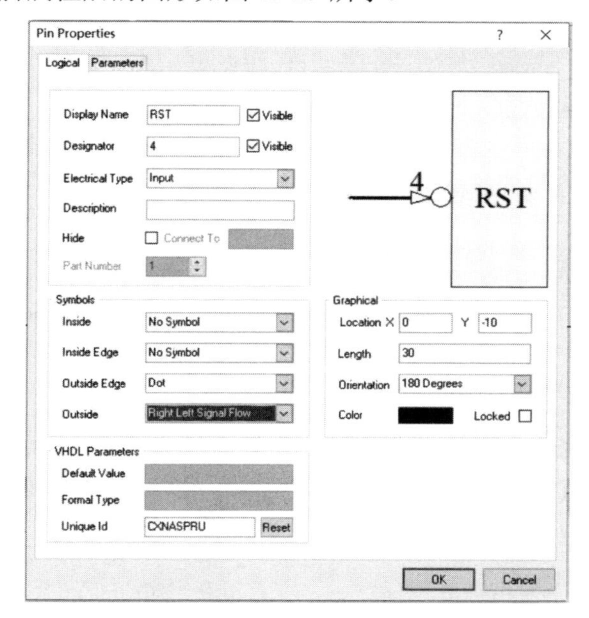

图 13-28　编辑后引脚属性对话框

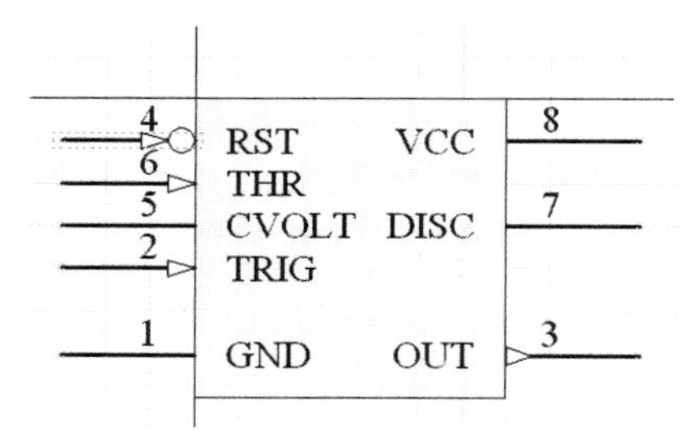

图 13-29　编辑引脚属性后的图形

5．命名新建元件

执行菜单命令【Tools】/【Rename Component】，打开元件命名对话框，如图 13-30 所示。将新建元件名称改为“GU555”，执行菜单命令【File】/【Save】，将新建元件 GU555 定时器保存到当前元件库“Schlib1.SchLib”中。

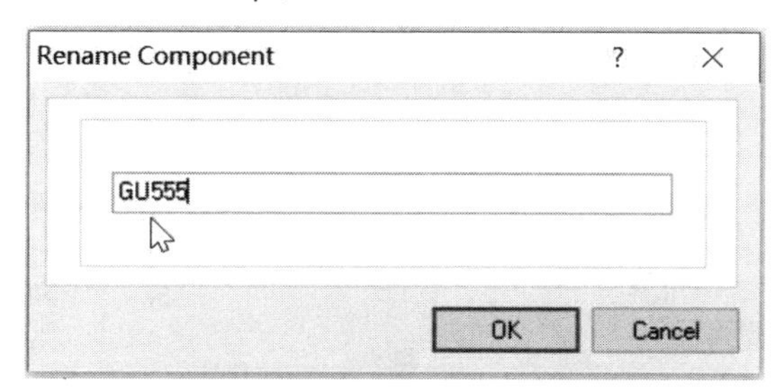

图 13-30　元件命名对话框

6．添加封装

执行菜单命令【Tools】/【Component Properties】，弹出库元件 GU555 属性对话框，如

图 13-31 所示。

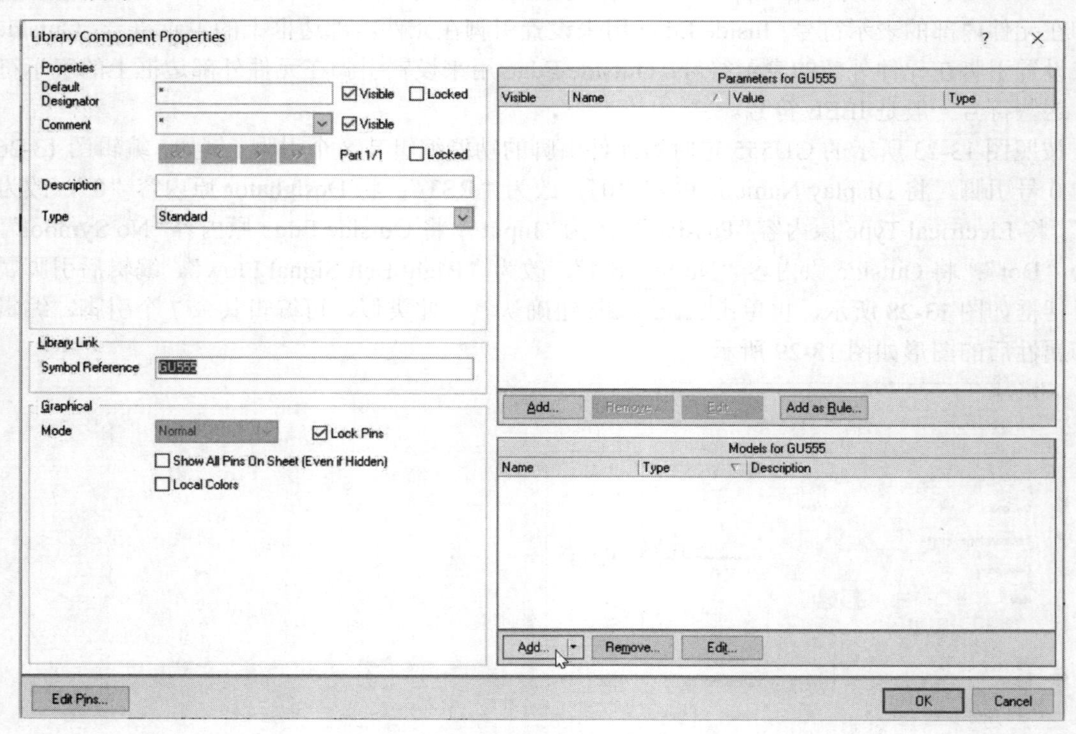

图 13-31　库元件 GU555 属性对话框

单击"Models for GU555"分组框下的 Add... 按钮，弹出添加新模式对话框，如图 13-32 所示。其中有 4 种模式：PCB 封装（Footprint）、仿真、3D 模型和信号完整性。在此只介绍 PCB 封装，其他模式在后面介绍。单击 OK 按钮，弹出 PCB 封装对话框，如图 13-33 所示。

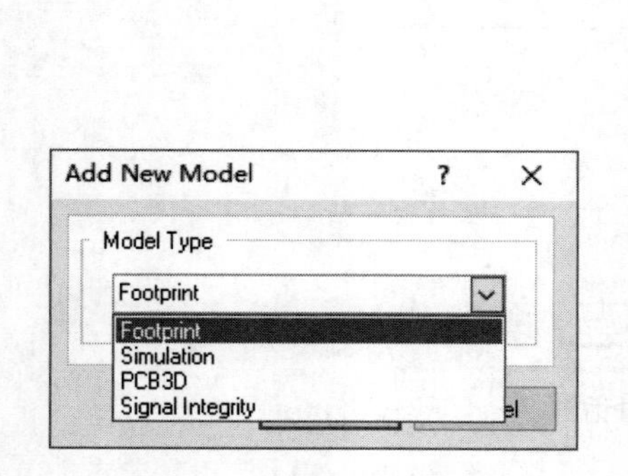

图 13-32　添加新模式对话框

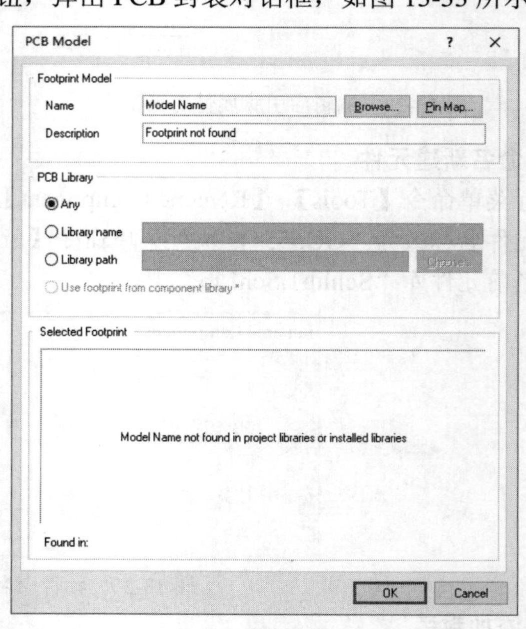

图 13-33　PCB 封装对话框

单击[Browse...]按钮，再选中 DIP8，弹出 PCB 封装库对话框，如图 13-34 所示。单击[OK]按钮，即可给 GU555 元件添加上封装。

注意：若图 13-34 中为空白，原因是当前库中没有封装库。利用库文件搜索，装载相应的封装库。

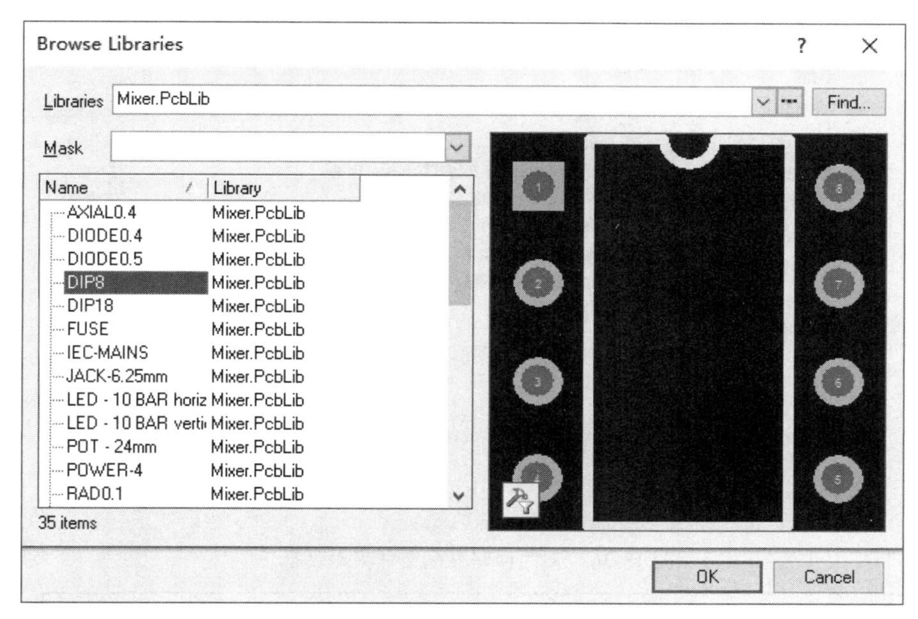

图 13-34　PCB 封装库对话框

7. 引脚的集成编辑

单击图 13-31 左下角的[Edit Pins...]按钮，弹出引脚编辑器，如图 13-35 所示，在此可以对引脚进行集中的或一次性的编辑。

Component Pin Editor

Designator	Name	Desc	DIP8	Type	Owner	Show	Number	Name
1	GND		1	Passive	1	✓	✓	✓
2	TRIG		2	Input	1	✓	✓	✓
3	OUT		3	Output	1	✓	✓	✓
4	RST		4	Input	1	✓	✓	✓
5	CVOLT		5	Power	1	✓	✓	✓
6	THR		6	Input	1	✓	✓	✓
7	DISC		7	Power	1	✓	✓	✓
8	VCC		8	Power	1	✓	✓	✓

Add...　Remove...　Edit...

OK　Cancel

图 13-35　引脚编辑器

13.4.4　新建元件库

在原理图元件库编辑器中，执行菜单命令【File】/【Save As...】，弹出文件存储目标文件夹对话框，在“文件名”框中输入“自建原理图元件库”，如图 13-36 所示。单击[保存(S)]按钮，如图 13-37 所示，生成新建元件库。

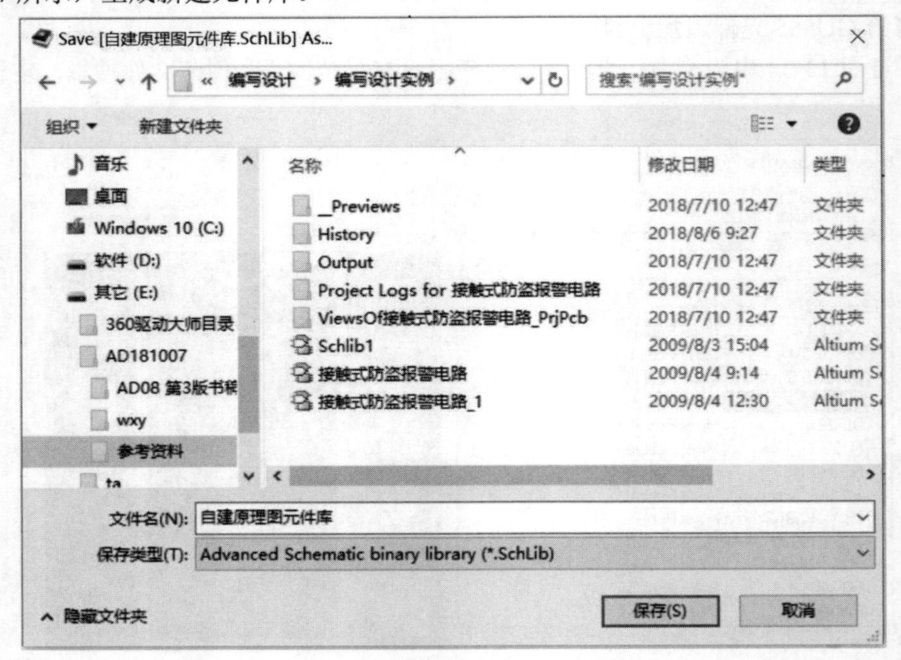

图 13-36　文件存储目标文件夹对话框

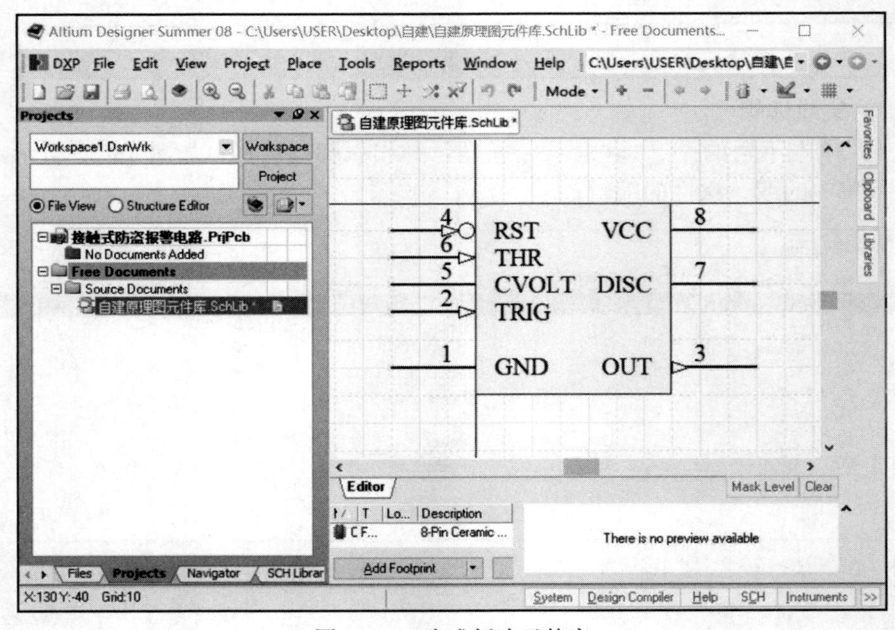

图 13-37　生成新建元件库

元件 GU555 就包含在自建原理图元件库.SchLib 中，如果调用 GU555 元件，只需将自建原理图元件库.SchLib 加载到系统中，取用 GU555 即可。

13.4.5　生成项目元件库

在绘制好原理图后，为了方便原理图元件的管理和编辑，应该生成项目元件库；若原理图中有自己新建的原理图元件符号，就更有必要生成该项目的元件库。下面以第 3 章的“接触式防盗报警电路”为例来说明建立项目库的步骤。

（1）打开原理图项目文件“接触式防盗报警电路.PrjPcb”，如图 13-38 所示。

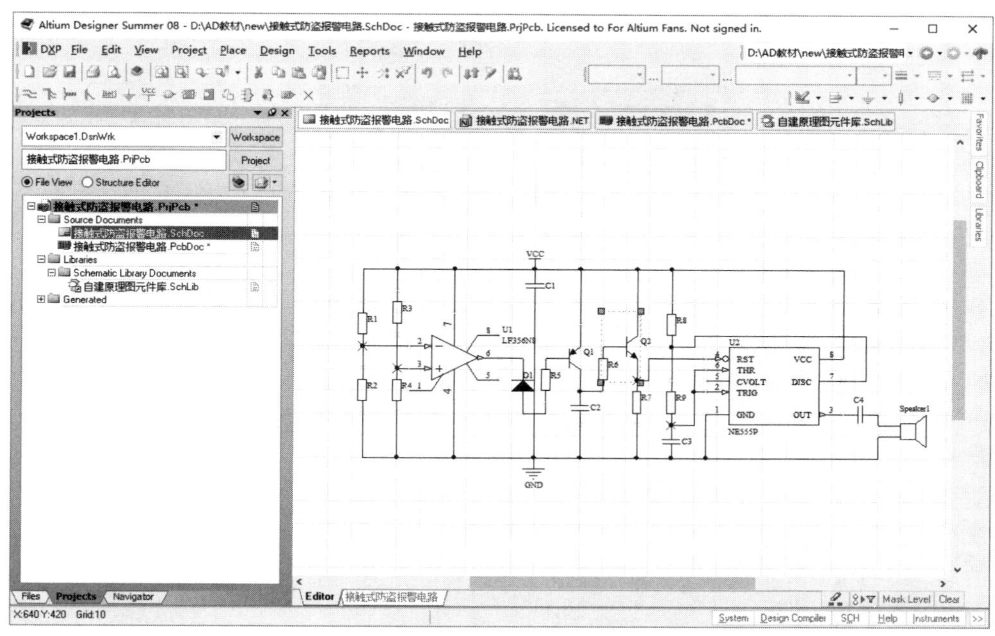

图 13-38　原理图项目文件——接触式防盗报警电路.PrjPcb

（2）执行菜单命令【Design】/【Make Schematic Library】，确认后系统即可生成与项目名称相同的元件库文件，并弹出原理图元件库编辑器，如图 13-39 所示。

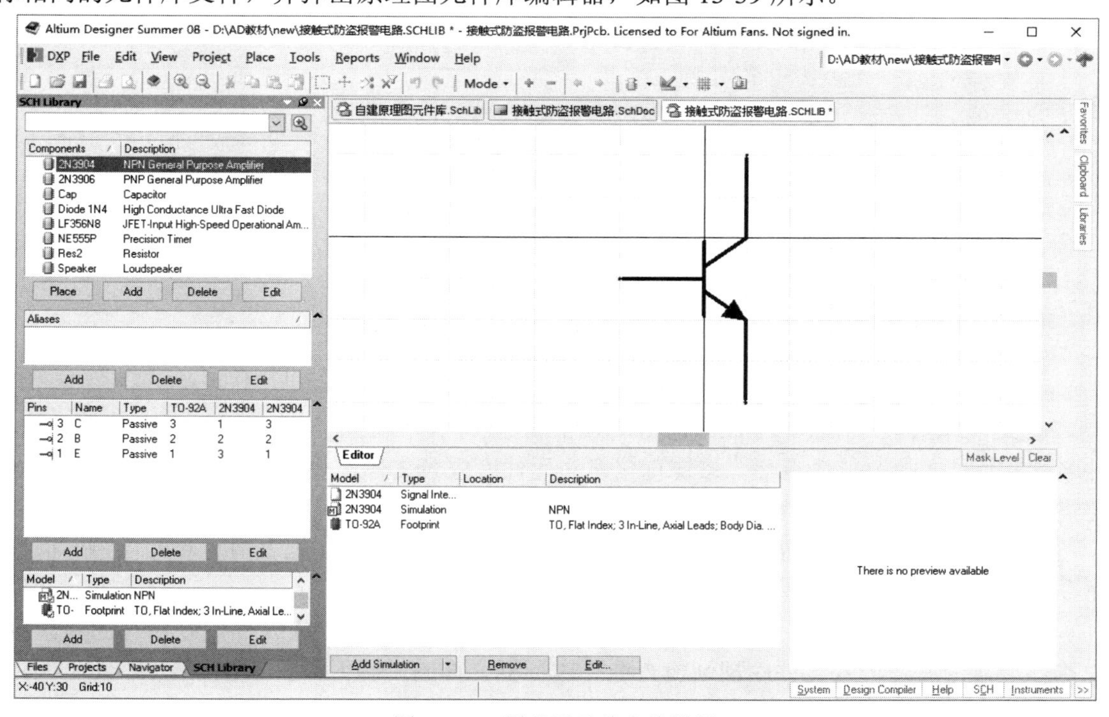

图 13-39　原理图元件库编辑器

13.4.6 生成元件报表

在原理图元件库编辑器编辑环境中，可以生成3种报表：元件报表（Component Report）、元件库报表（Library Report）和元件规则检查报表（Component Rule Check Report），如图13-40所示。

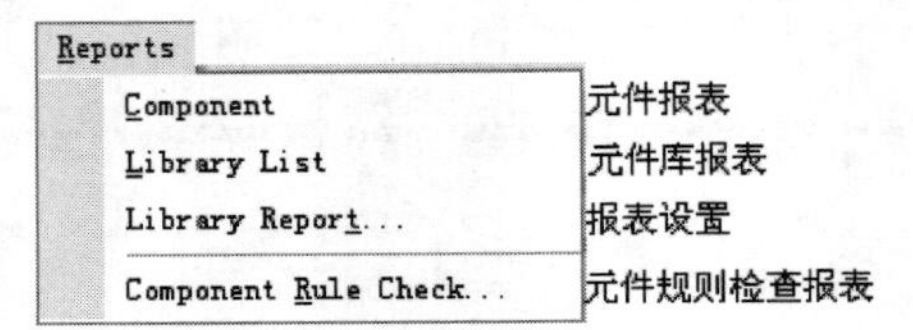

图13-40 元件库报表子菜单

（1）元件报表（Component）命令用来生成当前元件的报表文件，执行该命令后，系统直接建立元件报表文件，并成为当前文件。报表中显示元件的相关参数，如元件名称、组件等信息。例如，LF356N的元件报表如图13-41所示。

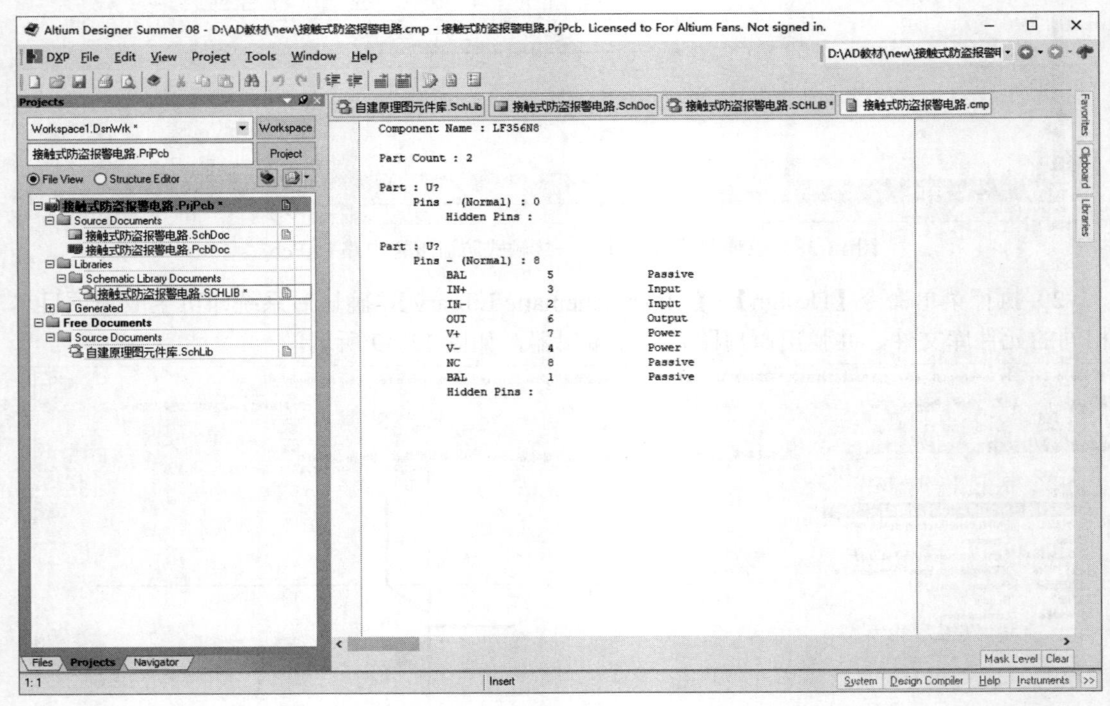

图13-41 元件LF356N报表

（2）元件库报表（Library List）命令用来生成当前元件库的报表文件，内容有元件总数、元件名称和描述。执行该命令后，系统直接建立元件库报表文件，并成为当前文件。以“接触式防盗报警电路”项目库为例，其元件库报表如图13-42所示。

（3）报表设置（Library Report...）命令用来设置报表存储路径、报表内容和颜色等。执行该命令后，可在其对话框中操作，如图13-43所示。

（4）元件规则检查报表（Component Rule Check...）命令用来生成元件规则检查的错误报表，执行该命令后，进入元件库规则检查选择对话框，如图13-44所示。

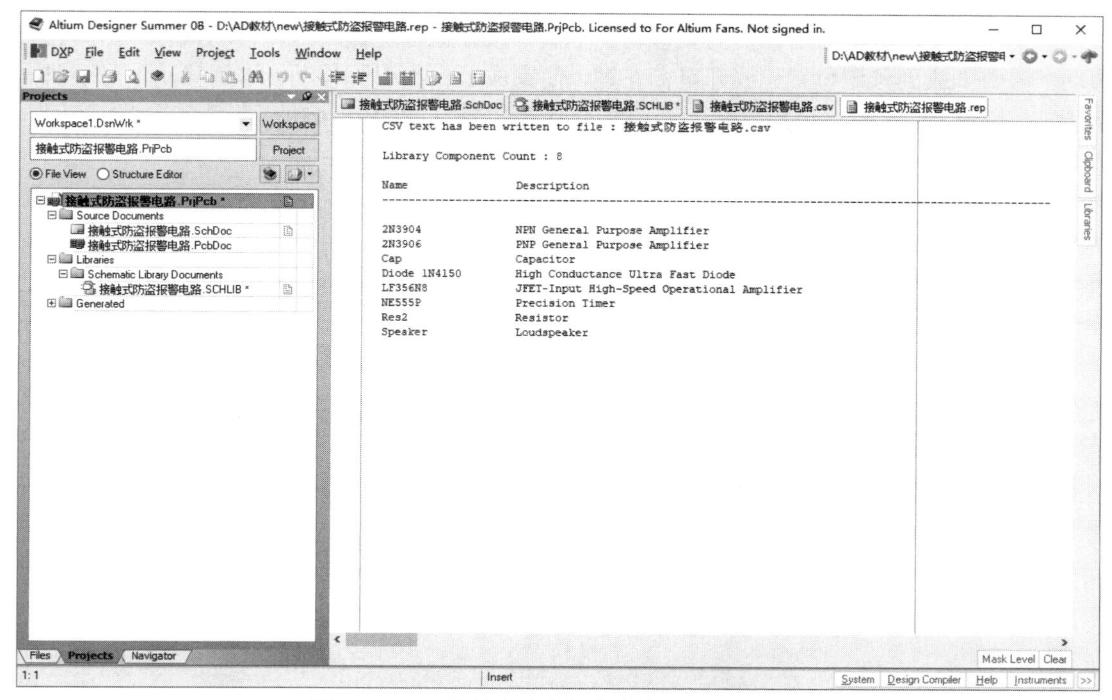

图 13-42 “接触式防盗报警电路”元件库报表

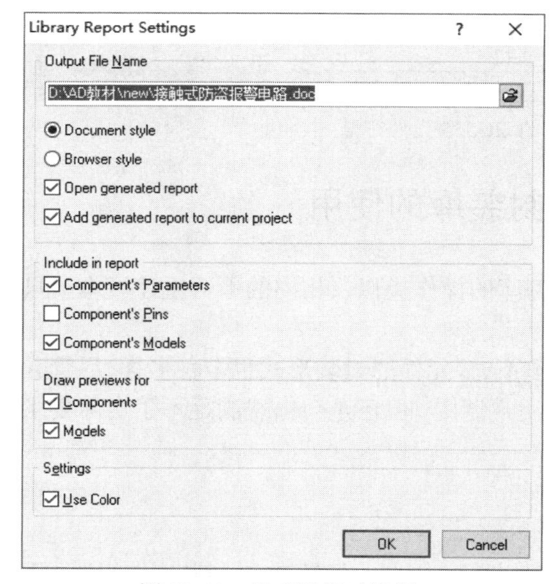

图 13-43 报表设置对话框

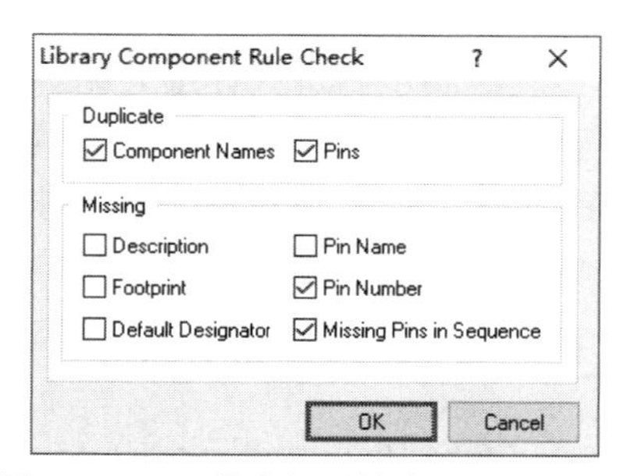

图 13-44 元件库规则检查选择对话框

选择不同的检查选项，将输出不同的检查报表。

13.4.7 修订原理图符号

所谓的修订原理图符号就是调整元件符号的引脚的位置。

电子工程技术人员在绘制电路图时，为恰当地表达设计思想，增强图纸的可读性，同时使绘制出的电路紧凑而不凌乱，常常需要调整原理图元件库中元件符号的引脚的位置。

在图 13-37 中，用鼠标指针指向要移动的引脚，按住鼠标左键不放，移动鼠标，引脚也随着移动，将引脚放到预定位置，放开鼠标左键，便完成了一次引脚移动。本例移动 1 号引脚和 8 号引脚，与图 13-37 相比可以看出，两引脚交换了位置，如图 13-45 所示。

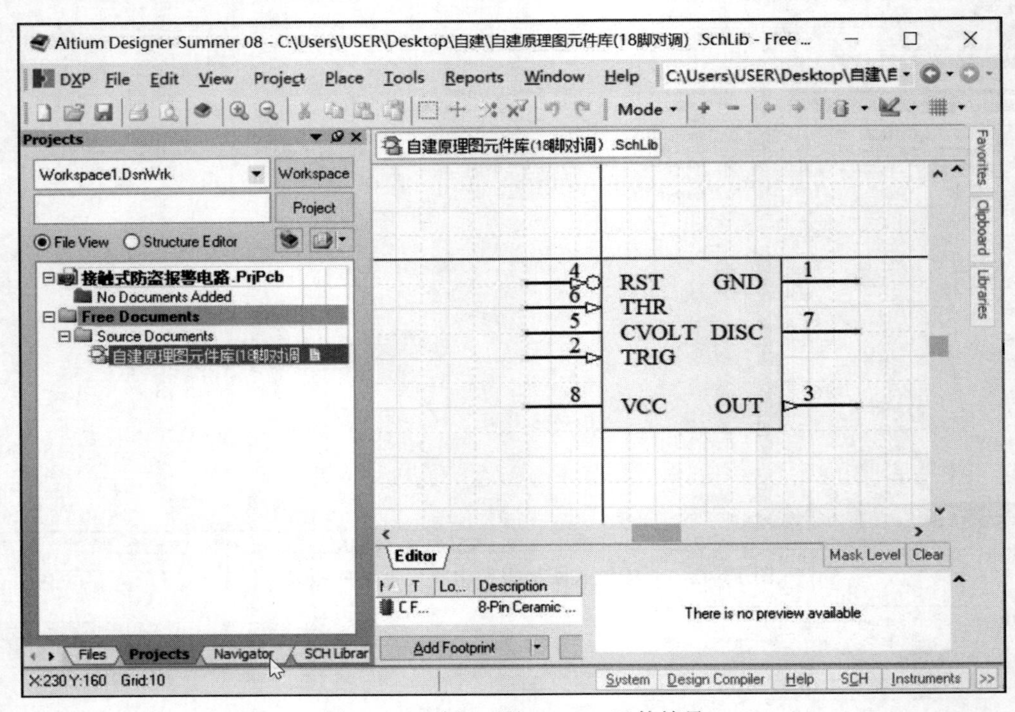

图 13-45　修订后的 GU555 元件符号

13.5　PCB 封装库的使用

使用 PCB 封装库的方法与使用原理图元件库的操作类似，相同的不再重述。本节只对元件 PCB 封装绘制步骤进行详细介绍。

随着电子工业的飞速发展，新型的元件层出不穷，元件的封装形式也多种多样，尽管 Altium Designer 系统已提供了数百个 PCB 封装库供用户调用，但还是会出现满足不了实际要求的情况。下面结合实例讲解元件封装的自制过程。

13.5.1　PCB 封装库编辑器

元件封装的制作一般在 PCB 封装库编辑器中进行。因此，了解 PCB 封装库编辑器的界面，熟悉 PCB 封装库编辑器如何启动和掌握 PCB 封装库编辑器中的各种工具的使用是必要的。

PCB 封装库编辑器启动的方法有两种，按照使用目的不同来选择不同的启动方法。

1．创建一个新的 PCB 封装库文件

执行菜单命令【File】/【New】/【Library】/【PCB Library】，新建默认文件名为“PcbLib1.PcbLib”保存封装库文件（保存文件时可以更改文件名和保存路径）保存为“自建封装库.PcbLib”，同时进入 PCB 封装库编辑器，如图 13-46 所示。

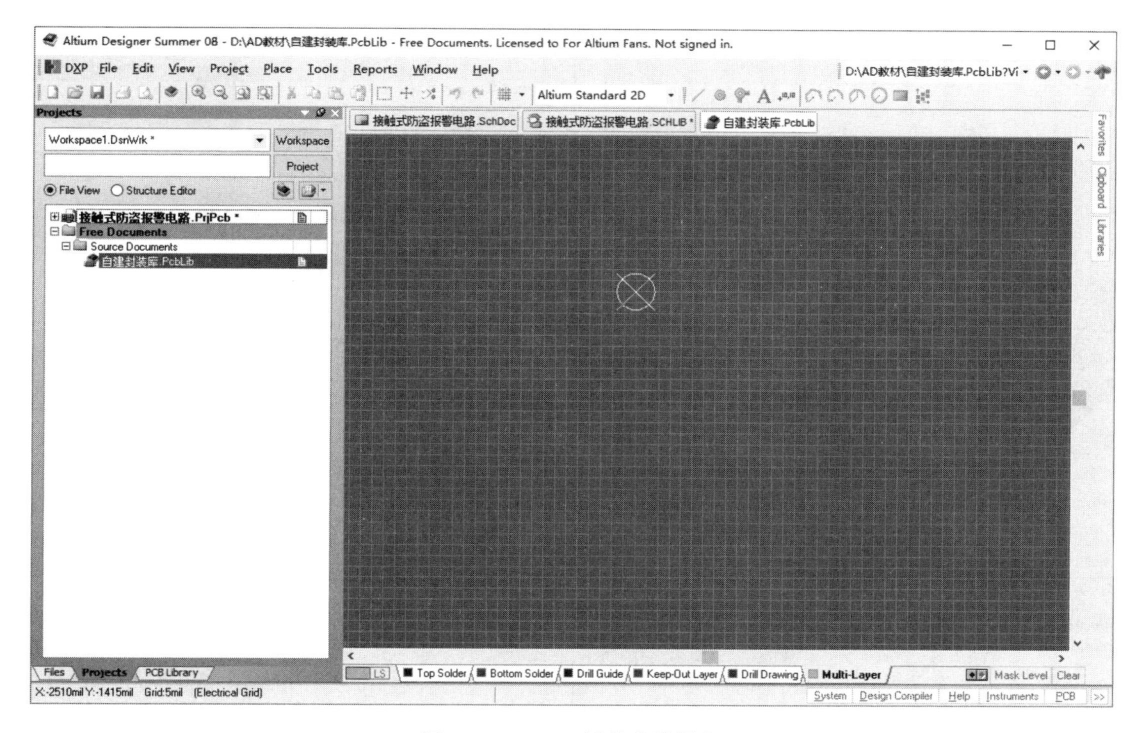

图 13-46　PCB 封装库编辑器

2．打开一个 PCB 封装库文件

执行菜单命令【File】/【Open】，进入选择打开文件对话框，如选择要打开的库文件名 Altium Designer Summer 08\Library\Pcb\Miscellaneous Devices PCB.PcbLib，单击 打开(O) 按钮，进入 PCB 封装库编辑器，同时编辑窗口显示库文件中的第 1 个元件封装。

13.5.2　利用向导制作分立元件封装

Altium Designer 系统提供了 PCB 元件封装生成向导（PCB Component Wizard），按照向导提示逐步设定各种规则，系统将自动生成元件封装，非常方便。

下面以制作一个电容封装为例，学习利用 PCB 元件封装生成向导制作新封装的方法。

（1）执行菜单命令【Tools】/【Component Wizard...】，启动 PCB 元件封装生成向导，如图 13-47 所示。

（2）单击 Next > 按钮，进入选择元件封装种类对话框，如图 13-48 所示。选择电容封装形式 Capacitors，单位选择 mil。

（3）单击 Next > 按钮，选择电容封装的类型，如图 13-49 所示。有两种类型可以选择：针脚式封装和表贴式封装，这里使用默认的针脚式封装形式。

（4）单击 Next > 按钮，设定焊盘尺寸，如图 13-50 所示。可编辑修改焊盘尺寸数据，添加新数据，单位可以不加，系统以图 13-48 中设置的单位为准。

（5）单击 Next > 按钮，设置焊盘间距，如图 13-51 所示。修改焊盘间距为 500mil。

（6）单击 Next > 按钮，选择电容的类型，如图 13-52 所示。选择电容为有极性的，外形为放射状。

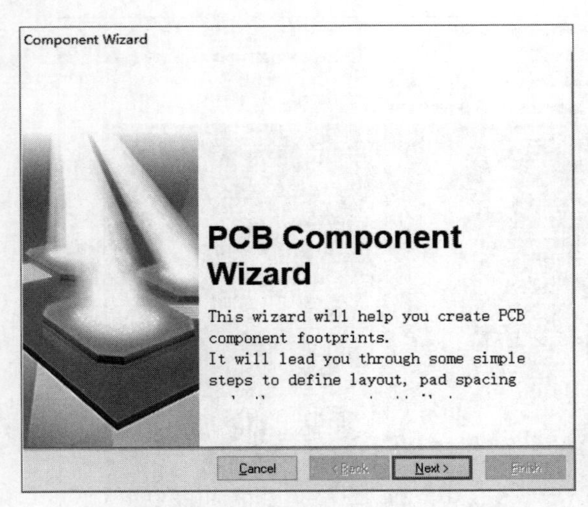

图 13-47　PCB 元件封装生成向导启动界面

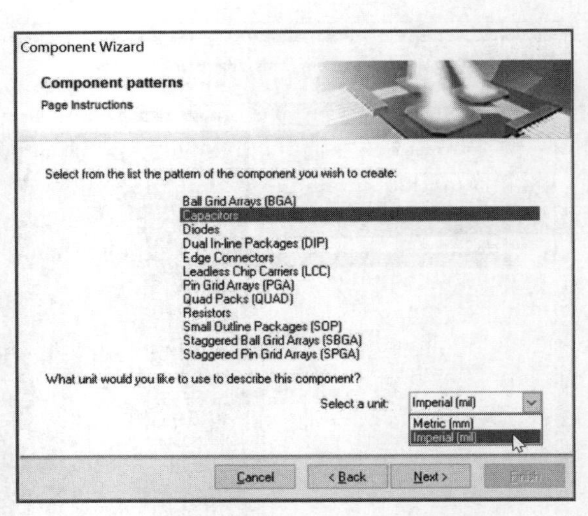

图 13-48　选择元件封装种类对话框

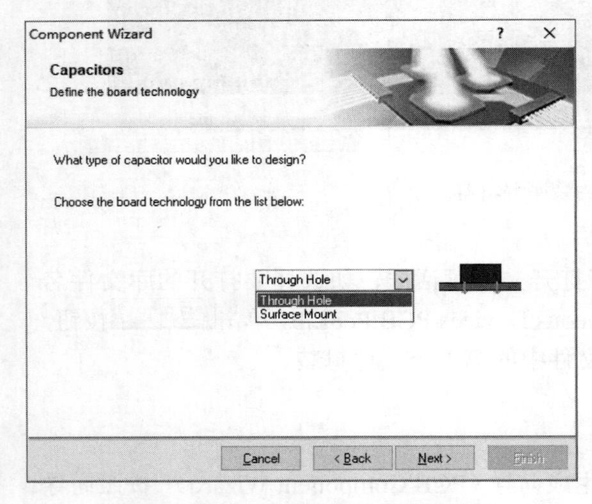

图 13-49　选择电容封装类型对话框

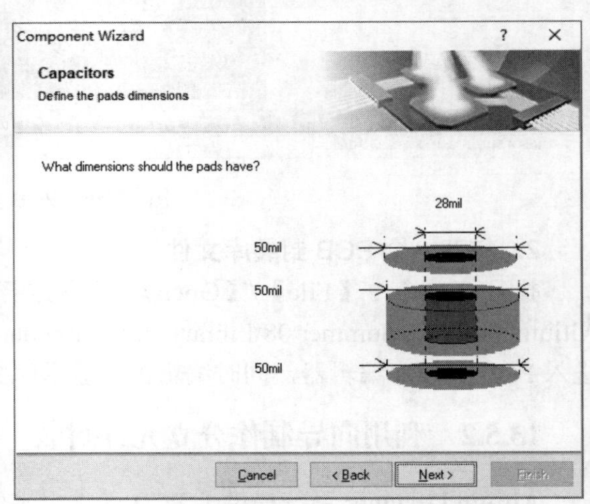

图 13-50　设置焊盘尺寸对话框

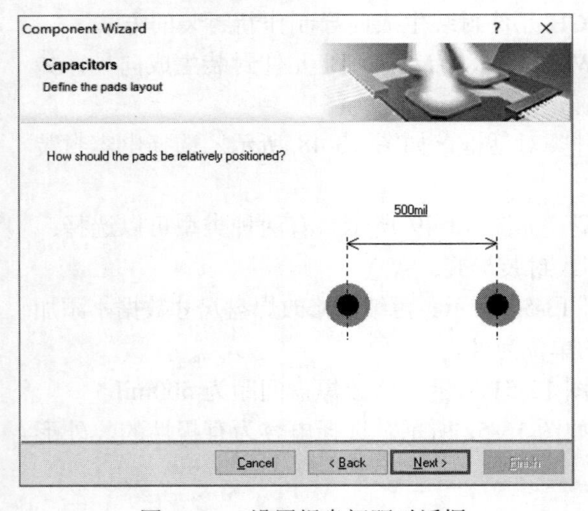

图 13-51　设置焊盘间距对话框

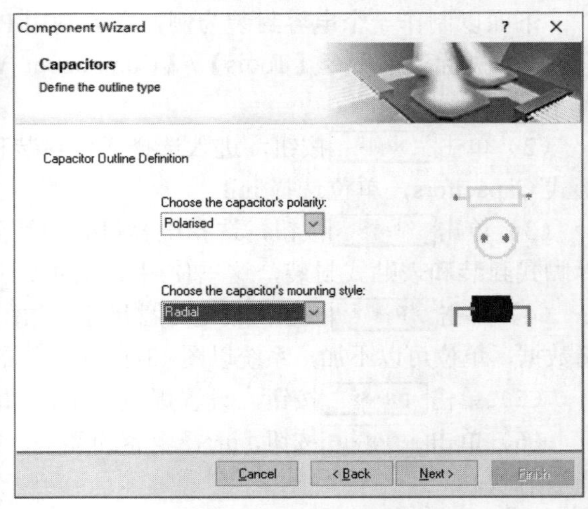

图 13-52　选择电容类型

（7）单击 Next > 按钮，进入轮廓外圆半径和丝印层线宽对话框，如图 13-53 所示。设置使用默认值。

（8）单击 Next > 按钮，设置封装的名称，如图 13-54 所示。

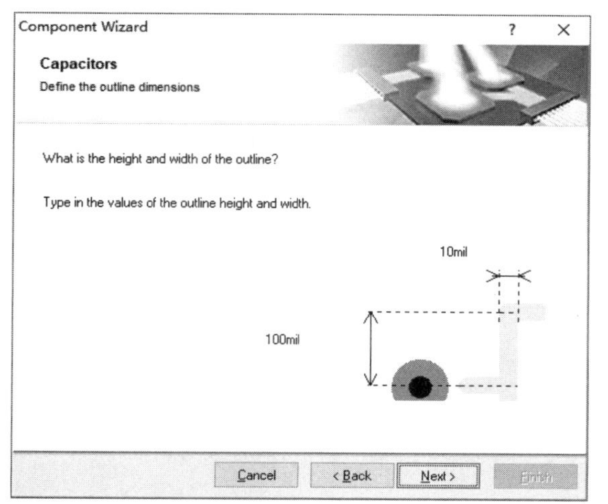

图 13-53　设置轮廓外圆半径和丝印层线宽对话框

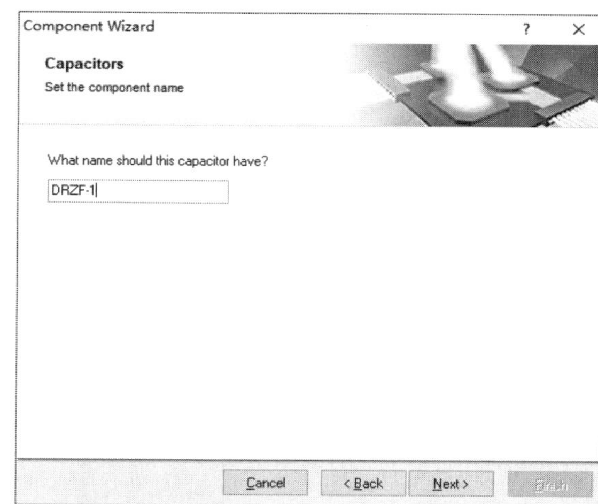

图 13-54　设置封装名称对话框

（9）单击 Next > 按钮进入结束界面，如图 13-55 所示，单击 Finish 按钮，完成电容封装的创建工作。

（10）结束创建工作后，在编辑窗口中出现刚创建的封装，如图 13-56 所示。

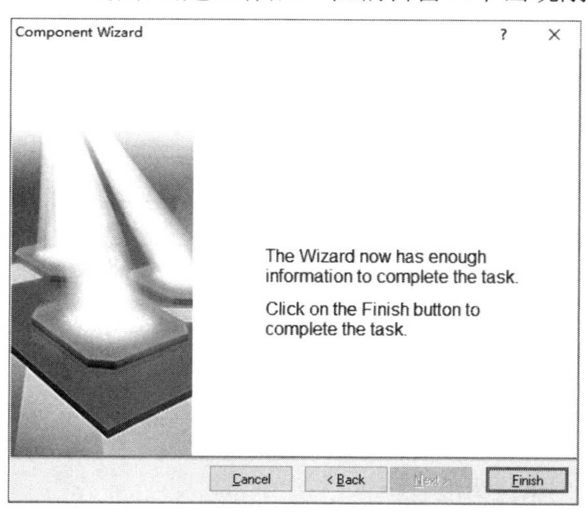

图 13-55　结束界面

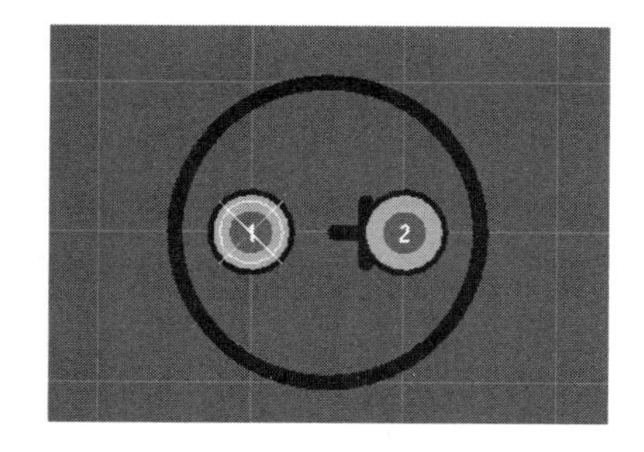

图 13-56　利用向导创建的电容封装

13.5.3　利用向导制作集成芯片元件封装

下面以制作一个 40 引脚集成芯片封装为例，学习利用 PCB 元件封装生成向导制作新封装的方法。

（1）进入 PCB 封装库编辑器，执行菜单命令【Tools】/【Component Wizard...】，启动 PCB 元件封装生成向导，如图 13-57 所示。

（2）单击 Next > 按钮，进入选择元件封装种类对话框，如图 13-58 所示。选择芯片封装形式“Dual In-line Packages(DIP)”，单位选择“Imperial(mil)”。PCB 元件封装种类列表见表 13-1。

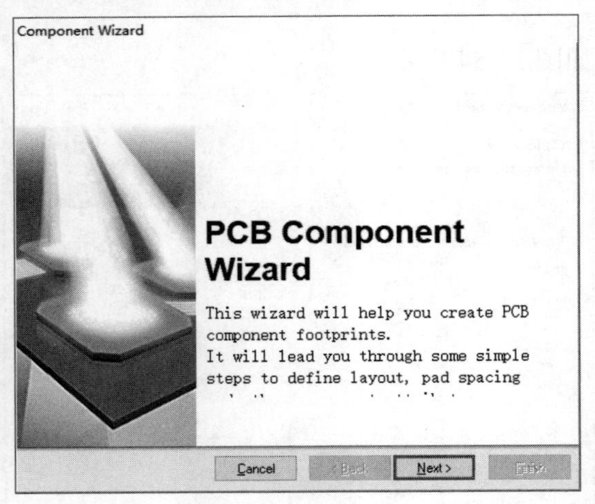

图 13-57　PCB 元件封装生成向导启动界面

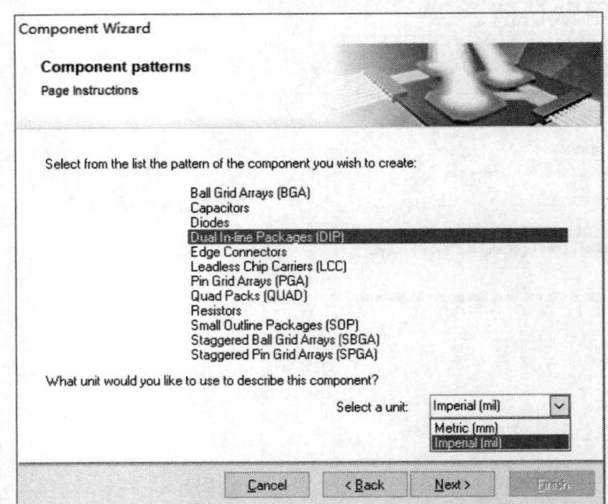

图 13-58　选择元件封装种类对话框

表 13-1　PCB 元件封装种类列表

英文名称	中文名称
Ball Grid Arrays（BGA）	球栅阵列封装
Capacitors	电容器
Diodes	二极管
Dual In-line Packages(DIP)	双列直插式封装
Edge Connectors	边缘连接器
Leadless Chip Carriers(LCC)	无引线芯片封装
Pin Grid Arrays(PGA)	插针网格阵列封装
Quad Packs(QUAD)	四边形封装
Resistors	电阻器
Small Outline Packages(SOP)	小引脚外形封装
Staggered Ball Grid Arrays(SBGA)	交错的球栅阵列封装
Staggered Pin Grid Arrays(SPGA)	交错的插针网格阵列封装

（3）单击 Next > 按钮，设定焊盘尺寸，如图 13-59 所示。可编辑修改焊盘尺寸数据，添加新数据，单位可以不加，系统以图 13-58 中设置的单位为准。

（4）单击 Next > 按钮，设置焊盘间距，如图 13-60 所示。修改两引脚间距为 100mil，两列引脚间距为 600mil。

（5）单击 Next > 按钮，进入轮廓外圆半径和丝印层线宽对话框，如图 13-61 所示。设置使用默认值。

（6）单击 Next > 按钮，进入设置焊盘数量对话框，如图 13-62 所示。设置数量为 40。

（7）单击 Next > 按钮，设置封装的名称，如图 13-63 所示。

（8）单击 Next > 按钮进入结束界面，如图 13-64 所示，单击 Finish 按钮，完成 40 引脚集成芯片封装的创建工作。

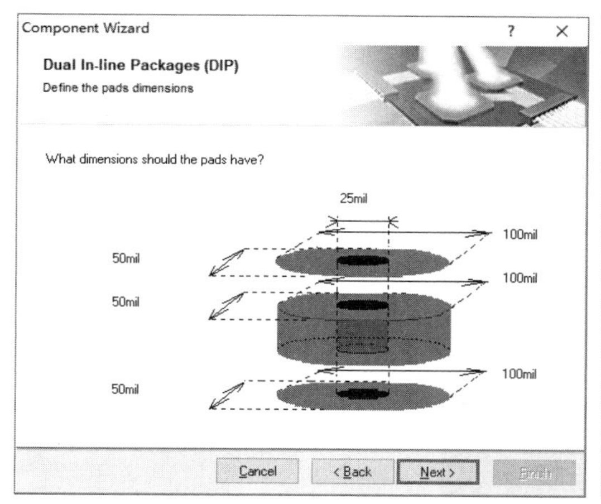

图 13-59　设置焊盘尺寸对话框

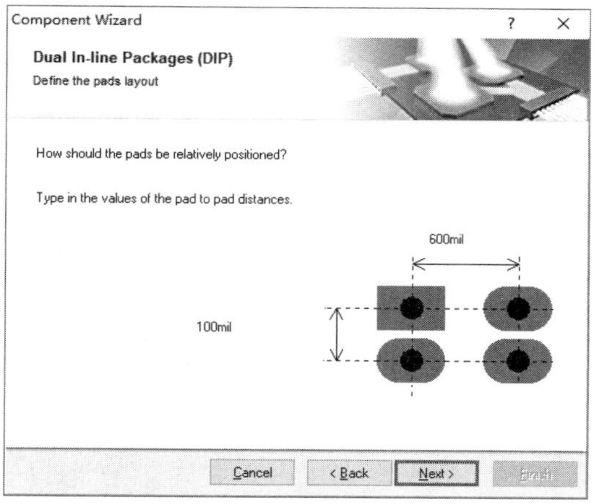

图 13-60　焊盘间距设置对话框

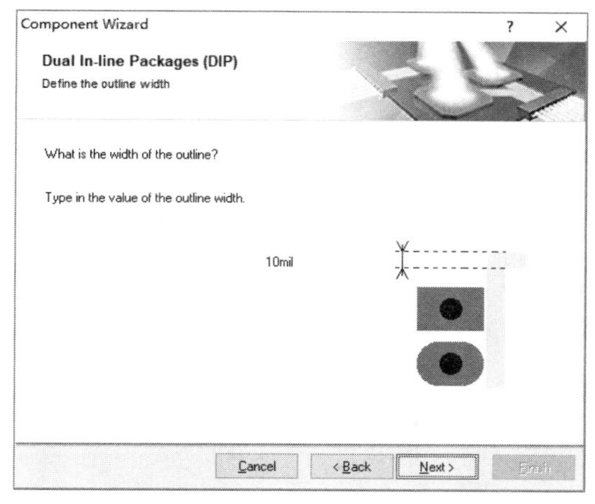

图 13-61　设置轮廓外圆半径和丝印层线宽对话框

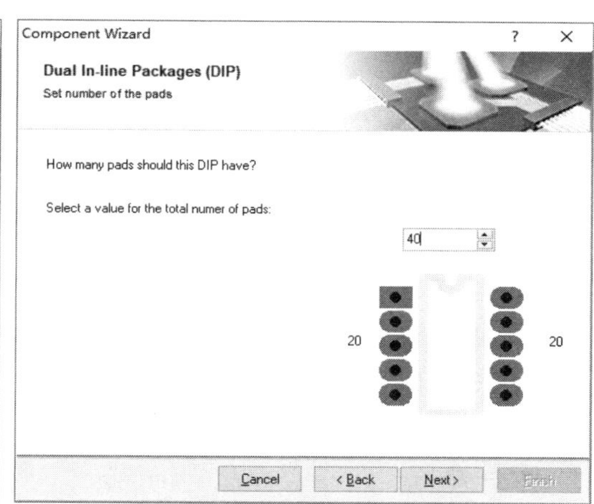

图 13-62　设置焊盘数量对话框

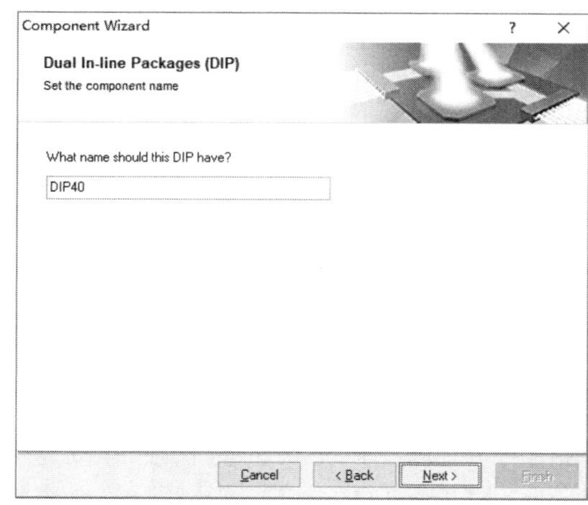

图 13-63　设置封装名称对话框

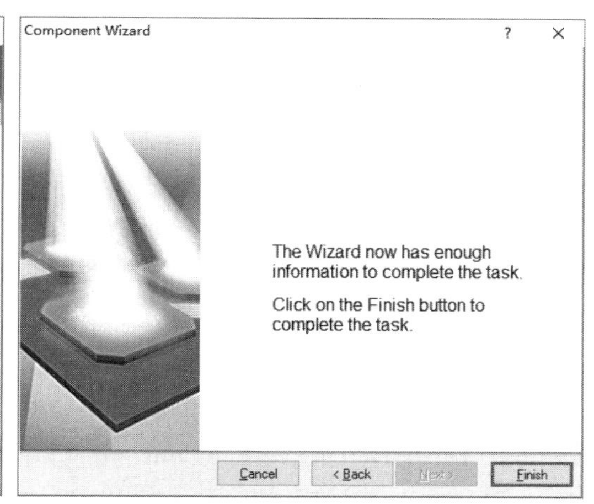

图 13-64　结束界面

（9）结束创建工作后，在编辑窗口中出现刚创建的封装，如图 13-65 所示。

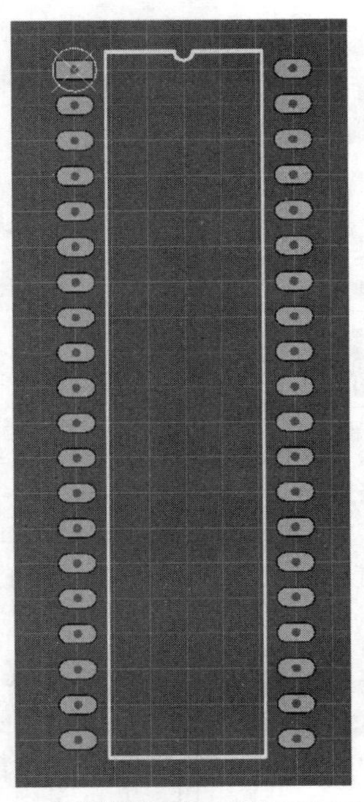

图 13-65　利用向导创建的 40DIP 封装

13.5.4　自定义制作 PCB 封装

也可以不利用 PCB 元件封装生成向导来制作新封装，用户可以按着自己的意愿来制作元件的封装，即所谓的自定义制作 PCB 封装。

下面仍以制作一个电容封装为例，学习其制作封装的方法。

1．元件命名

（1）打开在 13.5.1 节建立的"自建封装库.PcbLib"文件。

（2）单击 PCB 封装库编辑器右下角的 PCB 标签 PCB ，单击其中的 PCB Library 按钮，打开 PCB 库面板，会发现在文件（Components）中有一个默认的封装"PCBCOMPONENT_1"，如图 13-66 所示。

（3）将鼠标指针指向 PCB 库面板中的元件名称并右击，选择子菜单中的元件属性命令【Component Properties…】，弹出元件属性设置对话框，如图 13-67 所示。也可以执行菜单命令【Tools】/【Component Properties…】或在 PCB 库面板中双击元件名称"PCBCOMPONENT_1"，均可打开元件属性设置对话框。

（4）在名称（Name）文本框中输入"DRFZ-2"，如图 13-67 所示，创建一个外径为 5.08mm、引脚间距为 2.54mm 的电解电容封装，单击 OK 按钮确定。

2．确定长度单位

Altium Designer 系统只有 mil 和 mm 这两种单位，系统默认的长度单位是 mil（100mil=2.54mm）。切换方法是执行菜单命令【View】/【Toggle Units】，每执行一次命令将切换一次，在 PCB 封装库编辑器下方的状态信息栏中有显示。100mil 是 DIP 封装标准的最小焊盘间距，在创建元件封装时，也应该遵循这一原则，以便与通用的封装符号统一，这样有利于在制作 PCB 时的元件布局和布线。本例使用系统默认的长度单位。

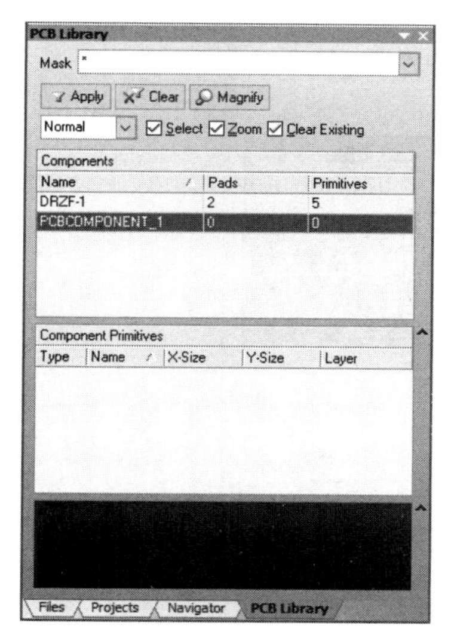

图 13-66　PCB 库面板

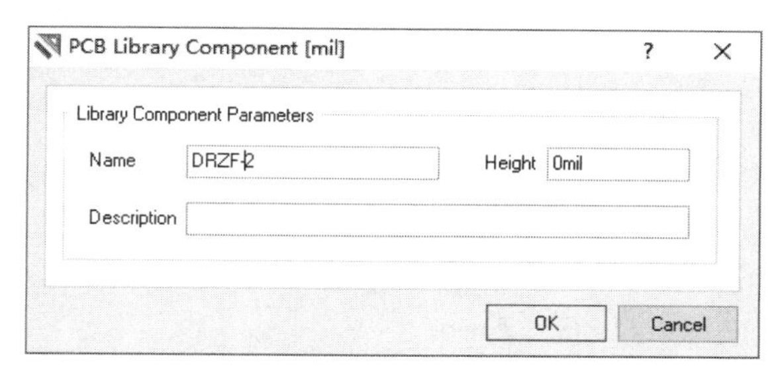

图 13-67　元件属性设置对话框

单位切换快捷键是“Q”。可以在原理图编辑窗口、PCB 编辑窗口、原理图元件库编辑窗口和 PCB 封装库编辑窗口下直接按字母键“Q”切换单位。注意：按字母键“Q”时，不能有任何弹出式窗口。

3．设置环境参数

执行菜单命令【Tools】/【Library Options...】，进入环境参数设置对话框，如图 13-68 所示，按图中所示设置各个参数。主要参数是元件栅格和捕获栅格，应小于等于元件中图件间的最小间距。

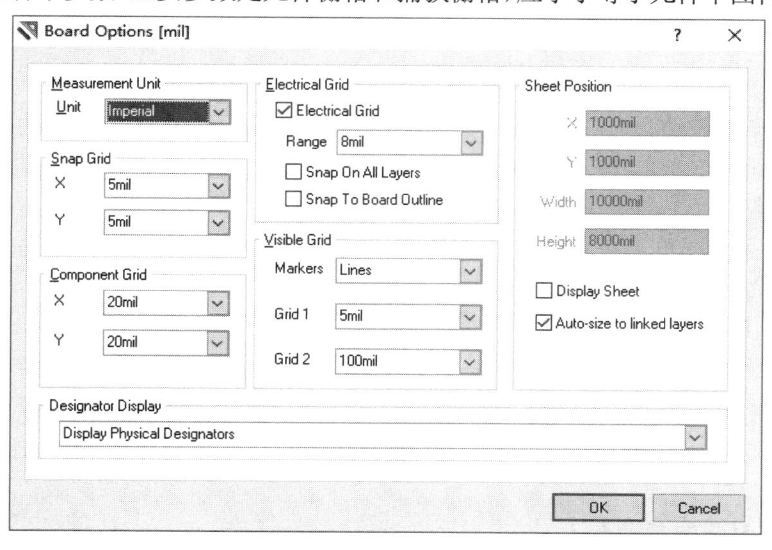

图 13-68　环境参数设置对话框

4．放置焊盘

（1）完成参数设置后，开始绘制元件封装，将 Multi-Layer 层置为当前层。

（2）执行菜单命令【Place】/【Pad】或单击“PcbLib Placement tools”元件库房放置工具栏中的按钮，出现十字光标并带有焊盘符号，进入放置焊盘状态。按 Tab 键，进入焊盘属性设置对话框，如图 13-69 所示，按图中所示设置有关参数。主要参数是焊盘标识（编号）和形状，通常 1 号焊盘设置为方形。

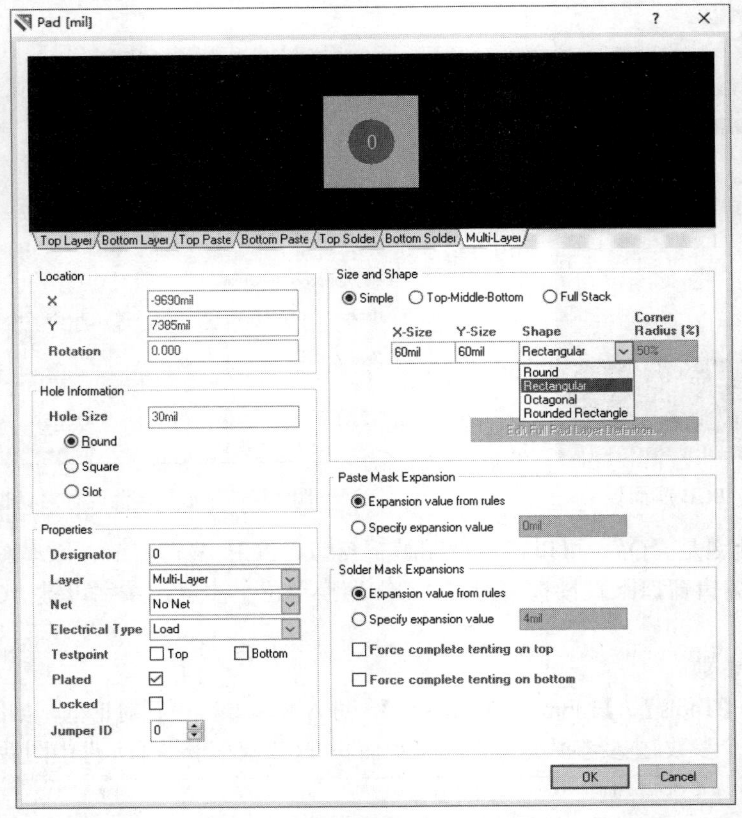

图 13-69　焊盘属性设置对话框

（3）单击 OK 按钮，十字光标上浮动的焊盘变为方形。顺序按键盘上的 E、J、R 这 3 个键，相当于执行菜单命令【Edit】、【Jump】、【Reference】，即光标跳转到基准参考点（坐标（0，0））处，单击放置 1 号焊盘。

（4）接着在坐标（100，0）处放置 2 号焊盘（将焊盘形状调整为圆形），右击退出。

5．绘制外形轮廓

（1）将顶层丝印层（Top Overlay）置为当前层。

（2）执行菜单命令【Place】/【Full Circle】或单击“PcbLib Placement tools”元件库放置工具栏中的按钮，出现十字光标并带有圆形符号，进入放置圆形状态。在坐标（50，0）处单击确定圆形中心，移动光标到坐标（150，0）处单击，完成电容外形轮廓的绘制，如图 13-70 所示，右击退出。

6．设置元件封装的参考点

每个元件封装都应有一个参考点。单击菜单命令【Edit】/【Set Reference】，在其子菜单（见图 13-71）中单击“Pin 1”，确定 1 号焊盘为参考点。

7．放置电容极性标识

（1）将顶层丝印层（Top Overlay）置为当前层。

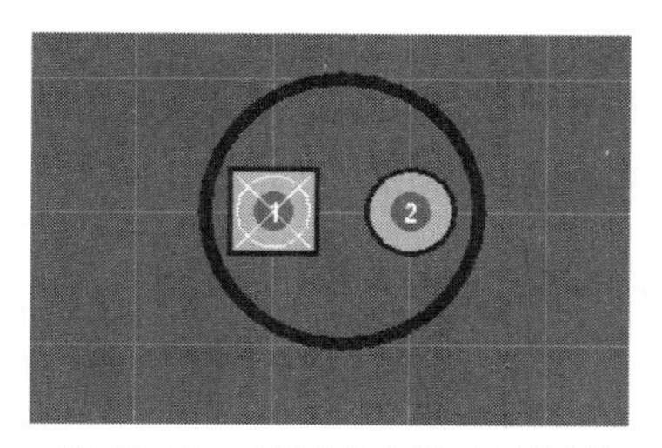

图 13-70　绘制完成的电容封装

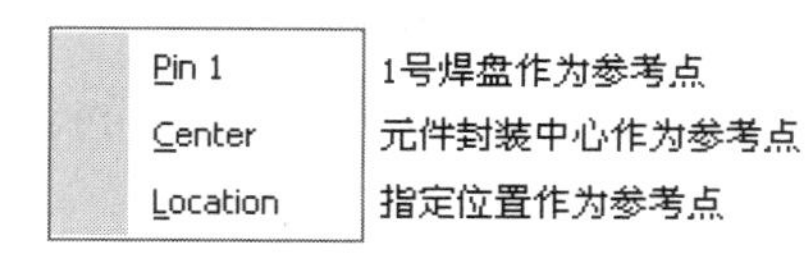

图 13-71　确定参考点子菜单

（2）执行菜单命令【Place】/【String】或单击“PcbLib Placement tools”元件库放置工具栏中的A按钮，出现十字光标并带有默认字符串“String”，进入放置字符串状态。

（3）按Tab键，进入字符串属性设置对话框，如图 13-72 所示。在 Text 文本框中输入“+”号，放置层（Layer）选择“Top Overlay”。

（4）单击OK按钮，浮动字符串变为“+”，移动光标到 1 号焊盘附近单击放置。如果位置不合适，则可以将栅格调整小后再拖动字符串到合适的位置。

8．保存封装

执行菜单命令【File】/【Save】或单击工具栏中的按钮，保存创建好的封装。最终完成的封装如图 13-73 所示。

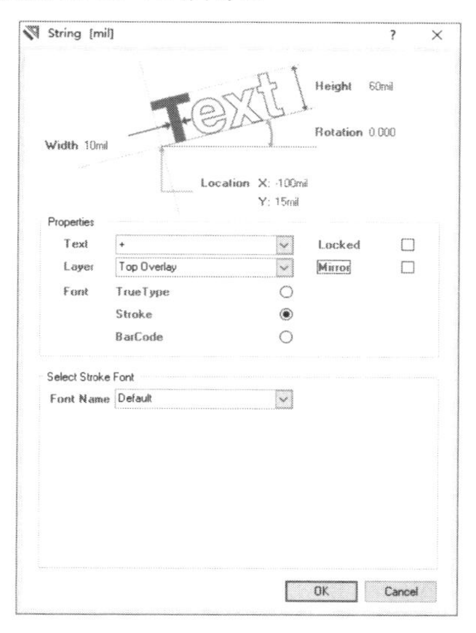

图 13-72　字符串属性设置对话框

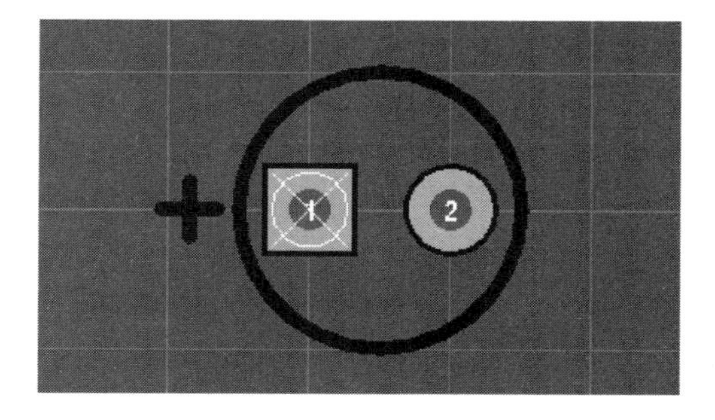

图 13-73　创建好的电容封装

需要注意的是，创建的封装中的焊盘名称一定要与其对应的原理图元件引脚名称一致，否则封装将无法使用。如果两者不符，就双击焊盘进入焊盘属性设置对话框（见图 13-69）修改焊盘名称。在用向导生成的电容封装中，将“+”号放置在 2 号焊盘附近，而原理图元件中 1 号引脚通常是有极性电容的“+”端，且 1 号焊盘通常是方形的，所以需要对其进行修改。

13.6　集成库的创建

在集成库文件夹中，包含原理图元件库文件、PCB 封装库文件、仿真等模型数据文件和信号完整性分析模型文件，本节介绍基本集成库的创建方法。

13.6.1 新集成库的创建

（1）执行菜单命令【File】/【New】/【Project】/【Integrated Library】，弹出无名集成库项目面板，如图 13-74 所示。

（2）执行菜单命令【File】/【Save Project As…】，保存集成库项目文件为“自建集成库.LibPkg”，如图 13-75 所示。

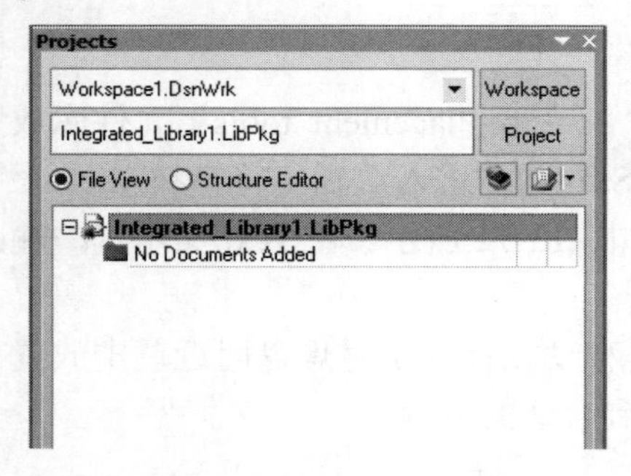

图 13-74 无名集成库项目面板

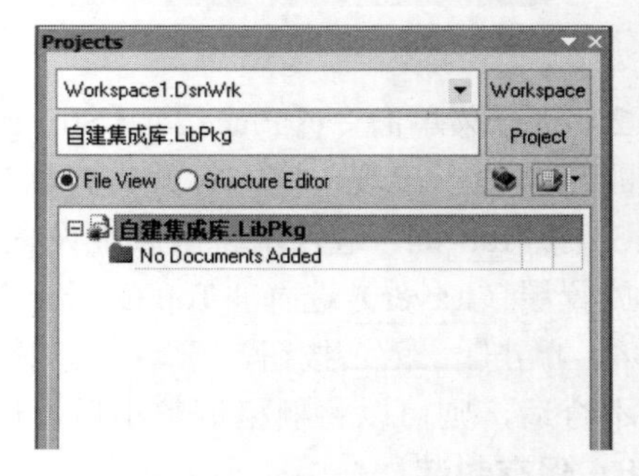

图 13-75 自建集成库.LibPkg 项目面板

13.6.2 集成库源文件的链接

（1）新建文件链接：执行菜单命令【File】/【New】/【Library】/【Schematic Library】，将源库加载到打开的原理图编辑器对话框，同时建立新文档“Schlib1”；执行菜单命令【File】/【Save As…】，弹出添加文件对话框，可见新文档改名为“自建原理图元件库”，单击 保存(S) 按钮，结果如图 13-76 所示。

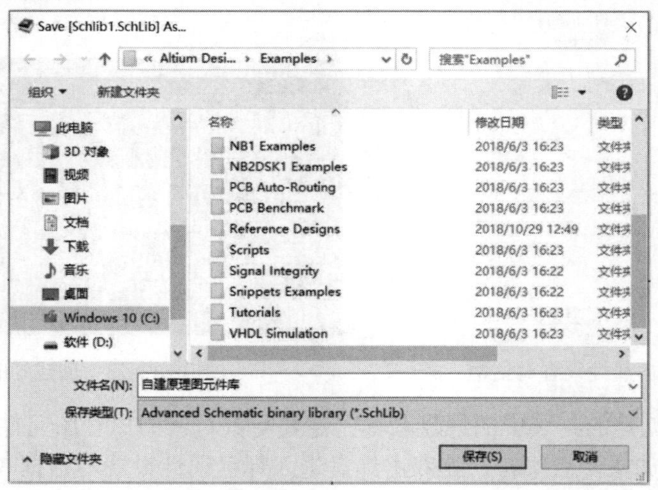

图 13-76 添加“自建原理图元件库”文件对话框

（2）原有文件链接：执行菜单命令【Project】/【Add Existing to Project】，将源库加载到集成库中，打开添加文件对话框，如图 13-77 所示。

选择“自建原理图元件库.SchLib”，单击 打开(O) 按钮，将这个库作为源库添加到项目面板的源库列表中，如图 13-78 所示。

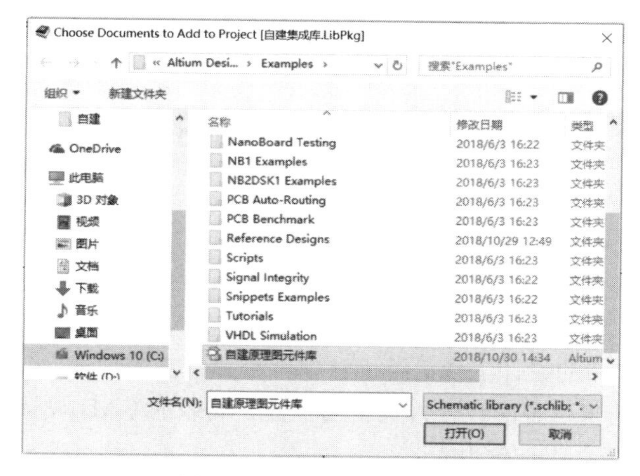

图 13-77 添加文件对话框

选择添加到集成库中的原理图元件库、PCB 封装库或 SPICE 模型的方法类同，不再赘述。本例中若再将“自建封装库.PcbLib”链接到“自建集成库.LibPkg”中，方法与链接“自建原理图元件库.SchLib”类似，结果如图 13-79 所示。

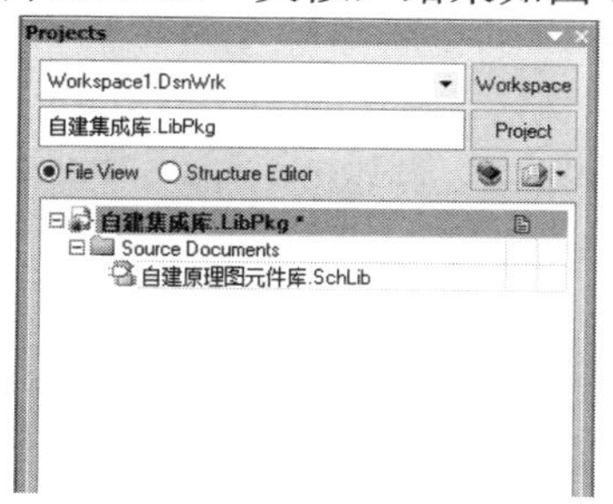

图 13-78 “自建原理图元件库”的集成库链接

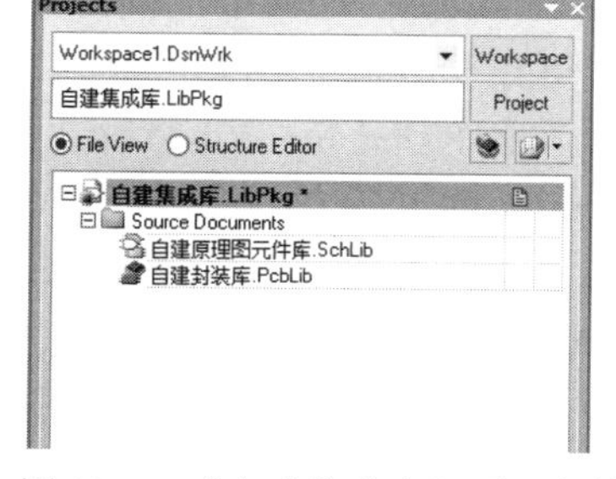

图 13-79 “自建集成库”项目文件

在原理图元件库编辑器创建元件时，Altium Designer 系统可以为元件添加封装、封装模型和仿真模型等，实际上已是创建一个集成元件了。

13.6.3 集成库的编译

执行菜单命令【Project】/【Compile Integrated Library】，将集成库中的源库和模型元件进行编译，编译过程中所有的错误和警告会出现在消息面板中，修正独立源库中的所有错误，然后再次编译集成库。

编译完成后，集成库即可出现在库面板中备用，集成库被自动加载到库面板的当前库列表中。

习 题 13

1. 启动原理图文件库编辑器的方法有哪些？
2. 原理图文件库编辑器的命令及应注意的功能有哪些？
3. 启动 PCB 封装库编辑器的方法有哪些？
4. PCB 封装库编辑器的命令及应注意的功能有哪些？
5. 采用原理图元件创建一个自己的集成库文件。

第 14 章　Altium Designer 的演变与发展

电路设计自动化 EDA（Electronic Design Automation）是指将电路设计中的各种工作交由计算机来协助完成，如电路原理图（Schematic）的绘制、印制电路板（PCB）的制作、执行电路仿真（Simulation）等设计工作。随着电子科技的蓬勃发展，新型元器件层出不穷，电子线路变得越来越复杂，电路的设计工作已经无法单纯依靠手工来完成，电子线路计算机辅助设计已经成为必然趋势，越来越多的设计人员使用快捷、高效的 CAD 设计软件来进行辅助电路原理图、PCB 的设计，并打印各种报表。

随着电子工业的飞速发展和计算机技术的广泛应用，促进了电子设计自动化技术的日新月异。特别是在 20 世纪 80 年代末期，由于计算机操作系统 Windows 的出现，引发了计算机辅助设计（Computer Aided Design，CAD）软件的一次大的变革，纷纷臣服于 Microsoft 的 Windows 风格。并随着 Windows 版本的不断更新，也相应地推出新的 CAD 软件产品。在电子 CAD 领域，Protel Technology（Altium 的前身）公司在 EDA 软件产品的推陈出新方面扮演了一个重要角色。1985 年开发了基于 DOS 版的 EDA 工具 Tango 系列软件，从 1991 年开始，先后推出的 EDA 软件版本有 Protel for Windows 1.0～1.5；基于 Windows 95 的 Protel 3.x 和 Protel 98；到 1999 年的 Protel 99 以及 Protel SE for Windows 98。2001 年 8 月 Protel Technology 公司正式更名为 Altium 公司，并在 2002 年推出一套全新的 Protel DXP for Windows XP/2000 设计软件平台，简称 Protel DXP；2004 年又推出了 Protel 2004 设计软件平台，简称 Protel 2004。

2006 年年初，Altium 公司推出了附有该公司名称的首个一体化电子产品开发系统 Altium Designer 6。这款软件除了全面继承和涵盖了 Protel 99 SE、Protel 2004 在内的之前一系列版本的功能和优点，还拓宽了板级设计的传统界面，全面集成了 FPGA 设计功能和 SOPC 设计实现功能，从而允许工程设计人员将系统设计中的 FPGA 与 PCB 设计及嵌入式设计集成在一起。此后，Altium 公司在 Altium Designer 6 版本基础上又做了较大的 6 次更新和改进，每一次版本的更名，不仅仅是结构的变化，而且是功能的完善。因此，在此期间，我国众多的电子产品设计工作者从中受益匪浅。

14.1　Altium Designer 08 的优点

2008 年夏，Altium 公司推出了 Altium Designer 08 EDA 设计软件，它是 Altium Designer 6 的升级版本，继承了 Altium Designer 6 的风格、特点，包括了其全部功能和优点，又拓展了 FPGA 设计等许多高端功能。Altium Designer 08 主要在交互式布线、PCB 3D 显示、可编程器件支持、设计数据发布、控制系统集成等功能方面进行了改进，使电子工程师的电路原理图（Schematic）的绘制、印制电路板（PCB）的制作、执行电路仿真（Simulation）等设计工作更加便捷、有效和轻松，同时也推动了 Altium Designer 软件向更高端 EDA 工具的迈进。

Altium Designer 08 具有更强的可视化操作界面，在复杂的设计工作中，可通过项目导航同时打开多个原理图、PCB 图或文本文件。Altium Designer 08 简化了输出文件的生成步骤，为所有需要输出的文件提供了集中接口。Output Job 编辑器新增 Output Media 选项，能够将多个输出文件整合进一个单一的媒体类型文件，如可将原理图、PCB 图和材料清单（BOM）输出到一个单一的 PDF 输出文件中。

Altium Designer 08 具备多文件输出项目的数据管理和设计协作功能，系统允许多个设计者进入同一块电路板进行设计，可以分别在自己的电路板上工作并保存所做的修改，而不会影响到其他人。PCB 编辑器的比对和合并的功能强大，能够被用来识别和检测个人所做设计的所有的变化，比较同一人以往所做出修改结果的差异，也可观察比较不同设计者所做的同一块 PCB 的不同版本的差异并可进行合并修改。此外，Altium Designer 08 强大的比较引擎能够将原理图或 PCB 文件不同版本之间最微小的图形改动高亮显示出来，即使这些变动并未对设计的连通性产生影响，从而让设计工作变得更快、更容易、更直观。

Altium Designer 08 升级了物理平台，新增交互式布线引擎，支持板级高密度布线以及高速信号的处理。通过对线路和导孔进行推挤、绕线、紧贴等方式，改善了交互式布线的高速稳健性能，更好地控制自动布线流程，实现线路快速放置，缩短了多路布线工作时间。

Altium Designer 08 的三维显示功能得到进一步增强，并在细节显示上得到了更好的改进，能够直接与外部 STEP 模型相连。可以实时显示静态的 PCB 3D 的裸板或组装板，电路板可任意角度旋转，支持多角度观察检测元件封装布局、焊盘、布线、覆铜、支架等设计和修改的情况。另外，DRC 还纳入了实时电路层连接检查功能，可探测到由电路层意外分离、焊盘和通孔隔离以及散热连接匮乏所造成的网络故障。这些功能可更清晰地查看各电路层的最终形状、连通性、电气完整性，利于板级布线的修改，元件位置的调整，甚至电路整体布局的及时修改，从而确保减少制造误差，获得更好的设计效果。

Altium Designer 08 拓宽了板级设计的传统界限，全面集成了 FPGA 设计功能和 SOPC 设计实现功能，允许电子工程师将系统设计中的 FPGA 与 PCB 设计及嵌入式设计集成在一起。除自带的 FPGA 元件外，系统还支持使用原理图输入或 VHDL 创建定制逻辑块，用户也可使用 C 代码编写定制逻辑块，将它们直接“写入”基本系统硬件，这项技术的新用法为嵌入式软件开发人员带来了更多的可能性。此外，Altium Designer 08 支持虚拟仪器元件定制功能。

14.2 Altium Designer 后续版本的更新情况

Altium 公司在 Altium Designer 08 发布后的数年，按照平均每年两个版本的速度对软件进行持续不断的更新，不断完善和增补新功能，使得 Altium Designer 软件不断强大，功能更加完善，使用更为流畅，为电路板设计不断带来新的体验。本节将针对相对几个比较重要的更新版本的新增功能进行简要介绍。

14.2.1 Altium Designer 09

2009 年，Altium Designer 进行了两次较大更新，分别是 Altium Designer 09 Summer 和 Altium Designer 09 Winter。

其中，Altium Designer 09 Summer 主要针对 PCB 板图功能进行了系列更新。其主要的更新有：

- 强大的交互式布线新功能；
- 导孔属性的分层定义功能；
- 实时制造规则（DRC Rule）检测；

- 增强 PCB 图形处理系统性能；
- 新增 Cadstar 格式导入功能；
- 可配置的通用器件库；
- 增强的器件浏览功能；
- 库查询功能改良；
- 三维 PCB 图形引擎性能升级等。

Altium Designer 09 Winter 针对软件的多个层面进行了多项更新，针对数据管理器、前端设计、FPGA 设计以及系统平台都进行了功能的增强。更新内容主要有：

- 实时链接元件供应商数据库；
- 按区域定义原理图网络类功能；
- 装配变量和板级元件标号的图形编辑功能；
- 支持 C++高级语法格式的软件开发；
- 基于 Wishbone 协议的探针仪器；
- 为 FPGA 仿真仪器编写脚本；
- Nandboard 3000 固件自动更新；
- 增加了更多虚拟仪器；
- 增强了供应商数据等。

总体来说，虽然 2009 年进行了两次更新，但是对基本操作及日常操作改变不大，更新的更多为高级功能，主要是针对工程师及工作环境需求而推出了一些更新项目，多为软件高级功能方面的更新。

14.2.2 Altium Designer 10

2010 年，Altium Designer 更新到 Altium Designer 10 版。此版本的主要更新项目集中在 FPGA 设计上，使得 Altium Designer 10 在 FPGA 设计上的功能得到增强，并对软件系统平台做了小幅增强。主要更新内容包括：

- PFGA 调试-外围寄存器视图；
- 访问连接到处理器的 SPI Flash 存储器；
- 用仿真器接入并调试正在运行中的设备；
- 虚拟仪器的脚本访问；
- 增强的多线程应用程序调试；
- VHDL/Verilog HDL 仿真引擎支持等；
- FPGA 时序约束。

鉴于本书主要侧重于电路原理图和 PCB 的绘制及制作，故有关 FPGA 的新增功能不做赘述。

14.2.3 Altium Designer 12

2012 年，Altium 公司发布 Altium Designer 12 版。该版本重新将 PCB 功能作为主要功能进行重点更新，更新了多项 PCB 图的新功能、新特性，使得 PCB 图的绘制功能更加人性化。

Altium Designer 12 针对 PCB 图功能进行了近 20 项的更新，主要更新项目有：

- 可批量删除规则；
- 在交互式选择时可以自动缩放；

- 加强了 PCB 连接线的颜色控制；
- 支持空隙（Air Gap）宽度的设置；
- 支持弧形总线布线；
- 对 PCB 3D 进行录像；
- 增强的多边形敷铜管理器等。

除此之外，也对设计管理器和 FPGA 部分功能进行了少量更新。

14.2.4 Altium Designer 13

2013 年，Altium 公司发布 Altium Designer 13 版。该版本进行了近 50 项功能的增强和更新。

在设计管理数据方面，Altium Designer 13 版的主要更新有：

- 器件参数智能打印输出；
- 从实时原理图中生成器件库（CmpLib）；
- 从实时数据库中生成器件库（CmpLib）；
- 基于 Vault 的仿真模型；
- 器件定义中添加仿真模型；
- 从实时原理图库中生成仿真模型；
- 从数据库中生成仿真模型；
- 器件库（CmpLib）功能增强；
- Item 管理器功能增强；
- 项目生命周期和版本的重命名；
- 定义 Vault Item 的初始版本 ID 等。

在前端设计方面，也针对原理图绘制做出了多项更新，主要更新有：

- 定制化原理图 Pin 脚增强；
- 定制化原理图端口增强；
- 原理图中超链接字体；
- 按器件位置定义原理图位号；
- 多边形覆盖区；
- 原理图设计中字体编辑功能增强；
- 将器件参数添加在生成的 PDF 中的可选项等。

在 PCB 图设计方面，也进行了多项更新，主要内容有：

- PCB 元件及层的透明化；
- 丝印层到阻焊层的间距设计规则；
- 敷铜及铜皮外部顶点编辑功能；
- PCB 3D 视图预定义浏览；
- 支持 Microchip 触摸按键封装；
- 将 3D Body 转化为 STEP 模型；
- 实时钻孔图表；
- PCB 设计视图；
- 交互式布线长度计算修复；
- 排孔阵列功能增强等。

除此之外，在软件系统平台和 FPGA 方面也做了若干项更新或增强。

14.2.5 Altium Designer 14

2014 年，Altium 公司发布 Altium Designer 14 版。该版本的更新相对较少，虽然针对设计管理器、前端设计和软件系统平台都有更新，但主要更新项目集中在 PCB 图设计方面，其主要更新内容有：

- 支持软板和软硬板的设计；
- 增加了层堆栈管理器的功能；
- 支持嵌入式元器件；
- 差分对走线规则提升；
- AutoCAD 导入/导出功能提升；
- CadSoft EAGLE 导入功能；
- PCB Drill Table 功能提升；
- 敷铜功能及精确度提升；
- ODB++导出钻孔对功能提升；
- PADS 导入后部分端口转向问题修复等。

14.2.6 Altium Designer 15

2015 年，Altium 公司发布 Altium Designer 15 版，这是一个做了较大幅度更新的版本，更新项目涵盖软件的各个层面。

在设计管理数据方面，更新内容主要有：

- GERBER 支持 IPC-2581 格式；
- GERBER 支持 X2 格式；
- 支持导入 IDX 文件；
- 支持以 Unicode 格式输出 IDF 文件；
- 编译能够侦测重复的 Unique ID；
- Vault 器件参数显示可自定义；
- Vault 连接全面升级；
- 支持 GOST 标准的 BOM 模板；
- 3D PDF；
- 跳线支持功能改进；
- 支持导入 OrCAD 16.x；
- 用户可自定义 PCB Print OutputJob 颜色等。

在 PCB 图设计方面，更新内容主要有：

- xSignals 高速信号对定义；
- 顶层、底层焊盘可自定义阻焊外扩；
- 优化敷铜的处理方式；
- 支持放置 OLE 对象（Excel，Word）；
- 支持矩形孔的放置；
- 2D/3D 的视角分离和切换；

- 重组并优化了导入/导出选项；
- 导孔阻焊扩展；
- 测试点间距检查；
- 电路板边缘间距检查；
- 钻孔对参考；
- 多行 PCB 文本；
- 多边形敷铜功能增强；
- 实时钻孔绘图等。

除此之外，在前端设计和软件系统平台方面也都有部分更新项目。

14.3 Altium Designer 18 简介

2018 年，Altium 公司发布 Altium Designer 18 版。打开 Altium Designer 18，最显著的一个变化就是采用了颇具现代感的、扁平化的、以 DarkGray 颜色为主调的界面，如图 14-1 所示。

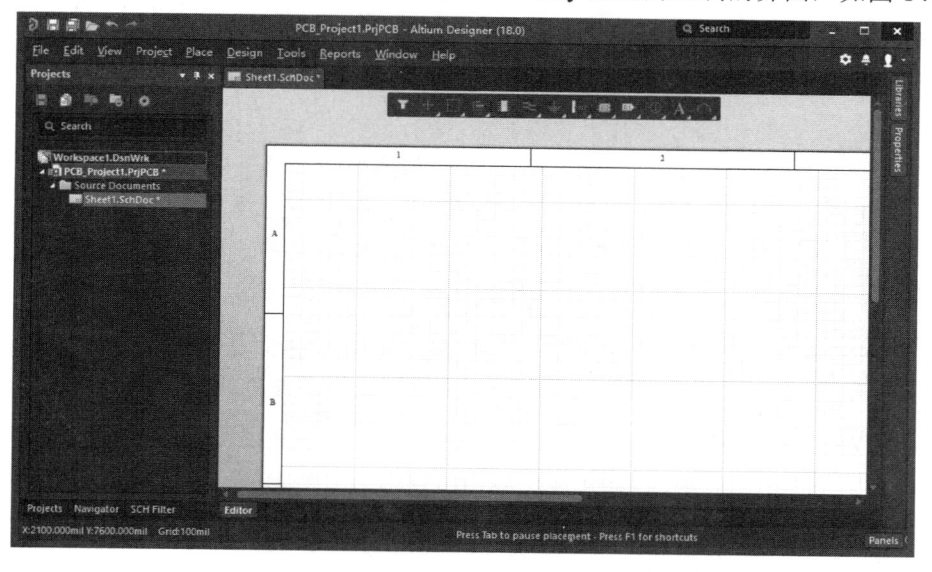

图 14-1　Altium Designer 18 主界面

除更加符合现代软件发展潮流的 DarkGray 颜色外，Altium Designer 18 显著地提高了用户体验和效率，利用时尚界面使设计流程流线化，同时实现了前所未有的性能优化。64 位体系结构和多线程的结合，实现了在 PCB 设计中更大的稳定性、更快的速度和更强的功能。

Altium Designer 18 具备多板之间的连接关系管理和增强的 3D 引擎，可以实时呈现设计模型和多板装配情况，显示更快速、更直观、更逼真。如图 14-2 所示。

Altium Designer 18 全新紧凑的用户界面提供了更加直观的操作环境，并进行了优化，可以实现无与伦比的设计工作流可视化。如图 14-3 所示。

64 位体系结构和多线程任务优化使用户能够比以前更快地设计和发布大型复杂的电路板。如图 14-4 所示。

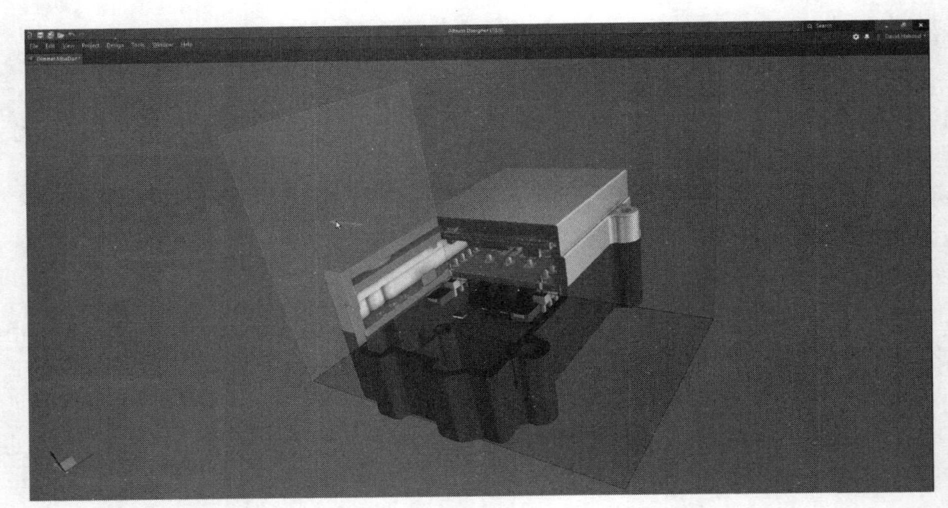

图 14-2　Altium Designer 18 互连的多板装配图

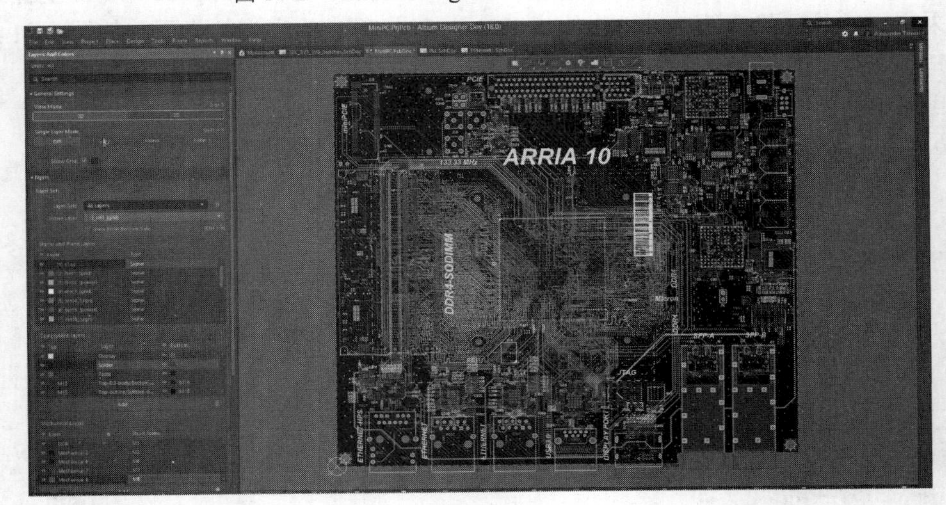

图 14-3　Altium Designer 18 时尚的用户界面体验

图 14-4　Altium Designer 18 强大的 PCB 设计

视觉约束和用户指导的互动结合使得用户能够跨板层进行复杂的拓扑结构布线——以计算机的速度布线，结合人的经验和智慧进一步保证布线质量。如图 14-5 所示。

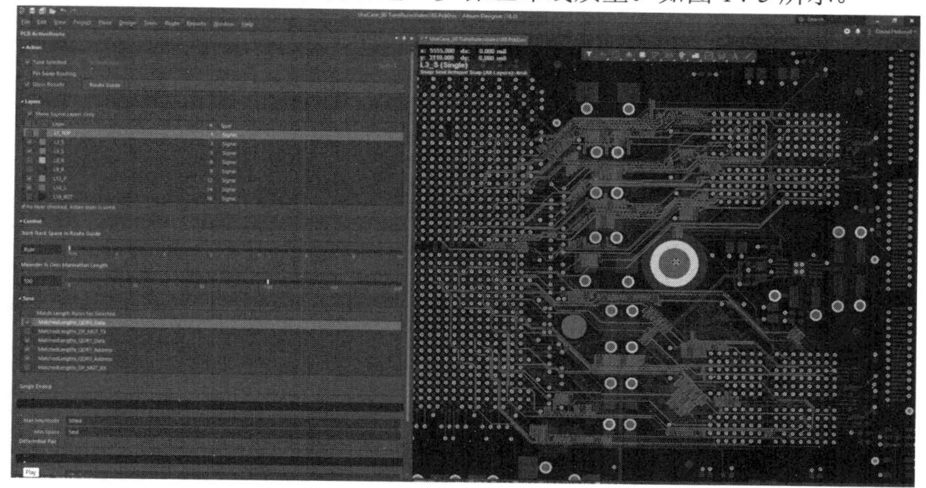

图 14-5　Altium Designer 18 快速、高质量的布线功能

Altium Designer 18 使用户能够创建互连的多板项目，并快速而准确地呈现高密度、复杂的 PCB 装配系统。时尚的用户使用界面，以及增强的布线功能、BOM 创建、规则检查和制造相关辅助功能的更新，具有比以往更高的设计效率和生产效率。

Altium Designer 18 虽然功能增强许多，但是界面、菜单和设置窗口方面变化较大，本书所讲解部分操作在 18 版软件上可能无法一一对应。

附录 A　常用原理图元件符号与 PCB 封装

本附录详细介绍了 50 种常用原理图元件符号与封装形式，包括元件名称、封装名称、原理图符号和 PCB 封装形式，有助于读者更好地查找相关资料。

序号	元件名称	封装名称	原理图符号	PCB 封装形式
1	Battery	BAT-2	BT? Battery	+ 1 2
2	Bell	PIN2	LS? Bell	1 2
3	Bridge1	E-BIP-P4/D	D? Bridge1	+ ~ ~ −
4	Bridge2	E-BIP-P4/X	D? 2 AC AC 4 1 V+ V- 3 Bridge2	+ ~ ~ −
5	Buzzer	PIN2	LS? Buzzer	1 2
6	Cap	RAD-0.3	C? Cap 100pF	1 2
7	Cap Semi	C3216-1206	C? Cap Semi 100pF	

（续表）

序号	元件名称	封装名称	原理图符号	PCB 封装形式
8	Cap Var	C3225-1210	 C? Cap Var 100pF	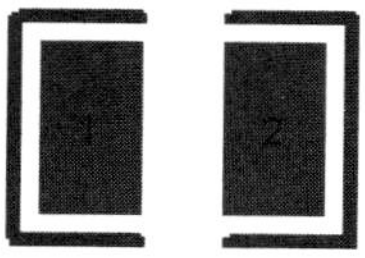
9	COAX	PIN2	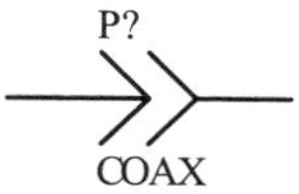 P? COAX	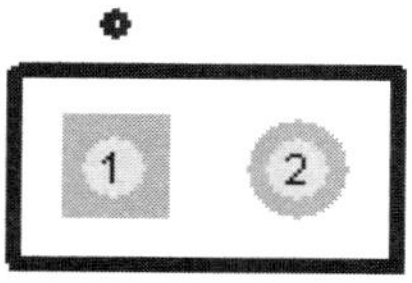
10	Connector	CHAMP1.2-2H14A	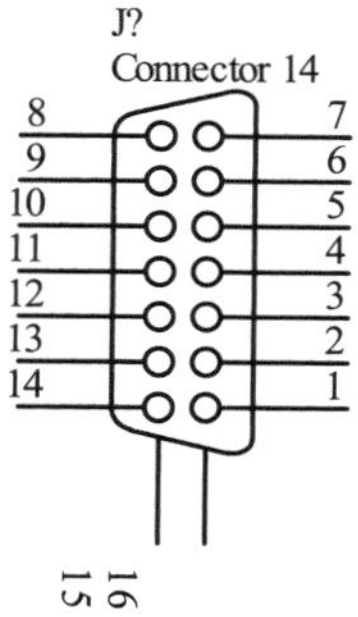 J? Connector 14	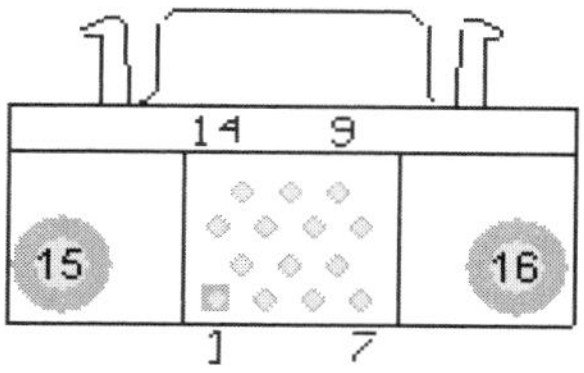
11	D Zener	DIODE-0.7	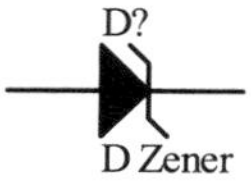 D? D Zener	
12	Diode	DSO0C2/X	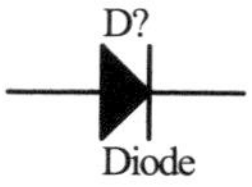 D? Diode	
13	Dpy Red-CA	DIP10	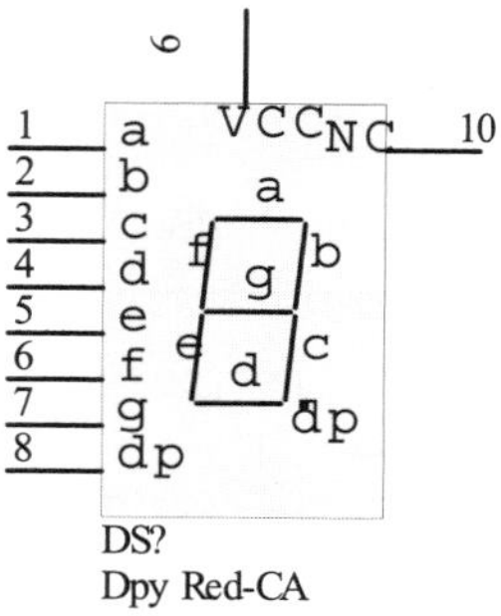 DS? Dpy Red-CA	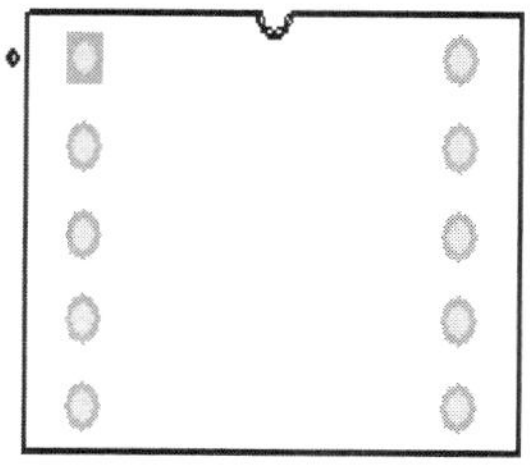
14	Fuse Thermal	PIN-W2/E	 F? Fuse Thermal	
15	Inductor	C1005-0402	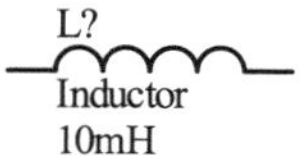 L? Inductor 10mH	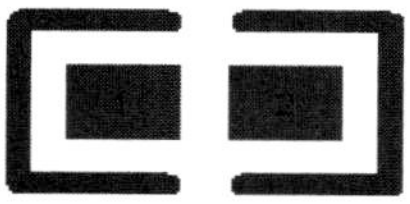

（续表）

序号	元件名称	封装名称	原理图符号	PCB 封装形式
16	JFET-P	CAN-3/D	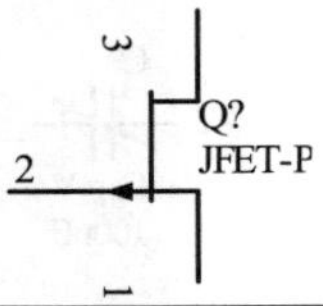 3 Q? JFET-P 2 1	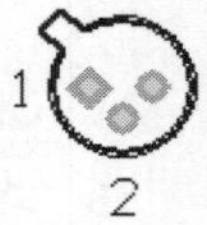 1 3 2
17	Jumper	RAD-0.2	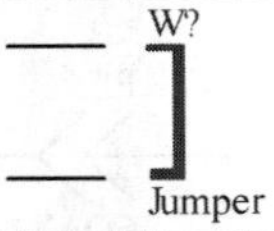 W? Jumper	 1 2
18	Header5	HDR1X5	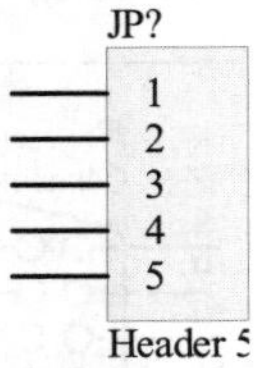 JP? 1 2 3 4 5 Header 5	 1 2 3 4 5
19	Lamp	PIN2	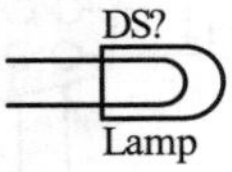 DS? Lamp	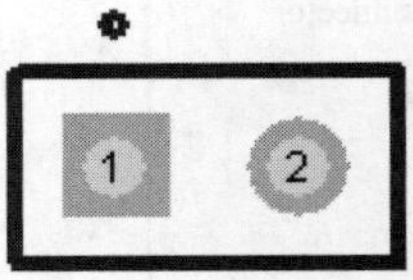 1 2
20	LED3	DFO-F2/D	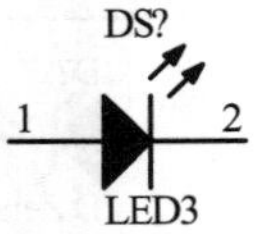 DS? 1 2 LED3	 1 2
21	MHDR1X7	MHDR1X7	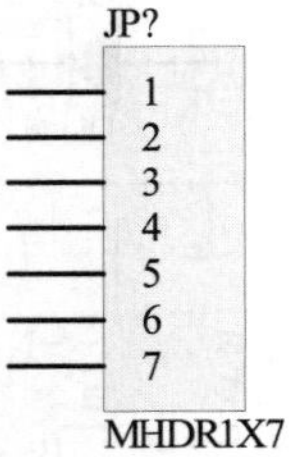 JP? 1 2 3 4 5 6 7 MHDR1X7	 1 2 3 4 5 6 7
22	MHDR2X4	MHDR2X4	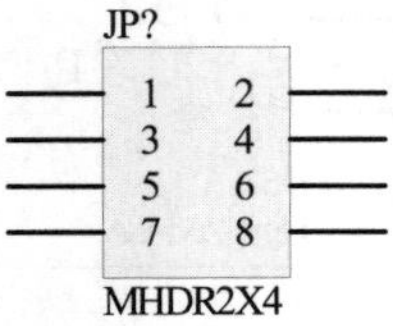 JP? 1 2 3 4 5 6 7 8 MHDR2X4	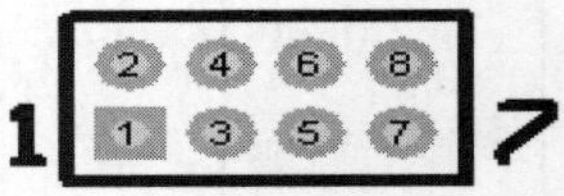 2 4 6 8 1 1 3 5 7 7
23	Mk2	DIP2	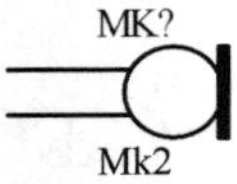 MK? Mk2	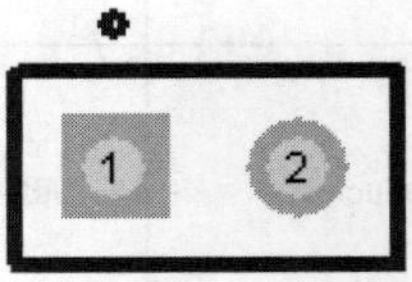 1 2

（续表）

序号	元件名称	封装名称	原理图符号	PCB 封装形式
24	MOSFET-P3	DFT-T5/Y	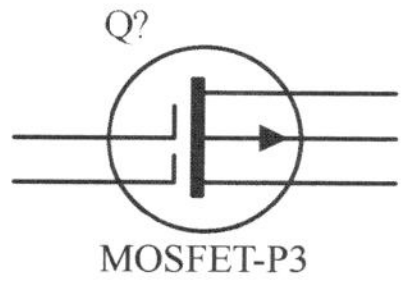 Q? MOSFET-P3	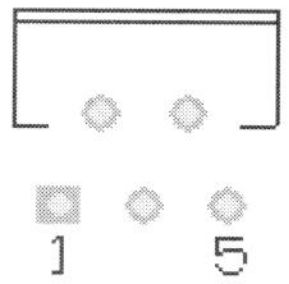 1 5
25	MOSFET-P4	DSO-G3	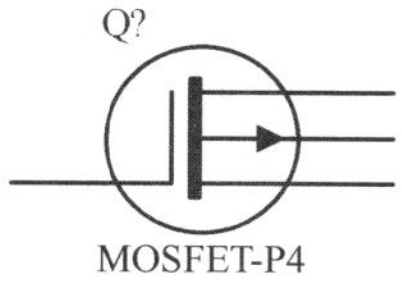 Q? MOSFET-P4	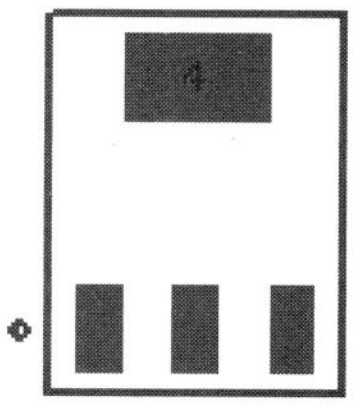 4
26	Motor Servo	RAD-0.4	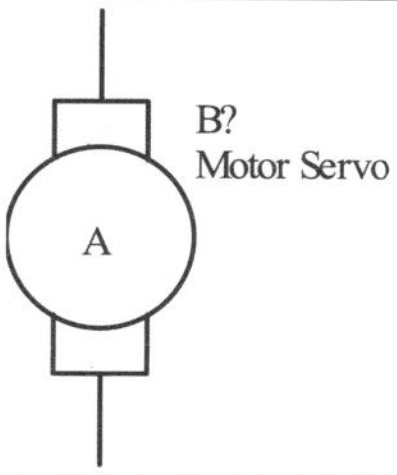 B? Motor Servo A	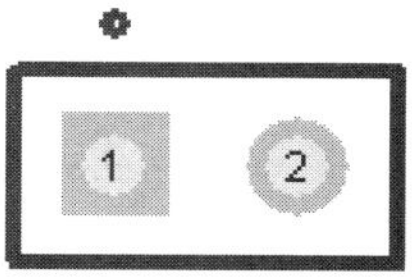 1 2
27	Motor Step	DIP6	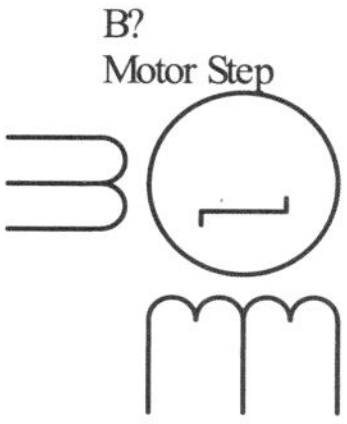 B? Motor Step	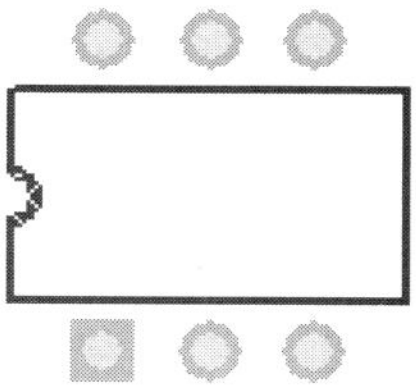
28	NPN	BCY-W3	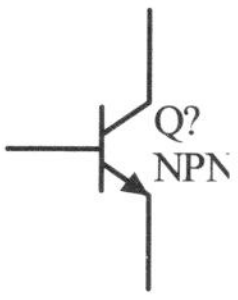 Q? NPN	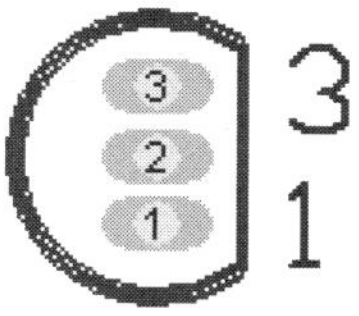 3 2 1 3 1
29	Op Amp	CAN-8/D	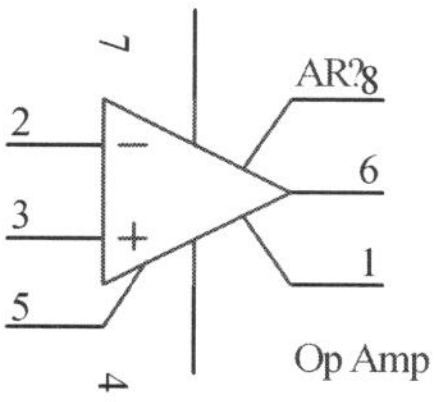 7 AR?8 2 6 3 1 5 4 Op Amp	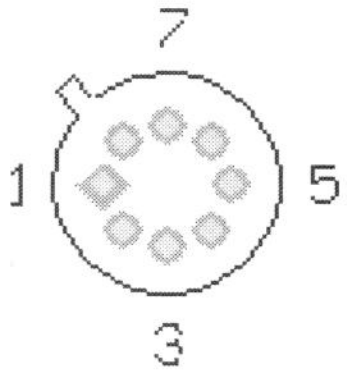 7 1 5 3
30	Optoisolator	SO-G5/P	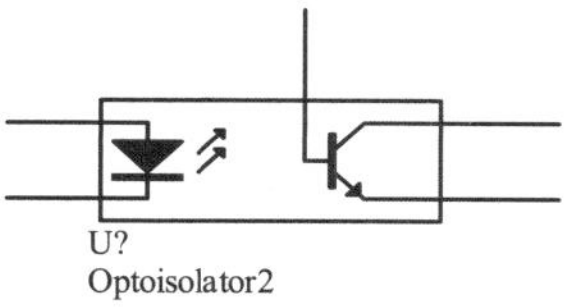 U? Optoisolator2	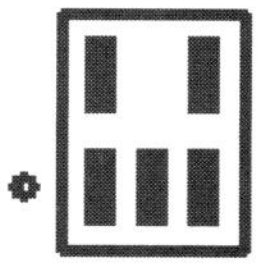

（续表）

序号	元件名称	封装名称	原理图符号	PCB 封装形式
31	Phonejack2	PIN2	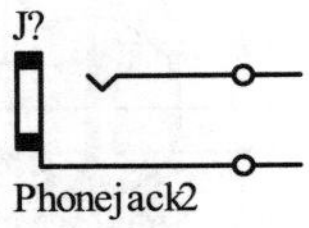 J? Phonejack2	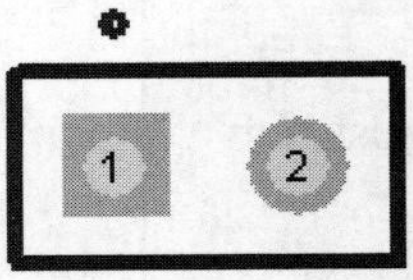 1 2
32	Photo PNP	SFM-T2/X	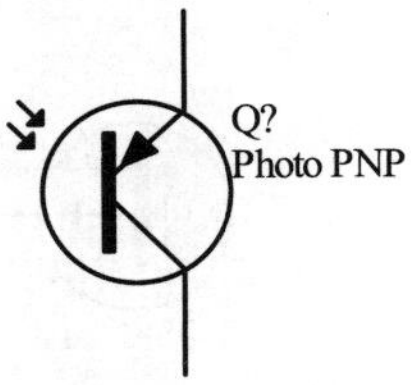 Q? Photo PNP	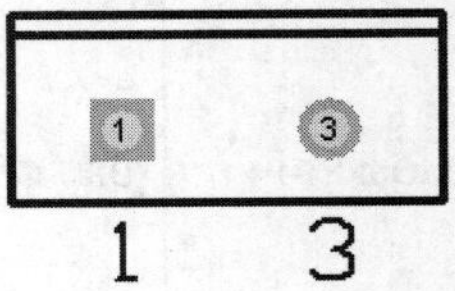 1 3 1 3
33	Photo Sen	PIN2	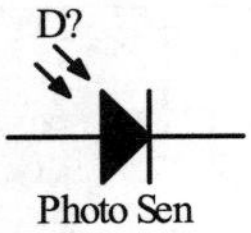 D? Photo Sen	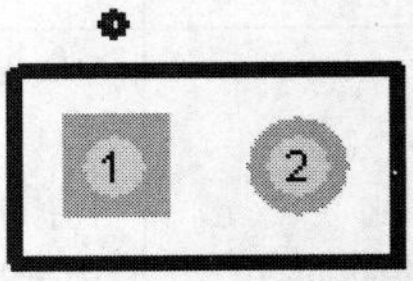 1 2
34	PNP	SO-G3/C	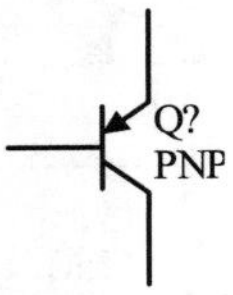 Q? PNP	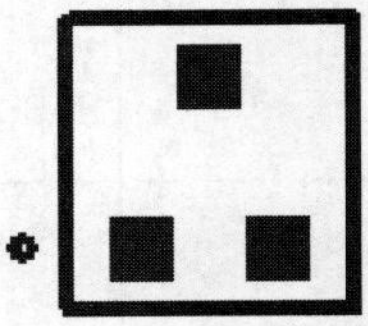
35	Relay	DIP-P5/X	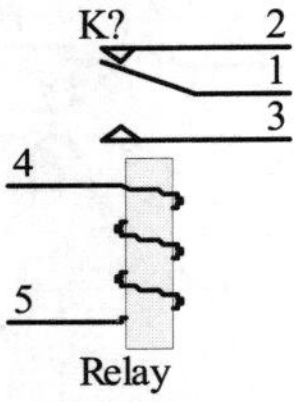 K? 2 1 3 4 5 Relay	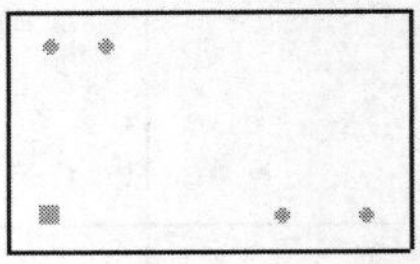
36	Relay-SPST	DIP4	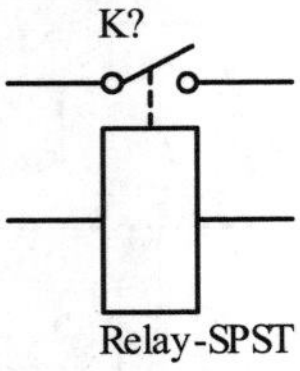 K? Relay-SPST	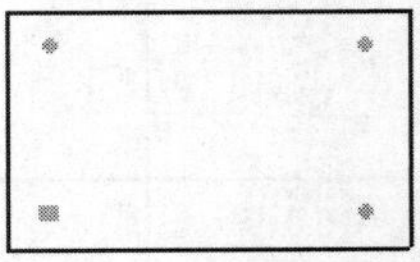
37	Res2	AXIAL-0.4	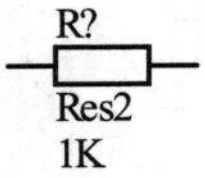 R? Res2 1K	1 2
38	Res Adj2	AXIAL-0.6	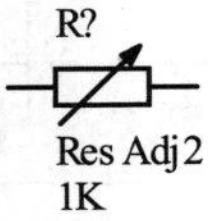 R? Res Adj2 1K	1 2

（续表）

序号	元件名称	封装名称	原理图符号	PCB 封装形式
39	Res Bridge	SFM-T4/A	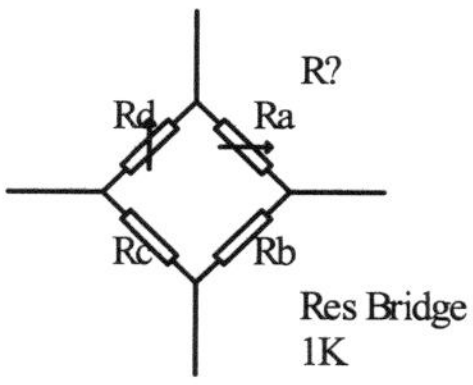 R? Rd Ra Rc Rb Res Bridge 1K	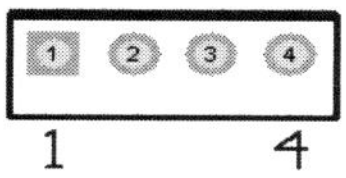 1 2 3 4 / 1 4
40	Rpot2	VR2	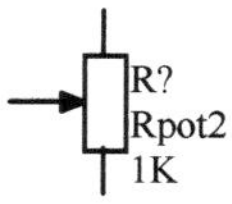 R? Rpot2 1K	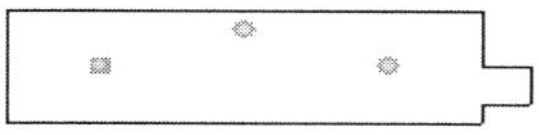
41	SCR	SFM-T3	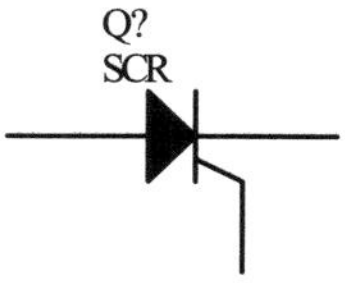 Q? SCR	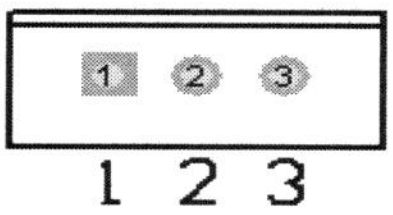 1 2 3 / 1 2 3
42	Speaker	PIN2	 LS? Speaker	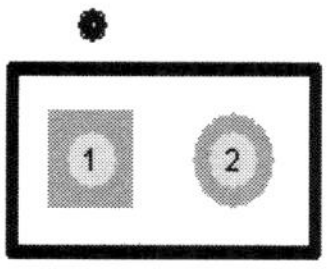 1 2
43	SW-DIP4	DIP-8	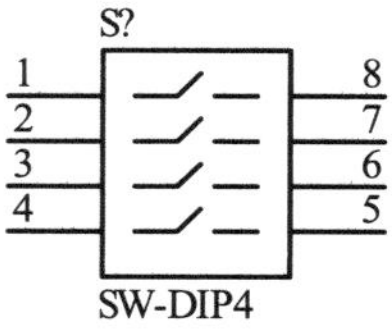 S? 1 2 3 4 8 7 6 5 SW-DIP4	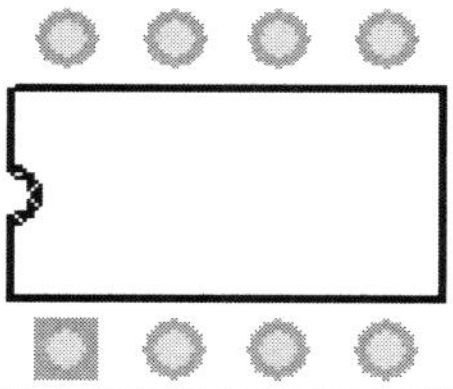
44	SW-DIP-4	SO-G8	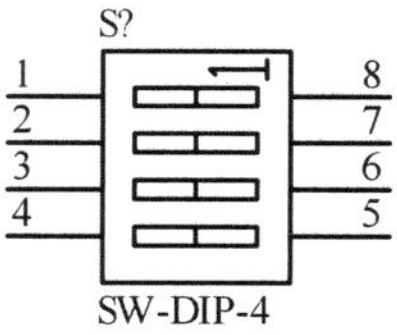 S? 1 2 3 4 8 7 6 5 SW-DIP-4	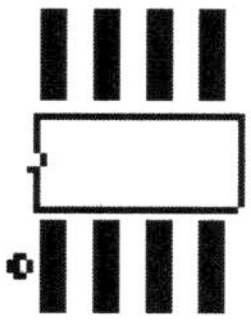
45	SW-PB	SPST-2	 S? SW-PB	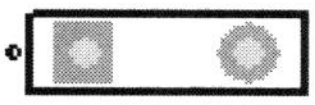
46	SW-SPDT	SPDT-3	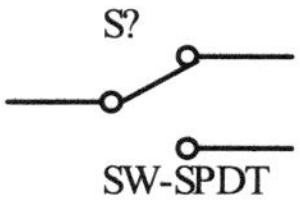 S? SW-SPDT	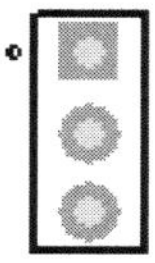
47	SW-SPST	SPST-2	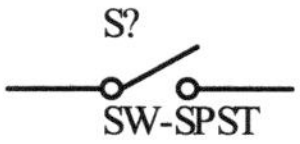 S? SW-SPST	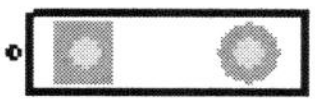

（续表）

序号	元件名称	封装名称	原理图符号	PCB 封装形式
48	Trans CT	TRF-5	T? Trans CT	
49	Triac	SFM-T	Q? Triac	1 2 3 1 2 3
50	Trans	TRANS	T? Trans	1 2 3 4

附录 B　Altium Designer 常用快捷键

1．窗口环境、目录面板快捷键

A　显示排列子菜单

B　显示工具栏子菜单

C　显示工程下拉子菜单

D　显示设计下拉子菜单

E　显示编辑下拉子菜单

F　显示文件下拉子菜单

T　显示工具下拉子菜单

H　显示帮助下拉子菜单

P　显示放置下拉子菜单

R　显示报告下拉子菜单

J　显示跳转子菜单

K　显示工作面板子菜单

M　显示移动子菜单

S　显示选择子菜单

V　显示查看下拉子菜单

X　显示取消选择子菜单

Z　弹出带缩放命令的菜单

F1　访问文档库

F4　隐藏/显示所有浮动面板

Shift + F4　平铺已打开的文档

Shift + Ctrl + Tab　切换打开的文档（从右向左顺序）

Ctrl + Tab　切换打开的文档（从左向右顺序）

Ctrl + O　打开选择文档（Choose Document to Open）对话框

Ctrl + F4　关闭活动的文档

Ctrl + S　保存当前的文档

Ctrl + P　打印当前的文档

Alt + F4　关闭 Altium Designer

Alt + F5　展开至全屏模式

2．原理图和 PCB 编辑通用快捷键

Ctrl + Z　撤销

Ctrl + Y　重做

Ctrl + A　选择所有

X+A　撤销全部的选择

Ctrl + C（或 Ctrl + Insert）　复制

Ctrl + X（或 Shift + Delete）　剪切

Ctrl + V（或 Shift + Insert）　粘贴
Ctrl + R　复制后可连续粘贴同一对象
Ctrl + M /R+M　测量任意两点间的距离
空格　移动对象时以 90°逆时针方向旋转
X　左右翻转预放置的浮动图件
Y　上下翻转预放置的浮动图件
Tab　放置图件时编辑其属性
Alt　限制编辑对象在水平和垂直线上移动
Delete　删除选择的图件
Esc　从当前步骤退出
Backspace　放置导线/总线/直线/多边形时移除最后一个转角
Home　以光标位置为中心刷新屏幕
J+L　将光标定位到指定的坐标位置
鼠标滚轮向上/向下移动图纸：
↑↓←→　光标以 1 栅格/次的速度沿箭头方向移动
Shift+↑↓←→　光标以 10 栅格/次的速度沿箭头方向移动
Shift +单击　从选中集合中添加或移除对象
Shift + F　光标变为十字形状后，单击对象以显示查找相似属性（Find Similar Objects）对话框
V+D　缩放视图，显示整张电路图
V+F　缩放视图，显示所有已放置的电路部件
Ctrl +鼠标上滚（或 PgUp）　以光标为中心放大画面
Ctrl +鼠标下滚（或 PgDn）　以光标为中心缩小画面
Ctrl + Home　光标跳转到绝对原点位置（编辑窗口左下角）
元件排列：
Ctrl+B　将选定对象以下边缘为基准，底部对齐
Ctrl+T　将选定对象以上边缘为基准，顶部对齐
Ctrl+L　将选定对象以左边缘为基准，靠左对齐
Ctrl+R　将选定对象以右边缘为基准，靠右对齐
Ctrl+H　将选定对象以左右边缘的中心线为基准，水平居中排列
Ctrl+V　将选定对象以上下边缘的中心线为基准，垂直居中排列
Ctrl+Shift+H　将选定对象在左右边缘之间，水平均布
Ctrl+Shift+V　将选定对象在上下边缘之间，垂直均布

3．原理图编辑快捷键

F2　编辑当前所选对象
空格　当放置导线/总线/直线时切换转角模式
P+W　画线
Ctrl +F　快速查找元器件
Ctrl + H　查找和替换元件
F3　查找下一个要搜索的元件
T+P　打开 Preference 对话框中的 Schematic-General 页面
Alt +在网络对象上单击　图纸上网络关联的图元全部高亮显示

Shift + Ctrl + C　清除图纸上所有高亮显示
Shift +空格　放置导线/总线/直线时切换角度放置模式
Shift+按住鼠标左键拖动　复制元件
Ctrl+按住鼠标左键拖动　连线随着元件走

4．PCB 编辑快捷键

+（数字键盘）　切换到下一层
-（数字键盘）　切换到上一层
*（小键盘）　切换到下一个布线层
G　弹出捕获格点对话框，选择捕获格点值
Ctrl+G　弹出捕获网格菜单，设定捕获格点任意值
Q　快速切换单位（公制/英制）
N　在编辑模式下，移动一个元件时隐藏飞线
N　在非编辑模式下，隐藏或显示网络子菜单
L　在编辑模式下，将选取的元件翻转到板的另一侧，即镜像元件到板的背面
L　在非编辑模式下，查看板层和颜色对话框
M　显示移动子菜单
U　取消布线下拉子菜单
Backspace　在交互布线时移除最后布设的一段导线铜箔
Tab　布线、调整线长、放置元件或字符串时按下，显示合适的交互编辑对话框
P+T　画线
J+C　快速查找元件
T+U+C　删除两个焊点间的导线
O+B　设置 PCB 属性
O+P/ T+P　进入 PCB-General 页面参数设置对话框
O+D/Ctrl + D　进入 PCB 显示参数设置对话框
O+M　设置 PCB 层的显示与否
D+K　打开 PCB 层管理器
E+O+S　设置 PCB 坐标原点位置
Shift +空格/Shift+Ctrl+空格　移动对象时，以 90°顺时针方向旋转悬浮图件
Shift +空格　交互布线时，改变拐角走线模式（45°线性、45°+圆角、90°、任意角、90°+圆弧、圆弧）
Shift+鼠标滚轮　向左/向右移动图纸
Shift + R　交互布线时，切换 3 种布线模式（忽略、避开、推挤）
Shift + E　打开或关闭电气栅格
Shift + B　建立查询
Shift + S　切换信号层单层/多层显示模式
Shift + PgUp　图纸小幅度逐渐放大
Shift + PgDn　图纸小幅度逐渐缩小
Ctrl + PgUp　大幅度放大图纸
Ctrl + H　选择相互连接的铜箔
Ctrl+End　光标跳转到编辑窗口的相对起始坐标

参 考 文 献

[1] 谷树忠，闫胜利．Protel DXP 实用教程．北京：电子工业出版社，2003.
[2] 谷树忠，闫胜利．Protel 2004 实用教程．北京：电子工业出版社，2005.
[3] 谷树忠，侯丽华，姜航．Protel 2004 实用教程（第 2 版）．北京：电子工业出版社，2009.
[4] 张睿，零点工作室．Altium Designer 6.0 原理图与 PCB 设计．北京：电子工业出版社，2007.
[5] 谷树忠，刘文洲，姜航. Altium Designer 教程——原理图、PCB 设计与仿真．北京：电子工业出版社，2010.
[6] 谷树忠，耿晓中，王秀艳. Altium Designer 实用教程——原理图、PCB 设计和信号完整性分析．北京：电子工业出版社，2015.

举报电话：（010）88254396；（010）88258888

传　　真：（010）88254397

E-mail：　dbqq@phei.com.cn

通信地址：北京市万寿路 173 信箱

电子工业出版社总编办公室

邮　　编：100036

反侵权盗版声明

[illegible]